"十二五"职业教育国家规划教材

经全国职业教育教材审定委员会审定

全国林业职业教育教学指导委员会高职园林类专业工学结合"十二五"规划教材

园林植物栽培养护

（第2版）

YUANLINZHIWU

ZAIPEIYANGHU

黄云玲　张君超 ◎主编

中国林业出版社

内 容 简 介

本教材是全国林业职业教育教学指导委员会"高职园林类专业工学结合'十二五'规划教材"之一，2013 年 8 月被列选为"'十二五'职业教育国家规划教材"，是高职园林类专业岗位核心课程教材。

依据"园林绿化技术员、园林植物养护技术员、园林花卉生产管理技术员"等职业岗位的典型工作任务确定教材内容，全书包括两大模块、9 个项目、27 个任务，涵盖了园林植物栽植前准备、木本园林植物栽培、草本园林植物栽培、屋顶及垂直绿化植物栽植、园林绿地养护招投标及合同制定、园林树木养护管理、草本花卉养护管理、屋顶及垂直绿化植物养护管理、园林绿地养护成本控制及效益评估的基本知识和技能。

本教材以工学结合为切入点，凸显职业性和适用性。全书打破传统教材编写体例，从内容到形式体现高等职业教育特点，教学内容以工作任务为依托，教学活动以学生为主体，做到"教学做三位一体"，强化学生职业能力培养和职业素养养成。

本教材可作为职业院校园林技术、园林工程技术、城市园林、园艺技术专业教材，也可作为相关专业继续教育、绿化工等职业资格培训、园林专业技术人员社会培训、园林类从业人员等的自学教材。

图书在版编目（CIP）数据

园林植物栽培养护 / 黄云玲，张君超主编. —2 版. —北京：中国林业出版社，2014.1（2020.1 重印）

"十二五"职业教育国家规划教材，经全国职业教育教材审定委员会审定，全国林业职业教育教学指导委员会高职园林类专业工学结合"十二五"规划教材

ISBN 978-7-5038-7264-8

Ⅰ. ①园… Ⅱ. ①黄… ②张… Ⅲ. ①园林植物—观赏园艺—高等职业教育—教材 Ⅳ. ①S688

中国版本图书馆CIP数据核字（2013）第264812号

国家林业局生态文明教材及林业高校教材建设项目

中国林业出版社·教材出版中心

策划编辑：牛玉莲 康红梅 田 苗 **责任编辑**：康红梅 田 苗
电 话：83143551 83143557 **传 真**：83143516

出版发行 中国林业出版社（100009 北京西城区德内大街刘海胡同 7 号）
E-mail：jiaocaipublic@163.com 电话：（010）83143500
http：// lycb. forestry.gov. cn
经 销 新华书店
印 刷 北京中科印刷有限公司
版 次 2005 年 8 月第 1 版（共印刷 3 次）
2007 年 8 月修订版（共印刷 3 次）
2014 年 8 月第 2 版
印 次 2020 年 1 月第 7 次印刷
开 本 787mm×1092mm 1/16
印 张 25.75
字 数 564 千字
定 价 49.00 元

《园林植物栽培养护》(第2版)
编写人员

主　编

黄云玲

张君超

副主编

苏小惠

张先平

宋墩福

编写人员　(按姓氏拼音排序)

傅海英（辽宁林业职业技术学院）

黄云玲（福建林业职业技术学院）

庞丽萍（黑龙江林业职业技术学院）

宋墩福（江西环境工程职业学院）

苏小惠（甘肃林业职业技术学院）

张君超（杨凌职业技术学院）

张先平（山西林业职业技术学院）

《园林植物栽培养护》（第1版）
编写人员

主　编

祝遵凌
王瑞辉

副主编

罗　镪

编写人员　（按姓氏拼音排序）

刘　慧（杨凌职业技术学院）
罗　镪（甘肃林业职业技术学院）
王瑞辉（中南林业科技大学）
王亚丽（云南林业学校）
魏　岩（辽宁林业职业技术学院）
周兴元（江苏农林职业技术学院）
祝遵凌（南京林业大学）

序言

Foreword

　　我国高等职业教育园林类专业近十多年来经历了由规模不断扩大到质量不断提升的发展历程，其办学点从 2001 年的全国仅有二十余个，发展到 2010 年的逾 230 个，在校生人数从 2001 年的 9080 人，发展到 2010 年的 40 860 人；专业的建设和课程体系、教学内容、教学模式、教学方法以及实践教学等方面的改革不断深入，也出版了富有特色的园林类专业系列教材，有力推动了我国高职园林类专业的发展。

　　但是，随着我国经济社会的发展和科学技术的进步，高等职业教育不断发展，高职园林类专业的教育教学也显露出一些问题，例如，教学体系不够完善、专业教学内容与实践脱节、教学标准不统一、培养模式创新不足、教材内容落后且不同版本的质量参差不齐等，在教学与实践结合方面尤其欠缺。针对以上问题，各院校结合自身实际在不同侧面进行了不同程度的改革和探索，取得了一定的成绩。为了更好地汇集各地高职园林类专业教师的智慧，系统梳理和总结十多年来我国高职园林类专业教育教学改革的成果，2011 年 2 月，由原教育部高职高专教育林业类专业教学指导委员会（2013 年 3 月更名为全国林业职业教育教学指导委员会）副主任兼秘书长贺建伟牵头，组织了高职园林类专业国家级、省级精品课程的负责人和全国 17 所高职院校的园林类专业带头人参与，以《高职园林类专业工学结合教育教学改革创新研究》为课题，在全国林业职业教育教学指导委员会立项，对高职园林类专业工学结合教育教学改革创新进行研究。同年 6 月，在哈尔滨召开课题工作会议，启动了专业教学内容改革研究。课题就园林类专业的课程体系、教学模式、教材建设进行研究，并吸收近百名一线教师参与，以建立工学结合人才培养模式为目标，系统研究并构建了具有工学结合特色的高职园林类专业课程体系，制定了高职园林类专业教育规范。2012 年 3 月，在系统研究的基础上，组织 80 多名教师在太原召开了高职园林类专业规划教材编写会议，由教学、企业、科研、行政管理部门的专家，对教材编写提纲进行审定。经过广大编写人员的共同努力，这套总结 10 多年园林类专业建设发展成果，凝聚教学、科研、生产等不同领域专家智慧、吸收园林生产和教学一线的最新理论和技术成果的系列教材，最终于 2013 年由中国林业出版社陆续出版发行。

　　该系列教材是《高职园林类专业工学结合教育教学改革创新研究》课题研究的主要成果之一，涉及 18 门专业（核心）课程，共 21 册。编著过程中，作者注意分析和借鉴国内已出版的多个版本的百余部教材的优缺点，总结了十多年来各地教育教学实践的经验，深入研究和不同课程内容的选取和内容的深度，按照实施工学结合人才培养模式的要求，对高等职业教育园林类专业教学内容体系有较大的改革和理论上的探索，创新了教学内容与实践教学培养的方式，努力融"学、教、做"为一体，突出了"学中做、做中学"的教育思想，同时在教材体例、结构方面也有明显的创新，使该系列教材既具有博采众家之长的特点，又具有鲜明的行业特色、显著的实践性和时代特征。我们相信该系列教材必将对我国高等职业教育园林类专业建设和教学改革有明显的促进作用，为培养合格的高素质技能型园林类专业技术人才作出贡献。

全国林业职业教育教学指导委员会

2013 年 5 月

第 2 版前言

Edition ²ⁿᵈ Preface

　　教材建设是专业建设的重点内容之一，是课程建设与改革的落脚点。《园林植物栽培与养护》（第 2 版）是在原祝遵凌、王瑞辉主编普通高等教育"十一五"国家级规划教材《园林植物栽培与养护》的基础上进行修订的。第 1 版教材自 2005 年出版，2007年修订以来，累计印刷 6 次，总印数为 19000 册，在全国各地广泛使用，取得了良好的社会反响。随着高职园林类教育的改革与发展，由于第 1 版教材沿用普通高等教育的教学模式，学科痕迹明显，知识陈旧，理论性强，教学内容与工作内容脱节，能力培养较单一，不能满足工学结合教学改革实践的需要。根据《国家中长期教育改革和发展规划纲要（2010—2020 年)》、《教育部关于全面提高高等职业教育教学质量的若干意见》（教高［2006］16 号）、《关于加强高职高专教育教材建设的若干意见》（教高司［2000］19 号）等文件精神要求，为全面提高高职院校专业教学质量，工学结合已成为专业人才培养模式和课程体系改革的重要切入点，并引导课程体系构建、教学内容设置及教学方法改革。因此，有必要在传承第 1 版教材的基础上，以"高职园林技术专业工学结合教育教学改革创新研究"课题研究思路为指导，开展专业调研和职业岗位分析，以工学结合为切入点，以任务为载体，对教材进行重新修订。本次修订意欲打破传统教材编写体例，从内容到形式体现高等职业教育发展方向，在课程内容编排上打破传统"章、节"的学科体系"平行"结构，依据园林"绿化工"、"养护工"职业岗位的典型工作任务确定课程内容，使其与职业标准对接，吸收新知识、新技术、新工艺和新方法，涵盖各类园林植物栽培、园林植物养护管理两大模块、9 个项目、27 个任务，教学内容以工作任务为依托，教学活动以学生为主体，体现了以工作过程为导向的课程体系改革思想和行业发展要求，做到产教结合，强化学生综合职业能力培养，增强学生就业与创业能力。

　　《园林植物栽培与养护》（第 2 版）有如下特色：

　　（1）实践性。本教材内容主要依据"园林绿化技术员、园林植物养护技术员、园林花卉生产管理技术员"等职业岗位的典型工作任务确定；任务流程按企业园林植物栽培与养护管理的实际工作流程设计；任务实施对接企业实际工作任务安排学习小组进行实战训练；每个任务课后还安排了巩固学习和强化技能的实践训练项目，全程推行"工学结合、任务驱动"的教学模式，做到教师在"做中教"，学生在"学中做"，实现"教学做三位一体"和全程"工学结合"，强化了学生职业能力培养和职业素养养成。

（2）职业性。本教材教学内容选取融入了中、高级"绿化工、养护工、花卉园艺师"等国家职业资格标准，融入了职业岗位技能考核认证考点和要求，做到"双证融通"；融入了园林行业技术标准，贴近生产、贴近技术、贴近工艺，突出职业能力培养。

（3）创新性。在教材结构框架上改变按学科体系编排课程内容的"平行"结构，建立按工作过程编排课程内容的"串行"结构；教材内容组织打破传统学科系统化束缚，将学习过程、工作过程与学生能力和个性发展联系起来，实现从"重教轻做"到"教学做三位一体"转变，从"重理论轻实践"到"理论与实践一体化"转变，从"重知识结构系统性"到"工作过程完整性"转变，从"以教师为中心"到"以学生为中心"转变。具有职业教育特色和创新性。

（4）前瞻性。本教材以较前瞻的眼光，在内容安排上关注在校学习和后续学习的需要。高等职业教育是培养高素质技术技能型人才，不是培养职业工人，本教材充分理解高等职业教育的基本特点和教育教学要求，科学安排各任务知识点、技能点和拓展知识，既注重技能培养，也重视知识积累，为学生后续发展奠定基础。

本教材内容充实、图文并茂，每个任务附有案例、知识拓展、巩固训练、小结、思考与练习、自主学习资源库等，便于学生和其他读者学习提高。

本教材由黄云玲、张君超担任主编，苏小惠、张先平、宋墩福担任副主编。具体编写分工如下：黄云玲负责设计教材编写提纲，编写课程导入，项目1、任务2.1、任务4.1、4.2、项目8，并对全书进行统稿；张君超负责编写任务2.2、2.3、2.4，任务5.1、5.2，任务6.2，并协助审定教材编写提纲；苏小惠负责编写任务3.3，任务7.3，任务9.1、9.2；张先平负责编写任务3.1、3.2，任务7.1、7.2；宋墩福负责编写任务6.1；庞丽萍负责编写任务3.4，任务7.4；傅海英负责编写任务6.3、6.4。在教材编写过程中，各位编写人员投入了大量的时间和精力，多次深入园林企业进行调研，对书稿数次修改，在此表示感谢。

在本教材出版之际，要特别感谢课题组和专家委员会对编写团队的信任和支持，以及对编写工作的指导和把关；感谢福建林业职业技术学院和中国林业出版社的大力支持；感谢福建林业职业技术学院郑郁善教授、辽宁林业职业技术学院魏岩教授对书稿进行精心指导和审阅。本教材编写过程中，还参考并引用了大量的文献资料、图片资料和网站资料，在此一并表示衷心感谢。

由于编者水平有限，虽经反复修改，错误和疏漏之处在所难免，敬请读者在使用过程中提出宝贵意见，以便不断修正完善。

黄云玲

2014.2

第1版前言

Edition ^{1st} Preface

　　园林植物是园林绿化的主体材料。园林植物栽培养护是把园林植物应用于园林绿化工程的手段和过程，也是保存绿化成果、充分发挥园林植物的各种功能、保持园林绿化景观可持续发展的有效手段与措施。这项工作涉及园林植物的选择、配置、栽植和养护的各种技术与措施，是园林绿化工程从设计到施工中的各种岗位人员都应掌握的一门技术，这也是我们编辑这本教材的目的之所在。

　　事实上，随着园林事业的发展，特别是 20 世纪 90 年代以来，大力保护城乡环境、恢复和重建城乡自然生态平衡的呼声日益高涨，人们对通过园林绿化来改善环境和保护环境的期望越来越殷切。随之而来的是园林绿化市场的日益活跃，园林绿化设计与施工企业也如雨后春笋般诞生，各种类型的园林绿化规模和势头空前。但由于重设计轻施工、重栽植轻养护等思想的存在，使得园林绿化很难达到预期目标。所以，园林绿化市场中需要一支技术精湛的栽植和养护队伍。这是园林专业开设该门课程的初衷，也是我们以这本教材奉献给园林工作者，以期提高他们的理论和技术水平，规范园林绿化市场，使园林绿化市场走上健康发展的轨道为最终目的。

　　诚然，想仅以这本书来培养我们的园林专业的大学生们，让他们掌握关于园林植物栽植与养护的所有知识是远远不够的。因为尽管本书概括了园林植物栽植与养护的方方面面，从园林植物的生物学特性及其与环境的关系、园林植物的选择与配置到栽植与养护技术，涉及的园林植物面也很广，应该说是囊括了园林绿化所用的一切植物材料，但是对知识点的释疑上并非都深入，这是本书主要的读者对象——高职园林专业学生所决定的。鉴于此，本书在编写过程中力求做到知识面广、实用性强和便于使用。

　　全书共分 10 章，第一、二章介绍园林植物生长发育规律及与环境的关系；第三、四章介绍园林植物的选择与配置；第五、六章介绍园林树木的栽培与养护管理技术；第七章介绍古树名木的养护与管理；第八章介绍园林花卉栽培管理；第九章介绍草坪栽培管理；第十章介绍常用园林植物的栽培养护技术。本书每章均设置了复习思考题，并把目前有关栽培的技术规范作为附录列于书后，供学习参考。

　　南京林业大学风景园林学院祝遵凌博士和中南林学院 * 职业技术学院王瑞辉副教授

---

* 现为中南林业科技大学。

担任主编，甘肃林业职业技术学院罗镒副教授担任副主编。各编委编写分工如下：祝遵凌编写第五章、第八章（第五节）、第十章（第二节／二）、附录二的部分内容；王瑞辉编写第六章、第十章（第二节／三、四）；杨凌职业技术学院刘慧副教授编写第一章和第二章；云南林业学校王亚丽高级讲师编写第三章和第四章；罗镒副教授编写第七章、第十章（第一节／一、二、五、六、七）、附录一；辽宁林业职业技术学院魏岩高级讲师编写第八章（第一、二、三、四节）、第十章（第二节／一）；江苏农林职业技术学院周兴元副教授编写第九章和第十章（第三节）。附录二的实训内容由相对应章节的编写人员编写。

　　本书在编写过程中得到了中国林业出版社教材建设与出版管理中心、各参编写单位的大力支持，参与编写的老师付出了近两年的艰辛劳动，在编写过程中参考并引用了大量有价值的资料，在此一并表示感谢。

　　由于编者水平有限，谬误之处，恳请广大读者批评指正。

祝遵凌

2005 年 5 月于南京

目录
Contents

模块 *2* 园林植物养护管理　　　　　207

"园林植物栽培养护"课程导入

学习目标

【知识目标】

（1）了解"园林植物栽培养护"课程对接的职业岗位、岗位职责；

（2）了解"园林植物栽培养护"课程性质、地位、培养目标，栽培养护的意义，国内外园林植物栽培概况；

（3）熟悉课程项目内容及实施方法。

【技能目标】

能够组建课程学习团队，合理进行团队人员岗位分工和角色转换，有序实施课程各项目任务的学习。

0.1 课程概述

0.1.1 园林植物栽培养护的内涵

园林植物栽培养护是通过对各类园林植物生长发育规律的了解，研究园林植物栽培和养护管理具体方法的一门实用型技术，其专业性、实践性、职业性强。

0.1.2 "园林植物栽培养护"课程性质、地位

"园林植物栽培养护"是园林技术、园林工程技术专业核心课程，其目的在于让学生了解园林绿化工程施工员、园林植物养护技术员等职业岗位的全面工作流程，培养学生园林植物栽培、园林植物养护管理的能力，同时注重培养学生的职业素质和学习能力。本课程需要以"园林植物识别与应用"、"园林植物生长发育与环境"、"园林植物病虫害防治"等课程的学习为基础。

0.1.3 园林植物栽培养护课程目标

（1）专业能力目标

• 会进行各类园林植物栽培施工；

• 会进行各类园林植物养护管理；

- 具备园林绿化工程施工员、园林植物养护技术员上岗就业的能力。

（2）方法能力目标

- 能独立分析与解决生产实际问题；
- 能自主学习园林新知识、新技术；
- 能通过各种媒体查阅各类资料，获取所需信息；
- 能独立制订工作计划并实施。

（3）社会能力目标

- 具有较强的口头与书面表达能力、沟通协调能力；
- 具有较强的组织协调和团队协作能力；
- 具有良好的心理素质和克服困难的能力；
- 具有行业法律观念和安全生产意识；
- 具有创新精神和创业能力；
- 具有良好的职业道德和职业素质。

0.1.4　园林植物栽培养护的意义及国内外发展现状

0.1.4.1　园林植物栽培养护的意义

①　社会效益　园林植物为人们提供优美的休息、工作与赏玩的环境，还可以陶冶人们的情操，净化人们的心灵。

②　生态效益　园林植物可以改善生态环境，提高环境质量，增进人们身心健康。

③　经济效益　园林植物具有创造财富的生产功能，是新兴产业、朝阳产业。

0.1.4.2　国内外园林植物栽培概况

（1）中国园林植物栽培概况

中国是"世界园林之母"，园林植物栽培历史已达数千年，劳动人民积累了非常丰富的栽培经验。历代王朝在宫廷、内苑、寺庙、陵墓大量种植树木和花草，至今尚留有千年以上的古树名木。河南鄢陵早在明代就以"花都"著称，这个地区的花农长期以来成功培育多种多样绚丽多彩的观赏植物，在人工捏、拿、整形树冠技术上有独到之处，如用圆柏捏扎成的狮、象等动物至今仍深受群众喜爱。北魏贾思勰撰写的《齐民要术》中记载"凡栽一切树木，欲记其阴阳，不令转易，大树髠之，小者不髠。先为深坑，内树讫，以水沃之，着土令为薄泥，东西南北摇之良久，然后下土坚筑。时时灌溉，常令润泽。埋之欲深，勿令动……"，论述了园林树木的栽植方法。明代《种树书》中载有"种树无时惟勿使树知"，"凡栽树不要伤根须，阔挖勿去土，恐伤根。仍多以木扶之，恐风摇动其巅，则根摇，虽尺许之木亦不活；根不摇，虽大可活，根茎上无使枝叶繁则不招风"。说明了园林树木栽植时期的选择，挖掘要求和栽后支撑的重要性。清初陈淏子《花镜》记载，凡欲催花早开，用硫黄水或马粪水灌根，可提早 2～4d 开花，介绍了植物催花技术。

新中国成立以来，党和国家非常重视园林绿地的保护和建设，曾提出"中国城乡都要园林化、绿化"的目标，并为此做了很大努力。1958 年党中央提出实现"大地园林化、绿化、美化、香化"的号召。20世纪50年代，在北京展览馆和上海中苏友好大厦的绿化中，采用了大树布置园林。1954年后，杭州在扩建花港观鱼、平湖秋月、柳浪闻莺和玉泉等著名风景点时，移栽了20～50年生的天竺桂、七叶树、樟树、银杏、马尾松、雪松、紫薇、广玉兰等。近年来，随着城乡园林绿化事业的发展，园林植物栽培养护技术的日益提高，表现在：生产逐步实现现代化、自动化；种苗生产高度发达，专业化分工更加精细；栽培养护实践中广泛使用新技术。但目前我国的栽培技术和生产水平与世界先进水平相比，还有一定的差距。生产专业化、布局区域化、市场规范化、服务社会化的现代化产业格局还没有真正形成。科研滞后生产、生产滞后市场的现象还相当突出。无论是产品数量还是产品质量都远不能满足社会日益增长的需要，与社会主义市场经济不相适应。所以园林植物的栽培应在继承历史的同时，借鉴世界先进经验与技术，站在产业化的高度，利用我国丰富的园林植物资源，推进商品化生产，为我国社会主义精神文明和物质文明服务。

（2）世界园林植物栽培养护的现状

近年来，世界园林植物生产有了迅速的发展，具有生产现代化，产品优质化，生产、经营、销售一体化的特点。在栽培养护技术上有了较大进展，主要表现在以下几个方面：

① 园林种苗的容器化为园林植物移栽提供了诸多方便　容器育苗，尤其是大苗的容器育苗，对园林植物的移栽和在较短时间内达到快速绿化的效果起到了十分重要的作用。目前在国外这种育苗方式发挥着越来越大的作用。它可使大苗移栽的成活率达到100%，也免除了起苗、打包等移栽过程中人力、物力的消耗。我国目前在这方面虽已起步，但还很不普及。

② 在大树移栽的设备方面有了许多改进　20世纪70年代，The Vemeer Manufacturing Company of Pella Iowa制造并推广其TM700型移栽机。这是一种自我推进，安装在卡车上的机器，可以挖坑、运输、栽植17～21cm胸径的大树。它不仅可在几分钟内挖出土球，而且可以吊装、运输带土球的树木，并将其栽植在预先挖好的坑内。

③ 抗蒸腾剂的使用，大大提高了阔叶树带叶栽植的成活率　有一种商品名为Vapor Guard的Wilt-Pruf NCF的极好抗干燥剂，冬天不冻结，秋天喷洒一次，有效期可延续至越冬。此外，Potymetrics International，New York City制造的Ptantguard（植物保护剂）是较新研制的抗干燥剂，经适当稀释后，喷在植株上，形成一层柔软而不明显的薄膜，不破裂，耐冲洗。它可透过氧气和二氧化碳，并可阻止水汽的扩散。植物保护剂还具有刺激植物生长和防晒的作用。

④ 在园林树木施肥方面也取得了较大的进展　其中按照树木胸径确定施肥量的方法已在生产上应用。在干化肥施用方法上更多地提倡打孔施肥，并在机械化、自动化方面向前推进了一大步。近年来，已研究了肥料的新类型和施用的新方法，微孔释放袋就是其中的代表之一。在肥料成分上根据树木种类、年龄、物候及功能等推广使用的配方施肥逐渐引起人们重视。

⑤ 在园林植物修剪方面，人工、机械修剪高成本促进了化学修剪的发展　有些化

学药剂，可通过叶片吸收进入植物体内，运输到迅速生长的梢端后，幼嫩细胞虽可继续膨大，但可使细胞分裂的速度减缓或停止，从而使生长变慢，并保持树体的健康状况。

⑥ 在树洞处理上，近年来，已有许多新型材料用于填充 其中聚氨酯泡沫是一种最新的材料。这种材料强韧，稍具弹性，与园林树木的边材和心材有良好的黏着力，容易灌注，膨化和固化迅速，并可与多种杀菌剂混合使用。

⑦ 园林花卉的生产目前已达到了温室化、专业化、工厂化 温室结构标准，温室内环境自动调控；生产可以进行流水作业，连续生产和大规模生产；为了提高竞争力，各国都致力于培养独特的花卉种类，形成自己的优势；并且注意发展节约能源花卉的生产，广泛采用新的栽培技术如组织培养、无土栽培、促成栽培等。

⑧ 在农药的使用上，更加重视环境保护 由于环境保护的需要，淘汰了一些具残毒和污染环境的药剂，应用和推广了许多新型高效低毒的农药，并进行生物防治。

0.2 课程对接的职业岗位

0.2.1 对应的职业岗位（图 0-1）

（1）园林植物栽培的职业岗位

园林植物栽培对应的顶岗岗位是绿化工，主要工作内容是在绿化施工员的指导下做好绿化栽培前整地、挖栽植穴、栽植施工等工作。就业初次岗位是绿化施工员，主要工作内容是在项目技术负责人指导下负责现场的施工组织安排和施工管理，负责现场

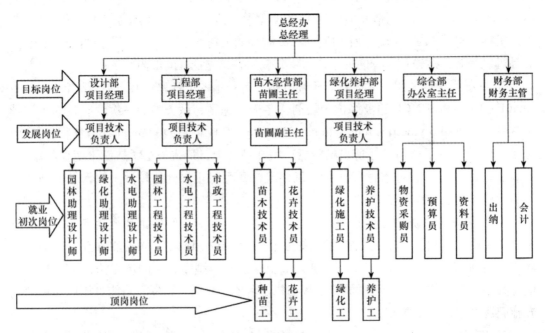

图 0-1 园林企业岗位分工

的技术、测量、试验等工作等。发展岗位是绿化施工项目技术负责人，主要工作内容是全面负责绿化施工技术、质量安全、目标管理，制订分部、分项的绿化工程施工方案，并结合施工实际，制订具体的技术组织措施，督促贯彻执行。目标岗位是绿化养护部项目经理，主要工作内容是全面负责绿化工程项目的招投标、主持制订中标绿化工程项目的施工组织设计、质量计划，编制年、季、月施工进度计划，组织绿化工程项目的安全生产，负责项目工程质量，负责组织部门员工业务培训等。

（2）园林植物养护的职业岗位

园林植物养护对应的顶岗岗位是养护工，主要工作内容是在养护技术员的指导下做好园林绿地花、草、树木的及时修剪、整型、清理、施肥、防病治虫，做好绿地、花坛的日常保洁，会用各类绿化养护工具开展绿地养护管理。初次就业岗位是绿化养护技术员，主要工作内容是全面负责园林绿化养护管理的技术指导工作。发展岗位是绿化养护项目技术负责人，主要工作内容是全面负责绿化养护项目技术、质量安全、目标管理。目标岗位是绿化养护部项目经理，主要工作内容是全面负责绿化养护项目的招投标、主持制订中标绿化养护项目的质量计划，编制年、季、月养护管理进度计划，组织绿化养护项目的安全实施，负责组织部门员工业务培训等。

0.2.2　岗位工作职责

（1）园林植物栽培职业岗位工作职责

① 绿化工岗位工作职责　服从领导安排，遵守劳动纪律，不迟到、早退，不脱岗，积极完成本职工作任务；能在绿化施工员指导下，熟悉园林植物栽植技术规程，能负责责任区内绿化工程的栽植地准备、挖栽植穴、绿化种植等工作；能熟练操作各种绿化工具、设备，清楚各种绿化物料的使用方法，并严格遵守各项安全操作规程；按时、按质地完成责任区内绿化的各项种植生产任务，发现问题及时处理、上报；完成领导交办的其他工作。

② 绿化施工员岗位职责　在项目经理和技术负责人领导下，负责现场的施工组织安排和施工管理工作；负责现场的技术、测量、试验工作；做好现场的技术、安全、质量交底工作，履行签认手续，并经常检查规程、措施、交底要求执行情况，随时纠正违章作业。做好施工队伍技术指导；随时掌握作业组在施工过程中的操作方法，严格过程控制；按工程质量评定验收标准，经常检查作业组的施工质量，抓好自检、互检和工序交接检，发现不合格产品要及时纠正或向项目经理汇报；负责现场的施工准备，保护好测量标志；严格监督、检查、验收进入施工区、段的材料、半成品是否合格，堆码、装卸、运输方法是否合理，防止损坏和影响工程质量；按时填写各种有关施工原始记录、隐蔽工程检查记录和工程日志，做到准确无误；积累原始资料，提供变更、索赔依据。

③ 绿化施工项目技术负责人职责　全面负责绿化施工技术、质量安全、目标管理等工作；负责工程施工的现场工作安排；包括整地、定点放线、种植、基肥施放以及养护期保养等的组织和落实；协助施工方案说明书的编写和工程现场检查；及时反映工

程施工存在的问题，并协助解决；配合施工队长对供应商直接送到施工现场的物品质量进行验收；完成公司交办的其他任务。

（2）园林植物养护职业岗位工作职责

① 绿化养护工职责　负责园林绿地花、草、树木的培土、浇水、施肥、除杂草及病虫害的防治工作等绿化养护和管理工作；进行常用绿化养护工具的应用和简单维修工作（PEØ32 及 PEØ20）；负责责任区内枯枝落叶等的垃圾清理工作；完成上级领导安排的其他工作。

② 绿化养护技术员职责　全面负责园林绿化养护管理的技术指导工作；负责做好树木的防冻、病虫害的监测和防治工作；负责指导提高绿化工作的技术性能和理论基础知识；完成领导安排的其他工作任务。

③ 绿化养护项目技术负责人　贯彻执行国家有关园林绿化养护技术政策及技术标准，负责园林绿化维护管理、技术指导、监督检查，对绿化养护项目技术工作全面负责；组织绿化养护技术人员学习并贯彻执行各项绿化养护技术政策、规程、规范、标准和技术管理制度；负责编制园林绿化养护作业计划，做好养护管理人员、材料、器具的计划、申请及使用；合理安排园林绿化养护管理流水和交叉作业，及时处理当天作业中的困难；指导绿化养护工人按照技术交底要求进行绿化养护作业，纠正一切违章指挥、违章作业行为，对绿化养护工人落实安全质量责任制，保障作业安全；负责绿化养护材料验收。材料到达后立即与库管员办理入库验收，并完善相关手续。对不符合要求的材料，要立即解决，杜绝使用；认真填写绿化养护作业日志，详细记载当天的人、材、机的使用情况；配合其他人员，完成部门领导交办的其他工作。

④ 绿化养护部项目经理职责　对公司领导负责，制订年度公司所辖范围绿化养护管理方案、绿化养护管理标准和技术要求以及月工作计划，并按审定后的养护管理方案和计划，组织各绿化队开展工作；审核绿化队长每周工作安排和临时出勤考勤表，审批绿化工人临时加班和 3 天内请假；每月末负责组织月检查，经常到绿地对绿化养护管理工作进行检查和指导；对检查发现的及绿化队报告的问题提出整改措施，情节严重须向公司领导汇报；努力学习专业适应知识，经常与外界同行交流，不断提高绿化管理水平；完成公司交办的其他工作。

模块 1

园林植物栽培

项目1
园林植物栽培前准备

园林植物栽培前准备是园林植物栽培的基础工作。本项目以园林绿化建设工程中各类园林植物栽植前准备的实际工作任务为载体，设置了定点放样、土壤准备、苗木准备3个学习任务。学习本项目要熟悉园林植物栽培技术规程，并以园林绿化建设工程中的实际施工任务为支撑，将知识点和技能点融于实际的工作任务中，使学生在"做中学、学中做"，实现"理实一体化"教学。

学习目标

【知识目标】

(1) 熟悉园林植物绿化种植定点放样工作内容，掌握定点放样技术方法；

(2) 了解园林绿地土壤特点，掌握园林绿地土壤改良整理的技术方法；

(3) 熟悉各类园林苗木规格要求，掌握园林苗木选择、起苗、运苗、假植、苗木处理的技术方法。

【技能目标】

(1) 会进行各类型园林绿地绿化种植定点放样；

(2) 会进行园林绿地土壤改良整理；

(3) 会进行园林苗木选择、起苗、运苗、苗木处理操作。

任务 1.1
定点放样

 任务分析

【任务描述】

定点放样是园林植物栽植前准备的重要内容。本任务学习以学院或某小区新建绿地中各类园林植物栽植的施工任务为支撑，以学习小组为单位，根据学院或某小区绿化种植设计图和施工图，实施完成园林植物栽植前定点放样任务。本任务实施宜在学院或某小区绿地等校内外实训基地开展。

【任务目标】

（1）会正确识读园林绿化设计图和施工图；

（2）会按照绿化设计图和施工图进行各类型园林绿地绿化种植定点放样；

（3）熟练并安全使用各类定点放样的器具材料；

（4）能独立分析和解决实际问题，吃苦耐劳，合理分工并团结协作。

 理论知识

1.1.1　定点放样概述

绿化种植工程的放样按对象不同，可分为土方放样和种植放样。土方放样包括平整场地的放线和自然地形的放线。种植放样是根据园林绿化设计方案、园林植物绿化种植设计图和施工图，依栽植方式的不同，采用自然式、整体式、等距弧线等方法在现场测出苗木栽植的位置和株行距，明确标示种植穴中心点的种植边线，标明定点位置的树种名称（或代号）、规格，做到清晰简明、区别显著，达到绿化工程所要求的效果。

1.1.2　定点放样准备

（1）了解绿化设计意图

施工单位在放样前必须先阅读绿化设计图和施工图，找设计人员了解绿化设计意图，对发现的问题应做出标记，做好记录，以便在图纸会审时提出。

（2）踏勘现场

提取施工现场土样进行测定，据测定的土质情况，确定是否换土，并估计客土量及客土来源；了解施工现场交通状况；了解施工现场地下水位及水源、电源、地下管线等情况；了解施工现场是否平整，有无绿化施工障碍物，提出处理意见。

（3）图纸会审

由建设单位组织设计、施工单位参加图纸会审。会审时先由设计单位进行图纸交底，然后各方提出问题。经协商统一后的意见形成图纸会审纪要，由建设部门正式行文，参加会议各方盖章，作为与设计图同时使用的技术文件，施工单位在图纸会审中应重点把握以下内容：图纸说明是否完整、完全、清楚，图中的尺寸、标高是否准确，图中植物表所列数量与图中种植物符号数量是否一致，图纸之间是否有矛盾；施工技术有无困难，能否确保施工质量和安全，植物材料在数量、质量方面能否满足设计要求；地上与地下，建筑施工与种植施工是否矛盾，各种管道、架空电线对植物是否有影响；图中不明确或有疑问处，设计单位是否解释清楚；施工、设计中的合理建议是否被采纳。

1.1.3　定点放样方法

1.1.3.1　自然式配置放线法

（1）坐标定点（网格）法

根据植物配置的密度，先按一定的比例在设计图及现场分别打好等距离方格，然后在图上量出树木在某方格的纵横坐标尺寸，再按此方法量出现场的相应方格位置，并用灰线做出明显标记。此方法适用于范围大、地势平坦而树木配置复杂的绿地。

（2）仪器测量法

用经纬仪或小平板仪依据地上原有基点或建筑、道路等明显地物标识，将树群或孤植树依照设计图上的位置依次定出每株位置，并用灰线做出明显标记。此法适用于范围较大、测量基点较准确而植株较稀的绿地。

（3）交会法

由两个地物或建筑平面边上两个点的位置到种植点的距离，以直线相交的方法定出种植交点。此法适用于范围小、现场建筑或其他标志与设计图相符的绿地。

1.1.3.2　规则式配置放线法

（1）图案简单（如行列式）的规则式绿地

定点放线的方法是以绿地边界、园路、广场和小建筑物等平面位置为依据，定出行位，再利用皮尺、测绳和标杆（控制行位）量出每株树木的位置，并用灰线做出明显标记即可。图案整齐、线条规则的小块模纹绿地，要求图案线条准确无误，故放线时要求极为严格，可用较粗的铁丝、铅丝按设计图案的式样编好图案轮廓模型，图案较大时可分为几节组装，检查无误后，在绿地上轻轻压出清楚的线条痕迹轮廓，并用灰线做出明显标记；图案连续和重复布置的绿地，为保证图案的准确性、连续性，可用较厚的纸板或围帐布、大帆布等（不用时可卷起来便于携带运输），按设计图剪好图案模型，线条处留5cm左右宽度，以便于撒灰线，放完一段再放一段，并用灰线做出明显标记。

（2）图案复杂的模纹绿地

对于地形较为开阔平坦、视线良好的大面积绿地，设计图案复杂的模纹图案，由于面积较大一般设计图上已画好方格线，按照比例放大到地面上即可；图案关键点应用木桩标记，同时模纹线要用铁锹、木棍划出线痕然后再撒上灰线，因面积较大，放线一般需较长时间，因此放线时最好订好木桩或划出痕迹，撒灰踏实。

1.1.3.3　等距弧线放线法

放线时可从弧的开始到末尾以路牙或中心线为准，每隔一定距离分别画出与路牙垂直的直线。在此直线上，按设计要求的树与路牙的距离定点，把这些点连接起来就成为近似道路弧度的弧线，于此线上再按株距要求定出各种植点。

1.1.3.4　尺徒手定点放线

放线时应选取图纸上已标明的固定物体（建筑或原有植物）作参照物，并在图纸和实地上量出它们与将要栽植植物之间的距离，然后用白灰或标桩在场地上加以标明，依此方法逐步确定植物栽植的具体位置，此法误差较大，只能在要求不高的绿地施工采用。

任务实施

1. 器具与材料

学院或某小区绿化设计图和施工图；经纬仪或小平板仪、皮尺、测绳、标杆、石灰、木桩、畚斗等；专业书籍；教学案例等。

2. 任务流程

定点放样任务流程见图 1-1。

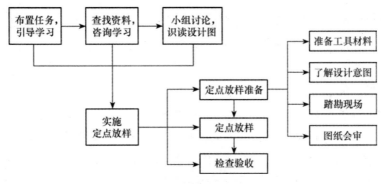

图 1-1 定点放样流程图

3. 操作步骤

1) 定点放样准备（图 1-2）

图 1-2 定点放样准备

2) 实施定点放样

（1）行道树定点放样

① 任务 选定 1～2 条道路（每条长度 1000m 左右），其中一条有完好路牙，一条没有完好路牙。

② 实施放样

确定行位：行道树放样时，有完好路牙的以路牙内侧为准，无完好路牙的以道路路面的中心线为准，用尺测准定出行位，并按设计图规定的株距，大约每 10 株钉 1 个行位控制桩。如果道路通直，行位控制桩可钉得稀一些，一般首尾两头用尺量距，中间部位用经纬仪照准穿直的方法布置控制桩。每一个道路拐弯处都必须测距钉桩。

确定点位：以行位控制桩为瞄准的依据，用尺或测绳按照图面设计确定株距，定出每一棵树的位置。株位中心用铁锹挖一小坑，内撒石灰，作为点位定位标记。

③注意事项　注意行位控制桩不要钉在种植坑范围内，以免施工时被挖掉；遇道路急转弯时，在弯的内侧应留出50m不栽树，以免妨碍视线；交叉路口各边30m内不栽树；公路与铁路交叉口50m内不栽树；高压输电线两侧15m内不栽树；公路桥头两侧8m内不栽树；遇有出入口、交通标志牌、涵洞、车站电线杆、消火栓、下水道等都应留出适当距离，并尽量左右对称。

（2）成片自由式种植绿地定点放样

①任务　选定已进行绿化种植设计的一定面积空旷地进行自由式种植绿地定点放样。

②实施放样

平板仪定位法：依据基点将单株位置、片林范围、树丛花丛位置按设计图依次定出，并钉木桩标明，注明种植的树种、数量。

网格法：按比例在设计图和现场分别找出距离相等的方格（10～20m见方）。定点时先在设计图上量好树木与对应方格的纵横坐标距离，再按比例写出现场相应方格位置，然后钉木桩或撒石灰标记。

交会法：以建筑物的两个固定位置为依据，根据设计图上某树木与该两点的距离相交会，定出植树坑位置，撒石灰标记，注明树种和刨坑规格。树丛界限要用白灰划清范围，线圈内钉上木桩，注明树种、数量、坑号，然后用目测方法确定单株，撒石灰标记。

③注意事项　树种、数量、规格应符合设计图；树丛内的树木应注意层次，较大的放于中间或后面，较小的放在前面或四周，形成一个流畅的倾斜树冠线；自然式栽植的苗木，放线要自然，不得等距离或排列成直线。

（3）花坛定点放样

①任务　任选已设计的规则式花坛、图案整齐模纹花坛、复杂图案花坛其中之一进行花坛定点放样训练。

②实施放样

规则式花坛定点放线：按设计图纸的尺寸标出图案关系基准点，直交线可直接用石灰或锯末撒画。圆弧线应先在地上画线，再用石灰或锯末沿线撒画。若要等分花坛表面，可从花坛中心桩牵出几条细线，分别拉到花坛边缘各处，用量角器确定各线之间的角度，将花坛表面等分成若干份。

图案整齐模纹花坛定点放线：须用粗铁丝编好图案、轮廓模型，在花坛地面上压出线条痕迹，再撒上石灰线。

复杂图案花坛定点放线：先用厚纸板按设计图纸放样成图案模型，然后用方格法摆准位置，图案关键点用木桩标记，模纹线用铁锹、木棍划出线痕，然后撒上灰线。

3）检查验收

各类型绿地定点放样后，应请设计人员及有关单位派人根据绿化种植设计图和施工图仔细核对，检查放样的准确性，方可转入下一步的施工。

 **案例**

案例 1-1　福建林业职业技术学院江南校区樟树行道树施工放样

1．樟树行道树种植设计概况

根据福建林业职业技术学院江南校区绿地规划设计总体方案，该校区人工湖前的校园道路上要种植 8 棵直径 20cm 以上，冠幅 5～6m 的大樟树作为行道树。

2．施工放样准备

园林技术 1017 班学生承接了樟树行道树施工放样任务。本班学生以学习小组为单位，认真识读了樟树行道树绿化设计图和施工图，充分了解樟树行道树种植设计意图，并踏勘了种植地现场，详细了解种植地地下水位、水源、电源、地下管线等基本情况。本班学生还和设计方一起进行了设计图和施工图会审，提出了合理建议。

3．实施定点放样（图 1-3）

图 1-3　樟树行道树种植区定点放样示意图

① 确定行位　因待种植樟树行道树的道路有完好路牙，各学习小组依据樟树行道树绿化设计图和施工图，以路牙内侧为准，用皮尺测准定出了行位，并按设计图规定的株距，每隔 4 株钉 1 个行位控制桩，道路的首尾各钉 1 个控制桩，并撒石灰标记。

② 确定点位　以确定好的行位控制桩为瞄准的依据，各学习小组用尺按照樟树行道树绿化设计图设计的株距，定出 8 棵树的具体位置，并在各株位中心挖一小坑，撒上石灰，作为点位定位标记。

4．检查验收

樟树行道树定点放样后，由设计人员及学院园林中心根据绿化设计图和施工图进行仔细核对，检查结果认为园林 1017 班各学习小组对樟树行道树的行位和点位放样准确。

知识拓展

1．绿化种植施工图内容与用途、绘图要求

园林绿化种植施工图是表示园林植物的种类、数量、规格及种植形式和施工要求的图样，是定点放线和组织种植施工与养护管理、编制预算的依据。种植施工图主要包括平面图、详图、苗木表、做法说明等。为了反映植物的高低配置要求及设计效果，必要时还要绘出立面图和透视图。绘图要求如下。

① 平面图　第一，图的比例尺为1∶500～1∶100。第二，标注尺寸或绘制方格网。在图上标注出植物的间距和位置尺寸以及植物的品种、数量，标明与周围固定构筑物和地下管线距离的尺寸，作为施工放线的依据。自然式种植可以用方格网控制距离和位置，方格网用 2m×2m～10m×10m，方格网尽量与测量图的方格线在方向上一致。现状保留树种如属于古树名木，要单独注明。第三，树木种类及数量较多时，可分别绘出乔木和灌木的种植图。

② 立面图　主要在竖向上表明各园林植物之间的关系、园林植物与周围环境及地上、地下管线设施之间的关系等。

③ 详图　必要时可绘制种植详图，说明种植某一种植物时挖穴、覆土施肥、支撑等种植施工要求。图的比例尺为1∶50～1∶20。

④ 苗木表　列表说明植物的种类、规格［胸径以厘米（cm）为单位，写到小数点后一位；冠径、高度以米（m）为单位，写到小数点后一位］、数量等。观花植物应在备注中标明花色、数量等。

⑤ 做法说明　用文字说明选用苗木的要求（品种、养护措施等），栽植地区客土层的处理、客土或栽植土的土质要求、施肥要求，对非植树季节的施工要求等。

2．土方放样的常见问题

（1）台阶式、坟堆式地形

由于对等高线领会不透，常常在放样过程中造成地形辐射不够，形成台阶式、坟堆式地形，缺乏流畅感，严重的则造成排水不畅。因此，在放样过程中一定要注意地形外缘过渡自然。

（2）地形和绿化种植脱离

地形和绿化种植应该是相辅相成的，造成这种情况的原因有时是设计图的改变，或者由于某些原因需要临时增减一些苗木或基础设施，这时如何最大限度地保留原作品中的面貌，施工人员的放样就显得特别重要。如有一个绿化施工项目，原绿化施工图中靠围墙布置了3～5排宽度不等的水杉作背景，后来由于某些原因，水杉被取消而改成一排珊瑚绿篱，这样原来占地至少4m的空间现在改成了50cm左右。如果地形一成不变，那么原来种在高坡上的主景树木只能种在山坡背面了，就违背了设计的原有意图。这时，只能将地形最高点适当向围墙靠近，主景树木位置稍向后移，使之仍然处于最高点，既避免了空档的形成，又保证了原来的布景要求。

（3）设计和现场情况脱离

这种情况较少发生，但有时除了请设计师到场外，如果差异不是很大，施工人员

也可局部调整。如有一个施工项目，图纸上的长宽是130m×45m，但实际施工现场是145m×30m，原设计图中主要入口处是一个圆形广场加阶梯式花坛。这时，由于施工现场宽度的缩小，如果保留阶梯式花坛，则入口处显得拥挤不堪（按图纸放样，花坛位置就处在大门入口处）。后来，征求了设计人员的意见，取消了原有的阶梯式花坛，而改为两侧两个弧形对称小花坛。

（4）草坪地块与乔灌木地块地形高差不当

在花坛、花境的施工中，乔灌木地块的地形应当比草坪地块地形稍高。因为草皮有一定的厚度，铺了草坪以后，在高差上乔灌木和草坪就有机地结合；反之，视觉上容易造成一高一低的假象，也影响了乔灌木的排水。

3．种植放样中的常见问题

（1）种植地块走样

造成这种情况的主要原因是对施工图理解不够。特别是在一些自然式种植时，常常做成"排大蒜式"、"列兵式"，给种植效果打了很大的折扣。对于一些景点及景观带的放样，应根据树形及造景需要，确定每棵树的具体位置。

（2）苗木数量配置不当

这主要是受到施工图的约束。有时临时改变了苗木的规格，或者立地体量发生了变化，应该现场及时调整，而不能单纯堆砌，做成苗圃式、森林式地块。

另外，在一些模纹花坛中，缺少灵活性、机动性，尤其是在组合花坛中，缺乏整体感受，如在一个以色块为主的道路花坛施工项目中，单个花坛长21m，图案长度10m，此时若按图施工，则出现一个1m的空档，再放一个图案不协调，不放又造成整个花坛缺乏连续性。这时，放样就可对每个图案加长50cm，既保持了单个花坛的整体

性，又保证了整组花坛的连续性。

4．植物种植设计施工图的常见问题

（1）缺少对现状植物的表示

植物种植范围内往往有一些现状植物，从保护环境的角度出发，应尽量保留原有植物，特别是古树名木、大树及具有观赏价值的草本、灌木等。设计者往往只在施工图中用文字说明而没有图示现状植物，使得施工图的准确性不高和可操作性不强，有些甚至连说明都没有，最后导致错伐植物，破坏环境。

（2）图纸不全，图纸内容过于简单

建筑制图规范对建筑施工图中的总平面图与施工大样图分别有严格的规定，图纸的索引关系清晰，许多植物种植设计者能参照建筑制图规范进行制图，设计文件完整可靠（如对在同一组群内要求的苗木高度不一，同一种植物在不同位置种植时的苗木规格、整形形式和施工技术要求不同等问题，用大样图图示清楚或在平面图中用文字标注说明），但还有一些是"一图了事"——只有一张植物种植设计总平面图，没有大样图，图中的内容表达不清，施工人员无法完全理解设计意图，现场施工临时更改设计的情况很普遍。

（3）文字标注不准确

植物种植设计图普遍采用特定的图例表示各种植物类型，用文字（或数字编号）标注说明植物名称，而对不同种植点的植物规格要求、造型要求和重要点位的坐标等普遍没有标注，造成按图施工的可操作性不强，往往需要设计人员亲自选苗、到现场指导和定点放线，才能达到设计要求。这不利于分工合作，造成人力资源的浪费。

（4）苗木表内容不统一

由于植物具有生命性特点，同一种植物的生长状况、形状姿态、人工整形修剪形式

不一，所营造的景观有差异，施工技术、养护要求和工程营造也不同。我国现行的《风景园林图例图示标准》对种植设计图中的苗木统计表示未做规定，有教材认为苗木表的内容应包括：编号、树种、数量、规格、苗木来源和备注等内容；比较普遍采用的苗木表的格式也包括：编号、树种、规格、种植面积、种植密度、数量和备注等内容，少数图纸能做到在苗木表中包括植物的拉丁学名，植物种植时和后续管理时的形状姿态，整形修剪时特殊造型要求等。由于苗木表内容不统一，不仅对工程施工带来不便，而且对工程预结算、工程招标、工程施工监理和验收等工作带来困难。

 巩固训练

1．训练要求

（1）以小组为单位开展训练，组内学生要分工合作、相互配合、团队协作。

（2）绿化种植施工放样应具有科学性和准确性。

（3）做到安全生产，操作程序符合要求。

2．训练内容

（1）结合当地小区绿化工程的种植放样内容，让学生以小组为单位，在咨询学习、小组讨论的基础上充分了解绿化设计意图，会正确识读绿化种植设计图和施工图。

（2）以小组为单位，依据当地小区绿化工程进行一定任务的种植放样训练。

3．可视成果

某小区绿化种植工程施工放样方案；施工放样成功的绿地。

本训练的有关评价见表 1-1。

表 1-1　定点放样考核评价表

模　块	园林植物栽植				项　目	园林植物栽培前准备
任　务	任务 1.1　定点放样				学　时	2
评价类别	评价项目		评价子项目	自我评价（20%）	小组评价（20%）	教师评价（60%）
过程性评价 （60%）	专业能力（45%）	方案实施能力	识图能力（10%）			
			工具材料准备（5%）			
			实施定点放样（25%）			
			检查验收（5%）			
	社会能力（15%）		工作态度（7%）			
			团队合作（8%）			
结果评价（40%）	放样的科学性、准确性（30%）					
	实训总结报告（10%）					
	评分合计					
班级：		姓名：		第　　组	总得分：	

小结

定点放样任务小结如图1-4所示。

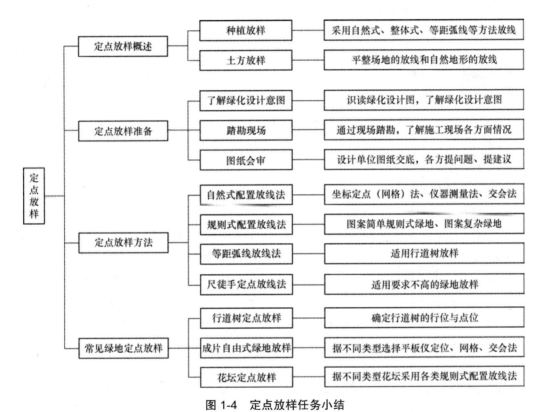

图 1-4　定点放样任务小结

 思考与练习

1．填空题

（1）绿化种植工程的放样按对象不同可分为_____和_____。

（2）土方放样包括_____和_____。

（3）定点放样准备工作包括_____、_____、_____、_____。

（4）自然式配置放线法有_____、_____、_____。

（5）绿化种植工程定点放样的方法有_____、_____、_____、_____。

（6）行道树放样时，确定行位时，有完好路牙以_____为准，无完好路牙的以_____为准。并按设计图规定的株距，大约每_____株钉1个行位控制桩。确定点位时，以_____为瞄准的依据，用尺或测绳按照图面设计_____，定出每一棵树的位置。

（7）行道树放样时，遇道路急转弯时，在弯的内侧应留出_____不栽树，以免妨碍视线；交叉路口各边_____内不栽树；公路与铁路交叉口_____内不栽树；高压输电线两侧_____内不栽树；公路桥头两侧_____内不栽树。

（8）成片自由式种植绿地定点放样可选用_____、_____、_____等方法放样。

2．选择题

（1）绿化种植工程的放样按对象不同，可分为（　　）。

A．土方放样和种植放样　　　　　　B．平整场地的放线

C．自然地形的放线　　　　　　　　D．自然式配置放线法

（2）绿化种植工程放样准备工作中的图纸会审一般由（　　）负责组织。

A．设计单位　　　　　　　　　　　B．施工单位

C．建设单位　　　　　　　　　　　D．以上 3 个单位联合组织

（3）以下放线法属于自然式配置放线法的是（　　）。

A．仪器测量法　　　　　　　　　　B．土方放样

C．平整场地的放线　　　　　　　　D．规则式配置放线

（4）适用于范围较大、测量基点较准确而植株较稀的绿地放线法是（　　）。

A．坐标定点（网格）法　　　　　　B．规则式配置放线

C．仪器测量法　　　　　　　　　　D．交会法

（5）适用于范围小、现场建筑或其他标志与设计图相符的绿地放线法是（　　）。

A．坐标定点（网格）法　　　　　　B．规则式配置放线

C．仪器测量法　　　　　　　　　　D．交会法

（6）适用于范围大、地势平坦而树木配置复杂的绿地放线法是（　　）。

A．坐标定点（网格）法　　　　　　B．规则式配置放线

C．仪器测量法　　　　　　　　　　D．交会法

（7）适用于要求不高的绿地施工的放线法是（　　）。

A．坐标定点（网格）法　　　　　　B．规则式配置放线

C．尺徒手定点放线　　　　　　　　D．交会法

（8）适用于图案简单（如行列式）规则式绿地的放线法是（　　）。

A．坐标定点（网格）法　　　　　　B．规则式配置放线

C．尺徒手定点放线　　　　　　　　D．交会法

（9）遇道路急转弯时，在弯的内侧应留出（　　）不栽树，以免妨碍视线。

A．30m　　　　　B．50m　　　　　C．15m　　　　　D．8m

（10）高压输电线两侧（　　）内不栽树。

A．30m　　　　　B．50m　　　　　C．15m　　　　　D．8m

3. 判断题（对的在括号内填"√"，错的在括号内填"×"）

（1）仪器测量放线法适用于范围较大、测量基点较准确而植株较稀的绿地。（　　）

（2）规则式配置放线法适用于要求不高的绿地施工放样。（　　）

（3）尺徒手定点放线适用于图案复杂的模纹图案花坛放样。（　　）

（4）交会法放线适用于图案复杂的模纹图案花坛放样。（　　）

（5）行道树放样时，行位控制桩要钉在种植坑范围内。（　　）

（6）行道树放样时，交叉路口各边30m内可栽树。（　　）

（7）树丛或片林放样时，如实际地形和设计图有出入，树丛或片林的树种、数量、规格可根据实际地形调整，不需要和设计图吻合。（　　）

（8）各类型绿地定点放样后，无须检查验收，可直接转入下一步的施工。（　　）

4. 问答题

（1）施工单位在绿化种植工程定点放样前的图纸会审中重点要把握哪些内容？

（2）自然式配置放线法包括哪些方法？简述其操作技术要点和适用性。

（3）简述规则式配置放线法的适用性和操作技术要点。

（4）举例说明怎样正确进行行道树的定点放样。

（5）举例说明怎样正确进行成片自由式种植绿地的定点放样。

任务 *1.2*

土壤准备

 任务分析

【任务描述】

土壤准备是园林植物栽培前准备的重要内容。本任务学习以学校或某小区新建绿地中各类园林植物栽植的施工任务为支撑，以学习小组为单位现场踏查了解绿化种植场地现状，并依据绿化设计图和施工图实施完成园林植物栽培前土壤准备任务。本任务实施宜在学校或某小区绿地等校内外实训基地开展。

【任务目标】

（1）会正确识读园林绿化设计图和施工图；

（2）会按照绿化设计图和施工图及种植地现状合理进行园林绿地土壤改良整理；

（3）会熟练并安全使用各类土壤准备的器具材料；

（4）能独立分析和解决实际问题，吃苦耐劳，合理分工并团结协作。

理论知识

1.2.1 园林绿地土壤特点和类型

1.2.1.1 园林绿地土壤特点

（1）土壤剖面结构和形态混乱

由于城市建设过程中挖掘、搬运、堆积、混合和大量废弃物填充等原因，园林绿地土壤结构和剖面发育层次十分混乱，土层分异不连续，有的甚至发生土层倒置现象，即 A 层在下，B 层在上，或古土壤层在上，新土壤层在下等。

（2）土壤质地变性，人工附加物丰富

由于城市建设如建筑修路及工业生产、居民生活等原因，园林绿地土壤多数为碎石、砖块、玻璃、煤渣、混凝土块、塑料、工业废弃物、生活垃圾和土的混合物，土壤颗粒组成中砾石和砂粒较多，细粒和黏粒所占比例较小，土壤质地粗，多为石质、砂质。有些土壤层次砾石和石块含量可高达 80%～90% 及以上，土壤持水性差，不利于植物生长。

（3）土壤紧实，容重大，孔隙度小

由于城市人口密集、交通发达、人流车流量大，人为践踏和车辆压轧园林绿地土壤，导致园林绿地土壤紧实，容重大，孔隙度小。

（4）土壤 pH 值偏高

由于城市园林绿地土壤中常混有建筑废弃物如水泥、砖块和其他碱性混合物等，其 pH 值较同地带的自然土壤偏高，基本以碱性土为主。

（5）土壤养分含量低，肥力下降

园林绿地土壤缺少人工培肥，原有土壤营养被植物吸收、淋溶流失和氧化、挥发等，导致土壤养分低输入、高输出，使园林绿地土壤含量低，肥力逐年下降。

（6）土壤污染严重

城市是一个重要的污染源，它产生的工业"三废"物质、生活垃圾、汽车尾气、医药垃圾等均会导致城市绿地土壤污染。

（7）市政管道等设施多

城市地下设施阻断了土壤毛细管的整体联系，占据了树木根系的营养面积，不利于园林植物生长。

1.2.1.2 园林绿地土壤类型

园林绿地土壤和农田土壤、自然土壤不同，其形成和发育与城市的形成、发展与建设关系密切。由于绿地所处的区域环境条件不同，形成两类园林绿地土壤类型。

（1）填充土

填充土主要指街道绿地、公共绿地和专用绿地的土壤，可分为3种：

①以城市建设垃圾污染物为主　混有砖瓦、水泥块、沥青、石灰等建筑材料，侵入物量少可人工拣出，量大则无法种植。土体有碱性物质侵入，土壤pH值呈碱性，但一般无毒。

②以生活垃圾污染物为主　在旧城老居民区中，土体中混有大量的炉灰、煤渣等，有时几乎全部由煤灰堆埋而成，土壤pH值高，呈碱性，一般也无毒。但肥效极低，影响种植。

③以工业污染物为主　因工业污染源不同，土体的理化性状变化不定，同时还常含有毒物质，情况复杂，故应调查、化验后方可种植。

（2）自然土壤

位于城郊的公园、苗圃、花圃地以及在城市大规模建设前预留的绿化地段，或就苗圃地改建的城区大型公园。这类土壤除盐碱土、飞沙地等有严重障碍层的类型外，一般都适于绿化植树。

1.2.2　土壤整理和改良

1.2.2.1　土壤整理和改良基本要求

（1）绿化种植或播种前应使绿地土壤达到种植土的要求。

①覆土0.6m以内粒级为1cm以上的渣砾和2m内的沥青、混凝土及有毒物质必须清除；

②土壤疏松，容重不得高于1.3g/cm^3；

③土壤排水良好，非毛管孔隙度不得低于10%；

④土壤pH值应为6.5～7.5，土壤含盐量不得高于0.12%；

⑤土壤营养元素平衡，其中有机质含量不得低于10g/kg，全氮量不得低于1.0g/kg，全磷量不得低于0.6g/kg，全钾量不得低于17g/kg。

（2）绿地地形整理应严格按照竖向设计要求进行，地形应自然流畅。

（3）草坪、花卉种植地、播种地应施足基肥，耧平耙细，去除杂物，平整度和坡度应符合设计要求。

1.2.2.2　土地整理和改良的类型

（1）地形地势整理

地形整理指根据绿化设计要求做好土方调度，进行填、挖、堆筑等，结合清除地面障碍物，整理出一定地形，将绿化用地与其他用地分开，对于有混凝土的地面一定要刨除。地势整理是根据本地区排水的大趋势，将绿化地块适当垫高，再整理成一定坡度，以利排水。

（2）地面土壤整理

地形地势整理完毕后，在种植植物范围内，进行全面或局部整地。种植草坪、花坛、灌木等应做到全面整地，整地深度参见表1-2。

表1-2 园林植物种植必需的最低土层厚度 cm

植被类型	草本花卉	草坪地被	小灌木	大灌木	浅根乔木	深根乔木
土层厚度	30	30	45	60	90	150

（3）地面土壤改良

根据土层有效厚度、土壤质地、酸碱度和含盐量，采取相应的换土、客土、施肥、调节pH值等措施改善土壤理化性质，提高土壤肥力，以适应所选树木生长要求。含有建筑垃圾的土壤、盐碱土、重黏土、粉砂土及含有有害园林植物生长成分的土壤，均应根据设计规定用种植土进行局部或全部更换。如在建筑遗址、工程遗弃物、矿渣炉灰地修建绿地，需要清除渣土并根据实际采取土壤改良措施，必要时换土，对于树木定植位置上的土壤改良一般在定点挖穴后进行。

 任务实施

1．器具与材料

学校或某小区绿化设计图和施工图；锄头、铁锹、铲、筛子、畚箕、推车、肥料、河土、黄心土等。

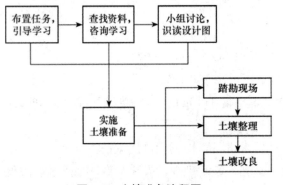

图1-5 土壤准备流程图

2．任务流程

土壤准备任务流程见图1-5。

3．操作步骤

（1）踏勘现场

实施土壤整理与改良前应先对绿化施工场地的现有地形、地貌、现场垃圾及施工环境等进行全面踏查，以便合理安排土壤整理工作；对需用的土壤取样化验，测定pH值、N、P、K及矿物质含量、土层厚度、土壤质地、土壤孔隙度、渗水速率等，以便合理进行土壤改良，满足植物生长需要。

（2）土壤整理和改良

①任务 选定学院或某小区一定面积（500～1000m²）已设计的绿化工程施工场地进行土壤整理和改良。

②土壤整理

场地清理：为了便于栽植工作的进行，在栽植工程进行之前，必须清除栽植地的各种障碍物；全面清除栽植工程施工场地上1cm以上的渣砾、碎石、碎砖等垃圾；刨除施工场地上的沥青、混凝土；清除杂灌、有毒物质等。

地形整理：据绿化工程竖向设计对地形整理的要求，首先进行平整场地和自然地形的放线，再依据放线情况做好土方调度，整理出地形的起伏变化来突出植物景观的变化和美感；绿地排水要根据本地区排水的大趋向，将绿化地块适当垫高，再整理成一定坡度，使其与本地区排水趋向一致。

地面土壤整理：依据绿化工程土壤整理的设计要求，进行全面或局部整地。

③土壤改良

加土、客土：根据绿化施工场地现场土壤调查结果，如果土层有效厚度不适合植物生长，应采取加土改良；如果是建筑垃圾土、盐碱土、重黏土、粉砂土及含有园林植物生长成分的土壤，应实施局部或全部更换原土壤；如果在建筑遗址、工程遗弃物、矿渣炉灰地修建绿地，应先清除渣土、刨除硬质铺装物和水泥，再进行局部或全部换土。

施肥：根据绿化施工场地现场土壤调查结果，如果土壤质地黏重、板结紧实、养分含量低，应采取施基肥等改良土壤措施，使土壤疏松、有效孔隙多、养分充足，以满足设计的植物生长需要。

调节 pH 值：根据绿化施工场地现场土壤调查结果，如果土壤 pH 值超过 7.5，土壤含盐量高，应采取适当降低 pH 值和土壤洗盐排盐等改良土壤措施，使土壤 pH 值保持在 6.5～7.5，土壤含盐量不高于 0.12%，以满足设计的植物生长需要。

（3）注意事项

①地形整理　应避免台阶式、坟堆式地形；避免地形和绿化种植脱离；避免设计和现场情况脱离；避免草坪地块与乔灌木地块地形差异不当。

②土壤改良　加土、客土应尽量就近取材，降低成本；施肥应依据目的、天气、土壤等合理选用肥料，做到合理施肥。

（4）检查验收

绿化施工场地土壤整理或改良后，应请设计人员及有关单位派人根据绿化种植设计图和施工图仔细核对，检查土壤整理和改良是否符合设计要求，质量是否符合绿化工程施工验收规定要求。

案例1-2　福建林业职业技术学院江南校区樟树行道树施工场地土壤准备

1. 樟树行道树种植设计概况

根据福建林业职业技术学院江南校区绿化规划设计总体方案，在该校区人工湖之前的校园道路上要种植 8 棵直径 20cm 以上，冠幅 5～6m 的大樟树作为行道树。

2. 踏勘现场

园林技术 1017 班学生承接了樟树行道树施工场地土壤准备任务。本班学生以学习小组为单位，认真识读了樟树行道树绿化设计图和施工图，并踏勘了种植地现场，了解到该绿化工程施工场地原为人工湖广场和实训二边主干道之间的绿篱种植地，场地上大部分为硬质铺装路面，还有4张石凳，路面下主要为建筑残渣和弃土，只有原绿篱种植槽处有少量种植土，且硬质铺装路面下地下水位高，还有电缆、电源、地下管线等分布。

3. 实施土壤准备

（1）土壤整理（图1-6）

① 场地清理　各学习小组学生根据踏勘现场了解到的施工场地现状，确定了对本施工场地移除4张石凳，挖除原绿篱种植槽中的灌木，再全面刨除硬质铺装路面、建筑残渣和弃土的场地清理措施，并根据设计图和现场实测计算了土方挖取量，合理安排场地清理工序。学生以学习小组为单位，先移除了4张石凳，再挖除了原绿篱种植槽中种植的灌木，最后由学院租用了一台挖掘机按事先放样好的范围刨除硬质铺装路面、建筑残渣和弃土，完成了场地清理任务。

② 地形整理　学生们根据绿化工程竖向设计对地形整理的要求，明确了8棵大樟树是设计种在比原铺装路面高40cm的树池里，依据设计图和现场实测计算了要填垫的土方需要量。并以学习小组为单位和施工工人合作，依据设计图和施工图完成了树池的砌建；根据预算填垫的土方量，结合土壤改良，调进黄心土20m³，河土20m³，填垫到树池里。

③ 地面土壤整理　地形整理后，根据绿化工程设计图设计的株行距挖出8株大樟树的种植穴，穴位做到底平、壁直，不呈锅底状。

图1-6　土壤整理

（2）土壤改良（图1-7）

① 客土　根据绿化施工场地现场踏勘和土壤调查结果，该施工场地上大部分为硬质铺装路面、建筑残渣和弃土，只有原绿篱种植槽处有少量种植土，无法满足新设计种植的大樟树的用土需求。因此，采取调进黄心土20m³，河土20m³进行全面客土。

② 施肥　樟树性喜肥沃深厚湿润土壤条件，为确保樟树对土壤肥力的需要，樟树种植前在每个种植穴施用10kg的牛粪和2.5kg的钙镁磷肥为底肥。

图1-7　土壤改良

4．检查验收

该绿化施工场地土壤整理改良后，已请设计人员及学院派人根据绿化种植设计图和施工图仔细核对，认为该施工场地土壤整理和改良措施符合设计要求，质量符合绿化工程施工验收规定的要求。

 知识拓展

园林工程地形整理

1．地形整理简述

园林工程中的地形整理，是根据园林绿地的总体规划要求，对现场的地面进行填、挖、堆筑等，为园林工程建设整造出一个能够适应各种项目建设、更有利于植物生长的地形。

2．地形整理要求

① 在园林土方造型施工中，地形整理

表层土的土层厚度及质量必须达到《城市绿化工程施工及验收规范》中对栽植土的要求。

②地形整理的施工既要满足园林景观的造景要求，更要考虑土方造型施工中的安全因素，应严格按照设计要求，并结合考虑土质条件、填筑高度、地下水位、施工方法、工期因素等。

③土壤的种类、土壤的特性与土方造型施工紧密相关，填方土料应符合设计要求，保证填方的强度和稳定性。

④填土应严格控制含水量，施工前应检验。当土壤含水量大于最优含水量范围时，应采用翻松、晾晒、风干法降低含水量，或采用换土回填、均匀掺入干土或其他吸水材料等措施来降低土的含水量。若由于含水量过大夯实时产生橡皮土，应翻松晾干至最佳含水量时再填筑。如土壤含水量偏低，可采用预先洒水润湿。土壤的含水量的建议鉴别方法是：土壤握在手中成团，落地开花，即为土壤的最优含水量。通常控制在18%～22%。

⑤填方宜尽量采用同类土壤填筑。如果采用两种透水性不同的土填筑，应将透水性较大的土壤层置于透水性小的土层之下，边坡不得用透水性较小的土壤封闭，以免填方形成水囊。

⑥挖方的边坡，应根据土壤的物理学性质确定。人工湖开挖的边坡坡度应按设计要求放坡，边坡台阶开挖，应随时做成坡势，以利泄水。

3．地形整理前的准备工作

（1）技术准备

熟悉复核竖向设计的施工图纸，熟悉施工地块内的土层的土质情况、阅读地质勘察报告，了解地形整理地块的土质及周边的地质情况、水文勘察资料等；测量放样，设置沉降及水平位移观测点，或观测柱，在具体的测量放样时，可以根据施工图及城市坐标点、水准点，将土山土丘、河流等高线上的拐点位置标注在现场，作为控制桩并做好保护；编制施工方案，绘制施工总平面布置图，提出土方造型的操作方法，提出需用的施工机具、劳动力、推广新技术计划，较深的人工湖开挖还应提出支护、边坡保护和降水方案。

（2）人员准备

组织并配备土方工程施工所需各专业技术人员、管理人员和技术工人；组织安排作业班次；制定较完善的技术岗位责任制和技术、质量、安全、管理网络；建立技术责任制和质量保证体系；对拟采用的土方工程新机具、新工艺、新技术，组织力量进行研制和试验。

（3）设备准备

做好设备调配，对进场挖土、推土、造型、运输车辆及各种辅助设备进行维修检查，试运转，并运至使用地点就位。

（4）施工现场准备

土方施工条件复杂，施工时受地质、水文、气候和施工周围环境的影响较大，因此应充分掌握施工区域内、地下障碍物和水文地质等各种资料数据，对施工现场内的地下障碍物进行核查，确认可能影响施工质量的管线、地下基础及其他障碍物，用于指导施工；充分估计施工中可能产生的不良因素，制订各种相应的预防措施和应急手段；并在开工前做好必要的临时设施，包括临时水电、照明和排水系统，以及施工便道铺设等。在原有建筑物附近挖土和堆筑作业时，应先考虑对原建筑物是否有外力的作用而引起危害，做好有效的加固准备及安全措施。在预定挖土和堆筑土方的场地上，应将地表层的杂草、树墩、混凝土地坪预先加以清除、破碎并运出场地，对需要清除的地下隐蔽物体，由测量人员根据建设单位提供的准确位置图，进行方位测定，挖出表层，暴露出隐蔽物体后，予以清除。然后进行基层处理，由施工单位自检，建设或监理单位验收，未经验收不得进入下道地形整理的工序。在整个施工现场范围，必须先排除积水，并开掘明沟使之相互贯通，同时开掘若干集水井，防止雨天积水，确保挖掘和堆筑的质量，以符合最佳含水标准。开挖和堆筑在按图放样定位、设置准确的定位标准及水准标高后，方可进行作业。特别是在城市规划区内，必须在规划部门勘察的建筑界线范围内进行测量点位，并经有关单位核查无误后，方可开工。地形整理工程施工开工前，必须办妥各种进出土方申报手续和各种许可证。

（5）地形整理的土方工程量计算

在整个地形整理的施工过程中，土方工程量的计算是一个非常重要的环节，在进行编制地形整理的施工方案或编制施工预算书时，或进行土方的平衡调配及检查验收土方工程时，都要进行工程量的计算，土方工程量计算的实质是计算出挖方或填方的土的体积，即土的立方体量。土方量计算的常用方法是方格网法。其计算步骤如下：

① 划分方格网　根据已有地形图将欲计算场地划分为若干个方格网。将自然地面标高与设计地面标高的差值，即各角点的施工高度，写在方格网的左上角，挖方为"十"，填方为"一"。

② 计算零点位置　在一个方格网内如果有填方或挖方时，应先算出方格网边上的零点的位置，并标注于方格网上，连接零点即得填方区或挖方区的分界线。

③ 计算土方的工程量　按方格网底面积图形和体积计算公式计算出每个方格内的

挖方或填方量。

④ 计算土方总量　将挖方或填方区所有土方计算量汇总，即得该场地挖方和填方的总土方量。

（6）土方的平衡与调配

计算出土方的施工标高、挖填区面积、挖填区土方量，并考虑各种变化因素，考虑土方的折算系数进行调整后，应对土方进行综合平衡与调配。进行土方平衡与调配，必须综合考虑工程和现场情况、进度要求和土方施工方法以及分期分批施工工程的土方堆放和调运问题，经过全面研究，确定平衡调配的原则之后，才可着手进行土方平衡与调配工作，如划分调配区，计算土方的平均运距、单位土方的运价，确定土方的最优调配方案。

① 土方的平衡与调配原则　与填方基本平衡，减少重复倒运；填方量与运距的乘积之和尽可能为最小，即总土方运输量或运输费用最小；土应该用在回填密实度要求较高的地区，以避免出现质量问题；土或弃土尽量不要或者少占用农田，弃土尽可能有计划地造田；各区调配应该与全场调配相协调，避免只顾局部平衡，任意挖填而破坏全局平衡；选择恰当的调配方向、运输路线、施工顺序，避免土方运输出现对流和乱流现象，同时便于机械调配、机械化施工。

② 土方平衡与调配的步骤和方法　土方平衡与调配需要编制相应的土方调配图，首先划分调配区：在平面图上先划出挖填区的分界线，并在挖方区和填方区适当划出若干的调配区，确定调配区的大小和位置，划分时应注意与房屋及构筑物的平面位置相协调，并考虑开工顺序、分期施工顺序；调配区的大小应能满足土方施工用主导机械的行驶操作尺寸要求；调配区的范围应满足和土

方工程量计算用的方格网相协调，一般可分为若干个方格组成一个调配区；当土方运距较大或场地内土方调配不能达到平衡时，可考虑就近借土或弃土，此时一个借土区和一个弃土区可以作为一个独立的调配区。其次，计算各个调配区的土方量并标注在图上。第三，计算各挖方、填方之间的平均运距，即挖方区土方的重心和填方区土方重心的距离，可用作图法近似地求出形心位置O以代替重心坐标。重心求出后，标于图上，用比例尺量出每对调配区的平均运距。最后，确定土方最实用调配方案，使总土方运输量为最小值，即为最优调配方案。

综合上述的地形整理的土方工程量计算和土方调配与平衡，其实是采用计算提及的方法，计算出挖方和填方的体积，然后采用最短运距，把高处多余的土方填至低于设计高程的地方。

4. 地形整理的方法

人工湖的开挖是地形整理的一项工作内容，在园林工程中是典型的挖方工作。

（1）人工湖的开挖

① 人工湖的开挖程序一般是：测量放线—降排水—按等深线分层开挖（修坡）—湖岸（修坡）—人工修整。人工湖底有深浅时，应遵循先深后浅或同步进行的施工顺序。挖土应自上而下水平分段分层进行，每层0.3m左右，边挖边检查人工湖的宽度及坡度，及时修整，至设计标高，再统一进行一次修坡清底，检查宽度和标高，要求坑底凹凸不超过0.2m。

② 开挖前，应先进行测量定位，抄平放线，按放线分层挖土。根据土质和水文情况并且根据设计要求，按照设计等深线位置放线，先挖取人工湖中心部位，再按照等深线向四周逐步扩大范围，施工中由

测量人员及时跟踪监测，随时进行休整，避免超挖。

③ 河、湖道开挖过程会有大量的地下水渗出。每间隔一定距离开掘一个集水坑，积水用泥浆泵排出，以保证后道工序能够正常施工。地面也应做好排水措施，防止地表水流入坑内冲刷边坡，造成塌方和破坏基土。

④ 在修整河、湖坡时，为保证土坡的稳定，挖掘机必须选择斗容量在1m³以下的机械作业，不得将挖土机械履带与所挖河湖边线平行作业、行驶、停放。运土汽车应距开挖边线3m以外行驶。

⑤ 对河湖有石砌驳岸的边线，应结合驳岸的施工，做到挖后立即进行驳岸施工，防止开挖结束后造成土方的自然坍塌，同时应预留驳岸作业施工空间。

（2）土山体堆筑

随着国民经济进一步发展，人们对自然对生态的渴望越来越强烈，特别是城市的人们置于钢筋水泥森林的包围中，非常渴望在身边能看到形似自然界的丘陵、山谷、湖泊、小溪，近几年堆筑山体高差超过5m者也越来越多，因此土山体的堆筑亦成为地形整理的重要部分。

① 土山体的堆筑、填料 应符合设计要求，保证堆筑土山体土料的密实度和稳定性。当在有地下构筑物的顶面堆筑较高的土山体时，可考虑在土山体的中间放置轻型填充材料，如EPE板等，以减轻整个山体的质量。

② 土方堆筑 要求对持力层地质情况作详细了解。并计算出山体质量是否符合该地块地基最大承载力，如大于地基承载力则可采取地基加固措施。地基加固的方法有：打桩、设置钢筋混凝土结构的筏形基础、箱

形基础等，还可以采用灰土垫层、碎石垫层、三合土垫层等，并且进行强夯处理，以达到符合山体堆筑的承载要求。

③土山体的堆筑 应采用机械堆筑的方法，采用推土机填土时，填土应由下而上分层堆筑，每层虚铺厚度不大于50cm。

④土山体的压实 用推土机来回行驶进行碾压，履带应重叠1/2，填土可利用汽车行驶作部分压实工作，行车路线须均匀分布于填土层上，汽车不能在虚土上行驶，卸土推平和压实工作须采用分段交叉进行。为保证填土压实的均匀性及密实度，避免碾轮下陷，提高碾压效率，在碾压机械碾压之前，宜先用轻型推土机、拖拉机推平，低速预压4～5遍，使表面平整。压实机械压实填方时，应控制行驶速度，一般平碾、振动碾不超过2km/h；并要控制压实遍数。当堆筑接近地基承载力时，未作地基处理的山体堆筑，应放慢堆筑速率，严密监测山体沉降及位移变化。已填好的土如遭水浸，应把稀泥铲除后，方可进行下一道工序。填土区应保持一定横坡，或中间稍高两边稍低，以利于排水。当天填土，应当天压实。

⑤土山体密实度的检验 土山体在堆筑过程中，每层堆筑的土体均应达到设计的密实度标准，若设计未定标准则应达到88%以上，并且进行密实度检验。一般采用环刀法，才能填筑上层。

⑥土山体的等高线 山体的等高线按平面设计及竖向设计施工图进行施工，在山坡的变化处，做到坡度流畅，每堆筑1m高度对山体坡面边线按图示等高线进行一次修整。采用人工进行作业，以符合山形要求。整个山体堆筑完成后，再根据施工图平面等高线尺寸形状和竖向设计的要求自上而下对整个山体的山形变化点精细地修整一次。要

求做到山体地形不积水，山脊、山坡曲线顺畅柔和。

⑦土山体的种植土 土山体表层种植土要求按照《城市绿化工程施工及验收规范》中相关条文执行。

⑧土山体的边坡 应按设计的规定要求。如无设计规定，对于山体部分大于23.5°自然安息角的造型，应该增加碾压次数和碾压层。条件允许的情况下，要分台阶碾压，以达到最佳密实度，防止出现施工中的自然滑坡。

5．地形整理的验收

地形整理的验收，应由设计、建设和施工等有关部门共同进行验收。

（1）人工湖的验收

①检查人工湖的平面形状，湖岸边坡及湖底的标高是否符合设计要求，湖底的土质原状结构是否发生较大的扰动。检查人工湖的湖底处理是否符合要求。

②若人工湖采取防水措施需要检查人工湖的防水材料的铺设记录及产品合格证书和检验报告，并进行渗水试验。试水时，应将水灌至设计水位标高，连续观察7～10d，做好水面升降记录，水面无明显降落则人工湖检验合格。

（2）土山体的验收

①通过土工试验，土山体密实度及最佳含水量应达到设计标准。检验报告齐全。

②土山体的平面位置和标高均应符合设计要求，立体造型应体现设计意图。外观质量评定通常按积水点、土体杂物、山形特征表现等方面评定。

③雨后，土山体的山凹、山谷不积水，土山体四周排水通畅。

④土山体的表层土符合《城市绿化工程施工及验收规范》中的相关条文要求。

巩固训练

1．训练要求

（1）以小组为单位开展训练，组内同学要分工合作、相互配合、团队协作。

（2）绿化种植施工土壤准备方案应具有科学性和可行性。

（3）做到安全生产，操作程序符合要求。

2．训练内容

（1）结合当地小区绿化工程的土壤准备内容，让学生以小组为单位，在咨询学习、小组讨论的基础上充分了解绿化设计意图，会正确识读绿化种植设计图和施工图。

（2）以小组为单位，依据当地小区绿化工程进行一定任务的土壤准备训练。

3．可视成果

某小区绿化种植工程土壤准备方案；完成土壤准备的栽植地。

有关评价内容见表1-3。

表1-3 土壤准备考核评价表

模 块	园林植物栽植			项 目	园林植物栽培前准备	
任 务	任务1.2 土壤准备			学 时	2	
评价类别	评价项目		评价子项目	自我评价（20%）	小组评价（20%）	教师评价（60%）
过程性评价（60%）	专业能力（45%）	方案实施能力	识图能力（10%）			
			踏勘现场（5%）			
			实施土壤准备（25%）			
			检查验收（5%）			
	社会能力（15%）		工作态度（7%）			
			团队合作（8%）			
结果评价（40%）	土壤准备的科学性、正确性（30%）					
	实训总结报告（10%）					
	评分合计					
班级：		姓名：		第　组	总得分：	

 小结

土壤准备任务小结如图1-8。

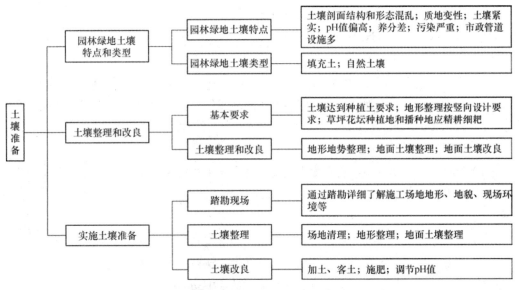

图1-8 土壤准备任务小结

思考与练习

1．填空题

（1）园林绿地土壤类型主要有_____和_____两类。

（2）园林绿地地形整理应严格按照_____要求进行，地形应_____。

（3）土壤整理和改良包括_____、_____、_____等。

（4）地形整理指根据绿化设计要求做好_____，进行_____等，结合清除地面障碍物，整理出一定_____。

（5）地面土壤改良的主要措施有_____、_____、_____、_____等。

2．选择题

（1）以下属于园林绿地土壤特点的是（　　　）。

　　A．土壤肥力高　　　　　　B．土壤pH值偏低

　　C．土壤疏松　　　　　　　D．土壤pH值偏高

（2）园林绿地土壤整理和改良对pH值要求为（　　　）。

　　A．6.5～7.5　　B．≤6.5　　C．≥7.5　　D．以上3个范围均可

（3）园林绿地土壤整理和改良对土壤含盐量的要求为（　　　）。

　　A．≥0.12%　　B．≤0.12%　　C．没有具体要求

（4）土壤整理草本花卉和草坪地被的整地深度最低土层厚度要求为（　　　）。

　　A．45cm　　B．60cm　　C．30cm　　D．90cm　　E．150cm

（5）土壤整理大灌木的整地深度最低土层厚度要求为（　　　）。

　　A．45cm　　　B．60cm　　　C．30cm　　　D．90cm　　　E．150cm

（6）土壤整理浅根乔木的整地深度最低土层厚度要求为（　　）。

    A．45cm　　　B．60cm　　　C．30cm　　　D．90cm　　　E．150cm

（7）土壤整理深根乔木的整地深度最低土层厚度要求为（　　）。

    A．45cm　　　B．60cm　　　C．30cm　　　D．90cm　　　E．150cm

（8）场地清理时应全面清除绿化工程施工场地上（　　）以上的渣砾、碎石、碎砖等垃圾。

    A．2cm　　　B．3cm　　　C．1cm　　　D．0.5cm

3．判断题（对的在括号内填"√"，错的在括号内填"×"）

（1）园林绿地土壤剖面结构和形态混乱，会发生土层倒置现象。　　　　　　　（　　）

（2）园林绿地土壤常为填充土，其土层深厚肥沃，土壤疏松，有效孔隙多，适宜植物生长。　　　　　　　　　　　　　　　　　　　　　　　　　　　　　　　　（　　）

（3）园林绿地土壤污染严重，常含有工业"三废"物质、生活垃圾等。　　　　（　　）

（4）园林绿地土壤市政管道等设施多，不利于土壤整理和植物生长。　　　　　（　　）

（5）绿化种植或播种前应使绿地土壤容重不低于1.3g/cm³。　　　　　　　　　（　　）

（6）绿化种植或播种前应使绿地土壤排水良好，非毛管孔隙度不得低于10%。（　　）

（7）绿化种植或播种前应使绿地土壤含盐量不低于0.12%。　　　　　　　　　（　　）

（8）地面土壤整理种植小灌木整地深度最低土层厚度要达到90cm。　　　　　（　　）

4．问答题

（1）园林绿地土壤有哪些特点？

（2）简述园林绿地土壤类型。

（3）简述土壤整理的具体措施。

（4）简述土壤改良的具体措施。

（5）土壤整理和改良有哪些注意事项？

任务 *1.3*

苗木准备

 任务分析

【任务描述】

    苗木准备是园林植物栽植前准备的重要内容。本任务学习以学院或某小区新建绿地中各类园林植物栽植的施工任务为支撑，以学习小组为单位，根据学校或某小区绿化种植工程项目，实施完成园林植物栽培前苗木准备任务。本任务实施宜在学校或某小区绿地等校内外实训基地开展。

【任务目标】

（1）会根据绿化工程设计图纸和有关说明书等材料，计算每种苗木的需要量；

（2）会以小组为单位制订学校或某小区园林绿化栽植工程项目的苗木准备方案；

（3）会依据制订的苗木准备方案和园林植物栽植技术规程，进行园林绿化栽植工程项目的苗木准备；

（4）会熟练并安全使用各类园林树木起苗、苗木处理和运输工具；

（5）能独立分析和解决实际问题，吃苦耐劳，合理分工并团结协作。

 理论知识

1.3.1　苗木选择

1.3.1.1　苗木质量标准

苗木质量的好坏直接影响栽植的质量、成活率、养护成本及绿化效果，因此出圃苗木应达到一定的质量标准。

① 树形优美　苗木应生长健壮，骨架基础良好，树冠匀称丰满。

② 根系发达　苗木主根短直，接近根茎范围内要有较多侧根、须根，起苗后大根应无劈裂。

③ 植株健壮　苗干粗壮、通直，枝条苗壮，组织充实，无徒长现象，木质化程度高，达到一定的高度和粗度（冠幅）；茎根比和高径比适宜。

④ 具有健壮顶芽，侧芽发育正常。

⑤ 无病虫害、草害和机械损伤。

以上是园林绿化苗的一般要求，特殊要求的苗木质量要求不同。如桩景要求对其根、茎、叶进行艺术的变形处理。假山上栽植的苗木，则大体要求"瘦、漏、透"。

1.3.1.2　苗木的规格要求

苗木的规格根据绿化任务的不同要求来确定。作为行道树、庭荫树或重点绿化地区的苗木规格要求高，一般绿化或花灌木的定植规格要求低些。随着城市绿化层次的增高，对苗木的规格要求逐渐提高。出圃苗的规格各地都有一定的规定，表1-4列举了华中地区执行的标准，表1-5、表1-6列出了乔灌木苗木质量要求。

表 1-4　苗木的规格标准

苗木类别		代表树种	出圃苗木的最低标准	备 注
大中型落叶乔木		银杏、栾树、梧桐、水杉、槐树、元宝枫	要求树形良好，树干通直，分枝点 2～3m，胸径 5cm（行道树 6cm）以上	干径每增加 0.5cm 提高一个等级
常绿乔木		樟树、桂花、广玉兰	要求树形良好，主枝顶芽苗壮，苗高 2.5m 以上，胸径 4cm 以上	干径每增加 0.5m 提高一个等级
单干式灌木和小型落叶乔木		垂柳、榆叶梅、碧桃、紫叶李、西府海棠	要求树冠丰满，分枝均匀，胸径 2.5cm（行道树 6cm）以上	干径每增加 0.5m 提高一个等级
多干式灌木	大型灌木	丁香、黄刺梅、珍珠梅、大叶黄杨、海桐	要求分枝处有 3 个以上分布均匀的主枝，高度 80cm 以上	高度每增加 10cm 提高一个等级
	中型灌木	紫薇、紫荆、木香、玫瑰、棣棠	要求分枝处有 3 个以上分布均匀的主枝，高度 50cm 以上	高度每增加 10cm 提高一个等级
	小型灌木	月季、郁李、杜鹃花	要求分枝处有 3 个以上分布均匀的主枝，高度 25cm 以上	高度每增加 10cm 提高一个等级
绿篱苗木		小叶黄杨、小叶女贞、九里香、黄素梅、侧柏	要求生长旺盛，分枝多，全株成丛，基部丰满，高度 20cm，冠丛直径 20cm（某些种类对冠径无严格要求）	高度每增加 10cm 提高一个等级
攀缘类苗木		地锦、凌霄、葡萄、紫藤、常春藤	要求生长旺盛，枝蔓发育充实，腋芽饱满，根系发达，有 2～3 条主蔓	
人工造型苗木		黄杨、龙柏、九里香、海桐、罗汉松、榆树	出圃规格不统一，按不同要求和使用目的而定，但造型必须完整、丰满	

表 1-5　乔木的质量要求

栽植种类	要求		
	树 干	树 冠	根 系
重要地点种植材料（主要干道、广场、重点游园及绿地中主景）	树干挺直，个体姿态优美，胸径大于 8cm；雪松高 5m	树冠茂盛，针叶树应苍翠，层次清晰	根系必须发育良好，不得有损伤，土球符合规定
一般绿地种植材料	主干挺拔，胸径大于 6cm；雪松高 3.5m	树冠茂盛，针叶树应苍翠，层次清晰	根系必须发育良好，不得有损伤，土球符合规定
行道树	主干通直，无明显弯曲，分枝点在 3.2m 以上，落叶树胸径在 8cm 以上，常绿树胸径在 6cm 以上	落叶树必须有 3～5 根一级主枝，分布均匀；常绿树树冠圆满茂盛	根系必须发育良好，不得有损伤，土球符合规定
防护林带和大面积绿地	树干通直，弯曲不超过两处	具有防护林所需的抗有害气体、烟尘、抗风等特性，树冠紧密	根系必须发育良好，不得有损伤，土球符合规定

表 1-6　灌木的质量要求

栽植种类	要求	
	地上部分	根 系
重要地点种植	冠形圆满，无偏冠、脱脚现象，骨干枝粗壮有力	根系发达，土球符合规定要求
一般绿地种植	枝条要有分枝交叉回折，盘曲之势	根系发达，土球符合规定要求
防护林和大面积绿地	枝条宜多，树冠浑厚	根系发达，土球符合规定要求
绿篱、球类	枝叶茂密，下部不秃裸，按设计要求造型	根系发育正常
藤本	有 2～3 个多年生的主蔓，无枯枝现象	根系发育正常

1.3.2　苗木来源和种类

1.3.2.1　苗木来源

栽植的苗（树）木来源于当地培育或从外地购进及从园林绿地或野外搜集。

（1）当地培育

由当地苗圃培育的苗木，种源及历史清楚，苗木长期生长在当地条件，一般对当地的气候及土壤条件有较强的适应性，苗木质量高，来源广，随起苗随栽植，减少苗木因长途运输造成的损害，降低运输成本。

（2）外地购进

从外地购买可解决当地苗木不足的问题，但应该做到苗木来源清楚，苗木各项指标优良，并进行严格的苗木检疫，防止病虫害传播。在苗木运输过程中应做好苗木保鲜、保湿等保护措施。

（3）野外搜集或绿地调出

这是指从野外搜集到或从已定植到绿地但因配置不合理或特殊原因需要重新移植的苗木。一般苗龄较大，移栽后发挥绿化效果快。

1.3.2.2　苗木种类

（1）留床苗

留床苗指未经移植过的苗木，一般主根深长，侧须根少，种植后成活率较低。

（2）移植苗

移植苗指经过一次或多次移植培育的苗木，根系健壮，侧须根多，种植后成活率高。

（3）容器苗

容器苗指栽植在各类容器中培育的苗木，根系发达完整，移植后成活率高。

苗木选择应注意优先选择乡土树种及本地苗木，尽量选择移植苗或容器苗。

 任务实施

1．器具与材料

学院或某小区绿化设计图和施工图；锄头、起苗铧、铁锹、畚箕、推车、枝剪、水桶、草绳、黄心土、肥料、生根剂等。

2．任务流程

苗木准备任务流程如图1-9。

3．操作步骤

1）任务

以学校或某小区某项绿化栽植工程苗木准备任务，安排学生进行苗木准备。

2）苗木准备

（1）苗木选择

苗木选择的质量标准详见本任务1.3.1苗木选择部分。

（2）起苗

起掘苗木是保证苗木成活的关键栽植技术之一，科学的挖掘技术、认真负责的组织操作是保证苗木质量的关键。

①掘苗前准备　挖掘苗木的质量与土壤含水量、工具的锋利程度和包装材料选用等有密切关系，因此起苗前应做好充分准备。首先，苗木挖掘前应对分枝较低、枝条长而比较柔软的苗木或冠丛直径较大的灌木应进行拢冠（图1-10），以便挖苗和运输，并减少树枝的损伤和折裂。其次，起挖前如天气干燥应提前2～3d对起苗地灌水，确保苗木充分吸水，土壤含水量适宜。最后，掘苗工具要锋利适用，带土球用的蒲包、草绳等应用水浸泡备用。

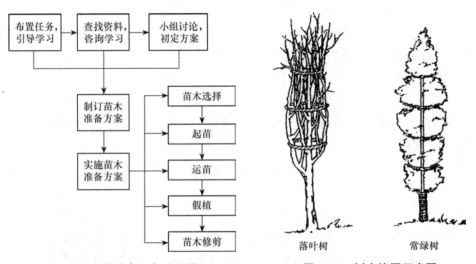

图1-9　苗木准备任务流程图　　　　图1-10　树木拢冠示意图

②土球规格　为了既保证栽植成活，又减轻苗木重量和操作难度，减少栽植成本，挖掘苗木的根幅（或土球直径）和深度（或土球高度）应有一个适合的范围。乔木树种的根幅（或土球直径）一般是树木胸径的6～12倍，胸径越大比例越小。深度（或土球高度）大约为根幅（或土球直径）的2/3；落叶花灌木，根部直径一般为苗高的1/3左右；分枝点低的常绿苗木，土球直径一般为苗高的1/3～1/2。具体规格应在保证苗木成活的前提下灵活掌握，见表1-7、表1-8。

表1-7　乔木带土球或根盘规格　　　　　　　　　　　　　　　cm

干　径	土球直径	土球厚度	根盘直径
3～4	30～40	20～25	40～50
4～5	40～50	25～30	50～60

（续）

干 径	土球直径	土球厚度	根盘直径
5～6	50～60	30～40	60～70
6～8	60～70	40～45	70～75
8～10	70～80	45～50	75～80

表 1-8　灌木带土球或根盘规格　　　　　　　　　　　　cm

冠 径	土球直径	土球厚度	根盘直径
20～30	15～20	10～15	>20
30～40	20～30	15～20	>30
40～60	40～50	30	>40
60～80	50～60	40	>55
80～100	60～80	45	>70
100·120	80～100	50	>100
120～140	100～200	55	>110

③ 掘苗方法

裸根起苗（图 1-11）：适用于绝大多数落叶树种和容易成活的常绿树小苗。以树干为中心按规定直径在树木周围划圆，在圆心处向外挖操作沟，垂直挖下至一定深度，切断侧根。然后于一侧向内深挖，并将直径 3cm 以上粗根切断，如遇到难以切断的粗根，应把四周土挖空后，用手锯锯断，切忌强按树干和硬劈粗根，造成根系劈裂。根系全部切断后，将苗取出，对病伤劈裂及过长的主根应进行修剪，尽量保护较多毛细根。挖好的苗木立即打泥浆，苗木如不能及时运走，应放在阴凉通风处假植。

带土球起苗（图 1-12）：一般常绿树、名贵树木和较大的花灌木常用带土球起苗。土球的直径据苗木大小、根系特点、树种成活难易等条件而定，见表 1-7、表 1-8。起挖时，

图 1-11　裸根起苗

图 1-12　带土球起苗

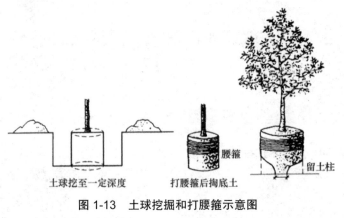

腰箍　留土柱

土球挖至一定深度　　打腰箍后掏底土

图1-13　土球挖掘和打腰箍示意图

先铲除树干附近及周围的表层土壤，深度以不伤及表面根系为度。接着按规定半径绕树干基部划圆并在圆外垂直开沟，挖掘到所需深度后再向内掏底，一边挖一边修削土球，并切除露出的根系，使之紧贴土球，伤口要平滑，大切面做好防腐处理；当挖起土球深度的1/2~2/3时，暂停开挖，须打好腰箍，并对树木做必要的支撑；然后向内切根掏底，使土球呈苹果状，底部有主根暂不切断。挖好的土球根据树体大小、根系分布情况和土壤质地及运输距离确定是否需要包扎和包扎方法；需要包扎的，可用软包装或硬包装（图1-13、图1-14）。最后用锹从土球底部斜着向内切断主根，使土球与土底分开，在土球下部主根未切断前，不得硬推土球或硬掰动树干，以免土球破裂和根系断损，将土球苗抬出坑外，集中待运，并将掘苗土填回坑内。

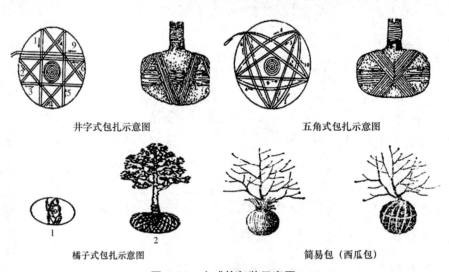

井字式包扎示意图　　　　　五角式包扎示意图

橘子式包扎示意图　　　　　简易包（西瓜包）

图1-14　土球软包装示意图

（3）运苗

①运输前修剪　修剪可在树木挖掘之前或之后进行，根据树木的生物学特征，结合不同的种植季节，以便于挖掘和搬运、不损坏树木原有姿态为前提，确定修剪强度；在秋季挖掘落叶树木时，须摘掉尚未脱落的树叶，保护好幼芽。

②苗木装车　运苗前应对苗木种类、数量与规格进行核对，仔细检查苗木质量，淘汰不合要求的苗木，补足所需数量，并附上标签，标签上注明树种、年龄、产地等。装运大规格带土球或根盘的大树，其根部必须放在车头，树冠倒向车尾，顺车厢整齐叠放，叠放层数以不压损树干（冠）为宜，树身和后车板接触处用软性衬垫保护和固定；树冠展开的

树木应用绳索绑扎收拢树冠，雪松、龙柏等针叶树木用小竹竿绑扎保护主梢，装运竹类时，不得损伤竹秆和竹鞭之间的着生点和鞭芽；装运苗应做到轻装、轻放，不损伤苗木。运输树木应合理配载，不超高，不超宽。

③苗木运输（图 1-15）　短途运苗，中途最好不停留，直接运到施工现场；长途运苗应采取湿物包裹或裸根苗蘸泥浆等根部保护措施，及时通风降温和喷水保湿，做好途中遮盖保温、防冻、防晒、防雨、防风和防盗等工作。

④苗木卸车（图 1-16）　卸苗时要爱护苗木，做到轻抬、轻卸。裸根苗要顺序拿取，不准乱抽，更不可整车推下，确保根系不损伤，保持枝干完好、不伤干、不折冠。带土球苗卸车时严禁提拉树干，而应双手抱土球轻轻放下。较大土球最好用起重机卸车，或用长木板顺势滑下，保证土球不破碎，根盘无擦伤、撕裂。

图 1-15　苗木运输

图 1-16　苗木卸车

（4）假植

对到达种植点的树木，如不能及时定植，应对树木假植或培土，保护裸根及土球，必要时对地上部分喷水保温和遮盖。

（5）苗木修剪

种植前应对苗木根系、树冠进行修剪，将劈裂、病虫、过长根系剪除，运输过程中损伤的树冠进行修剪，修剪强度应根据树种生物学特性进行，既保持地上地下平衡，又不损害树木特有的自然姿态，大于 2cm 的剪口要做防腐处理。行道树定干高度宜大于 3m，第一分枝点以下侧枝全部剪去，分枝点以上枝条酌情疏剪或短截。高大落叶乔木应保持原有树形，适当疏枝，对保留的主侧枝应在健壮芽上短截，剪去 1/5～1/3 枝条。常绿针叶树不宜修剪，只剪除病虫枝、枯死枝、生长衰弱枝、过密的轮生枝和下垂枝。常绿阔叶树保持基本冠形，收缩树冠，疏剪树冠总量 1/3～3/5，保留主骨架，截去外围枝条，疏稀树冠内膛枝，多留强壮萌生枝，摘除大部分树叶（正常季节种植取前值，非正常季节种植取后值）。花灌木修剪老枝为主，短截为辅，对上年花芽分化的花灌木不宜作修剪，对新枝当年形成花芽的应顺其树势适当强剪，促生新枝，更新老枝。攀缘和蔓生藤本植物可剪去枯死、过长藤蔓、交错枝、横向生长枝蔓，促进发新枝攀缘或缠绕上架（图 1-17、图 1-18）。

图 1-17　落叶树苗木修剪

图 1-18　常绿树苗木修剪

 案例

案例 1-3　福建林业职业技术学院江南校区樟树行道树绿化工程苗木准备

1．樟树行道树种植设计概况

根据福建林业职业技术学院江南校区绿化规划设计总体方案，在人工湖前的校园道路上要种植 8 棵直径 20cm 以上，冠幅 5～6m 的大樟树作为行道树。

2．制订苗木准备方案

园林技术 1017 班学生以组为单位，认真识读学院江南校区人工湖前樟树行道树绿化工程设计图，明确该绿化工程要用胸径 20cm 左右、冠幅 5～6m 的樟树大树进行栽植，各组学生根据绿化工程设计图制订樟树大树苗木准备方案。

3．实施苗木准备

（1）苗木选择

遵循优先选择本地苗木和就近选择原则，根据苗源调查，8 棵樟树大苗选择福建绿友园艺有限公司南平大横苗木基地的苗木。该批苗木经过多次移植，定干高度 2.5m 以上，骨架基础好，树形优美；根系发达，侧须根多；生长健壮、树干通直、高径比适宜，枝条粗壮充实；经检疫无病虫害、无机械损伤。该批苗木检疫证、苗木运输许可证、苗木质量鉴定证三证齐全。

（2）起苗

因是大树，起苗工作主要由福建绿友园艺有限公司员工完成。首先，准备起苗机械——小松 50 型便携式挖树机，对树木枝叶进行适当修剪并拢冠，浸泡好包装苗木用的草绳。其次，采用带土球起苗法，根据树木米径确定起挖的土球规格为直径 120cm 左右，土球厚度为 80cm 左右；起挖前，先清除树干附近及周围的草灌石块，根据土球直径，以树干中心为基准画圆，先用锄头在划线上挖出一条小沟，再用小松 50 型便携式挖树机起挖大树。挖掘过程中注意保护根系，避免损伤。挖好的大树采用西瓜包软包装法进行包装。

（3）运苗

用起吊机将包装好的大树土球朝车头方向、树冠倒向车尾，顺着车厢整齐叠放进行装车。各株苗之间交错排列，土球和树干不互相挤压，树身和后车板接触处用软性衬垫保护及固定。做到轻装、轻放、不损伤苗木；合理配载、不超高、不超宽。运输过程中应进行遮盖、防晒、防雨、防风等，并做到尽快运输。卸车时用起重机将树吊起直接卸入种植坑，应轻抬、轻卸，保护好根系和枝干，做到不伤根、不伤干、不折冠。

（4）苗木修剪（图 1-19）

樟树是萌芽力很强的树种，种植前可对苗木根系、树冠进行较强修剪。将劈裂、病虫、过长的根系剪除，并做好促根处理。对运输过程中损伤的树冠进行修剪，修剪强度可根据生物学特性进行，以既保持地上地下平衡，又不损害树木特有的自然姿态为准。大于 2cm 的剪口要做防腐处理。定干高度宜大于 2.5m，将 2.5m 分枝点以下侧枝全部剪去，分枝点以上枝条酌情疏剪或短截。

4. 检查验收

该绿化施工场地苗木准备后，应请设计人员及学院派人根据绿化种植设计图和施工图仔细核对，对该施工场地苗木准备情况进行全面核查，确保符合绿化工程施工设计的要求。

图 1-19　樟树行道树绿化工程苗木准备

 知识拓展

1. 选购优质苗木注意事项

（1）选准品种

所选品种应是通过省级以上品种审定委

员会审定的，适合本地栽培的品种。有些地方品种受地理位置、自然条件的影响，在其他地方栽培产量不高、品质也差；也有些处于试验、示范阶段，没有通过审定的品种，只能引种试栽，不可盲目大面积发展。

（2）认清品种

目前，苗木市场比较混乱，"一品多名"，"商品名"与"品种名"混淆等，甚至张冠李戴的现象严重，因此购苗时必须严加注意。

（3）认准单位

由于育苗技术水平的差异，不同的苗圃育出的苗木质量有很大差别，购买苗木时，要多看几家。一般地说，农技推广部门、农科院所、大专院校生产经营的苗木质量和纯度较有保证，即使出现伪劣苗木，也较易追究责任，但购苗时必须与之签订苗木质量保证合同和索要发票。

（4）看母本园

生产水平较高的苗圃，都建有母本园或栽植有一定数量的母本树，这是新品种苗木接穗的来源。另外，不能购买采用高接换种树上接穗嫁接的苗木，因该类苗木患病毒病的概率很高。

（5）科学选苗

购苗时必须严格选择苗木，其主要指标是：苗木粗壮，离根颈20cm处粗度应达到1cm以上；整形带内的饱满芽要达到6个以上；根系要完整，侧根数5条以上，长度20cm以上；苗高超过定干高度20～40cm；根皮与茎皮无干枯、皱缩和损伤；抗病、抗逆性强的砧木嫁接的苗木。

（6）病虫检疫

为防止危险性病虫害传播，运输苗木时必须办理检疫证、苗木运输许可证和苗木质量鉴定证，要"三证"齐全，才可调运。

2.苗木检疫证的办理（《贵州省植物检疫办法》节选）

第十五条　种子、苗木和其他繁殖材料以及应施检疫的植物及植物产品，调运前必须按下列程序申请检疫，办理检疫手续：

（一）在省内调运的，运出县级行政区域之前，调出单位或个人应向调出所在地的植物检疫机构申请检疫，经植物检疫机构检疫合格，发给省内调运植物检疫证书后，方能调运。

（二）从省外调入的，调入单位或个人必须事先征得贵州省植物检疫机构或其授权的植物检疫机构同意，并取得植物检疫要求书，凭植物检疫要求书向调出地的植物检疫机构申请检疫，经检疫合格，并取得调出省的省间调运植物检疫证书后，方能调运。必要时，贵州省的植物检疫机构可以进行复检。

（三）调往省外的，调出单位或个人持有关手续，向调出地植物检疫机构申请检疫，经检疫合格的，由省植物检疫机构或其授权的植物检疫机构签发省间调运植物检疫证书后，方能调运。调往省外繁育基地的种子、苗木等繁殖材料，必须经省植物检疫机构检疫并签发植物检疫证书。用于救灾备荒的粮油种子，植物检疫机构必须及时办理检疫手续，免收检疫费。

第十六条　报检手续的办理，必须在运输或邮寄前15d向植物检疫机构提出申请；植物检疫机构受理植物检疫申请后，必须在15d内，对符合有关规定准予调运的，签发植物检疫证书；对不符合有关规定的，必须作出书面答复。

巩固训练

1．训练要求

（1）以小组为单位开展训练，组内同学要分工合作、相互配合、团队协作。

（2）绿化种植施工苗木准备方案应具有科学性和可行性。

（3）做到安全生产，操作程序符合要求。

2．训练内容

（1）结合当地小区绿化工程的苗木准备内容，让学生以小组为单位，在咨询学习、小组讨论的基础上充分了解绿化设计意图，编制苗木准备方案。

（2）以小组为单位，依据当地小区绿化工程进行一定任务的苗木准备训练。

3．可视成果

某小区绿化种植工程苗木准备方案；据苗木准备方案完成的起苗、运苗、苗木假植和苗木修剪成果。

有关考核评价见表 1-9。

表 1-9　苗木准备考核评价表

模 块	园林植物栽植		项 目	园林植物栽培前准备	
任 务	任务 1.3　苗木准备			学 时	2
评价类别	评价项目		评价子项目	自我评价（20%）	小组评价（20%）	教师评价（60%）
过程性评价 （60%）	专业能力（45%）		方案制订能力（10%）			
		方案 实施 能力	苗木选择（5%）			
			起苗（10%）			
			运苗（7%）			
			苗木假植（5%）			
			苗木修剪（8%）			
	社会能力（15%）		工作态度（7%）			
			团队合作（8%）			
结果评价（40%）	方案的科学性、可行性（10%）					
	苗木准备的正确性和质量（20%）					
	实训总结报告（10%）					
	评分合计					
班级：		姓名：		第　　组	总得分：	

小结

苗木准备任务小结如图 1-20 所示。

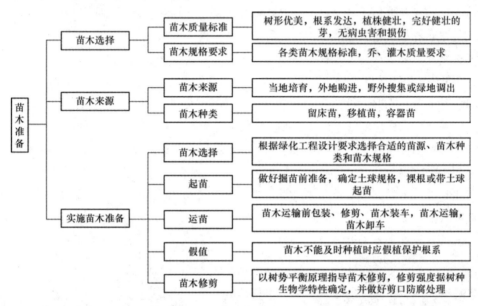

图 1-20　苗木准备任务小结

 思考与练习

1．填空题

（1）苗木质量的好坏直接影响_____、_____、_____及_____。

（2）桩景苗木要求对其_____进行艺术的变形处理。假山上栽植的苗木，则大体要求_____。

（3）大中型落叶乔木出圃苗最低质量标准为_____、_____，分枝点高度_____m，胸径_____cm 以上。

（4）多干式灌木要求分枝处有_____个以上分布均匀的主枝，大型灌木高度_____cm以上，中型灌木高度_____cm 以上，小型灌木高度_____cm 以上。

（5）苗木来源有_____、_____、_____等。

（6）乔木树种的根幅（或土球直径）一般是树木胸径的_____倍，胸径_____比例越小。深度（或土球高度）大约为根幅（或土球直径）的_____。

（7）裸根起苗适用于绝大多数_____和_____的常绿树小苗；带土球起苗适用于_____、名贵树木和_____起苗。

（8）运苗前应对苗木_____、_____与_____进行核对，仔细检查苗木质量，淘汰不合要求的苗木，补足所需数量，并附上_____。

（9）苗木种植前修剪强度应根据树种_____进行，既保持_____，又不损害树木特有的_____，大于2cm的剪口要做_____。

（10）为防止危险性病虫害传播，运输苗木时必须办理_____、_____和_____，要"三证"齐全，才可调运。

2. 选择题

（1）常绿乔木苗木出圃最低标准要求苗高应达（   ）m以上，胸径应达（   ）cm以上。

    A．3m、5cm   B．2.5m、5cm   C．2.5m、4cm   D．以上都可以

（2）绿篱苗木出圃最低标准要求生长旺盛、全株成丛，苗木高度达（   ）cm，冠径达（   ）cm。

    A．15cm、20cm   B．25m、20cm   C．20m、30cm   D．20m、20cm

（3）绿化种植时适宜选择以下哪类苗木（   ）。

    A．留床苗   B．移植苗   C．容器苗   D．移植苗和容器苗

（4）乔木树种苗木的土球直径一般是树木胸径的（   ）倍，胸径越大比例越小。

    A．6～12倍   B．8～10倍   C．6～10倍   D．8～12倍

（5）乔木树种苗木的土球直径一般是树木胸径的6～12倍，胸径（   ）比例越小。

    A．越小   B．越大

（6）乔木树种苗木的土球高度大约为根幅（或土球直径）的（   ）。

    A．1/3   B．1/2   C．2/3   D．3/4

（7）高大落叶乔木应保持原有树形，适当疏枝，对保留的主侧枝应在健壮芽上短截，剪去（   ）枝条。

    A．1/2～2/3   B．1/3～2/3   C．1/4～1/2   D．1/5～1/3

（8）常绿阔叶树保持基本树冠形，收缩树冠，疏剪树冠总量的（   ），保留主骨架，截去外围枝条，疏稀树冠内膛枝，多留强壮萌生枝，摘除大部分树叶。

    A．1/2～2/3   B．1/3～3/5   C．1/4～1/2   D．1/5～1/3

3. 判断题（对的在括号内填"√"，错的在括号内填"×"）

（1）单干式灌木和小型落叶乔木苗木出圃最低标准要求树冠丰满，分枝均匀，胸径2.5cm（行道树6cm）以上。   （   ）

（2）多干式大型灌木苗木出圃最低标准要求分枝处有3个以上分布均匀的主枝，高度50cm以上。   （   ）

（3）多干式小型灌木苗木出圃最低标准要求分枝处有3个以上分布均匀的主枝，高度50cm以上。   （   ）

（4）行道树苗木要求主干通直、无明显弯曲，分枝点在3.2m以上；落叶树胸径在6cm以上，常绿树胸径在8cm以上。   （   ）

（5）留床苗生长稳定，苗木根系发达，种植后成活率高，是绿化苗木的主要种类。

（　　）

（6）分枝点低的常绿苗木，土球直径一般是树木胸径的6～12倍，胸径越大比例越小。

（　　）

（7）落叶花灌木，根部直径一般为苗高的1/3左右。（　　）

（8）装运大规格带土球或根盘的大树，其根部必须放在车尾，树冠倒向车头，顺车厢整齐叠放。（　　）

4．问答题

（1）简述园林苗木出圃应达到的质量标准。

（2）以行道树苗木为例，分析怎样正确选择苗木。

（3）简述怎样正确起苗。

（4）简述苗木运输的技术要点。

（5）简述苗木修剪的技术要点。

 自主学习资源库

1．浅议园林景观工程施工放样．范伟．城市建设理论研究，2012（02）．

2．城市土壤的特征及其对城市园林绿化的影响．杨瑞卿，汤丽青．江苏林业科技，2006（6）．

3．提高远调苗木成活率的措施．赵海霞．安徽农学通报，2012，18（04）．

4．园林绿化工程施工及验收规范．DB11/T212—2009．

5．园林树木栽培学．吴泽民．中国农业出版社，2003．

项目 2
木本园林植物栽培

本园林树木栽培是园林绿化建设的重要组成部分。本项目以园林绿化建设工程中园林树木栽培的实际工作任务为载体，设置了园林树木栽培、大树移植、竹类栽培、反季节栽植4个学习任务，其中重点为园林树木栽培和园林大树移植。学习本项目要熟悉园林树木栽培技术规程，并以园林绿化建设工程中的实际施工任务为支撑，将知识点和技能点融于实际的工作任务中，使学生在"做中学、学中做"，实现"理实一体化"教学。

学习目标

【知识目标】

(1) 了解园林树木栽培、大树移植，竹类栽培、反季节栽植的意义及特点；

(2) 理解木本园林植物生长发育规律；

(3) 熟悉园林树木栽培成活原理和成活关键；

(4) 掌握本地区常见园林树木栽培、大树移植、竹类栽培、反季节栽植的技术和基本知识。

【技能目标】

(1) 会编制本地区常见园林树木栽培、大树移植、竹类栽培、反季节栽植技术方案；

(2) 会根据编制的栽植技术方案实施本地区常见园林树木栽培、大树移植、竹类栽培、反季节栽植的施工操作；

(3) 通过方案实施培养学生自主学习、组织协调和团队协作能力，独立分析和解决木本园林植物栽培的生产实际问题能力。

任务 *2.1*
园林树木栽培

 任务分析

【任务描述】

园林树木栽培是木本园林植物栽培的重要组成部分。本任务学习以学院或某小区新建绿地中各类园林树木栽培的施工任务为支撑，以学习小组为单位首先制订学院或某小区园林树木栽培的技术方案，再依据制订的技术方案和园林植物栽植技术规程，保质保量完成一定数量的园林树木栽培施工任务。本任务实施宜在园林植物栽培理实一体化实训室、园林绿地、校内外实训基地开展。

【任务目标】

（1）能以小组为单位制订学院或某小区园林树木栽培技术方案；

（2）能依据制订的技术方案和园林植物栽培技术规程，进行园林树木栽植的施工操作；

（3）会熟练并安全使用各类园林树木栽培的器具材料；

（4）能独立分析和解决实际问题，吃苦耐劳，合理分工并团结协作。

 理论知识

2.1.1　木本园林植物生长发育规律

2.1.1.1　木本园林植物的生命周期

木本植物在个体发育过程中，从种子的形成、萌发到生长、开花、结实、衰老（无性繁殖的种类可以不经过种子时期）的整个周期叫木本植物的生命周期。各时期形态特征与生理特征变化明显，可将其整个生命周期划分为以下几个年龄时期：

（1）种子期（胚胎期）

这是指植物自卵细胞受精形成合子开始，至种子发芽为止。胚胎期主要是促进种子的形成、安全贮藏和在适宜的环境条件下播种并使其顺利发芽。

（2）幼年期

幼年期指从种子萌发到植株第一次开花止。幼年期是植物地上、地下部分进行旺盛的离心生长时期。植株在高度、冠幅、根系长度、根幅等方面生长很快，体内逐渐积累大量的营养物质，为营养生长转向生殖生长做好了形态上和内部物质上的准备。幼年期的长短，因园林树木种类、品种类型、环境条件及栽培技术而异。

这一时期的栽培措施是加强土壤管理，充分供应水肥，促进营养器官健康而均衡地生长，轻修剪多留枝，使其根深叶茂，形成良好的树体结构，制造和积累大量的营养物质，为早见成效打下良好的基础。对于观花、观果树木则应促进其生殖生长，在定植初期的一两年中，当新梢长至一定长度后，可喷洒适当的抑制剂，促进花芽的形成，达到缩短幼年期的目的。

（3）成熟期

成熟期植株从第一次开花时始到树木衰老时期止。

青年期：从植株第一次开花时始到大量开花时止。其特点是树冠和根系加速扩大，是离心生长最快的时期，能达到或接近最大营养面积。植株能年年开花和结实，但数量较少，质量不高。这一时期应给予良好的环境条件，加强肥水管理。对于以观花、观果为目的的树木，轻剪和重肥是主要措施，目标是使树冠尽快达到预定的最大营养面积；同时，要缓和树势，促进树体生长和花芽形成，如生长过旺，可少施氮肥，多施磷肥和钾肥，必要时可使用适量的化学抑制剂。

壮年期：从树木开始大量开花结实时始到结实量大幅下降，树冠外延小枝出现干枯时止。其特点是花芽发育完全，开花结果部位扩大，数量增多。叶片、芽和花等的形态都表现出定型的特征。骨干枝离心生长停止，树冠达最大限度以后，由于末端小枝的衰亡或回缩修剪而又趋于缩小。根系末端的须根也有死亡的现象，树冠的内膛开始发生少量生长旺盛的更新枝条。这一时期应加强水、肥的管理；早施基肥，分期追肥；要细致地进行更新修剪，使其继续旺盛生长，避免早衰。同时切断部分骨干根，促进根系更新。

（4）衰老期

衰老期从骨干枝、骨干根逐步衰亡，生长显著减弱到植株死亡为止。其特点是骨干枝、骨干根大量死亡，营养枝和结果母枝越来越少，枝条纤细且生长量很小，树体平衡遭到严重破坏，树冠更新复壮能力很弱，抗逆性显著降低，木质腐朽，树皮剥落，树体衰老，逐渐死亡。

这一时期的栽培技术措施应视目的的不同而异。对于一般花灌木来说，可以萌芽更新，或砍伐重新栽植；而对于古树名木来说则应采取各种复壮措施，尽可能延长生命周期，只有在无可挽救，失去任何价值时才予以伐除。

2.1.1.2　木本园林植物的年生长周期

植物的年生长周期（以下简称年周期）是指植物在一年之中随着环境，特别是气候（如水、热状况等）的季节性变化，在形态和生理上与之相适应的生长和发育的规律性变化。年周期是生命周期的组成部分。研究植物的年生长发育规律对于植物造景和防护设计、不同季节的栽培管理具有十分重要的意义。

1）落叶树的年周期

由于温带地区一年中有明显的四季，所以温带落叶树木的季相变化明显，年周期可明显地区分为生长期和休眠期。

（1）生长期

从树木萌芽生长到秋后落叶时止，为树木的生长期，包括整个生长季，是树木年周期中时间最长的一个时期。在此期间，树木随季节变化气温升高，会发生一系列极为明显的生命活动现象。如萌芽、抽枝展叶或开花、结实等，并形成许多新的器官，如叶芽、花芽等。萌芽常作为树木生长期开始的标志，其实根的生长比萌芽要早。

① 根系生长期　一般情况下，根系无自然休眠现象，只要条件适宜，随时可以由停止生长状态转入生长状态。在年周期中，根系生长高峰与地上器官生长高峰交错发生。影响根系生长的因素一是树体的营养状况，二是根际的环境条件。

② 萌芽展叶期　萌芽是落叶植物由休眠转入生长的标志，萌芽的特点是芽膨大，

芽鳞开裂。展叶期是指第一批从芽苞中发出卷曲的或按叶脉折叠的小叶。萌芽展叶期的早晚根据植物的种类、年龄、树体营养状况、位置及环境条件等不同。栽培上，引种时对耐寒性差的植株要延迟萌芽，避免遭受寒害和霜害。另外，在进行树木的移植、扦插、嫁接时应注意萌芽的时期，选择合适的时间进行。

③ 新稍生长期 叶芽萌动后，新稍开始生长。新稍不仅依靠顶端分生组织进行加长生长，也依靠形成层细胞分裂进行加粗生长。加长生长，生长前期较慢，一定时间后生长加速，然后缓慢生长。加粗生长在加长生长进入缓慢期后生长速度加快，一般也有 2～3 个生长高峰。

④ 花芽分化期 成熟期的树木，新稍生长到一定程度后，植物体内积累了大量的营养物质，一部分叶芽的生理和组织状态转化为花芽的生理和组织状态。植物的花芽分化与气候条件密不可分，不同的植物花芽分化的特点不同，可分为：夏秋分化型、冬春分化型、当年分化型、多次分化型、不定期分化型。

⑤ 开花期 指花蕾的花瓣松裂至花瓣脱落时止。分为初花期（5% 花开放）、盛花期（50% 花开放）、末花期（仅存 5% 花开放），大多数植物每年开一次花，也有一年内开多次花的种类。

⑥ 果实生长发育期 至果实生理成熟时止。满足果实生长发育的栽培措施，首先应从根本上提高树体内贮存养分的水平。花前追施磷、钾肥并灌水，花期注意防止病虫害，花后叶面喷肥，可环剥提高坐果率。

每种树木在生长期中，都按其固定的物候期通过一系列的生命活动。不同树种通过某些物候的顺序不同。生长期是各种树木根系、枝条生长及开花结实主要时期。这个时期不仅体现树木当年的生长发育、开花结实情况，也对树木体内养分的贮存和下一年的生长等各种生命活动有着重要的影响，同时也是发挥其绿化作用的重要时期。因此，在栽培上，生长期是养护管理工作的重点，应该创造良好的环境条件，满足肥水的需求，以促进生长、开花、结果。

（2）休眠期

秋季叶片自然脱落是落叶树木进入休眠的重要标志。在正常落叶前，新稍必须经过组织成熟过程，才能顺利越冬。早在新稍开始自下而上加粗生长时，就逐渐开始木质化，并在组织内贮藏营养物质。新稍停止生长后，这种积累过程继续加强，同时有利于花芽的分化和枝干的加粗。结有果实的树木，在采、落成熟果实后，养分积累更为突出，一直持续到落叶前。

秋季气温降低、日照变短是导致树木落叶，进入休眠的主要因素。树木开始进入该期后，由于形成了顶芽，结束了高生长，依靠生长期形成的大量叶片，在秋高气爽、温湿条件适宜、光照充足等环境中，进行旺盛的光合作用，合成的光合产物供给器官分化、成熟的需要，使枝条木质化，并将养分向贮藏器官或根部转移，进行养分的积累和贮藏。此时树木体内水分逐渐减少，细胞液浓度提高，提高了树木的越冬能力，为休眠和来年生长创造条件。过早落叶和延迟落叶不利于养分积累和组织成熟，对树木越冬和翌年生长都会造成不良影响。干旱、水涝、病虫害等都会造成早期落叶，甚至引起再次生长，危害很大。树叶该落不落，说明树木未做好越冬的准备，易发生冻害和枯梢，在栽培中应防止这类现象的发生。

树木的不同器官和组织进入休眠的早晚不同。地上部分主枝、主干进入休眠较晚，而以根颈最晚，故根颈最易受冻害。生产中常用根颈培土法来防止冻害。不同年龄的树木进入休眠早晚不同，幼年树比成年树进入休眠迟。

刚进入休眠的树木处于浅休眠状态，耐寒力还不强，遇初冬间断回暖会使休眠逆转，使越冬芽萌动（如月季），又遇突然降温常遭受冻害。所以这类树木不宜过早修剪，在进入休眠期前也要控制浇水。

在树木休眠期内，虽然没有明显的生长现象，但树体内仍然进行着各种生命活动，如呼吸、蒸腾、芽的分化、根的吸收、养分合成和转化等。所以休眠只是个相对概念。

落叶休眠是温带树种在进化过程中对冬季低温环境所形成的一种适应性，它能使树木安全度过低温、干旱等不良条件，以保证翌年能进行正常的生命活动，并使生命得到延续。没有这种特性，正在生长着的幼嫩组织就会受到早霜的危害，并难以越冬而死亡。

植物的休眠可根据生态表现和生理活性分为自然休眠和强迫休眠。自然休眠是由植物体内部生理过程决定的，它要求一定时期的低温条件才能顺利通过自然休眠而进入生长，此时即使给予适宜的外界条件，也不能正常萌发生长。一般植物自然休眠期从12月始至翌年2月止，植物抗寒力较强。强迫休眠是植物已经通过自然休眠期，但由于环境条件的限制，不能正常萌发，一旦条件合适，即开始进入生长期。

在生产实践中，为达到某种特殊的需要，可以通过人为的降温，促进树木转入休眠期，而后加温，提前解除休眠，促使树木提早发芽开花。如北京有将榆叶梅提前至春节开花的实例，在11月将榆叶梅挖出上盆栽植，12月中旬移至温室催花，春节即可见花。

2）常绿树的年周期

常绿树的年生长周期不像落叶树那样在外观上有明显的生长和休眠现象，因为常绿树终年有绿叶存在。但常绿树种并非不落叶，而是叶寿命较长，多在一年以上。每年仅脱落一部分老叶，同时又能增生新叶，因此，从整体上看全树终年有绿叶。

2.1.1.3　植物生长发育的整体性与相关性

植物是一个有机的整体，各个部分之间相互联系，某一部位或器官的生长发育，可能影响另一器官的形成和生长发育，这就是相关性。

（1）根系与地上部分的相关性

树的冠幅与根系的分布范围有密切关系。在青壮龄期，一般根的水平分布都超过冠幅，根的深度小于树高。树冠和根系在生长量上常持一定的比例，地上部或地下部任何一方过多受损，都会削弱另一方，从而影响整体。移植树木时，常伤根很多，一般条件下，为保证成活，要对树冠进行重剪，以求在较低水平上保持平衡。地上部与根系生长高峰错开，根通常在较低温度下先开始生长。当新梢旺盛生长时，根系生长缓慢；当新梢生长缓慢时，根的生长达到高峰；当果实生长加快，根生长变缓慢；秋后秋梢停长和采果后，根生长又常出现一个小的生长高峰。

（2）顶芽与侧芽的相关

成熟期植物通常顶芽生长较旺，侧芽生长较弱，具有明显的顶端优势。去除顶芽，可促使侧芽萌发。修剪时用短截或摘心来削弱顶端优势，以促进多分枝。

（3）顶根与侧根的相关

根的顶端生长对侧根的形成有抑制作用。去除顶根，可促进侧根的萌发。园林苗圃进行大苗的培育，可对实生苗进行多次移植，有利出圃栽植成活；对壮老龄树，切断一些一定粗度的根（因树而异），有利于促发吸收根，更新复壮。

（4）营养生长与生殖生长的相关

营养器官和生殖器官的形成都需要光合产物。而生殖器官所需要的营养物质由营养器官供给。营养器官的健壮生长，是生殖生长的前提；但营养器官的过旺生长也会消耗大量养分，因此常与生殖器官的生长发育出现养分的竞争。栽培中应很好地解决这对矛盾。

2.1.2　园林植物栽植成活原理和关键

2.1.2.1　园林植物栽植成活原理

一株正常生长的园林植物，在一定的环境条件下，其地上与地下部分保持一定比例的平衡关系，尤其是根系与土壤的密切结合，使植物体的养分和水分代谢的平衡得以维持。而栽植园林植物时，由于根系受到损伤，特别是根系先端的须根大量丧失，且（裸根苗）全部或（带土球苗）部分脱离了原有协调的土壤环境，其主动吸水能力大大降低，而地上部分仍不断地进行蒸腾，根系与地上部分以水分代谢为主的平衡关系遭到破坏，严重时会因失水而死亡。因此，园林植物栽植成活的原理是保持和恢复植物体以水分代谢为主的生理平衡，一切利于根系迅速恢复再生能力和尽早使根系与土壤建立紧密联系及抑制地上部分蒸腾的技术措施，都有利于提高园林植物栽植的成活率。

2.1.2.2　园林植物栽植成活关键

（1）防止苗木失水

园林植物从起苗至栽植全过程，应严格保湿、保鲜，防止苗木过多失水，特别是要保护好苗木根系。试验证明，一般苗木的含水量达到 70% 以上时，其栽植成活率随苗木失重的增加而急剧下降，苗木失重率与栽植成活率关系见表 2-1。

表 2-1　苗木失重率与栽植成活率的关系　　　　　　　　　　　　%

苗木失重率	10	15	20	30
栽植成活率	90	70	40	0

（2）促发新根

园林植物栽植时，根系受到损伤，特别是根系先端的须根大量丧失，能否快速促发新根是提高成活率的关键。应选好栽植时期，采取各种措施使伤口尽快愈合，促发新根，尽快恢复根系吸收功能。一般发根能力和再生能力强的植物，休眠期栽植容易成活。

（3）根土密接

栽植时应使苗木的根系与土壤紧密接触，并在栽植后保证土壤有充足的水分供应。做到分级栽植，穴大根舒，根土密接，深浅适度，方向正确，浇足定根水，及时遮阴，减少蒸腾。

2.1.3 园林树种选择

2.1.3.1 选择原则

（1）适应性原则

这是指将园林植物栽植到最适宜生长的立地，这是园林绿化树种选择的基本原则，因此园林绿化树种应以乡土树种为主，外来树种为辅。

（2）目的性和艺术性原则

园林树种选择要符合园林绿化目的需要，如符合观赏、防风、遮阴、净化等功能，体现绿化、美化、香化、彩化等艺术美感。

（3）经济性原则

园林树种选择要具有一定的经济价值，适合于综合利用；且苗木来源较多，栽培技术可行，成本不要太高。

（4）安全性原则

园林树种选择要安全而不污染环境。

2.1.3.2 适地适树

（1）适地适树概念

适地适树是指使栽种树种（或品种）的生态学特性与栽植地的立地条件相适应，以充分发挥所选植物在相应立地上的最大生长潜力、生态效益和观赏价值。

（2）适地适树途径

有选择和改造两种主要途径，两者相辅相成，并以选择途径为主，改造途径为辅。

① 选择 为特定立地条件选择与其相适应的园林植物，即选树适地，这是园林绿化工作中最常用的做法；为特定植物选择能满足其要求的立地，即选地适树，在特定情况下用，如栽植珍贵树种。

② 改造 当栽植地立地条件与所选的树种生态学特性不相适应时，应采用适当的措施加以改造，有以下两种方式：

改地适树：指采取整地、换土、施基肥、灌溉排水等措施，改善栽植地立地条件中某些不适合所选树种生态学特性的方面，达到"地"与"树"的相对统一。

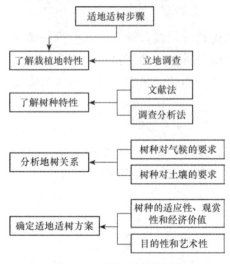

图 2-1 适地适树流程图

改树适地：指通过选种、引种、育种、嫁接等方法改变树种的某些特性，以适应特定立地的生长。

（3）适地适树方法（图 2-1）

① 了解栽植地特性 适地适树是园林植物栽植的基本原则，要做到适地适树必须先了解栽植地的特性。

② 了解园林树种特性 树种特性包括生物学特性和生态学特性。根据园林植物种植目的选择树种时考虑的是生物学特性，适地适树考虑的是树种的生态学特性。

③ 分析地树关系，确定适生树种 在深刻认识"树"和"地"特性的基础上，分析地与树之间的关系是否协调，即分析园林树种的生态特性与栽植地的立地条件是否相一致。

④ 确定适地适树方案 以乡土树种为主，适当引进外来树种；满足各种绿地特定功能要求；常绿树种与落叶树种、速生树种与慢长树种合理搭配；注意地区特色体现；尽力营造立体绿化景观等。

2.1.3.3　各类园林树种选择

各类园林树种选择见表 2-2。

表 2-2　各类园林树种选择一览表

种类	树种要求	应用方式	树种举例
行道树	应从实用、景观、生态效果等方面考虑，主要应具备以下条件：主干挺直、高大、枝叶浓密，树形优美、花果叶茎色彩丰富，遮阴效果好；适应气候状况及城市环境，能体现地方风格，如耐干旱、耐瘠薄、耐晒，抗病抗虫、抗污染能力强，对有害气体有抗御和净化能力，寿命长、深根性、抗台风，萌发力强、耐修剪、病虫害少；种子、果实无毒无毛无臭味，落叶整齐，观赏价值高。以阔叶树为主，针叶树为辅	在各种道路旁成列成行栽植。是城市绿化的骨干树种，起组织交通、美化街景、遮阴送凉、减轻噪声、减少烟尘等作用。一般栽植地条件较差，土层多坚硬干旱瘠薄、建筑垃圾多、架空线与地下管线纵横	榕树、杧果、樟树、白玉兰、银杏、女贞、广玉兰、合欢、榉树、无患子、垂柳、悬铃木、山杜英、福建山樱花、天竺桂、羊蹄甲、杂交马褂木、水杉、枫香、栾树、凤凰木、木麻黄、刺槐、洋紫荆、南洋楹等
庭荫树	观赏效果为主，结合遮阴，应选择树体高大、主干通直、树冠开阔、枝叶浓密，树形优美、生长快速、稳定、寿命较长、病虫害少、抗逆性强的树种。且避免过多使用常绿庭荫树	最常用于庭院中。在园林中多植于路旁，池边、廊、亭等前后或与山石建筑相配，或在局部小景区三五成组地散植各处，形成天然成趣的景致	雪松、南洋杉、龙爪槐、枫香、五角枫、栾树、银杏、樟树、榕树、白玉兰、香椿、凤凰木、菩提树等

（续）

种类	树种要求	应用方式	树种举例
孤植树	作为园林绿地空间的主景、遮阴树、目标树，应表现单株树形体美。应具有高大雄伟、主干通直、树冠开阔、树姿优美等特点，兼具美丽的花、果、干、皮，具鲜明地方特色，寿命长且无污染	一般采用单独种植方式，也可用2～3株合栽成一个整体树群。种植地点应选择比较开阔的地方，最好还有如天空、水面、草地作为背景衬托，在岛屿、桥头、园路尽头或转角处、假山悬崖、岩石洞口、建筑前广场等绿地布局中，都可以配置孤植树	雪松、白皮松、云杉、南洋杉、罗汉松、龙爪槐、枫香、五角枫、樟树、银杏、榕树、白玉兰等
花灌木（观花树）	凡具有美丽花朵或花序，其花形、花色有观赏价值或芳香的乔木、灌木、藤本植物均称为观花树，而花灌木是其中的主要类群，应选择喜光或稍耐阴，适应性强，能耐干旱瘠薄土壤，抗污染、抗病虫害能力强，花大色艳、花香浓郁或花虽小而密集，花期长的植物。选择时应考虑植物的扦化物候期，进行花期搭配，尽量做到四季有花	可以孤植、对植、丛植、列植或修剪成棚架形树种及各种造型植物。一般植于路旁、坡面、道路转角、座椅周边、岩石旁，或与建筑相配作基础种植用，或配置湖边、岛边形成水中倒影。还可依其特色布置成各种专类花园，亦可依花色的不同配置成具有各种色调的景区，又可依开花季节的异同配置成各季花园，或可集各种香花于一堂布置成各种芳香园等	春季：桃、牡丹、含笑、海棠、月季、白玉兰、丁香、杏、金缕梅、樱花、连翘、杜鹃花、迎春花、黄花槐、紫玉兰、二乔玉兰、榆叶梅等；夏季：广玉兰、米兰、石榴、凌霄、夹竹桃、栀子花、扶桑、六月雪、月季、九里香、木芙蓉、木槿、紫薇、夏蜡梅、三角梅等；秋季：桂花、月季、紫薇、米兰、凤尾兰、茉莉；冬季：茶梅、结香、山茶、梅、蜡梅等
藤本类	综合考虑功能、观赏、生态效果，合理选择。可选择枝叶茂密、喜光、耐旱或耐阴、抗性强、抗病抗污染能力强、萌芽力强、耐修剪的缠绕性、吸附性、攀缘性、钩搭性等茎枝细长的藤本类植物	用于各种形式的棚架、建筑及设施的垂直绿化，用于攀附灯杆、廊柱、经过防腐处理的高大枯树等形成景观，用于悬垂于屋顶、阳台、覆盖地面、公路边坡等作地被植物	地锦、凌霄、鸡屎藤、薜荔、五叶地锦、炮仗花、金银花、野葛藤、蟛蜞菊、五爪金龙、猫爪藤、大花老鸦嘴、迎春花、三角梅、紫藤、常春藤、茑萝、牵牛花、木香、蔷薇、常绿油麻藤、藤本月季等
绿篱	宜选择适应性强、耐寒耐旱、耐阴，生长较慢、叶片较小而密、萌芽力和成枝力强、耐修剪，易繁殖、管理方便，无毒、无臭、少病虫害，观赏价值高的种类	有花篱、果篱、彩叶篱、刺篱等；有高篱、中篱、矮篱；有整形式和自然式。在园林中主要起分隔空间、防范、保护作用，可作装饰背景、花坛镶边、绿色屏障等，有防尘、降噪声、防风、遮阴等作用	福建茶、红叶石楠、金叶假连翘、花叶假连翘、大叶黄杨、小叶黄杨、雀舌黄杨、侧柏、千头柏、金森女贞、黄金榕、红花檵木、美蕊花、木槿、九里香、雪柳、水蜡树、茶条槭、枸橘、山花椒、黄刺梅、胡颓子、火棘、地肤、瓜子黄杨、斑叶珊瑚、三角梅、冬青、华灰茉莉、海桐等
地被	结合种植环境选择喜光或耐阴、喜湿或耐旱、抗性强、耐踩踏，繁殖容易、生长迅速，覆盖力强、耐修剪，不会泛滥成灾的种类。以草本为主，也可选择木本植物中个体矮小的丛生、假伏性或半蔓性的灌木及藤木等	铺设于大面积裸露平地或坡地，阴湿林下和林间隙地等各种环境成片状种植，起改善环境、防尘降噪声、保持水土、抑制杂草生长、增加空气湿度、减少地面辐射热、美化环境等作用	杜鹃花、栀子花、枸杞、红叶石楠、金叶假连翘、花叶假连翘、雀舌黄杨、金森女贞、黄金榕、红花檵木、地肤、红背桂、斑叶珊瑚、萼距花、美女樱、地锦、常春藤、络石等

2.1.4　栽植季节

园林树木的栽植时期，应根据树木生长发育规律，栽植地区的气候、土壤条件等综合考虑。适宜的栽植季节应该是温度适宜、土壤水分含量较高、空气湿度较大，符合树种的生物学特性，遭受自然灾害的可能性较小的时期。一般落叶树种多在秋季落叶后或春季萌芽前进行，此期树体处于休眠状态，受伤根系易恢复，栽植成活率高。常绿树种栽植，在南方冬暖地区多为秋植或雨季栽植。

（1）春季栽植

在土壤化冻后树木发芽前的早春栽植，符合树木先长根、后发枝叶的物候顺序。早春地温高于气温，根系的生理活动旺盛，愈合能力较强，而苗木的地上部分尚未解除休眠，生理活动较弱，消耗水分少，栽植后容易达到地上和地下部分的生理平衡，对苗木成活有利。春季植树适于大部分地区和树种，是我国的主要植树季节。但春季工作繁忙，劳力紧张，要根据树种萌芽习性和不同地域土壤化冻时期，利用冬闲做好计划。树种萌芽习性以落叶松、银芽柳等最早，杨柳、桃、梅等次之，榆、槐、栎、枣等最迟。土壤化冻时期与气候因素、立地条件和土壤质地有关。落叶树种春植宜早，土壤一化冻即可开始。华北地区春植，多在3月上旬至4月下旬，华东地区以2月中旬至3月下旬为佳。对于春季高温、少雨、低湿、干旱多风的地区，如川滇、西北、华北的部分地区，不宜在春季栽植造林，应在冬季或雨季进行。

（2）雨季（夏季）栽植

受印度洋干湿季风影响，有明显旱、雨季之分的西南地区，以雨季栽植为好。雨季如果处在高温月份，由于短期高温、强光易使新植树木水分代谢失调，故要掌握当地的降雨规律和当年降雨情况，抓住连续阴雨有利时机，在下过一两场透雨之后，出现连阴天时栽植。江南地区，亦有利用"梅雨"期的气候特点，进行夏季栽植的经验。

（3）秋季栽植

秋季栽植是指树木落叶生至土壤封冻前进行的植树。进入秋季，气温逐渐降低，树木的地上部分生长减缓并逐步进入休眠状态，但是根系的生理活动依然旺盛，而且秋季的土壤湿润，所以，苗木的部分根系在栽植后的当年可以得到恢复，翌春发芽早，栽植成活率高。秋季栽植的时机应在落叶阔叶树种落叶后。秋季栽植一定要注意苗木在冬季不受损伤。冬季风大、风多、风蚀严重的地区和冻拔害严重的黏重土壤不宜秋植。

（4）冬季栽植

冬季栽植实质上可以视为秋季栽植的延续或春季栽植的提前。冬季土壤基本不结冻的华南、华中和华东长江流域等地区，可以冬季栽植。在北方或高海拔地区，土壤封冻，天气寒冷，一般不宜冬季栽植。但是，在冬季严寒的华北北部、东北大部，土壤冻结较深，对当地乡土树种可采用带冻土球法栽植。冬季栽植主要适合于落叶树种。

总之，各个栽植季节都有优缺点，应根据各地条件，因地、因树制宜，合理安排最佳栽植季节。

 任务实施

1．器具与材料

园林植物苗木、皮尺、尼龙绳、修枝剪、起苗铧、锄头、铁锹、铲、盛苗器、运输工具、水桶、肥料等各类栽植工具材料。

2．任务流程

园林树木栽植流程如图 2-2 所示。

3．操作步骤

（1）定点放样

根据绿化工程设计要求定点放样，技术方法详见本教材模块一项目 1 任务 1.1。

（2）栽植前准备

树木栽植前准备主要是栽植地准备和苗木准备。栽植地准备包括地形地势整理、土壤改良、挖栽植穴，苗木准备包括选择苗木、起苗、运苗和假植，两项准备工作应密切配合，缩短时间，做到随起、随运、随栽，流水作业。

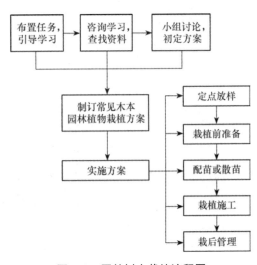

图 2-2　园林树木栽植流程图

① 栽植地准备

土壤准备　含土壤整理和土壤改良。技术方法详见模块一项目 1 任务 1.2。

栽植穴的准备　栽植穴准备是改地适树，协调"地"与"树"之间相互关系，创造良好的根系生长环境，提高栽植成活率和促进树木生长的重要环节。

栽植穴规格　栽植穴的规格一般比根幅（或土球直径）和深度（或土球高度）大 20～40cm，甚至 1 倍，以利苗木生长。具体规格参照表 2-3、表 2-4。

表 2-3　乔、灌木栽植穴的规格

乔木胸径（cm）			3～5	5～7	7～10
落叶灌木高度（m）		1.2～1.5	1.5～1.8	1.8～2.0	2.0～2.5
常绿树高度（m）	1.0～1.5	1.5～2.0	2.0～2.5	2.5～3.0	3.0～3.5
穴径（cm）×穴深（cm）	50～60×40	60～70×40～50	70～80×50～60	80～100×60～70	100～120×70～90

表 2-4　栽植绿篱挖槽规格

绿篱苗高度（m）	挖槽规格（宽×深）（cm×cm）	
	单行式	双行式
0.5～1.0	40×30	60×30
1.0～1.2	50×30	80×40
1.2～1.5	60×40	100×40
1.5～2.0	100×50	120×50

栽植穴操作规范　根据栽植植物种类不同栽植穴有圆形、方形、长方形槽、几何形大块浅坑（图 2-3）。首先通过定点放线确定栽植穴的位置，株位中心撒白灰作为标记，依据一定的规格、形状及质量要求，破土完成挖穴任务。穴或槽周壁上下大体垂直，而

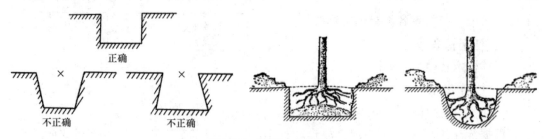

图 2-3　栽植穴样式图

不应成为"锅底"或"V"形（图 2-3）。在挖穴或槽时，肥沃的表土与贫瘠的底土应分开放置，除去所有石块、瓦砾和妨碍生长的杂物，做到"挖明穴、回表土"。土壤贫瘠的应换上肥沃的表土或掺入适量的腐熟有机肥。

②苗木准备　根据绿化工程设计要求进行栽植前苗木准备，技术方法详见模块 1项目 1 任务 1.3。

（3）栽植（图 2-4）

①注意事项

·栽植前必须仔细核对设计图纸，看树种、规格是否正确，若发现问题立即调整。

·各项种植工作应密切衔接，做到随挖、随运、随种、随养护。如遇气候骤升骤降或遇大风大雨等气象变化，应立即暂停种植，并采取临时措施保护树木土球和植穴。

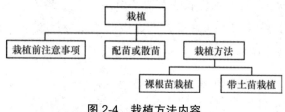

图 2-4　栽植方法内容

·应将树形和生长势最好的一面朝向主要观赏面；平面位置和高程必须与设计规定相符；树身上下必须与地面垂直，如有弯曲，其弯曲方向应朝向当地的主导风向。

·种植深度应保证在土壤下沉后，根颈和地面等高或略高，乔木不得深于原土痕10cm，带土球树种不得超过 5cm，灌木和丛木栽植深度不得过浅或过深；竹类宜较原来深度加深 5～10cm 培土捣实，勿伤鞭芽。

·行列式栽植应每隔 10～20 株先栽好对齐用地标杆树。如有弯干的苗木，应弯向行内，并与标杆树对齐，相邻树相差不超过树干胸径 1/2。

·种植时需结合施用基肥。基肥应以腐熟有机肥为主，也可施用复合肥和缓释棒肥、颗粒肥，用量见商品说明。基肥可施于穴底，施后覆土，勿与根系接触。

②配苗或散苗　对行道树和绿篱苗，栽植前要再一次按大小分级，使相邻的苗大小基本一致。按穴边木桩写明的树种配苗，"对号入座"，边散边栽。配苗后还要及时核对设计图，检查调整。

③栽植方法

裸根苗栽植（图 2-5）：将苗木运到栽植地，根系没入水中或埋入土中存放、边栽边取苗。先比试根幅与穴的大小和深浅是否合适，并进行适当调整和修理。操作时

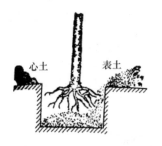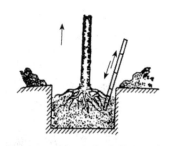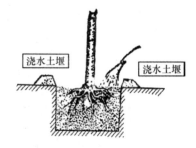

图 2-5　裸根苗栽植示意图

2～3 人一组，1 人负责扶树和掌握深浅度，1～2 人回土，按"三埋两踩一提苗"程序栽植。首先在穴底填些表土，堆成小丘状，至深浅适合时放苗入穴，使根系沿锥形土堆四周自然散开，保证根系舒展；其次填入拍碎的湿润表土，填土约达穴深的 1/2 时轻提苗，使根自然向下舒展，然后用木棍捣实或用脚踩实；继续填土至满穴，再捣实或踩实一次，确保根土密接；最后盖上一层土与地相平或略高，使填的土与原根颈痕相平或略高 3～5cm，不踩实，以利保墒。

带土苗栽植：先测量或目测已挖树穴的深度与土球高度是否一致，对树穴作适当填挖调整。填土至放土球底面的高度时土球入坑定位，在土球四周下部垫入少量土，使树直立稳定，初步覆土夯实，定好方向，然后剪开包装材料，将不易腐烂的材料一律取出。填土高度达土球深度 2/3 时，用木棍将土球四周的松土捣实，浇足第一次水，水分渗透后继续填土至地面持平时再捣实一次（注意不要将土球弄散），浇第二次水，至不再下渗为止，如土层下沉，应在 3d 内补填种植土，再浇水整平。

（4）栽植后管理

俗话说"三分种、七分管"，树木栽植后应及时做好各项养护管理，养护管理的工作内容如图 2-6。

图 2-6　栽植后管理工作内容

① 树木支撑　为防止大规格苗（如行道树苗）灌水后歪斜，或大风影响成活，栽后应立支柱。视树种、树木规格、立地条件、气候条件等选择用单支式、双支式、三支式、四支式或棚架式支柱（长 1.5～2m、直径 5～6cm）（图 2-7），支撑高度一般为植株高度 1/3～1/2 处，支撑与树木扎缚处可用软质物(如麻袋片)衬垫(图 2-8)。可在种植时埋入，

图 2-7　立支柱示意图　　　　　　　图 2-8　树木支撑示意图
A．单枝柱　B．三枝柱　C．棚架式

也可在种植后再打入（入土20～30cm），栽后打入的，要避免打在根系上和损坏土球。树体不是很高大的带土移栽树木可不立支柱。

② 开堰、作畦　单株树木定植后，在栽植穴的外缘用细土筑起15～20cm高的土埂，为开堰（树盘）（图2-9）。连片栽植的树木如绿篱、灌木丛、色块等可按片筑堰为作畦。作畦时保证畦内地势水平。浇水堰应拍平、踏实，以防漏水。

图2-9　围堰浇水

③ 灌水　树木定植后必须连续浇灌3次水，以后视情况而定。第一次水应于定植后24h之内浇下，水量不宜过大，浸入坑土约30cm即可，主要目的是通过灌水使土壤缝隙填实，保证树根与土壤密切结合。然后进行第二次浇水，水量仍不宜过大，仍以压土填缝为主要目的。二水距头水时间最长不超过3d，浇水后仍应扶直整堰。第三次水应水量大，浇足灌透，时间不得与二水相距3d以上，水浸透应细致扶正。浇水时应防止冲垮水堰，每次浇水渗入后，应将歪斜树苗扶正，并对塌陷处填实土壤。

④ 封堰　第三遍水渗入后，可将土堰铲去，用稻草、腐叶土或砂土覆盖在树干的基部，减少地表蒸发，保持土壤湿润和防止土温变化过大，称为"封堰"。

案例2-1　福建林业职业技术学院江南校区樱花园栽植施工技术方案

1. 树种选择配置

樱花是落叶乔木，喜温暖湿润气候、喜阳光，耐寒、耐旱，忌盐碱。福建林业职业技术学院江南校区位于南平市延平区夏道镇，地处闽江源头，属亚热带季风气候，气候温和，日照充分，雨量充沛，温暖湿润，适宜樱花生长。结合学院江南新校区校园绿化，建设樱花园。遵循树种选择适应性、目的性、经济性、安全性原则，樱花园主要种类为福建山樱花，并引进了日本早樱、日本晚樱、阳明山樱花、日本昭和樱花、吉野樱花、八重樱花等种类，共7种，种植面积约0.14hm²。栽植地选择学院实训一、二号楼前地形开阔、地势平坦、光照充足、排水良好的立地，并进行改土施基肥，以适应樱花树生长。

2．栽植时间

选择春季 2 月至 3 月上旬土壤解冻后樱花苗还未萌芽前栽植。此时地温高于气温，新植樱花苗根系的生理活动旺盛，愈合能力较强，而其地上部分未萌芽，生理活动较弱，消耗水分少，栽植后容易达到地上和地下部分的生理平衡，促进成活。

3．栽植程序与技术

（1）定点放样

樱花园是片林，本次采用自然式配置放线法的仪器测量法。园林技术 1017 班的学生在放样前先了解了樱花园的设计意图，并踏查了现场，对种植地的环境进行详细调查，确定了定点放线程序。然后进行了种植地清理，用经纬仪依据种植地外的校园主干道，将树群依照设计图上的位置依次定出每株位置，并用灰线做出明显标记。

（2）栽植前准备

① 苗木准备

苗木选择：樱花园种植的福建山樱花苗源为本院林业综合实训基地自育的苗木，日本早樱、日本晚樱、阳明山樱花、日本昭和樱花、吉野樱花、八重樱花等苗木从福州市、建阳市引进，根据绿化方案设计要求，选择了 5 年生直径 4cm 左右生长健壮、根系发达、冠根比适宜、树形美观、冠形丰满、无病虫害的带土球苗。

起苗运苗：起挖前先对苗木枝叶进行适当修剪，并适当拢冠；然后按土球直径50～60cm，土球厚度 30～40cm 的规格起挖苗木。起挖时，注意保护苗木根系、枝芽和土坨，避免散坨。福建山樱花起挖好苗后用简易西瓜包或草绳打腰箍做好包装，并及时装车运苗假植，做到"随挖、随运、随种、随养护"。

② 栽植地准备

栽植地的整理和改良：首先根据绿化设计要求对种植地进行了场地平整、局部整地、施基肥、换土等整理改良措施，以提高土壤肥力，适应樱花生长要求。

栽植穴的准备：根据定点放线灰线做出的明显标记位置挖栽植穴，穴为圆形坑、穴规格 100cm×100cm×80cm 或 80cm×80cm×60cm，所挖的穴底平、口略宽、呈非"锅底"状，并将新表土分开放置，除去土中石块、瓦砾和妨碍生长的杂物。

配苗或散苗：按穴边木桩写明的樱花品种配苗，"对号入座"，边散边栽。配苗后应及时核对设计图，检查调整。

栽植技术：栽植前再仔细核对设计图纸，看樱花品种、规格是否正确，若有问题立即调整。用带土苗栽植，先在穴底填一些表土、每穴施入钙镁磷肥 1.5kg，再填表土成丘状（20～30cm），将土球苗放于表土丘上并立于穴的中央位置，将树形和生长势最好的一面朝向主要观赏面，接着在土球四周下部垫入少量的土，使树直立稳定，初步覆土夯实，定好方向，然后剪开包装材料，将不易腐烂的材料一律取出。填土高度达土球深度 2/3 时，用木棍将土球四周的松土捣实，浇足第一次水，水分渗透后继续填土至与地面持平时再捣实一次（注意不要将土球弄散），浇第二次水，至不再下渗为止。

图2-10 樱花立三支式支柱

图2-11 福建林业职业技术学院樱花园

4．栽植后养护管理

（1）立支柱（图2-10、图2-11）

因樱花属浅根性树种，怕风，大苗栽植后应及时立支柱支撑。本樱花园栽植的樱花采用三支式支柱，先在绑扎处绑上草绳，再用3根一定粗度的竹竿在树高1/3～1/2处扎缚固定支撑。

（2）开堰

樱花定植后，在栽植穴外缘用土筑高15cm左右的土堰，并用锄头拍平、踏实土堰。

（3）灌水

樱花定植开堰后，安排连续浇灌3次水，做到浇足灌透，满足初植樱花根系生长对水分的需要。浇水时应防止冲垮水堰，每次浇水渗入后，应在塌陷处填实土壤。

（4）封堰

第三遍水渗入后，将土堰铲去，用稻草、腐叶土或砂土覆盖在树干的基部，减少地表蒸发，保持土壤湿润。

 知识拓展

1．园林树木引种驯化

（1）概述

引种是指把植物从原分布地区迁移到新的地区种植的方法。包括两个方面：一是从外地或外国引入本地区所没有的植物，二是野生植物的驯化栽培。前者如引自日本的五针松、日本樱花、北海道黄杨，引自印度的雪松，引自北美的刺槐、池杉、广玉兰、湿地松、火炬松，引自地中海地区的月桂、油橄榄等；后者如从全国各地的野生树木中发掘栽培的水杉、望天树、桤木、金花茶等绿化观赏树种。

引种与其他育种方法相比，所需要的时间短，投入的人力、物力少，见效快，所以是最经济、最快速丰富本地的树种资源，改善现有树种组成及比例，保护生物多样性和景观生态平衡的方法。

（2）引种成败因素分析

引种成功的关键，在于正确掌握植物与环境关系的客观规律，全面分析和比较原产地和引种地的生态条件，了解树木本身的生物学特性和系统发育历史，初步估计引种成功的可能性，并找出可能影响引种成功的主要因子，制订切实措施。

引种驯化是一项复杂的综合性工作，决定引种成败的环境条件有温度、湿度、日照、海拔、土壤等；另外引种也是一个长期的过程，引种的树木必须经受栽培区较长时间的试验才能确定是否能推广种植。概括地说，其基本原理有二：引种地与原产地生态条件，尤以主导因子相似引种易成功；引种材料遗传适应范围大，引种易成功。

一般来讲，地理上距离较近，生态条件的总体差异也较小。所以，在引种时常采用"近区采种"的方法，即从离引种地最近的分布边缘区采种。如苦楝是南方普遍栽植的树种，分布的最北界是河南省及河北省的邯郸。分布于河北省邯郸和河南省的苦楝种子在北京生长最好，抗寒性强；分布于四川、广东等地的苦楝在北京表现抗寒性最差。

（3）引种程序（图2-12）

① 引种材料的收集

分析引进植物经济性状：引种实践表明，引种植物在新地区的经济性状往往与原产地的表现相似。这是选择引种植物的重要依据。如观赏价值、经济价值、抗性及改造自然能力方面均应表现优良，或至少在某一些方面胜过当地的乡土植物种或品种。

比较原产地与引种地的生态条件：首先，了解引种植物的分布和种内变异，调查其自然分布、栽培分布及其分布范围内的自然类型和栽培类型。其次，调查原产地与引进地的生态环境变化，以便从中找出影响引种的主要限制因子。

② 种苗检疫 引种是传播病虫害和杂草的一个重要途径，也关系到引种的成败。因此，在开展引种工作的同时要对引进的每粒种子，每株苗木进行严格的检疫。对有疑问的材料应放到专门的检疫苗圃中观察、鉴定。种子、苗木未经检疫，一律禁止引入。

③ 引种试验 对引进的植物材料必须在引进地区种植条件进行系统的比较观察鉴定，以确定其优劣和适应性。试验应以当地具有代表性的良种植物作为对照。试验的一般程序如下（图2-13）：

| 种源试验 | → | 品种比较试验 | → | 区域化试验 | → | 栽培推广 |

图2-13 引种实验流程图

（4）引种的具体措施

① 引种要结合选择

地理种源选择：在引种试验时，通过地理种源的比较试验，找出各个种源差异，从而进行选择。

变异类型选择：在相同立地条件下的同种类，个体间也存在着差异，因此可以

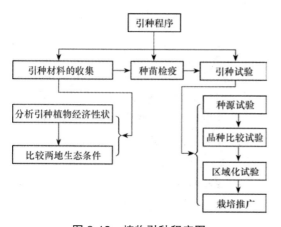

图2-12 植物引种程序图

从健壮的母株上采集种子或剪取枝条。如杭州植物园从四川引进一批油樟种子，出苗万余株，冬季绝大部分冻死，小部分严重冻伤，仅有一株完好。这说明同一群体内的个体，虽然在相同的环境条件下，个体遗传性仍有产生分离的可能性。用它作为母本，进行无性繁殖获得了具有抗寒"种性"的群体。

②引种要结合有性杂交　在引种过程中，由于原产地与引种地之间生态条件差异过大，使得有的植物在引种地较难生长，或者虽能生长却失去经济价值。若把这种植物作为杂交材料与本地植物杂交，就很可能从中培育出具有经济价值，又能很好适应本地生态环境的类型。例如，银白杨是原产我国北部及西部一带的大乔木，引种到南京、武汉、杭州等地时，因环境不适应而变为灌木状的小乔木。1959年，南京林业大学以银白杨为母本，分别用南京毛白杨与河南民权、甘肃天水等地的毛白杨杂交，杂交第一代的生长较同龄的银白杨强。

③选择多种立地条件试验　在同一地区，要选择不同的立地条件做实验，充分利用各种小气候的差异使引种成功。如我国青岛崂山，由于近海，温度高、湿度大，生长着不少亚热带边缘的植物，如茶树不但生长好，而且品质也好，为同纬度其他地区所不及。

④阶段驯化与多代连续培育

阶段驯化：当两地生态条件相差较大，一次引种不易成功时，可以分地区、分阶段逐步进行引种。如杭州引种云南大叶茶树，先引种到浙江南部，再从浙江采集种子到杭州种植，获得了成功。

多代连续培养：植物定向培育往往不是一个短期内或在一两个世代中就能完成

的，因此需要连续多代培育。如辽宁省抚顺市的抗寒板栗就是以多代积累的方式培育而成的。

⑤栽培技术研究

播种期：对南树北移的树木来说，适当延期播种，能适当减少生长量，加强组织充实度，使枝条成熟较早，具有较强的耐寒性。北京植物园在水杉的引种中证实了这一点。北树南移则常采用早播的办法增加植株在短日照下的生长期和增加生长量。

栽植密度：适当密植也可在一定程度上提高南树北移植物的耐寒性。对北树南移的植物应该相反，即适当增加株行距是有利的。

肥水管理：适当节制肥水有助于提高南树北移植物的耐寒性，使枝条较为充实，封顶期也有所提前。相反，对北树南移的植物，为了延迟封顶时间，应该多施些氮肥和追肥，增加灌溉次数。这对延迟和减少炎热也有一定意义。

光照处理：在南树北移的幼苗期间进行8～10h的短日照处理，遮去早晚光，能提前形成顶芽，缩短生长期，减少生长，使枝条组织充实，植株内积累的糖分增多，有利于越冬。北树南移的植物，可以采用长日照处理，延长植物的生长期，以增加生长量。足够的生长量是抵抗夏季炎热的物质基础。

防寒遮阴：对于南树北移的苗木，要在第一、二年冬季适当进行防寒保护，根据其抗寒性的强弱分别采用暖棚、风障、培土、覆土等措施。北树南移或引种高山和萌生植物的幼苗越夏，需要适当的遮阴时间，以使其逐步适应。

播种育苗和种子处理：引种以引进种子播种育苗为好。在种子萌动时，给予特殊剧烈变动外界条件处理，有时能在一定程度上动摇植物的遗传性。例如，种子萌动后的干燥处理，有利于增加其抗旱性能；萌动种子的盐水处理，能增加抗盐能力。

2. 特殊立地环境树木栽植

城市绿地建设中经常需要在一些特殊、极端的立地条件下栽植树木。如大面积铺装表面立地、干旱地、盐碱地等。

（1）铺装地面树木栽植

在具铺装地面的立地环境中植树，如人行道、广场、停车场等具硬质地面铺装的立地，建筑施工时一般很少考虑其后的树木种植问题，因此在树木栽植和养护时常发生有关土壤排、灌、通气、施肥等方面的矛盾，需做特殊的处理。

① 铺装地面栽植的环境特点 树盘土壤面积小、生长环境条件恶劣、易受机械性伤害等。

② 铺装地面的树木栽植技术

树种选择：由于铺装立地的特殊环境，树种选择应具有耐干旱、耐贫瘠的特性，根系发达；树体能耐高温与阳光暴晒，不易发生灼伤。

土壤处理：适当更换栽植穴的土壤，改善土壤的通透性和土壤肥力，更换土壤的深度为 50～100cm，并在栽植后加强水肥管理。

树盘处理：应保证栽植在铺装地面的树木有一定的根系土壤体积。据美国波士顿的调查资料，在有铺装地面栽植的树木，根系至少应有 3m³ 的土壤，且增加树木基部的土壤表面积要比增加栽植深度更为有利。铺装地面切忌一直伸展到树干基部，否则随着树木的加粗生长，不仅地面铺装材料会嵌入树干体内，树木根系的生长也会抬升地面，造成地面破裂不平。树盘地面可栽植花草，覆盖树皮、木片、碎石等，一方面提升景观效

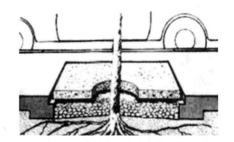

图 2-14 树盘表面铺盖处理

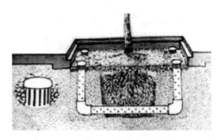

图 2-15 铺装立地管道通气处理

果，另一方面起到保墒、减少扬尘的作用；也可采用两半的铁盖、水泥板覆盖，但其表面必须有通气孔，盖板最好不直接接触土表。如在荷兰和美国，一般采用图 2-14 的处理方法，以减少铺装地面对树体的伤害，也可减少树木对铺装面的破坏。例如，水泥、沥青等表面没有缝隙的整体铺装地面，应在树盘内设置通气管道以改善土壤的通气性。通气管道一般采用 PVC 管，直径 10～12cm，管长 60～100cm，管壁钻孔，通常安置在种植穴的四角（图 2-15）。

（2）干旱地树木栽植

① 干旱地的环境特点 干旱的立地环境不仅因缺少水分构成对树木生长的胁迫，同时干旱还致使土壤环境发生变化。主要特点为土壤次生盐渍化、土壤生物减少、土壤温度升高等。

② 干旱地树木栽植技术

栽植时间：以春季为主，一般在 3 月中旬至 4 月下旬，此期土壤比较湿润，土壤的水分蒸发和树体的蒸腾作用也比较低，树

木根系再生能力旺盛，愈合发根快，种植后有利于树木的成活生长。但在春旱严重的地区，宜在雨季栽植为宜。

栽植技术：

泥浆堆土　将表土回填树穴后，浇水搅拌成泥浆，再挖坑种植，并使根系舒展；然后用泥浆培稳树木，以树干为中心培出半径为 50cm、高 50cm 的土堆。

埋设聚合物　聚合物是颗粒状的聚丙烯酰胺和聚丙烯醇物质，能吸收自重 100 倍以上的水分，具极好的保水作用。干旱地栽植时，将其埋于树木根部，能较持久地释放所吸收的水分供树木生长。高吸收性树脂聚合物为淡黄色粉末，不溶于水，吸水膨胀后成无色透明凝胶，可将其与土壤按一定比例混合拌和使用；也可将其与水配成凝胶后，灌入土壤使用，有助于提高土壤保水能力。

开集水沟　旱地栽植树木，可在地面挖集水沟蓄积雨水，有助于缓解旱情。

容器隔离　采用塑料袋容器（10～300L）将树体与干旱的立地环境隔离，创造适合树木生长的小环境。袋中填入腐殖土、肥料、珍珠岩，再加上能大量吸收和保存水分的聚合物，与水搅拌后成冻胶状，可供根系吸收 3～5 个月。若能使用可降解塑料制品，则对树木生长更为有利。

（3）盐碱地树木栽植

① 盐碱地土壤的环境特点　盐碱土是地球上分布广泛的一种土壤类型，约占陆地总面积的 25%。我国从滨海到内陆，从低地到高原都有分布。土壤中的盐分主要为 Na^+ 和 Cl^-。在微酸性至中性条件下，Cl^- 为土壤吸附；当土壤 pH＞7 时，吸附可以忽略，因此 Cl^- 在盐碱土中的移动性较大。Cl^- 和 Na^+ 为强淋溶元素，在土壤中的主要移动方式是扩散与淋失，二者都与水分有密切关系。在雨季，降水大于蒸发，土壤呈现淋溶脱盐特征，盐分顺着雨水由地表向土壤深层转移，也有部分盐分被地表径流带走；而在旱季，降水小于蒸发，底层土壤的盐分循毛细管移至地表，表现为积盐过程。在荒裸的土地上，土壤表面水分蒸发量大，土壤盐分剖面变化幅度大，土壤积盐速度快，因此要尽量防止土壤的裸露，尤其在干旱季节，土壤覆盖有助于防止盐化发生。

沿海城市中的盐碱土主要是滨海盐土，成土母质为砂黏不定的滨海沉积物，不仅土壤表层积盐重，达到 1%～3%，在 1m 土层中平均含盐量也到 0.5%～2%，盐分组成与海水一致，以氯化物占绝对优势。其盐分来源主要为：地下水、大气水分沉降、人类活动、海水倒灌。

② 盐碱地对树木生长的影响　引发生理干旱、危害树体组织、滞缓营养吸收、影响气孔开闭等。

③ 适于盐碱地栽植的主要树木种类

树种的耐盐性：耐盐树种具有适应盐碱生态环境的形态和生理特性，能在其他树种不能生长的盐渍土中正常生长。这类树种一般体小质硬，叶片小而少，蒸腾面积小；叶面气孔下陷，表皮细胞外壁厚，常附生绒毛，可减少水分蒸腾；叶肉中栅栏组织发达，细胞间隙小，有利于提高光合作用的效率。如柽柳、红树、胡颓子等。

常见的主要耐盐树种：一般树木的耐盐力为 0.1%～0.2%，耐盐力较强的树种为 0.4%～0.5%，强耐盐力的树种可达 0.6%～1.0%。可用于滨海盐碱地栽植的树种主要有：黑松、北美圆柏、胡杨、火炬树、白蜡、沙枣、合欢、苦楝、紫穗槐等，此外槐、柽柳、垂柳、刺槐、侧柏、龙柏、枸杞、小叶女贞、石榴、月季、木槿等均是耐盐碱的优良树种。

④ 盐碱地树木栽植技术

施用土壤改良剂：施用土壤改良剂可达到直接在盐碱土栽植树木的目的，如施用石膏可中和土壤中的碱，适用于小面积盐碱地改良，施用量为3~4t/hm。

采用防盐碱隔离层：对盐碱度高的土壤，可采用防盐碱隔离层来控制地下水位上升，阻止地表土壤返盐，在栽植区形成相对的局部少盐或无盐环境。具体方法为：在地表挖1.2m左右的坑，将坑的四周用塑料薄膜封闭，底部铺20cm石渣或炉渣，在石渣上铺10cm草肥，形成隔离盐碱环境、适合树木生长的小环境。天津园林绿化研究所的试验表明，采用此法第一年的平均土壤脱盐率为26.2%，第二年为6.6%；树木成活率达到85%以上。

埋设渗水管：铺设渗水管可控制高矿化度的地下水位上升，防止土壤急剧返盐。天津园林绿化研究所采用渣石、水泥制成内径20cm、长100cm的渗水管，埋设在距树体30~100cm处，设有一定坡降并高于排水沟；距树体5~10m处建一收水井，集中收水外排，第一年可使土壤脱盐48.5%。采用此法栽植白蜡、垂柳、槐、合欢等，树体生长良好。

暗管排水：其深度和间距可以不受土地利用率的制约，有效排水深度稳定，适用于重盐碱地区。单层暗管埋深2m、间距50cm；双层暗管第一层埋深0.6m，第二层埋深1.5m，上下两层在空间上形成交错布置，在上层与下层交会处垂直插入管道，使上层的积水由下层排出，下层管排水流入集水管。

抬高地面：天津园林绿化研究所在含盐量为0.62%的地段，采用换土并抬高地面20cm栽种油松、侧柏、龙爪槐、合欢、碧桃、紫叶李等树种，成活率达到72%~88%。

躲避盐碱栽植：土壤中的盐碱成分因季节而有变化，春季干旱、风大，土壤返盐重；秋季土壤经夏季雨淋盐分下移，部分盐分被排出土体，定植后，树木经秋、冬缓苗易成活，故为盐碱地树木栽植的最适季节。

生物技术改土：主要指通过合理的换茬种植，减少土壤的含盐量。如上海石化总厂，对新成陆的滨海盐渍土，采用种稻洗盐、种耐盐绿肥翻压改土的措施，仅用1~2年的时间，降低土壤含盐量40%~50%。

施用盐碱改良肥：盐碱改良肥内含钠离子吸附剂、多种酸化物及有机酸，是一种有机-无机型特种园艺肥料，pH 5.0。利用酸碱中和、盐类转化、置换吸附原理，既能降低土壤pH值，又能改良土壤结构，提高土壤肥力，可有效用于各类盐碱土改良。

 巩固训练

1. 训练要求

（1）以小组为单位开展训练，组内同学要分工合作、相互配合、团队协作。

（2）园林树木栽植技术方案应具有科学性和可行性。

（3）做到安全生产，操作程序符合要求。

2．训练内容

（1）结合当地小区绿化工程的各类园林树木栽植任务，让学生以小组为单位，在咨询学习、小组讨论的基础上制订某小区园林树木栽植技术方案。

（2）以小组为单位，依据技术方案进行园林树木栽植施工训练。

3．可视成果

某小区园林树木栽植技术方案；栽植管护成功的绿地。

考核评价（表 2-5）

表 2-5　园林树木栽培考核评价表

模　块	园林植物栽植		项　目	木本园林植物栽培	
任　务	任务 2.1　园林树木栽植		学　时	6	
评价类别	评价项目	评价子项目	自我评价（20%）	小组评价（20%）	教师评价（60%）
过程性评价 （60%）	专业能力（45%）	方案制定能力（15%）			
		方案实施能力　定点放样（5%）			
		栽植前准备（5%）			
		栽植（12%）			
		栽植后管理（8%）			
	社会能力（15%）	工作态度（7%）			
		团队合作（8%）			
结果评价（40%）	方案科学性、可行性（15%）				
	栽植的树木成活率（15%）				
	绿地景观效果（10%）				
	评分合计				
班级：		姓名：	第　　组	总得分：	

小结

园林树木栽培任务小结如图 2-16 所示。

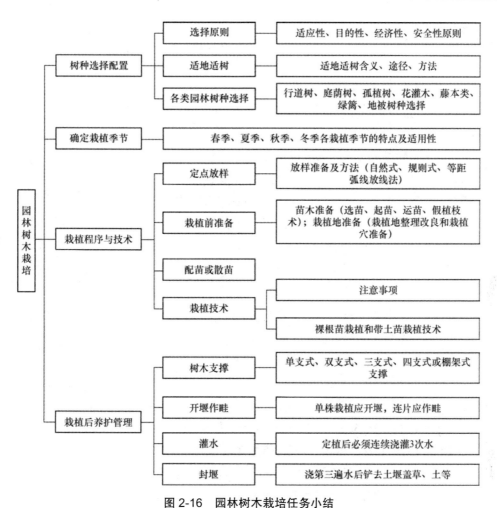

图 2-16 园林树木栽培任务小结

思考与练习

1．填空题

（1）乔木起苗的土球一般为地径的_____倍。

（2）裸根起苗一般要在土壤_____条件下进行。

（3）裸根种植是要使根系保持_____。

（4）保证木本植物栽植成活的关键：_____、_____、_____。

（5）木本植物的种植穴大小确定方法为：_____。

（6）树木栽植过程要经过_____、_____、_____、_____四大环节。移栽的4个环节应密切配合，尽量缩短时间，最好是_____、_____、_____、

_____，形成流水作业。

（7）落叶树移植和定植时间一般在_____或_____进行。常绿树种移植和定植时间为_____或_____。

（8）木本植物露地栽植后立支柱的方式有：_____、_____、_____、_____和_____。

2.选择题

（1）木本植物栽植时，为了保证成活应该（　　）。

  A.多保留根系　　　　　　B.多保留树冠

  C.多保留树冠和根系　　　D.适当保留叶片和根系

（2）按福建省气候特征，木本植物最常用栽植时间为（　　）。

  A.春季　　　B.夏季　　　C.秋季　　　D.冬季

（3）苗木种植穴的形状要求为（　　）。

  A.平底　　　B.锅底　　　C."V"形　　　D."W"形

（4）裸根苗木种植时把土踩实的主要目的是（　　）。

  A.使根系与土壤紧密接触　　B.使树不倒伏

  C.促进苗木根系生长　　　　D.促进地上部生长

（5）树木种植深度应（　　）。

  A.与原来一样　　　　　　B.比原来深 10～20cm

  C.比原来深 3～5cm　　　D.无法确定

3.判断题（对的在括号内填"√"，错的在括号内填"×"）

（1）苗木起苗应在比较干燥的条件下进行，以便减少损伤根系。　　　（　　）

（2）木本植物种植时，应保持地下部和地上部的水分平衡，才能保证成活。（　　）

（3）植物种植时要把土壤踩实，保证根系与土壤紧密接触，提高成活率。（　　）

（4）苗木种植后立单柱应该保持斜立，并且在上风向。　　　　　　（　　）

（5）植物移植时，应选无风的阴天移植最为理想。　　　　　　　　（　　）

4.问答题

（1）园林树木的选择原则有哪些？

（2）分析园林植物栽植成活原理和成活关键。

（3）简述园林树木栽植程序。

（4）分析怎样做好园林树木栽植的苗木准备和栽植地准备。

（5）简述园林树木栽植技术。

（6）如何提高栽植树木的成活率？

（7）简述园林树木栽植后养护管理技术。

任务 2.2
园林大树移植

 任务分析

【任务描述】

为了在短时间内改善城市园林景观，保护城市改扩建过程中的古树名木和已有的大树，需要进行大树移植。随着大树移植技术水平的不断提高，目前，大树移植工程在城市园林绿化中被越来越多地应用。由于大树移植时受损严重，成活困难，因此，掌握科学的移植方法，提高大树移植的成活率，具有重要意义。本任务学习以某种常用大树移植为例，以学习小组为单位，首先制订某种大树移植方案，再依据制订的技术方案，结合当地园林绿化大树栽植工程现场，进行现场教学。通过学习，找出方案中的不足及解决实际工作中的问题。本任务实施宜在校内园林植物栽培实训基地或当地园林绿化工程现场进行。

【任务目标】

（1）能制订大树移植技术方案；

（2）能依据制订的技术方案，进行大树移植关键环节的操作；

（3）能熟练并安全使用大树移植的器具和材料；

（4）能独立分析和解决实际问题，吃苦耐劳，合理分工并团结协作。

 理论知识

2.2.1　大树概述

园林绿化中的大树通常是指胸径在 15cm 以上的乔木。我国园林绿化常用的大树树种有槐、悬铃木、皂荚、白蜡、七叶树、马褂木、五角枫、黄山栾树、女贞、樟树、桂花、广玉兰、玉兰、雪松、油松、华山松、樟子松等。

2.2.2　大树移植特点

（1）移植成活困难

其主要原因一是树龄大，根系恢复慢；二是根系损伤严重，移植后根系水分吸收与树冠水分消耗之间的平衡失调；三是大树在起挖、搬运、栽植过程中树体易受损。

（2）移植周期长

为有效保证大树移植的成活率，一般要求在移植前的一段时间进行断根处理。从断根缩坨到起苗、运输、栽植以及后期的养护管理，移栽周期少则几个月，多则几年。

（3）工程量大

由于树体规格大、移植的技术要求高，单纯依靠人力无法解决，需要动用多种机械。另外，为了确保移植成活率，移植后必须采用一些特殊的养护管理技术与措施。因此，大树移植在人力、物力、财力上的耗费巨大。如果大树移植失败，则会造成巨大的浪费。

（4）绿化效果快速、显著

大树移植可在较短的时间内迅速显现绿化效果，较快发挥城市绿地的景观功能，故在现阶段的城市绿地建设中呈现出较高的上升势头。

目前我国一些城市热衷进行的"大树进城"工程，虽其初衷是为了能在短期内形成景观效果，满足人们对新建景观的即时欣赏要求，但现阶段大树移植多以牺牲局部地区，特别是经济不发达地区的生态环境为代价，另外，大树移植的成本高，种植、养护的技术要求也高，故非特殊需要，不宜倡导多用，更不能成为城市绿地建设中的主要方向。通常大树移植的数量最好控制在绿地树木种植总量的5%～10%。

2.2.3　大树移植原理

2.2.3.1　树势平衡原理

（1）大树收支平衡原理

生长正常的大树，根和叶片吸收养分（收入）与树体生长和蒸腾消耗的养分（支出）基本能达到平衡。只有养分收入大于或等于养分支出时，才能维持大树生命或促进其正常生长发育。

（2）起挖移栽对大树收支平衡的影响

大树根被切断后，吸收水分和养分的能力严重减弱，甚至丧失，在移栽成活并长出大量新生根系之前，树体对养分的消耗（支出）远远大于自身对养分的吸收合成（收入）。此时，大树养分收支失衡，大树表现为叶片萎蔫，严重时枯缩，最后导致大树死亡。

（3）起挖后满足大树收支平衡的具体方法

① 增加大树"收入"的措施　起挖前3～4d进行充分灌水；向树体喷水或施叶面肥，增加树体养分；运输途中或移栽后给树体输液，挂输液吊袋。

② 减少大树"支出"的措施　操作时，防止损伤树皮，避免切口撕裂，对损伤的树皮和切口进行消毒，对树皮尽快植皮和对伤口尽快涂膜和敷料，以防止病菌进入，减少水分和养分散失；除去移栽前的所有新梢嫩枝，合理修剪；包裹保湿垫（树干用无纺麻布垫、铺垫、草绳等包扎，对切口罩帽）；运输途中和移植后搭建遮阳网进行遮阴；

起挖后喷施抑制蒸腾剂，减少水分蒸发。

2.2.3.2 近似生境原理

大树近似生境原理是指大树移植地的光、气、热等小气候条件和土壤条件（土壤酸碱度、养分状况、土壤类型、干湿度、透气性等）最好与原生长地生境条件近似。如果把生长酸性土壤中的大树移植到碱性土壤，把生长在寒冷高山上的大树移入气候温和的平地，其生态环境差异大，影响移植成活率。因此，移植地生境条件最好与原生长地生境条件近似。移植前，如果移植地和原生地太远、海拔差大，应对大树原植地和定植地的土壤气候条件进行测定，根据测定结果，尽量使定植地满足原生地的生境条件，以提高大树移植成活率。

2.2.4 移植季节

因大树根粗且深，树体巨大，如在生长期移植，会影响树木移植的成活，所以选择合适的移植时间非常重要。一般来说，落叶树春、秋两季都可移植，而以早春土壤解冻树木萌芽之前移植效果最好，在秋季，当树木生长速度降低即将进入休眠的时候也可移植。常绿树木在春季移植最好，成活率高，秋季也可移植，但必须要早。

 任务实施

1. 器具与材料

大树移植机、起重机、运输车辆、打坑机、手持电钻等；铁锹、修枝剪、手锯等；支撑杆、草绳、麻布片、吊针注射液、生根剂、保水剂、抗蒸腾剂、愈伤涂膜剂等。

2. 任务流程

大树移植流程详如图2-17所示。

3. 操作步骤

1）大树移植准备

（1）选择大树

按园林绿化设计要求的树种、规格及标准进行选苗。选定移植树木后，应在树干北侧用

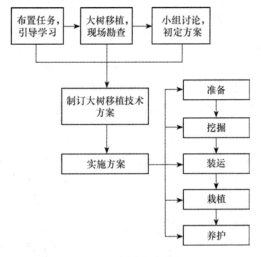

图 2-17 大树移植流程图

油漆做出明显的标记，以便找出树木的朝阳面，同时采取树木挂牌、编号并做好登记，以利对号入座。

建立树木卡片，内容包括树木编号、树木品种、规格（高度、分枝点干径、冠幅）、树龄、生长状况、树木所在地、拟移植的地点等。

选树标准主要有：地势好，便于起挖和操作；树体生长健壮、无病虫，特别是无蛀干

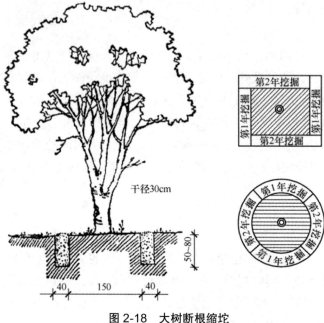

图 2-18 大树断根缩坨

害虫；浅根性，实生，再生能力强的乡土树木为佳；交通道路方便，吊运车辆能通行。

（2）移植季节

以春、秋季节移植大树成活率高，其中以春季土壤解冻之后树木萌芽之前移植最佳。以阴天无雨，晴天无风的天气为佳。

（3）断根缩坨（图 2-18）

为了适当缩小土坨，减少土坨质量，使主要的吸收根回缩到主干根基附近，促进侧根和须根的生长，提高栽后成活率，通常在 2～3 年间分段进行，每年只挖全周的 1/3～1/2，一般在春季或秋季进行。也可裸根挖掘带护心土，在苗圃中假植 2～3 年后再进行移植。

操作方法：以树干胸径的 5 倍为半径向外挖圆形的沟，宽 40～60cm，深 50～70cm，将沟内的根除留 1～2 条粗根外全部切断（伤口涂防腐剂或用酒精喷灯灼烧进行炭化防腐）。将留在沟内的粗根做宽 10mm 环状剥皮，涂抹 0.001% 萘乙酸或 3 号生根粉，促生新根。填入肥沃的壤土或将挖出的土壤加入腐叶土、腐熟的有机肥或化肥混匀后回填踏实。

（4）修剪树冠

根据树种的特性、造景要求、移植季节等对树冠进行修剪。

① 全株式　保留原有的枝干树冠，只将徒长枝、交叉枝、病虫枝及过密枝剪除，适用于萌芽力弱的树种，如松类、银杏、广玉兰、桂花等，栽后绿化效果好。

② 截枝式　只保留树冠的一级或二级分枝，将其上部截去，适用于萌芽力强、生长较快的树种，如槐、悬铃木、樟树、女贞等。

③ 截干式　将整个树冠截去，只留一定高度的主干，只适宜生长快、萌芽力强的树种，如悬铃木、柳、白蜡等。此法成活率高，但成景慢。

（5）挖种植穴

① 土壤改良　施工场地如果发现有较为严重的建筑垃圾和生活垃圾污染，应首先清除垃圾，再对土壤通透性差、瘠薄的地块进行换土。采用通透性良好、肥沃的壤土回填。

② 定点放线　根据图纸上的设计，确定栽植中心点，并根据预先移植的大树规格判断其土球直径，确定栽植穴的大小。以定植点为圆心，以穴的规格 1/2 为半径画圆放线。

③ 挖穴　裸根和软材包装的土球树木种植穴为圆坑，树坑应比土球直径大 60～80cm，比土球高度深 20～30cm，上下口径大小一致，表土和底土分开放置。挖好后在坑底用松土垫 20～30cm 的土堆。

木箱包装的土球树木种植穴挖成方坑，四周均较木箱大出 80～100cm，坑深较木箱加深 20～30cm。将种植土和腐殖土置于坑的附近待用。

2）大树挖掘

（1）带土球起掘软材包装

此方法适用于干径 15～30cm，土球直径 1～1.5m 的大树移植。

①操作程序　拢冠→放线→铲除表土→挖沟断根→支撑树干→修整土球→断根处理→软材包装。

②操作规程

拢冠：用树冠较低的常绿树，为了便于起挖，应先用草绳将树冠拢起，高大的乔木可在树木挖倒后进行。

放线：以树干为圆心，以土球直径的 1/2 为半径画圆放线，土球直径一般是胸径的 6～8 倍，断根处理的在断根沟外沿扩大 10～20cm 起挖。

铲去表土：铲去放线区内的表层土壤至侧根露出，厚 5～10cm。

挖沟断根：沿线外垂直挖掘宽 60～80cm 的沟，以便利于人体操作为度，直到规定深度（土球高）为止。同时用手锯、修枝剪切断粗壮的侧根。

支撑树干：在切断主根之前，为了防止树体倾倒而出现土球破裂及其他安全事故，应采用木杆进行支撑。

修整土球：用铁锹将土球肩部修圆滑，四周土表自上而下修平至球高 1/2 时，逐渐向内收缩（使底径约为上径的 1/3）呈上大下略小的形状。深根性树种和砂壤土球应呈"红星苹果形"，浅根性和黏性土可呈扁球形。

软材包装：将预先湿润过的草绳理顺，于土球中部缠腰绳，两人合作边拉缠，边用木槌（或砖、石）敲打草绳，使草绳嵌入土球为度。要使每圈草绳紧靠，总宽达土球高的 1/4～1/3（20cm 左右）并系牢即可。壤土和砂土可应用蒲包或无纺布先把土球盖严，并用细绳稍加捆拢，再用草绳包扎；黏性土可直接用草绳包扎。草绳包扎方式有 3 种：

橘子式（图 2-19）　先将草绳一头系在树干(或腰绳)上，稍倾斜，经土球底沿绕过对面，向上约于球面 1/2 处经树干折回，顺同一方向按一定间隔缠绕至满球。然后再绕第 2 遍，与第 1 遍的每道于肩沿处的草绳整齐相压，至满球后系牢。再于内腰绳的稍下部捆十几道外腰绳，而后将内外腰绳呈锯齿状穿连绑紧。最后在计划将树推倒的方向沿土球外沿挖一道弧形沟，并将树轻轻推倒，这样树干不会碰到穴沿而损伤。壤土和砂土还需用蒲包垫于土球底部并用草绳与土球底沿纵向绳拴连系牢。

井字式（图 2-19）　先将草绳一端系于腰箍上，然后按井字式包扎图示 A 所示数字顺序，由 1 拉到 2，绕过土球的下面拉至 3，经 4 绕过土球下拉至 5，再经 6 绕过土球下面拉至 7，经 8 与 1 挨紧平行拉扎。按如此顺序包扎满 6～7 道井字形为止，扎成如井字式包扎图示 B 的状态。

五角式（图 2-19）　先将草绳的一端系在腰箍上，然后按五角式包扎图所示的数字顺序包扎，先由 1 拉到 2，绕过土球底，经 3 过土球面到 4，绕过土球底经 5 拉过土球面到 6，

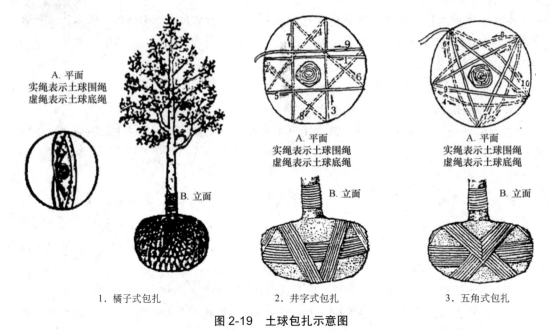

A. 平面
实绳表示土球围绳
虚绳表示土球底绳

B. 立面

A. 平面
实绳表示土球围绳
虚绳表示土球底绳

B. 立面

A. 平面
实绳表示土球围绳
虚绳表示土球底绳

B. 立面

1. 橘子式包扎　　　　2. 井字式包扎　　　　3. 五角式包扎

图 2-19　土球包扎示意图

绕过土球底，由 7 过土球面到 8，绕过土球底，由 9 过土球面到 10，绕过土球底回到 1。按如此顺序紧挨平扎 6～7 道。五角井字式和五角式适用于黏性土和运距不远的落叶树或 1t 以下的常绿树，否则宜用橘子式或在橘子式基础上外加井字式和五角式。

（2）带土块起掘木箱包装

此法适于胸径 20～30cm 或更大的树木移植。

①箱板、工具及吊运车辆的准备　应用厚 5cm 的坚韧木板，制备 4 块倒梯形壁板（常用上底边长 1.85m，下底边长 1.75m，高 0.8m），并用 3 条宽 10～15cm，与箱板同高的竖向木条钉牢。底板 4 块（宽 25cm 左右，长为箱板底长，加 2 块壁板厚度的条板）；盖板 2～4 块（宽 25cm 左右、长为箱板上边长，加 2 块壁板厚度的条板），以及打孔铁皮（厚 0.2cm、宽 3cm、长 80～90cm，80～100 根）和 10～12cm 的钉子（约 800 枚）。

附有 4 个卡子，粗 0.4 寸[*]，长 10～12m 的钢丝绳和紧线器各 2 个；小板镐及其他掘树工具；油压千斤顶 1 台。

起重机和卡车。土块厚 1m，其中 1.5m 见方用 5t 吊车；1.8m 见方用 8t 吊车；2m 见方用 15t 吊车，相应卡车若干。备用作支撑比树略高的杉槁 3 根。

②挖土块　挖前先用 3 根长杉槁将树干支牢。以树干为中心，按预定扩坨尺寸外加 5cm 划正方形，于线外垂直下挖 60～80cm 的沟直至规定深度。将土块四壁修成倒梯形。遇粗根忌用锹铲，可把根周围土削去成内凹状，再将根锯断，不使与土壁平，以保证四壁板收紧后与土紧贴。

③木箱包装　上箱板箱壁中部与干中心线对准，四壁板下口要保证对齐，上口沿可比

* 1寸=0.33cm

土块略低。2 块箱板的端部不要顶上，以免影响收紧。四周用木条顶住。距上、下口 15～20cm 处各横围 2 条钢丝绳，注意其上卡子不要卡在壁板外的板条上。钢丝绳与壁板板条间垫圆木墩用紧绳器将壁板收紧，四角壁板间钉好铁皮。然后再将沟挖深 30～40cm，并用方木将箱板与坑壁支牢，用短把小板锄向土块底掏挖，达一定宽度，上底板。一头垫短木墩，一头用千斤顶支起，钉好铁皮，四角支好方木墩，再向里掏挖，间隔 10～15cm 再钉第二块底板。如遇粗根，去些根周之土并锯断。发现土松散，应用蒲包托好，再上底板。最后于土块面上树干两侧钉平行或呈井字形板条。

（3）裸根起掘

凡休眠期移植落叶树均可采用裸根或裸根带少量护心土移植。一般根系直径为树木胸径的 8～10 倍（有特殊要求的树木除外）。

操作方法：沿所留根幅外垂直下挖操作沟，沟宽 60～80cm，沟深视根系的分布而定，挖至不见主根为准。一般 80～120cm。从所留根系深度 1/2 处以下，可逐渐向内部掏挖，切断所有主侧根后，即可打碎土台，保留护心土，清除余土，推倒树木。断根时切口要平滑不得劈裂。

裸根大树挖掘后应保持根部湿润，方法是根系掘出后喷保湿剂或蘸泥浆，用湿草包裹等。

3）大树装卸及运输（图 2-20）

大树的装卸及运输必须使用大型机械车辆，因此为确保安全顺利地进行，必须配备技术熟练的人员统一指挥。操作人员应严格按安全规定作业。

装卸和运输过程应保护好树木，尤其是根系，土球和木箱应保证其完好。树冠应围拢，树干要包装保护。装车时根系、土球、木箱向前，树冠朝后。

装卸裸根树木，应特别注意保护好根部，减少根部劈裂、折断，装车后支稳、挤严，并盖上湿草袋或苫布遮盖加以保护。卸车时应顺序吊下。

图 2-20　大树装运

　　装卸土球树木应保护好土球完整，不散坨。为此装卸时应用粗麻绳捆绑，同时在绳与土球间，垫上木板，装车后将土球放稳，用木板等物卡紧，使其不滚动。

　　装卸木箱树木，应确保木箱完好，关键是拴绳、起吊（图 2-21），首先用钢丝绳在木箱下端约 1/3 处栏腰围住，绳头套入吊钩内。再用一根钢丝绳或麻绳按合适的角度一头垫上软物拴在树干恰当的位置，另一头也套入吊钩内，使树冠缓缓向上翘起后，找好重心，保护树身，则可起吊装车。装车时，车厢上先垫较木箱长 20cm 的 10cm×10cm 的方木两根，放箱时注意不得压钢丝绳。

图 2-21　大树起吊

　　树冠凡翘起超高部分应尽量围拢。树冠不要拖地，为此在车厢尾部放稳支架，垫上软物（蒲包、草袋）用以支撑树干。

　　运输时应派专人押车。押运人员应熟悉掌握树木品种、卸车地点、运输路线、沿途障碍等情况，押运人员应在车厢上并应与司机密切配合。随时排除行车障碍。小心运输，车速应控制在 20km/h 左右，长距离运输，应不断喷水和插上树动力瓶输液，补充养分和水分。

　　大树在挖掘土球过程中，由于树冠较大，挖掘断根后因风力或重心偏移造成苗木倾倒，容易对人身造成威胁。另外，在锯掉苗木侧枝的过程中，以及在装、卸过程中，都存在一定的危险性，应当加以注意。

　　4）栽植

　　栽植的深度一般与原土痕平或略高于地面 5cm 左右。

　　操作过程（图 2-22）：

　　① 吊树入坑　用起重机将大树吊入栽植穴中。要选好主要观赏面的方向，并照顾朝阳面，一般树弯应尽量迎风，种植时要栽正扶植，树冠主尖与根在一垂直线上。

②拆除绑扎物 将土球外的草绳等包扎物解除或拆除，防草绳腐烂引起沤根烂根。

③生根剂处理 为了促进根系新根的发生，可采用生根剂喷施土球表面或裸根。如根动力稀释200倍喷施根部。

④填土镇压 一般用种植土加入腐植土使用，其比例为7/3。注意肥土必须充分腐熟，混合均匀。填土时要分层进行，每隔30cm一层，然后踏实镇压，填满为止。

草绳解绑

填土镇压

树木支撑

图 2-22 大树栽植

⑤支撑 栽后应及时立柱，一般成品字形三杆支撑，支撑点一般应选在树体的中上部2/3处，支撑杆底部应入土40~50cm。

⑥筑堰 土堰内径与坑沿相同，堰高20~30cm，筑堰时注意不应过深，以免损伤树根或土球。

种植木箱包装的大树，先在坑内用土堆一个高20cm左右，宽30~80cm的一长方形土台。将树木直立，如土质坚硬、土台完好，可先拆去中间3块底板，用两根钢丝绳兜住底板，绳的两头扣在吊钩上，起吊入坑，置于土台上。注意树木起吊入坑时，树下、吊臂下严禁站人。木箱入坑后，为了校正位置，操作人员应在坑上部作业，不得立于坑内，以免挤伤。树木落稳后，撤出钢丝绳，拆除底板填土。将树木支稳，即可拆除木箱上板及蒲包。坑内填土约1/3处，则可拆除四边箱板，取出，分层填土夯实至地平。

5）大树移栽成活期的养护管理

通过地上部分保湿、地下部分促根的方法，保持树体水分代谢平衡，促进大树成活。

①水分管理 栽后浇水3遍，第一次在24h内，3d后浇第二次水，7~10d后浇第三次水。每次浇水后要注意整堰，填土堵漏。以后应视实际情况，不干不浇，浇则浇透。遇涝及时排水。

图2-23　树干包裹

② 树干包裹（图2-23）可采用草绳缠干、草帘包干、塑料薄膜包干、遮阳网包干、麻袋包干、缠绳绑膜树干等方法，夏季防止树体内水分丧失，冬季防寒。塑料薄膜、草绳＋塑料薄膜包裹适用冬季干旱寒冷的北方地区。

③ 树冠喷水　树木萌芽后，用高压水枪对树体地上部分及时喷水。每天2～3次，1周后每天1次，连喷15d。主要作用是缓解蒸腾，增湿降温。

④ 树干输液　采用吊针注射不但可以维持树体内的水分平衡，还能补充植物生长发育所需要的生理活性物质和矿质营养。

⑤ 树冠遮阴　夏季光照强，气温高，树体蒸腾作用强，为了减少树体水分散失，可搭建遮阴棚减弱光照，降低树木蒸腾。

⑥ 灌生根液　为了促进生根，利用生根粉灌根。在临近萌芽时结合灌水进行。

⑦ 促进土壤透气性　大树栽植后，根部良好的土壤通透条件，能够促进伤口的愈合和促生新根。可采取以下方法：

控水：在大树栽植初期，若土壤湿润，则不须浇水。

防积水：对于雨水多、雨量大、易积水的地区，可挖排水沟，沟深至土球底部以下，且沟要求排水畅通。

松土：浇水或雨后2～3d，中耕松土。

通气：在多雨的夏秋季，可在种植穴外沿打孔3～5个。也可在大树栽植时，预埋通气管，其方法是在土球外围5cm处斜放入6～8根PVC管，管上要打无数个小孔，以利透气，平时注意检查管内是否堵塞。

⑧ 叶面追肥　树木萌芽之后，采用根外追肥，一般半个月左右1次，常采用尿素和磷酸二氢钾0.5%～1%浓度，阴天7:00～9:00和17:00～19:00进行。

⑨ 病虫防治　春秋两季加强蚜虫的防治，夏季应注重食叶害虫的防治。

⑩ 冬季防寒　冬季寒冷的北方地区，在秋末冬初可采用树干基部培土、树盘覆盖、树干包裹、设风障、树干涂白、入冬前灌冻水等保护措施。

案例

案例2-2　樟树大树移植技术方案

1．树种简介

樟树为常绿乔木，喜温暖湿润气候及酸性土壤，寿命长，萌芽力强，耐修剪，抗病虫，是我国长江以南地区的乡土树种，大量应用于我国南方城市绿化中，常作为行道树、庭荫树。

2．大树移植要点

（1）移植前准备

必须选择生长健壮、无病虫害的大树，并尽量选择树冠大、分枝均衡、当年发枝较好且枝条粗壮的大树。

（2）挖掘和包扎

通常采用带土球移植。土球大小以胸径的6～7倍为宜，挖好的土球必须用粗草绳包裹严密，确保土球不散。

（3）树冠修剪

根据工程要求及种植季节对树冠进行适当修剪，应在保持大树骨架的前提下剪去枯枝、弱枝、病枝，留少量叶子，以减少蒸腾作用。

（4）树木装运

大树起吊必须要固定在泥球上，先轻吊看一下平衡度，在保持平衡基础上进行起吊装车，若运输较近，一般挖出包裹好后，马上起吊运走；若运输距离较长，必须进行遮阴保湿处理，运输途中视情况进行喷水保湿。

（5）树穴挖掘及种植

挖掘的树穴大小一般为土球的2倍左右，根据种植地土壤情况，决定是否进行土壤改良，如土壤碱性过强要进行改良，以防止樟树黄化叶病发生。种植樟树大树应掌握大穴浅种的原则，如地势较低应进行堆土筑台种植，防止水涝烂根，并在树穴下放一些碎石等物，泥球周围覆盖较好的表层土壤，以利于引发新根。

（6）树体支撑

种植后应立即对树体进行支撑，可减轻人为及自然危害，防止倾倒。支撑时需加保护层，防止损伤树皮，一般用木桩或钢管支撑。

（7）种植后的养护技术措施

新种植的大规格樟树，由于挖掘时根系遭到破坏，种植后较长一段时间内树体的生理功能大大降低，常因养护措施不良，造成水分代谢失去平衡，使大树死亡。所以，保持树体水分平衡是移植樟树大树、提高成活率的关键措施。常用措施有：

①树干包裹　先用稻草或粗草绳对树体主干进行包裹，喷湿稻草或草绳后再用一层塑料薄膜包裹主干，达到保湿又保温的目的。包干后既可避免阳光照射和风吹，减少树干、枝条水分蒸发量，又可贮存一定量水分，使树干经常保持湿润，也有利于树干温度的调节，以减少夏季高温和冬季低温的伤害。

②搭建荫棚　樟树大树移植初期和高温干燥季节，必须搭建荫棚，以防止阳光灼伤和降低水分蒸发。遮阴材料可选用80目遮阳网，荫棚上方及四周边与树冠保持50～60cm的距离，有利于荫棚内空气流动，并让树体接受部分散光，以利于光合作用，根据树木生长情况和季节变化，逐步去掉遮阳网。

③控制水分　新移植的樟树大树，其根系较少，活力较差，吸水功能较弱，对土壤水分需求量较少。因此，只要保持土壤湿润便可，土壤含水量大，会影响土壤透气性，不利于根系的呼吸，易造成烂根。因此，移植时要控制水分，第一次要浇透水，以后应根据天气情况、土壤质地适当浇水。同时，要防止喷水过多渗入根系区域；为防止树穴内积水，种植时要留出透气穴，既能通气，又能在积水时进行排水，确保树根部既不积水又不干旱。

④土壤通气　土壤通气性良好，有利于根系萌发。为加快发根，要做好树墩上的中耕松土，防止土壤板结，经常检查通气设施，发现有堵塞或积水时要及时清除，以保持良好的通气性能。

⑤应用生根剂　移植时根部可用生根粉处理，或用1∶300的活绿素浇定根水，以后每周浇1次，连续3～4次；也可在树干上"挂瓶补水"于韧皮部，可大大提高成活率。

⑥保护新芽　新芽萌发，对根系具自然而有效的刺激作用，能促进根系萌发。因此，对初期萌发的新芽必须加倍保护，让其抽发枝叶，树体未成活，不能修枝整形，同时还要做好喷水遮阴工作，以保证新芽正常生长，促进树体光合作用。

⑦病虫防治和施肥　樟树的害虫主要为巢蛾及刺蛾。一旦发生，应立即用药防治，一般可用高效氯氟氰菊酯1000倍液喷施。病害主要有黄化病及煤污病，一旦发生及时对症下药。一般待树体成活后才能施肥，主要以根外追肥为主，根系萌发后，可对土壤施肥，薄肥勤施，以防伤根，防枝叶过嫩，造成冻害。

案例2-3　雪松大树移植技术方案

1．树种简介

雪松为松科常绿大乔木，干性强，大枝平展，小枝略下垂，树冠呈尖塔形，姿态端庄。浅根性，在气候温和凉润、土层深厚、排水良好的酸性土壤上生长旺盛。喜阳光充足，也稍耐阴，在酸性土及微碱性土壤可正常生长。在低洼积水或地下水位较高之处，以及盐碱地生长不良。

2．大树移植技术要点

（1）移栽时期

雪松以春季移栽最为适宜，成活率较高。2～3月气温已开始回升，雪松体内树液已开始流动，但针叶还没有生长，蒸发量较小，容易成活；每年8～9月，正值雨季，雪松虽已进行了大量生长，但因空气湿度较高，蒸腾量相对降低，此时进行移栽成活率也高。

（2）挖掘和包扎

起苗前应喷抗蒸腾剂。雪松移植应采用带土球移植法，土球好坏是影响雪松移栽成活的关键。土壤较干燥时，应提前3d灌水以保证根部土壤湿润，挖起树木时根部土球不易松散。开始挖球之前应先用草绳把过长的影响施工的下部树枝绑缚起来，这样既便于施工又便于运输，但注意不要折断树枝。

（3）装卸及运输

起吊时在树干基部垫一棉垫，以防损伤树皮。装车时，土球在前，树冠在后，树干放在缠有草绳的支架上。运输过程中，注意保护树头，因为树头折断将使雪松观赏价值大为降低。

（4）挖栽植穴

栽植穴应比土球规格大20～30cm。挖穴时表土和底土分开放置，土质不好的还要换成有肥力的园土，有砖头、白灰等建筑垃圾时，一定要去除。

（5）疏枝

为减少树冠的水分蒸腾，应去掉一些过密的或有损伤的枝条，并通过疏枝保持树势平衡。

（6）栽植

为提高雪松成活率，应在雪松移植之前，先往穴内灌水，并将底土搅成泥浆，然后用吊车将树慢慢吊起，把树形好的一侧朝向主要观赏面。摆正树身，去除包装物，迅速填土，先填表土，同时，可适当施入一些腐熟的有机肥，最后填底土，分层踏实，植树的深度与树木原有深度一致。填满后要围绕树做一圆形的围堰，踏实，为浇水做好准备。栽后为防树身倾斜，一般用3根木杆呈等边或等角三角形支撑树身；支撑点要略高一些，杆与地面成60°～70°夹角为宜，最后剪掉损伤、折断的枝条，取下捆拢树冠的草绳，把现场清理干净。

（7）栽后管理

① 浇水　为确保雪松成活，栽后应及时浇一次水，3～5d后浇第二次水，1周后浇第三次水，每次浇水后如有塌陷应及时补填土，待3遍透水后再行封堰。

② 喷水、施肥　雪松不耐烟尘，为减少蒸腾，增强叶片光合作用，保证其成活、美观，在栽后要及时对树冠进行喷水、施肥。两者可结合进行，间隔10d左右喷一次，喷肥常采用0.1%尿素。

③ 提干　为了不影响交通和树下花灌木的生长，雪松移植后应适当提干，一般提干高度不超过1.2m。

案例2-4　悬铃木大树移植技术方案

1. 树种简介

悬铃木为悬铃木科落叶大乔木，干性强，树形雄伟，枝叶茂密，萌芽力强，耐修剪，是世界著名优良庭荫树和行道树，有"行道树之王"之称。喜湿润温暖气候，较耐寒。适生于微酸性或中性、排水良好的土壤，微碱性土壤虽能生长，但易发生黄化。根系分布较浅，台风时易受害而倒斜。抗空气污染能力较强，叶片具吸收有毒气体和滞积灰尘的作用。

2．大树移植技术要点

（1）移栽时间

在春季萌芽前进行。因此时地温逐渐升高，受损的根系能在较短时间内得到恢复，还可生出新根。

（2）大树挖掘

春季截冠移植可采用裸根带护心土挖掘，反季节移植应采用带土球挖掘。在移栽前3～4d灌透水，使其根系吸收到足够的水分，同时也便于挖掘。

（3）树冠修剪

因悬铃木萌蘖力强，耐修剪，故应对移栽的大树进行强剪，一是要对大枝进行适当短截，二是要对被短截大树剩余的小枝进行疏剪。修剪后及时对大枝剪口进行处理，常采用的方法是涂白漆、石蜡或用塑料布绑扎。

（4）挖栽植穴

树坑直径要比移栽树土球的直径大40～50cm，高要大于土球高度15cm左右。挖出的土要将表土和中底部土分开放置，还应将土中的砖头、瓦块等杂质清理干净。

（5）装卸运输

吊装时要特别注意不可损伤树皮，可在钢丝绳下垫橡胶皮（汽车轮胎）和废旧的棉被。

（6）栽植

将已充分腐熟发酵的圈肥消毒后，按6:1的比例将土和肥料充分拌匀后，回填到坑底，厚度为15cm左右。在用吊车吊树卸车时，应用喷雾器对根系或土球喷施生根剂。按树在原生长地的朝向（即记南枝）安放好，扶正后分层添土踏实，围堰，之后浇水。

（7）移栽后管理

①浇水　栽植时浇头水后，一般过2～3d要浇二水，再隔4～5d浇三水。以后视土壤墒情浇水，每次浇水要浇透，表土干后及时进行中耕。除正常浇水外，在夏季高温季节还应经常向树体缠绕的草绳喷水，使其保持湿润。

②施肥　对于反季节栽植的大树，可采用输液的方法来恢复树势。

③病虫害防治　夏季加强对主干害虫天牛的防治。

④树干涂白　成虫发生前，在树干基部以下涂刷以生石灰10份、硫黄1份、食盐或动物胶适量、水40份制成的白涂剂。涂时所有孔隙都不遗漏，可有效防治成虫产卵。也可防寒越冬。

案例2-5　槐大树移植技术方案

1．树种简介

槐属于蝶形花科落叶乔木，合轴分枝，树冠开阔，树姿美观，萌芽力强，耐修剪，对二氧化硫、氯气、硫化氢及烟尘等抗性较强，深根性，抗风力强，是北方地区良好的行道树和庭荫树。

2．大树移植技术要点

（1）移栽时间

在秋末及春季萌芽前进行。

（2）大树挖掘

休眠季节可采用裸根带护心土挖掘，反季节移植应采用带土球挖掘。

（3）树冠修剪

槐萌蘖力强，耐修剪，故可在大树挖掘之后，保留一、二级侧枝进行回缩重截，疏除小枝，对大的剪口涂抹保护剂处理。

（4）挖栽植穴

树坑直径要比移栽树的根盘直径大 40～50cm，坑深要大于根盘高度 30cm 左右。

（5）装卸运输

吊装时要保护好树皮，避免损伤树皮。

（6）栽植

参考悬铃木。

（7）移栽后管理

参考悬铃木。

 知识拓展

大树移植新技术

（1）撒施型生根剂（图 2-24）

撒施型生根剂遇水即膨胀崩解，在浇水过程中生根剂有效成分随水流经整个大树土球内部和根系，能长时间促进植物根系生长。施后能显著促进植株生根，增强根系吸收能力，提高树木移植成活率。

（2）蒸腾抑制剂（图 2-25）

植物蒸腾抑制剂有两种，一种是高分子化合物，喷施于树冠枝叶，能在其表面形成一层具有透气性、可降解的薄膜，在一定程度上降低树冠蒸腾速率，减少因叶面过分蒸腾而引起的枝叶萎蔫，从而起到有效保持树

图 2-24　大树移植使用撒施型生根剂效果

体水分平衡的作用。另一种是含有促进气孔关闭的调节物质，减弱叶片及枝干的蒸腾作用。它们都能抑制待移植树木在运输中和刚移植后叶片的水分过度蒸腾，提高大树移栽成活率。

图 2-25　大树喷洒蒸腾抑制剂

（3）大树吊装保护套（图 2-26）

大树吊装保护套用于吊装大树，防止起吊过程中树皮受到横绕和纵向隐形损伤，安装灵活快速、操作简便，吊装不同规格的树木只需要选择不同数量的保护板即可实现。

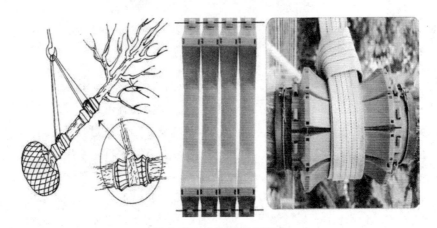

图 2-26　大树吊装保护套

（4）大树植皮（图 2-27、图 2-28）

大树在移植过程中常因吊装、运输及栽植等环节不慎造成树干的树皮局部损伤，若不及时处理便会造成树干局部干枯坏死，干腐病菌趁虚而入，轻则树势减弱，重则树干心材腐烂中空。采用树干植皮技术，能使损伤的树皮愈合再生，恢复树皮的保护和输导功能。

（5）大树输液

① 大树吊针注射液（图 2-29）　根据给人输液的原理给大树及时地补充水分、养分，见效快，吸收利用率高。吊针注射液内含多种营养物质和高活性有机质，一些酶活性物质，能提供大树栽后生长所需要的多种物质。采用吊袋输液能避免因浇水过多造成根部积水状况，且不会因工地用水困难、少浇

A. 无法找到原皮的伤口　　B. 用纸画出伤口大小界线　　C. 从切下枝上按样取皮　　D. 对损伤口进行消毒处理

E. 将切取皮植入损皮处　　F. 对位后，用钉固紧　　G. 对植皮缝外涂愈伤涂膜剂　　H. 对植皮处用绳捆好

图 2-27　大树植皮操作图例

A. 对损伤面消毒　　B. 将原皮及时复位

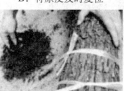

C. 钉紧复位皮　　D. 捆紧后涂敷料保护　　E. 对撕裂皮复位钉紧，对其余伤口进行愈伤涂膜和戴帽

图 2-28　损伤树皮复原操作图例

水造成树体脱水现象。使用方法如下：

液体配制：用纯水或凉开水将母液稀释。刚移植的树或在树木生长期使用，母液兑水 400～600 倍，视情况增加输液次数，每次间隔 15～20d；休眠季节使用，母液兑水 150～200 倍，一般用一次即可。

注孔准备：用电钻在树体的基部钻洞孔 2 个，孔向朝下与树干呈 45°夹角，深至髓心为度。钻头直径为 5mm。输液洞孔的水平分布要均匀，纵向错开，不宜处于同一垂直直线方向。

输液方法：把贮液袋倒挂于高处，打开开关，液体即可输入，随即关闭，立即将针头插入输液孔中，再打开开关，输液结束后，拔出针头，用胶布或树皮或泥封住孔口。

② 大树施它活（图 2-30）　本品给树体输入生命液，能提供大树生长活性物质，利于新移植大树保持较好的树势和长势的恢复，提高大树移植的成活率。本品能量高、活性强，为移植的大树、弱树复壮，提供足够的生长能量，是树木生长的动力源。产品

图 2-29　大树吊针输液

封口后

输液管转热嘴

图 2-30　大树施它活输液

为成品型，经高温消毒直接使用，避免了因稀释注射给树体造成的营养不均和病菌感染，减少了操作环节，使用方便。

③大树树动力（图 2-31）　本品能给树体补充生长动力活性物质，能激活植物细胞的活性，加快细胞原生质的流动，打破芽的休眠，促进树体快速发芽，能调转树体内养分的再分配，加速输导组织的运输速度，使茎尖生长点活性增强，新芽长势强健；同时，该产品在使用上缩短了"库"与"源"的距离，物质在树体内运输耗能少，速度快，能有效地补充大树枝叶生长所需的养分和水分，环保高效，对移植促进成活的大树和弱树、古树复壮效果明显。

（6）树木支撑架（图 2-32）

此产品由套杯、绑带、支柱木三部分构成，套杯是由合成树脂系列的软材料注塑而成的，设计时考虑了套杯与苗木之间的接触部位的同步性问题，既要保证新植苗木的自然生长顺利，又要保护苗木表皮

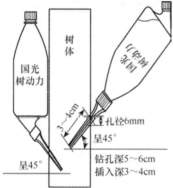

图 2-31 大树树动力输液

图 2-32 树木支撑架

不会被支撑系统破坏，同时套杯还可根据实际情况选择多种颜色进行搭配，更容易凸显出整洁一体化的完美景观效果。该产品的套杯部分耐热抗寒，耐高温120℃，低温-50℃。

（7）土球保护网兜（图2-33）

土球保护网兜采用二合一的网布结构制作，抗拉力强，透气性好，操作简便，省工省时，将传统的稻草绳缠绕和稻草绳与包布片的两次缠绕工作变为一次完成；网布结合一体，使包裹的土球质量更好、更完整，土球不易散落。有利于保护根系不受损伤，特别适合于全冠大树移植。网兜抗老化，能反复使用。

（8）大树伤口涂膜剂（图2-34）

本品采用先进的成膜助剂，能快速在植物创口处形成一层防水透气膜，防止植物伤口水分、养分流失；同时配以伤口愈合剂，加快新生组织的生成，快速愈合树木伤口、切口、再生新皮，保障植物正常生长。并含有高效杀菌防腐剂，抑制病菌的侵染，提高消毒、抗病、抗腐能力，保护组织。

（9）树干保温保湿带（图2-35）

本品是由纤维材料经针刺加工而成，具有透气性强，保温、保湿性好，且柔软、质量轻，颜色可变化等特点。用这种保温保湿带包裹树干能防冻、防日灼、防创伤、保湿等。与传统的草绳、稻草、麻布片缠绕树干相比具有工效高、节省材料、重复利用、美观等优点。

图 2-33 大树土球保护网兜

图 2-34 大树愈伤涂膜剂

图 2-35 树干保温保湿带

 巩固训练

1．训练要求

（1）以小组为单位开展训练，组内同学要分工合作、相互配合、团队协作。

（2）大树移植要科学论证，避免盲目性。

（3）做到安全生产，操作程序符合要求。

2．训练内容

（1）结合当地园林绿化工程项目中的大树移植项目，让学生以小组为单位，在咨询学习、小组讨论的基础上熟悉大树移植的理论基础和基本技能，会科学论证大树移植的可行性，会正确设计大树移植施工技术方案。

（2）以小组为单位，依据当地园林绿化工程项目中的大树移植项目进行大树移植训练。

3．可视成果

提供当地某绿化工程大树移植施工技术方案；移植成功的大树。

考核评价见表 2-6。

表 2-6 园林大树移植考核评价表

模 块	园林植物栽植		项 目	木本园林植物栽培	
任 务	任务 2.2 园林大树移植			学 时	4
评价类别	评价项目	评价子项目	自我评价（20%）	小组评价（20%）	教师评价（60%）
过程性评价（60%）	专业能力（45%）	方案制订能力（10%）			
		准备工作（5%）			
		大树挖掘（5%）			
		大树装运（5%）			
		大树栽植（8%）			
		栽后养护（8%）			
		工具使用及保养（4%）			
	社会能力（15%）	工作态度（7%）			
		团队合作（8%）			

（续）

结果评价（40%）	方案科学性、可行性（15%）			
	整形修剪的合理性（15%）			
	树形景观效果（10%）			
	评分合计			
班级：	姓名：	第　　组	总得分：	

 小结

园林大树移植任务小结如图 2-36 所示。

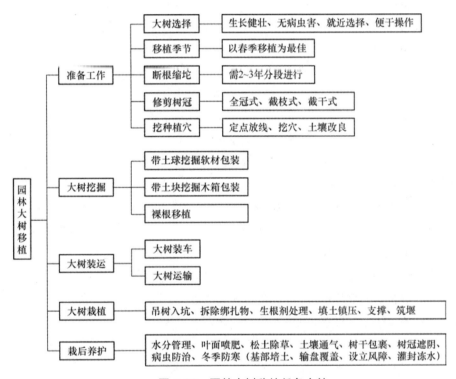

图 2-36　园林大树移植任务小结

 思考与练习

1．填空题

（1）园林绿化中的大树通常是指胸径在_____cm 以上的落叶乔木及_____cm 以上的常绿乔木。

（2）我国北方地区落叶大树移植的季节以_____为最佳，其次是_____，而常绿树最好在_____移植。

（3）大树移植时对树冠的修剪方式有_____、_____和_____。

（4）大树移栽硬包装的方法有_____，软有包装的方法包括_____、_____、_____等。

2．选择题

（1）大树移植的数量最好控制在绿地树木种植总量的（　　　）。

　　　A．5%～10%　　　B．10%～20%　　　C．20%～30%　　　D．30%～40%

（2）（　　　）大树移植时对树冠修剪宜采用全冠式。

　　　A．黄山栾树　　　B．槐　　　　　　C．七叶树　　　　D．雪松

（3）落叶大树裸根移植起苗时根幅直径应为大树胸径的（　　　）倍。

　　　A．4～6　　　　　B．6～8　　　　　C．8～10　　　　　D．12～14

（4）大树移植前经过缩坨断根后，起挖土球直径应比原切土球大（　　　）cm。

　　　A．10～20　　　　B．20～30　　　　C．20～40　　　　D．30～40

（5）大树移植起苗时，起浮土的目的是（　　　）。

　　　A．提高成活率　　　　　　　　　B．利于包扎

　　　C．减轻土球质量　　　　　　　　D．防止土球散开

（6）我国北方地区大树移植的最佳时期是（　　　）。

　　　A．春季　　　　　B．夏季　　　　　C．秋季　　　　　D．冬季

（7）定植的树坑直径要比土球大（　　　）。

　　　A．20～30cm　　　B．30～40cm　　　C．30～50cm　　　D．40～60cm

（8）大树栽植时每填（　　　）厚的土，应将土夯实一下，直至填满土为止。

　　　A．10～20cm　　　B．20～30cm　　　C．30～40cm　　　D．40～50cm

3．判断题（对的在括号内填"√"，错的在括号内填"×"）

（1）大树移植后采用吊针注射技术可补充体内的水分和营养。　　　　　（　　　）

（2）大树装车运输时要做到土球朝后，树梢朝前。　　　　　　　　　　（　　　）

（3）大树入穴时应做到按原生长的南北向就位。　　　　　　　　　　　（　　　）

（4）大树移栽中，大树一般指树龄在 20 年以上的树木。　　　　　　　（　　　）

（5）大树缩坨时间一般在移栽前一年进行。　　　　　　　　　　　　　（　　　）

（6）截枝式修剪一般适用于萌芽力较强的树种，如樟树等。　　　　　　（　　　）

（7）软包装土球移植法，掘苗时土球的大小一般为树木的地径1～10倍。　　（　　　）

（8）为了保证移栽的成活率及尽早发挥园林绿化效果，在移栽树的树龄上，应选用长势处于上升期的青壮龄树木。　　　　　　　　　　　　　　　　　　　（　　　）

（9）大树移植挖掘土球时，土球的厚度为直径的2/3。　　　　　　　　（　　　）

4．问答题

（1）南方的桂花、广玉兰等大树移植到北方地区成活率低的原因主要有哪些?

（2）大树移植后的养护内容包括哪些？

（3）新栽大树，维持树体水分代谢平衡的主要措施有哪些？

（4）以移植带土球大苗为例，分析怎样科学移植大苗？

任务 *2.3*
观赏竹移植

 任务分析

【任务描述】

竹是我国传统园林景观中"岁寒三友"、"四君子"之一，因其具有四季常绿、挺拔清秀、婀娜多姿等特点，在现代园林中应用越来越广泛，主要用作竹林、竹径、竹篱、地被及与小品配景等。由于竹与一般的树木生长发育规律、生活习性具有较大的差异，在园林绿化中，常因栽植不当，出现栽植成活率不高、生长发育不良等现象。因此熟悉竹的生长发育规律，掌握正确的种植方法具有重要意义。

本任务学习以当地某种常用观赏竹栽植为案例，以学习小组为单位，首先制订某种竹栽植方案，再依据制订的技术方案，结合当地园林绿化工程项目，进行现场教学。通过学习，找出方案中的不足及实际工作中的问题。本任务实施宜在校内园林植物栽培实训基地或当地园林绿化工程现场进行。

【任务目标】

（1）能识别本地区常用的竹种类；

（2）能制订观赏竹的栽植技术方案；

（3）能现场指导园林绿化工程观赏竹的栽植。

 理论知识

2.3.1　竹的形态特征

竹属禾本科竹亚科多年生木质化植物，具地上茎和地下茎。竹子的地下茎称为竹鞭（图2-38），竹鞭上有竹节，节处有芽（图2-37），芽长大为笋，笋出土脱箨成地上茎，称为竹秆。秆节明显，秆内有横隔，节间中空。节部有两个环，上一环称为秆环，下一

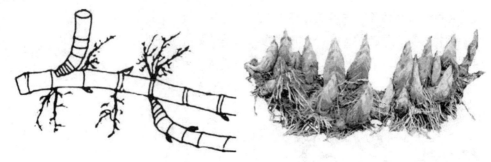

图 2-37　竹鞭及竹芽

环称箨环，两环之间称为节内，其上生芽，萌发成枝。竹笋及新秆外所包的壳称为笋箨或秆箨，实际上为一巨大的芽鳞片。随着新秆的长大，逐渐脱落。

竹和一般树木有很大的差异。竹子地上部分由竹秆、竹枝和竹叶组成。竹秆的基部连接地下茎，地下茎的节上的细长的根，称为须根。

竹的生长速度快，有的一天之内能长一公尺以上，在仅仅两三个月内便可以完全发育，以后便不再长高或长粗，永远保持这种大小一直到枯死。竹秆的寿命通常为5～6年，而竹子的生命周期通常为40～80年不等，等到竹子老的时候就会开花，大部分竹子在整个生长过程中只开一次花，从开花后秆叶枯黄，成片死去，地下茎也逐渐变黑，失去萌发力，结成的种子即所谓竹米，播种育苗即可长成新的竹。

2.3.2　竹分类及常用种类

竹根据地下茎的生长特性不同可分为3种类型，即单轴散生型、合轴丛生型、复轴混合型。我国有500余种竹，大多可供庭园观赏。常见的栽培观赏竹有（图2-38、

图 2-38　常见观赏竹（1）

图 2-39　常见观赏竹（2）

图 2-39）：散生型的刚竹、紫竹、毛竹、早园竹、金镶玉竹、斑竹、苦竹等；丛生型的孝顺竹、佛肚竹、慈竹、凤尾竹等；混生型的阔叶箬竹、茶杆竹、方竹等。

2.3.3　竹的生态习性

竹大都喜温暖湿润的气候，一般年平均气温为 12～22 ℃，年降水量 1000～2000mm。要求土壤肥沃、湿润、深厚和排水良好、微酸性至中性，土层厚度在 50cm 以上，砂质土或砂质壤土为宜。散生竹类主要分布在甘肃东南部、四川北部、陕西南部、河南、湖北、安徽、江苏及山东南部、河北西南部等地区。通常在春季出笋，入冬前新竹已充分木质化，所以对干旱和寒冷等不良气候条件有较强的适应能力，对土壤的要求也低于丛生竹和混生竹，因此，能适应我国北方地区栽植应用。丛生、混生竹类地下茎入土较浅，出笋期在夏、秋，新竹当年不能充分木质化，经不起寒冷和干旱，不适宜在北方地区露地栽植。

2.3.4　栽植季节

散生竹通常在 3～5 月发笋，6 月基本完成高，并抽枝长叶，8～9 月大量长鞭，进入 11 月以后，随着气温的降低，生理活动逐渐缓慢并进入休眠期，至翌年 2 月，伴随气温的回升，逐渐恢复生理活动。根据其生长规律，理想的栽植期在 10 月至翌年 2 月。3～5 月出笋期不宜栽竹。

丛生竹一般 3～5 月竹秆发芽，6～8 月发笋，且不甚耐寒，故最佳栽植期在 2 月，竹子芽眼尚未萌发、竹液开始流动前进行为好。

混生竹生长发育规律介于上述二者之间，5～7月发笋长竹，所以栽植季节以秋冬季10～12月和春季2～3月栽植为好。

如果采用容器竹苗，则南北地区均可四季种竹，保证成活。

 任务实施

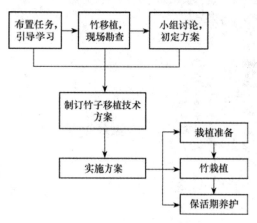

图2-40　竹移植流程图

1．器具与材料

观赏竹竹苗、皮尺、尼龙绳、修枝剪、起苗铧、锄头、铁锹、铲、盛苗器、运输工具、水桶、肥料等各类栽植工具材料等。

2．任务流程

竹子移植流程详如图2-40所示。

3．操作步骤

1）栽植准备

（1）土壤准备

全面深翻30～40cm，清除建筑垃圾和宿根杂草草根，每667m²施磷肥100kg，腐熟有机肥5000kg。若土壤过于黏重、盐碱土或建筑垃圾过多，则采取应增施有机肥或换土等方法进行改良。

（2）挖种植穴

用品字形配置坑位，其密度和规格应根据不同的竹种、竹苗规格和工程要求具体而定。一般中小径竹3～4株/m²，株行距50～60cm，种植穴的长、宽、深为40cm、40cm、30cm。

（3）竹苗准备

①选好母株　选当年至2年生竹子作为母竹，因为当年至2年生母竹所连的竹鞭，一般处于壮龄阶段，鞭芽饱满，鞭根健全，因而容易栽活和长出新竹、新鞭，成林较快。老龄竹(7年以上)不宜作母竹。母竹粗度：小径竹(如紫竹、金镶玉竹、斑竹等)以胸径1～2cm为宜，中径竹（如哺鸡竹类、早园竹等）以胸径2～3cm为宜。母竹要求生长健壮、分枝较低、枝叶繁茂、无病虫害及开花迹象为宜。

②挖掘母竹　竹鞭主要分布在地下15～20cm深处，挖掘时应注意不要伤鞭。根据竹杆上最下一盘枝的方向，挖开土壤，找到去鞭，按"来鞭短，去鞭长"的原则挖竹坨，来鞭（北面）留20cm，去鞭（南面）留30cm，土坨宽25～30cm，厚20～25cm，长40cm。在有条件的情况下坨还可以再适当增大。

中小型观赏竹，通常生长较密，因此，可将几枝一同挖起作为一"株"母竹。具体要求为：散生竹1～2枝/株，混生竹2～4枝/株，丛生竹可挖起后分成3～5枝/丛。

母竹挖起后，一般应砍去竹梢，保留4～5盘分枝，修剪过密枝叶，以减少水分蒸发，提高种植成活率。

③竹苗装运　母竹远距离运输时，如果土球松散，则必须进行包扎，用稻草、编织袋等将土球包扎好。装上车后，先在竹叶上喷上少量水，再用篷布将竹子全面覆好，防止风吹，减少水分散失。

2）竹子栽植

①竹坨搬运　运坨时应抱住土坨搬运，一人搬不动时要两人抬土坨，禁用手提竹秆，防止土坨散裂。

②栽植　母竹运到栽植地后，应立即栽植。竹宜浅栽不可深栽，栽植深度为母竹根盘表面比种植穴面低3～5cm即可。

③坑底垫土施肥　将表土或有机肥与表土拌匀后回填种植穴内，一般厚10cm。

④竹苗入坑　解除母竹根盘的包扎物，将母竹放入穴内，根盘面与地表面保持平行，使鞭根舒展，下部与土壤密接。

⑤填土镇压　先填表土，后填心土，捡去石块、树根等杂物，分层踏实，使根系与土壤紧密相接。填土踏实过程中注意勿伤鞭芽。

⑥浇水　竹子栽后应立即浇"定根水"。为了进一步使根土密按，待水全部渗入土中后再覆一层松土，在竹秆基部堆成馒头形。最后可在馒头形土堆上加盖一层稻草，以防止种植穴水分蒸发。

⑦设立支架　如果母竹高大或在风大的地方需设立支架，以防风吹竹秆摇晃，根土不能密接，降低成活率。通常采用网格支架。

3）保活期养护

初栽竹类，遇旱浇水，涝时排水，使竹林地保持湿润为宜。松土除草，做到夏秋浅而冬季深，竹周围浅，空地要深，勿伤竹鞭和芽。

　案例

案例2-6　杨凌树木园竹园栽植

杨凌树木园位于我国西北地区关中平原西部，陕西省杨凌示范区城区内，占地20hm²，于2009年建成，是一个集休闲、观光、科普为一体的公益性公园。公园内栽植有园林植物280余种，其中园林树木210种，草本花卉及地被植物70余种。竹园面积约1000m²，栽植品种8个。在竹园建设时，施工方根据当地的自然气候条件和栽植区域的小环境采取了一系列技术措施，并取得了良好效果。

1．品种选择

以耐寒的单轴散生型品种为主，主要有金镶玉竹、紫竹、斑竹、早园竹、毛竹、苦竹、阔叶箬竹、菲白竹等。

2．土壤整理

针对土壤过于黏重、瘠薄、碱性的实际问题，栽植前进行了土壤改良，具体措施有掺沙、使用腐熟牛粪、使用硫酸亚铁、磷肥等，并对土壤进行了深翻、碎土和平整。

3．竹苗选择

竹苗来源于距离施工场地40km之外的楼观台实验林场，这里是我国南竹北移的试验地之一。

4．栽植时期

由于施工地区冬季寒冷干旱，冬前栽植不利于竹越冬，所以，施工定在春季3月初进行。

5．竹栽植

（1）竹苗修剪

为了保持竹体内的水分，竹栽植前截干1/3，疏除过密的小枝，减少水分散失。

（2）竹栽植

竹苗到场后按竹栽植技术规程精细栽植。

6．栽后养护

（1）竹竿固定

为了预防风吹倒伏，竹苗栽植后，立即采用细竹竿，在距离地面1.3m处水平绑扎成网格，进行竹苗的固定支撑。

（2）浇水

竹苗栽好固定之后，立即浇一次透水，连续4d每天中午叶面喷水1次。第五天浇2次水，10d后浇第三次水。

经过以上措施，竹苗栽植成活率达到了95%以上，竹园竹苗生长发育健康良好。

 巩固训练

1．训练要求

（1）以小组为单位开展训练，组内同学要分工合作、相互配合、团队协作。

（2）做到安全生产，操作程序符合要求。

2．训练内容

（1）结合当地园林绿化工程项目中的观赏竹栽植项目，让学生以小组为单位，在咨询学习、小组讨论的基础上熟悉观赏竹栽植的理论基础和基本技能，会正确设计观赏竹栽植施工技术方案。

（2）以小组为单位，依据当地园林绿化工程项目中的观赏竹栽植项目进行观赏竹栽植训练。

3．可视成果

制定当地某绿化工程观赏竹栽植施工技术方案；移植成功的观赏竹可视成果。

考核评价见表 2-7。

表 2-7　观赏竹移植考核评价表

模　块	园林植物栽植		项　目	木本园林植物栽培		
任　务	任务 2.3　观赏竹移植			学　时	2	
评价类别	评价项目		评价子项目	自我评价（20%）	小组评价（20%）	教师评价（60%）
过程性评价（60%）	专业能力（45%）		方案制订能力（10%）			
		方案实施能力	栽植准备（10%）			
			观赏竹栽植（15%）			
			保活期养护（5%）			
			工具使用及保养（5%）			
	社会能力（15%）		工作态度（7%）			
			团队合作（8%）			
结果评价（40%）	方案科学性、可行性（15%）					
	整形修剪的合理性（15%）					
	树形景观效果（10%）					
	评分合计					
班级：		姓名：		第　　组	总得分：	

 小结

观赏竹移植任务小结如图 2-41 所示。

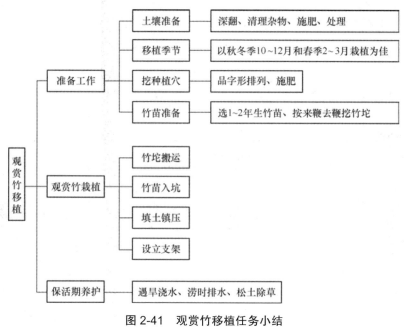

图 2-41　观赏竹移植任务小结

思考与练习

1．填空题

（1）竹子的地上部分是由_____、_____、_____组成。

（2）竹子依据地下茎的生长特性不同可分为_____、_____、_____。

（3）北方地区常见的观赏竹种类有_____、_____、_____、_____等。

（4）南方地区常见的观赏竹种类有_____、_____、_____、_____等。

2．选择题

（1）竹子的地下根状茎通常称为（　　　）。

　　　A．竹芽　　　　　　B．竹鞭　　　　　　C．竹笋　　　　　　D．竹根

（2）阔叶箬竹属于（　　　）。

　　　A．单轴散生型　　　B．合轴丛生型　　　C．复轴混合型

3．判断题（对的在括号内填"√"，错的在括号内填"×"）

（1）竹性喜弱酸性及中性的土壤，不耐盐碱。　　　　　　　　　　　　（　　　）

（2）单轴散生型竹通常抗寒性弱，合轴丛生型竹抗寒性强。　　　　　　（　　　）

（3）竹秆能逐年增粗生长。　　　　　　　　　　　　　　　　　　　　（　　　）

（4）竹一生只开一次花。　　　　　　　　　　　　　　　　　　　　　（　　　）

（5）丛生竹宜在秋季栽植。　　　　　　　　　　　　　　　　　　　　（　　　）

4．问答题

（1）竹子挖掘时应注意什么问题？

（2）如何提高北方地区竹子栽植的成活率？

任务 *2.4*

反季节栽植

 任务分析

【任务描述】

园林绿化工程通常是在春、秋两季进行的，但是，现代城市建设高速发展，对园林绿化也提出了新的要求。尤其是在目前很多重大市政建设项目、房地产开发项目等的配套绿

化工程，出于特殊时限的需要，绿化要打破季节的限制，克服高温、干旱、湿热等不利条件，进行非正常季节施工。为了有效提高非正常季节绿化施工的成活率，确保经济效益和社会效益，就需要在施工中不断研究和总结非正常季节施工工艺。

本任务学习以当地常用园林植物夏季栽植为案例，以学习小组为单位，首先制订反季节栽植方案，再依据制订的技术方案，结合当地园林绿化工程现场，进行现场教学。通过学习，找出方案中的不足及实际工作中的问题。本任务实施宜在校内园林植物栽培实训基地或当地园林绿化工程现场进行。

【任务目标】

（1）能制订反季节植物移植技术方案；

（2）能依据制订的技术方案，进行园林植物反季节栽植的操作；

（3）能独立分析和解决实际问题，吃苦耐劳，合理分工并团结协作。

 理论知识

2.4.1　反季节栽植概述

反季节栽植是指在植物生长旺盛的夏季或寒冷的冬季进行的栽植工程，一般情况下指夏季栽植。

2.4.2　反季节栽植成活的理论依据

植物移植成活的内部条件主要是树势平衡，即在正常温度、湿度和光照下植株根部吸收供应水、肥能力和地上部分叶面光合作用、呼吸和蒸腾消耗相平衡。在夏季生长季节进行移栽时，由于切断了大量的吸收水分和养分的毛细根，仅保留了主根和一部分侧根。这与夏季高温，植物体庞大的冠部剧烈的蒸腾作用对水分的需求相矛盾，即根部不能充分吸收水分，茎叶蒸腾量大，水分收支失衡所致。因此平衡树势是保证反季节栽植树木成活的关键。

2.4.3　影响反季节植物栽植成活的因素

（1）气象条件

强光、高温、大风等气象条件，能加剧植物体的蒸腾作用。一般可选择在无风的阴天或晴天的傍晚、夜间挖苗、运苗和栽植。

（2）苗木的根系和树冠叶面积大小

裸根苗木或带土球较小的苗木，树冠过大未修剪的苗木，根系损伤严重，树冠蒸腾剧烈，造成树体水分失去平衡。

（3）土壤条件

土壤黏重、生活垃圾过多、施用未腐熟的有机肥等，导致根系呼吸困难，杂菌滋生，造成根系腐烂。

（4）苗木断根与否

经过断根的苗木，增加断根处须根数量，减少枝叶数量，促进成活。

任务实施

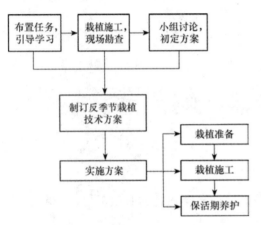

图 2-42　反季节栽植任务流程图

1．器具与材料

遮阳网、手持电钻、吊针注射液原液、输液吊袋、修枝剪、喷雾器、支杆、铁丝、草绳、蒸腾抑制剂、国光树动力、国光大树施它活、国光根动力 2 号等。

2．任务流程

反季节栽植任务流程图见图 2-42。

3．操作步骤

1）栽植准备

（1）种植材料的选择

由于非种植季节气候条件相对恶劣，因此，对种植材料本身的要求更高，在选材上要尽可能地挑选根系发达、生长健壮、无病虫害的苗木。

应优先选用容器苗和假植苗（图 2-43）。苗木规格在满足设计要求的前提下，尽量选用小苗、扦插苗或经多次移植过的苗木。常规地栽苗应带土球起苗，土球直径应比常规大，一般为树木胸径的 8～10 倍。

草块土层厚度宜为 3～5cm，草卷土层厚度宜为 1～3cm；植生带厚度不宜超过 1mm，种子分布应均匀，种子饱满，发芽率应大于 95%。

钵栽草花株高应为 15～25cm，冠径应为 15～25cm。分枝不应少于 3～4 个，叶簇健壮，色泽明亮。

（2）种植前土壤处理

必须保证足够的厚度，大规格乔木（胸径 10cm 以上）土层厚度大于 80cm，一般应不低于 60cm，花灌木应不低于 50cm，草坪及地被植物应不低于 30cm。保证土质肥沃、疏松、透气性和排水性好，种植或播种前应对该地区的土壤理化性质进行化验分析，采取相应的消毒、施肥和客土等措施。

（3）苗木准备

①起苗　选择无风阴天及晴天的傍晚起苗，土球直径应比常规大，一般为树木胸径的

图 2-43　容器苗和假植苗

8～10 倍。起苗后，树冠立即喷施蒸腾抑制剂。

②苗木运输前修剪　反季节常规苗木种植前修剪应加大修剪量，减少叶面，降低蒸腾作用。修剪方法及修剪量如下：

落叶树先疏除树冠内的过密枝，多留生长枝和萌生的强枝，再对树冠进行回缩，修剪量可达 6/10～9/10。常绿阔叶树对树冠进行回缩，截去外围的枝条，适当疏稀树冠内部不必要的弱枝，多留强的萌生枝，修剪量可达 1/3～3/5。针叶树以疏枝为主，修剪量 1/5～2/5。

对易挥发芳香油和树脂的针叶树、樟树等应在移植前一周进行修剪，凡 10cm 以上的大伤口应光滑平整，经消毒，并涂保护剂。

珍贵树种的树冠宜作少量疏剪。

容器苗因具有完整的根系，可以不剪或轻剪。

③苗木装运　苗木在装车前，应先用草绳、麻布或草包将树干、树枝包好，同时对树身进行喷水，保持草绳、草包的湿润，这样可以减少在运输途中苗木自身水分的蒸腾量。苗木运输宜在晚上进行，白天运输车厢要遮阴，避免强光直射。

苗木在装卸车时应轻吊轻放，不得损伤苗木和造成散球。起吊带土球（台）小型苗木时应用绳网兜土球吊起，不得用绳索缚捆根颈起吊。质量超过 1t 的大型土台应在土台外部套钢丝缆起吊。土球苗木装车时，应按车辆行驶方向，将土球向前，树冠向后码放整齐。

裸根乔木长途运输时，应覆盖并保持根系湿润。装车时应顺序码放整齐；装车后应将树干捆牢，并应加垫层防止磨损树干。花灌木运输时可直立装车。装运竹类时，不得损伤竹秆与竹鞭之间的着生点和鞭芽。

2）栽植施工

通常在晴天的 9:00 以前、17:00 以后直至晚上以及阴天时进行栽植。苗木运到之前，应提前整好地挖好坑，随到随栽，来不及栽种的苗，应及时假植，并做好遮阴处理。种植坑应比常规大，在坑底先回填加有基肥的好土，将苗在坑中扶直，回填好土并捣实，再在树苗周围做出水堰。栽好后再对苗木做精剪整形。要随栽随浇，并浇透水。

3）保活期养护管理

① 搭建荫棚　苗木栽植后，用 70% 遮阳度的遮阳网遮蔽，直至秋季雨季来临以后。

② 水分管理　栽后浇"三水"，即栽后随即浇第一水，3～5d 后浇第二水，再过 7～10d 浇第三水。在晴天的中午每间隔 2h 用喷雾器喷水雾 2～3 次。栽后如果发生强降雨，土壤严重积水，应及时排水，避免根系因水涝而腐烂。

③ 树干保湿　用草绳、草帘、麻布片、保湿保暖带等包裹树干，结合树冠喷雾喷湿树干，可保水、防日灼和防寒。

④ 补充营养　对一般植物可采用速效叶面肥喷施，7～10d 喷一次，连喷 3 次。对大树可采用吊针输液法，补充营养和水分。

⑤ 灌生根液　对移植的大树可将国光根动力 2 号稀释 100～200 倍浇灌根部，通常胸径 10cm 的树木一次性用原液 100mL，胸径每增加 5cm，原液增加 50mL，连灌两次，间隔期为 15～20d。具体方法是在土球外围 5cm 处开一条深约 20cm 的环状沟，并疏松土壤，采用漫灌法将生根液浇入沟内，浇后回填。

⑥ 大树支撑　用竹竿或木杆设立支架，防止风吹树身摇晃、倾斜或倾倒。低矮树可用扁担桩，高大树木可用三角撑，也可用井字塔形架来支撑。扁担桩的竖桩不得小于 2.3m，桩位应在根系和土球范围外，水平桩离地 1m 以上，两水平桩十字交叉位置应在树干的上风方向，扎缚处应垫软物。三角撑宜在树干高 2/3 处结扎，用毛竹片或钢丝绳固定，三角撑的一根撑干（绳）必须在主风向上位，其他两根可均匀分布。发现土面下沉时，必须及时升高扎缚部位，以免吊桩。

⑦ 喷施蒸腾抑制剂　采用国光抑制蒸腾剂 500～600 倍液，喷全株及树干，以喷湿不滴水为度，间隔 5～7d 喷一次，连喷 2～3 次。

在北方地区，若在初冬进行树木栽植，应重点做好冬季防寒工作。通常在树木栽植后需要采用草帘、农膜进行根盘覆盖，树干 1.5m 以下用草绳、保暖带、农膜等包裹，常绿树树冠宜用农膜包裹。在冬季严寒、风大的西北、华北地区，应在树体的迎风面设立风障。

⑧ 土壤管理　浇水之后应及时松土，以增强土壤的通透性，促进根系的发育。夏季暴雨及秋季连阴雨，若出现栽植穴积水现象，应及时排水，并打孔通气，以避免因土壤水分过多而出现的根系腐烂现象发生。

⑨ 病虫防治　防治重点是叶部的病虫害，主要有蚜虫、红蜘蛛、刺蛾、叶斑病等。

⑩冬季防寒　在北方地区，若在初冬进行树木栽植，应重点做好冬季防寒工作。通常在树木栽植后需要采用草帘、农膜进行根盘覆盖，树干1.5m以下用草绳、保暖带、农膜等包裹，常绿树树冠宜用农膜包裹。在冬季严寒、风大的西北、华北地区，应在树体的迎风面设立风障。

 **案例**

案例2-7　太白山森林公园景观大道反季节绿化

太白山国家森林公园位于陕西太白、眉县、周至三县交界处，面积56 325hm^2。太白山是秦岭山脉的主峰，海拔3767m，山上古木参天，动植物资源丰富，植被垂直分带明显，是一座天然的植物园、动物园和地质公园。公园主入口位于眉县汤峪口，为了全面提升景区主入口处的园林景观，该景区从2012年起，便开始实施景观大道建设工程，土建项目已于2013年春季完工，绿化工程从2013年4月开始到8月底结束。为了提高树木栽植的成活率，各施工单位分别采取了一系列技术措施。主要技术措施有以下8各方面：

1．苗木选择

对接白蜡和日本五针松造型大树选用了假植过的容器大苗，花灌木小苗选用了钵栽容器苗。

2．带土球挖掘

所有苗木均采用带土球挖掘，土球的直径是树木胸径的8倍以上。

3．栽植时间

苗木夜间运到施工现场，随卸随栽。

4．树冠修剪

黄山栾树、槐、七叶树、五角枫等阔叶落叶树保留一、二级侧枝，截去树冠的1/3～2/3，保留少量的小枝及叶片；白皮松、日本五针松、对接白蜡造型树保持全冠；金森女贞、红叶石楠、金叶女贞等灌木组团栽植后，采用绿篱修剪机修剪平整；木槿、日本晚樱、西府海棠等花灌木截去树冠的1/3，并适当疏枝。

5．遮阴防晒

大树采用钢管搭架，遮阳网遮阴；花灌木采用木杆支撑，铁丝搭架，遮阳网遮阴；白皮松采用木杆支撑，西南侧用遮阳网遮阴。

6．树干缠草绳

乔木树均采用草绳缠绕树木主干，高1.3～1.5m。

7．吊针注射

采用挂吊瓶输液的方法给树木补充水分和营养。

8．浇生根液

对银杏、七叶树、美国红枫、白皮松、日本五针松等贵重树浇灌大树移植生根专用液。

 巩固训练

1．训练要求

（1）以小组为单位开展训练，组内学生要分工合作、相互配合、团队协作。

（2）做到安全生产，操作程序符合要求。

2．训练内容

（1）结合当地园林绿化工程项目中的反季节栽植项目，让学生以小组为单位，在咨询学习、小组讨论的基础上熟悉反季节栽植的理论基础和基本技能，会科学论证反季节栽植的可行性，会正确制订反季节栽植施工技术方案。

（2）以小组为单位，依据当地园林绿化工程项目中的反季节栽植项目进行反季节栽植训练。

3．可视成果

当地某绿化工程反季节栽植施工技术方案；反季节栽植成功的绿地。

考核评价见表2-8。

表2-8　反季节栽植考核评价表

模　块	园林植物栽植			项　目	木本园林植物栽培	
任　务	任务2.4反季节栽植			学　时	2	
评价类别	评价项目	评价子项目		自我评价（20%）	小组评价（20%）	教师评价（60%）
过程性评价（60%）	专业能力（45%）	方案制订能力（10%）				
		方案实施能力	栽植准备（10%）			
			反季节栽植（15%）			
			保活期养护（5%）			
			工具使用及保养（5%）			
	社会能力（15%）	工作态度（7%）				
		团队合作（8%）				
结果评价（40%）	方案科学性、可行性（15%）					
	栽植后景观效果（10%）					
	栽植成活率（15%）					
	评分合计					
班级：		姓名：		第　　组	总得分：	

小结

反季节栽植任务小结如图 2-44 所示。

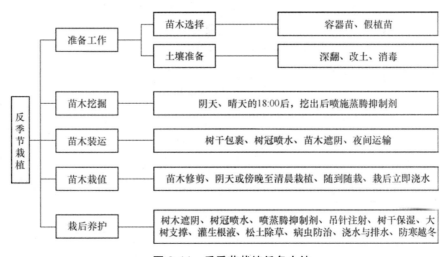

图 2-44　反季节栽植任务小结

 思考与练习

1．填空题

（1）反季节栽植是指在植物生长旺盛的_____或寒冷的_____进行的栽植工程，一般情况下主要指_____栽植。

（2）反季节栽植宜选择在_____和_____起苗，_____进行运输。

2．单项选择题

（1）反季节栽植应优先选用（　　　）和假植苗。

　　A．实生苗　　　　　B．容器苗　　　　　C．嫁接苗　　　　　D．移植苗

（2）在树木挖掘之后至栽植初期，为了平衡树体内的水分代谢，可喷施（　　　）。

　　A．叶面复合肥　　　B．磷酸二氢钾　　　C．生根剂　　　　　D．蒸腾抑制剂

3．判断题（对的在括号内填"√"，错的在括号内填"×"）

（1）平衡树势是保证反季节栽植树木成活的关键。　　　　　　　　　　　（　　　）

4．问答题

（1）影响反季节栽植成活的主要因素有哪些？

（2）反季节栽植后的养护管理主要包括哪些方面？

自主学习资源库

1．园林植物栽培养护．周兴元．高等教育出版社，2006．

2．园林植物栽培养护．祝遵凌，王瑞辉．中国林业出版社，2005．

3．园林植物栽培与养护管理．佘远国．机械工业出版社，2007．

4．园林树木栽培学．吴泽民．中国农业出版社，2003．

5．中国园林绿化网：http://www.yllh.com.cn．

项目 3
草本园林植物栽培

　　草本园林植物栽培是园林绿化建设的重要组成部分。本项目以园林绿化建设工程中草本花卉栽培的实际工作任务为载体，设置了一、二年生花卉栽培，宿根花卉栽培，球根花卉栽培，水生花卉栽培4个学习任务，其中重点为一、二年生花卉栽培，宿根花卉栽培和球根花卉栽培。

学习目标	【知识目标】

【知识目标】

(1) 理解各类草本园林植物生长发育规律；

(2) 熟悉园林植物栽培成活原理；

(3) 掌握本地区常见一、二年生花卉，宿根花卉，球根花卉，水生花卉等各类草本园林植物栽培技术和基本知识。

【技能目标】

(1) 会编制本地区常见一、二年生花卉栽培，宿根花卉栽培，球根花卉栽培，水生花卉栽培技术方案；

(2) 会根据编制的栽培技术方案实施本地区常见一、二年生花卉栽培，宿根花卉栽培，球根花卉栽培，水生花卉栽培的施工操作；

(3) 通过方案实施培养学生自主学习、组织协调和团队协作能力，独立分析和解决草本花卉栽培的生产实际问题能力。

任务 3.1
一、二年生花卉栽培

 任务分析

【任务描述】

　　一、二年生花卉栽培是园林地被植物栽培的重要组成部分。本任务学习以校内实训基地或各类绿地中一、二年生花卉栽培的施工任务为载体，以学习小组为单位，首先编制一、二年生花卉栽培的技术方案，依据制订的技术方案，各小组认真完成一定数量的一、二年生花卉栽培的施工任务。本任务实施宜在园林植物栽培理实一体化实训室或各类绿地中进行。

【任务目标】

（1）能以小组为单位制订一、二年生花卉栽培的技术方案；

（2）能依据制订的技术方案完成一、二年生花卉栽培的施工任务；

（3）会安全使用各类栽培的器具材料；

（4）能独立分析和解决实际问题，吃苦耐劳，合理分工并团结协作。

3.1.1　一、二年花卉生长发育规律

3.1.1.1　草本园林植物概述

草本园林植物植株的茎为草质，即没有或极少有木质化的草质茎。草本园林植物根据其生命周期长短，又可以分为一、二年生草本植物和多年生草本植物。

一、二年生草本植物生命周期很短，终生只开一次花，在1～2年中完成其生命周期。

多年生草本植物个体寿命较木本植物短，一般在10年左右。多年生草本植物又可分为宿根花卉、球根花卉等。

3.1.1.2　一、二年生花卉生长发育规律

一、二生年草本植物在其生命周期内要经历胚胎期、幼苗期、成熟期和衰老期4个阶段。

（1）胚胎期

胚胎期指从卵细胞受精发育成合子起至种子发芽止。该阶段要求较高的温度和湿度。大部分一、二年生花卉在胚胎期的适宜温度为20～25℃，花毛茛、飞燕草等少数喜冷凉的花卉要求15～18℃，持续恒定的温度可以促进种子对水分的吸收，打破休眠，促进种子萌发。大部分一、二年生花卉在该阶段要求基质和空气湿度为90%左右，以满足种子吸胀吸水对的需要，促进种子内的生物化学反应。本阶段对光照的要求，因花卉种类不同而有所区别，喜光的类型在光照强度为100～1000lx的条件下就可以萌发，像长春花等种子发芽需要黑暗的光照条件。若有发芽室，该阶段一般在发芽室中进行，一旦露出胚根应当移至温室中进行养护，否则会造成下胚轴徒长。

（2）幼苗期

幼苗期指从种子发芽起至第一次开花止。一般需要2～4个月，二年生花卉多要经过冬季低温，到次年春天才能进入开花期。从胚根出现到子叶展开为幼苗期的第一阶段。该阶段的特点是植物体的根系、茎干、子叶都开始生长发育。与胚胎期相比较，土

壤湿度和空气湿度略有下降，但光照强度应逐渐加强。不同的一、二年生花卉对环境条件的要求不一样，控制好温度、湿度和光照，促进下胚轴的矮化及粗壮是该阶段提高苗木质量的关键。从第一片真叶的出现到第一次开花为第二阶段，该阶段环境的温度、湿度都应逐渐降低，但光照应逐渐加强，同时该阶段苗木生长迅速，对养分的需求逐渐增加，施肥浓度需随苗木逐渐加大，也可以适当控制水分，促进苗木根系更快地生长。

（3）成熟期

成熟期指从植株大量开花起至开花减少止。这一阶段植株大量开花，花色、花形最稳定，是最具有观赏价值的阶段，一般要持续1～3个月。该阶段苗木对环境的适应能力逐渐增强，但是随着开花量的逐渐增加，苗木对水肥的亏缺表现很敏感，过分干燥会影响苗木的观赏价值。

（4）衰老期

衰老期指从开花大量减少，种子逐渐成熟起至植株枯萎死亡，是种子收获期。此期应及时采收种子，以免种子散落。

3.1.2　一、二年生花卉的园林应用

（1）一、二年生花卉园林应用的主要特点

① 花色艳丽，种类丰富　园林上常用的一、二年生花卉有近百种。花色艳丽夺目，既能展示个体美又能表现群体美。一、二年生花卉的颜色有红色系、黄色系、橙色系、蓝色系、白色系等，还有杂色系列。有些种类又有不同的栽培品种和变种，如矮牵牛的栽培品种有矮生种、大花种和杂交种，花色有白、红、粉、紫及各种条纹或镶边品种等。

② 花期季相变化明显　一、二年花卉的自然花期从春季到秋季都不少种类，可以很好地丰富园林景观的季变相化。早春开花的有二月蓝、紫花地丁、雏菊、三色堇和金盏菊等；春夏开花的有金鱼草、石竹、福禄考、紫罗兰等；盛夏开花的有凤仙花、百日草、翠菊和鸡冠花等；夏秋开花的有一串红、万寿菊、孔雀草和美女樱等。此外，对于每一种一、二年生花而言，其栽培技术都已成熟，花期容易控制，基本上能够满足三季有花的要求。

③ 株形紧凑，栽植后景观效果明显　一、二年生花卉大多选用株形低矮，开花繁密，容易形成流畅的线条或色块，且栽植后无需缓苗，很容易在短期内达到繁花似锦的景观效果，因此在园林景观中应用比较广泛。

④ 观赏期相对较短，维护费用较高　一、二年生花卉的花期比较集中，但观赏期相对较短，要维持繁花似锦的景观效果需要及时更换花材。因此维护费用比较高，一般适用重点区域。

（2）一、二年生花卉在园林中应用方式

一、二年生花卉因色彩、株形等方面的优势，在园林植物造景中起着重要的渲染和装饰作用。其应用方式灵活多样。

① 花坛　有随着城市绿化的发展，花坛已经成为园林绿化中一种重要的景观形式出现在各个公园、街道广场的中。花坛的形式也由平面的，低矮的发展到斜面的、大体

积以及活动式等多种类型。构成花坛的植物材料也丰富多样，一、二年生花卉是构成花坛的常用材料之一，尤其是构成盛花花坛的主要植物材料。

② 花境　在花境的植物材料选择上，常以少量的一、二年生花卉作为季相点缀及前缘。也有用一、二年生花卉组成花境，其特点是应用范围广泛、色彩艳丽、种类丰富，从春到秋均有丰富的材料可以选择，但花期相对比较集中。一般为了保持最佳观赏效果，全年需要更换几次，要耗费一定的人力和物力。

③ 专类园及其他应用形式　在各种专类园、花钵、花箱、花台中也常用到一、二年生花卉，通常数量不是很大，主要起装饰和点缀作用。此外，还有一些一、二年生花卉也用作切花。

一、二年生花卉的园林应用见图3-1和表3-1。

图3-1　一、二生花卉的园林应用

 任务实施

1．器具与材料

设计图纸；园林绿地、校内外实训基地、皮尺、工程线、白灰、铁锹、铲子、盛苗筐、运输工具、水桶等各类栽培工具等。

2．任务流程

一、二年生花卉栽培流程如图3-2。

3．操作步骤

（1）栽培时间

根据一、二年生花卉的生长发育规律，其播种和栽培有季节性要求。选择适宜的栽

表 3-1　常见的一、二年生花卉

中文名	学名	科名	株高（cm）	花期（月）	花色	主要形态特征	主要习性	繁殖	应用
金盏菊	*Calendula officinalis*	菊科	10~20	4~6	黄、橙、橙红	全株具毛，叶互生，长圆形或长匙状，被白粉，灰绿色	喜光、忌高	播种	花坛、盆栽
三色堇	*Viola tricolor*	堇菜科	15~25	3~6	蓝紫、黄、白	茎多分枝，单叶互生，基生叶卵形，茎生叶阔披针形	喜凉爽、较耐寒和半阴	播种	花坛或庭院布置宜群植
羽衣甘蓝	*Brassica oleracea var. acphala f. tricolor*	十字花科	30~40	4	紫红、雪青、乳白、淡黄	茎生叶倒卵形，宽大、边缘稍带波浪或有皱褶	喜光、耐寒	播种	盆栽、花境
金鱼草	*Antirrhinum majus*	玄参科	20~50	5~7	白、粉红、深红	叶对生或互生，长圆形披针形、全缘，光滑	喜光、耐寒、不耐积水	播种、扦插	花坛、花境
含羞草	*Mimosa pudica*	豆科	30~60	7~8	淡粉	茎蔓生；羽状叶片，触之即闭合下垂	喜光、喜温暖湿润、耐半阴	播种	盆栽或地被栽培
勿忘草	*Myosotis sylvatica*	紫草科	25~60	春夏	蓝色	叶互生，有或无柄，叶长披针形或倒披针形，总状花序	耐寒、喜温暖、喜凉爽和半阴	播种、分株、扦插	篱垣、棚架、地被
夏堇	*Torenia fournieri*	玄参科	20~30	6~9	蓝紫、粉红	叶对生，长心形，总状花序	喜高温、喜光、耐炎热、耐阴、不耐寒	播种、分株、扦插	花坛、花境、石园、盆栽
蛇目菊	*Coreopsis tinctoria*	菊科	60~80	6~8	舌状花黄色或红褐色，管状花紫褐色	茎多分枝，叶互生，无柄或有柄	喜光、喜凉爽环境、耐寒、耐旱、耐贫瘠	播种、扦插	花坛、花境、地被、切花等
天人菊	*Gaillardia pulchella*	菊科	30~50	7~10	舌状花黄、褐色，管状花紫色	茎分枝，叶互生，披针形或匙形	喜光、耐热、耐旱、耐半阴	播种	花坛、花境、花丛、切花等

（续）

中文名	学名	科名	株高（cm）	花期（月）	花色	主要形态特征	主要习性	繁殖	应用
红叶甜菜	*Beta vulgaris* var.	藜科	30～40	5～7	红	叶丛生于根颈部，卵圆形，肥沃具光泽，深红或红褐色	喜光、喜肥、耐热、耐旱	播种	花坛、花境、切花等
黄葵	*Abelmoschus moschatus*	锦葵科	100～200	7～8	黄	茎多分枝，被硬毛，叶具钝锯齿	喜光、不耐寒、喜排水良好土壤	播种	园林背景材料
风铃草	*Campanula medium*	桔梗科	20～50	4～6	白、蓝、紫及淡桃红	莲座叶卵形，叶柄具翅，生叶小而无柄	夏喜凉爽、冬喜温暖	播种	花坛、花境、盆栽等
长春花	*Catharanthus roseus*	夹竹桃科	40～60	7～11	玫瑰红、黄及白等	茎直立、多分枝，叶对生，长椭圆形至倒卵形	喜光、喜温暖干燥、耐贫瘠、忌偏碱	播种、扦插	花坛、花境、盆栽等
飞燕草	*Delphinium ajacis*	毛茛科	50～90	5～6	蓝、白、粉红等	叶片掌状深裂或全裂	喜光、喜凉爽、耐寒、耐旱、忌积水	播种	盆栽、切花等
桂竹香	*Cheiranthus cheiri*	十字花科	35～50	4～6	橙黄、黄褐或两色混杂	茎基部半木质化、叶互生、披针形	耐寒、畏涝忌热、喜阳光照利排水良好环境	播种、扦插	花坛、花境、也可做盆花
锦葵	*Malva sylvestris*	锦葵科	60～90	5～6	淡紫红色，有紫色条纹	叶互生、心状圆形或肾形、缘有钝齿、脉掌状	耐寒、适应性强、不择土壤	能自播	庭院隙地、花境、背景材料
五色椒	*Capsicum frutescens*	茄科	30～50	6～7	白	老茎木质化、多分枝、叶卵形至长椭圆	喜光、耐热、不耐寒	播种	多盆栽
高雪轮	*Silene armeria*	石竹科	30～60	5～6	白、粉红	叶对生、卵状披针形；复聚伞房花紫、花小而多	喜温暖、忌高温高湿、耐寒、耐旱	播种	花坛、花境、岩石园、地被、盆栽、切花
月见草	*Oenothera erythrosepala*	柳叶菜科	100～150	6～8	淡黄	叶互生，倒披针形至倒卵圆形	喜光照、耐寒、耐旱、耐贫瘠、忌积涝	播种	丛植或成花境，假山石隙点缀或小路边缘栽培

培季节，植物缓苗快，易成活。同时适时栽培还可以降低相应的施工及养护管理的成本。现在绝大部分一、二年生花卉通常于圃地育苗，在植株达到一定规格或现蕾时再定植于园林绿地。

　　草本花卉时令性强，通常一年生花卉于春季育苗，夏秋季节栽培于园林绿地；二年生花卉则常于秋季育苗，春季栽培。由于其花期调控较容易，生长期又短，许多种类都可以根据设计用花的时间而确定育苗时间，按照景观设计需要适时栽培。

　　对于园林中一些管理较为粗放的地段直接播种具自播能力的草本花卉或不耐移植的直根性花卉，均需要根据花卉的习性，考虑当地的气候及种植地小气候条件，确定适宜的播种期，如暖地可进行秋播，冷地进行春播，四季

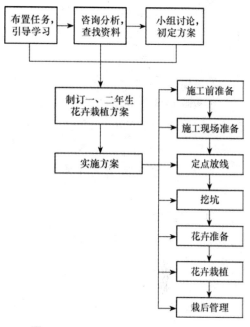

图 3-2　一、二年生花卉栽培流程图

分明但冬季不是极端寒冷的地区在春、秋季均可直播一、二年生花卉。

　　（2）施工前的准备工作

　　① 读图了解设计意图　施工前，应了解设计意图，设计方案和施工要求。要熟悉施工中的各部门配合情况。还要掌握工程预算，定点的依据以及其他有关问题。

　　② 核实苗木品种、规格、数量及来源等。

　　③ 踏查现场，了解水源、土壤状况及作业路线等。

　　④ 施工前的配合协调工作的安排　包括与有关施工单位配合协作。如管线的（水管电线）配合较复杂，施工障碍较多，则应由设计部门和施工部门配合研究解决问题。另外，还包括劳动力、材料、机械及工期的协调等，并在此基础上制订出切合实际的施工方案。

　　（3）施工现场的准备和整地

　　① 清理障碍物　对施工场地上一切对施工不利的障碍物如堆放的杂物、违章建筑、砖瓦石块等要清除干净。

　　② 地形地势整理　按照设计图纸的要求将施工地段与其他相关用地界段区别开来，整理出预定的地形并作出适当的排水坡度。如有土方工程，应先挖后垫。洼地填土或去掉大量渣土堆积物后回填土壤时，需要注意对新填土壤分层次夯实，并适量增加填土量。否则下雨后自行下陷形成低洼坑地。

　　③ 整地和土壤改良　整地可改善土壤的理化性质，使土壤疏松透气，利于土壤保水和有机质的分解，有利于种子发芽和根系的生长；整地还具有一定的杀虫、杀菌和杀草的作用。整地深度根据花卉种类及土壤情况而定。一、二年生花卉生长期短，根系较浅，整地

深度一般控制在20～30cm。此外，整地深度还要看土壤质地，砂土宜浅，黏土宜深。整地多在秋天进行，也可在播种或移栽前进行。整地应先将土壤翻起，使土块细碎，清除石块、瓦片、残根、断茎和杂草等，以利于种子发芽及根系生长。结合整地可施入一定的基肥，如堆肥和厩肥等，也可以同时改良土壤的酸碱性。

很多城市绿化用地都含有大量建筑垃圾或土壤状况极差，这均需对土壤进行改良。过酸的土壤需添加生石灰及骨粉等。过碱的土壤需混合腐殖质含量丰富的基质进行改良。土壤条件极差的需换土，也称客土。客土的厚度根据花卉根系分布的深浅而定。

④ 水源设置　大量进行种植施工，灌溉条件是必需的，场地周围需要配置好电源和水源。

（4）定点放线

根据设计图纸，在绿化种植施工的范围内确定花卉种植区域和种植点称为定点放线。种植一、二年生花卉定点放线时，先根据设计图纸，确定出种植范围，然后再根据详细的设计图纸画出配置图案，然后再确定定植点，种植密度和株行距的确定需根据植株冠幅的大小，保证苗木之间冠幅能相互衔接又不拥挤。

（5）挖穴

确定种植范围以后，在样线范围内翻挖，松土，深度为15～30cm，然后平整，开穴。一、二年生草本花卉，根系分布浅，定植时开穴，穴的大小根据待种苗木根系或土球的大小而定。"一"字形栽培时，挖浅沟；成片种植时，多以"品"字形浅穴为主。在轮廓外侧预留宽和深为3～5cm的保水沟，以利于灌水。

（6）苗木准备

园林花卉是否生长良好，达到最好的景观效果，除了苗木的质量好之外，起苗、包装、运输及栽培过程也都是很重要的环节。起苗时，除了要保证植株和根系完整，还要包装好，运输好。

① 选苗和起苗　为了保证苗木成活，提高绿化效果，必须严格挑苗对所用苗木，即选苗。依据株高、冠径、花蕾、花色，选择健壮、株形饱满、花蕾繁茂的合格苗。

挖苗时切忌伤根，一般需带护根土。一、二年生花卉尽可能具备完整根子。现在大多一、二年生花卉是采用营养袋（盒）育苗。因此，育好苗后，直接将盒苗装到苗筐内，装车即可。

② 包装、运输及假植　一般提倡就近起运苗木。随起、随运、随栽效果最佳。一、二年生花卉以当地苗为主，将圃地盆苗运至施工现场磕盆栽培。若长途运输，需用草苫和苦布覆盖，保持湿度。

苗木运到现场不能及时种植的，要立即假植于事先开好的沟内。将根部用潮土盖严。必要时浇水以保护根系。

（7）花卉栽培

将圃地培育的容器苗、大苗等按照设计图纸种植于绿地的过程，与育苗过程中的移植相区别，称为定植。移植苗木坑穴要略大于根系或土球，将苗茎基提近地面，扶正入穴，然后将穴周围土壤铲入穴内约2/3时，抖动苗株使土粒与根系密接，再在根系外围压紧土壤，最后填平土穴使其与地面相平而略凹。

（8）灌溉

绿化种植施工在栽培苗木后需立即浇水。定植后第一次灌水称头水，头水一定要浇透，其目的是通过灌水使花根系与土壤紧密结合。因此头水后应检查是否在栽培时未踩实土壤而导致土层塌陷或植株倒歪，若有这种问题须及时扶正植株并修补塌陷之处。

草本花卉定植后，通常在次日重复浇水。

案例

案例3-1 太原市滨河公园春季花坛栽培施工技术方案

1．栽培时间

太原市春季花坛的栽培时间大多在4月下旬至5月上旬，气温稳定在0℃以上，平均气温在10℃左右以上即可施工。汾河公园在节日期间游客增多，为渲染节日气氛，公园花坛要在"五一"之前栽培完成。

2．施工前的准备工作

根据公园提供的花坛设计方案，了解设计意图、设计方案和施工要求。踏查施工现场，了解水源等基础设施，核实花卉品种、规格、数量及来源。

3．施工现场的准备和整地

公园的土壤比较瘠薄，为保证花坛观赏期长、花色艳丽，需施足基肥。结合整地施适量的泥碳或有机肥，用量为1～2kg/㎡，整地深度20～30cm，整平整细。

4．定点放线

花坛的定点放线分以下几个步骤：

（1）在图纸上对图案进行网格定位，在进行网格定位时，先找一个固定的点作为网格的0.00点，然后绘制网格，网格的距离可根据图案的大小和复杂程度确定，一般为1m×1m、2m×2m。

（2）根据图纸上所绘制的网格，先在实地找到图纸上的0.00这个点，然后按照图纸上网格的距离进行放线。

（3）根据图纸上网格与图案轮廓的交点，在实际地形上找图案轮廓与网格线的交点，确定实地当中图案的轮廓。

（4）调整图案轮廓至合适的形状。确定图案的轮廓，然后用白灰或工程线描出图案。

5．挖穴

确定种植范围以后，在样线范围内翻挖、松土，深度为15～30cm，然后整平、开穴。这次花坛用的花卉有矮牵牛（粉色、红色）、一串红、万寿菊等容器苗，株高10～15cm。

从图案中心样线开5～8cm浅穴，样线内每一色块以"品"字形浅穴为主。多在轮廓外侧预留宽和深为3～5cm的保水沟，以利于灌水。

6. 苗木准备

所用花卉为苗圃地容器苗，按照规格和花色选择健壮、株形饱满、花蕾繁茂的苗木，直接将袋苗装到苗筐内，装车即可，随起、随运、随栽。

7. 栽培施工

将容器苗脱袋，将苗木带土球，扶正入穴，然后将穴周围土壤铲入穴内约2/3时，抖动苗株使土粒与根系密接，再在根系外围压紧土壤，最后填平土穴使其与地面相平而略凹。

8. 灌溉

栽培后需立即浇水，头水一定要浇透，次日应检查是否在栽培时未踩实土壤而导致土层塌陷或植株倒歪，若有须及时扶正植株并修补塌陷之处。视天气情况，再重复浇水（图3-3）。

图3-3　太原市汾河公园绿地施工前后实景图

　知识拓展

1. 花坛概述

（1）花坛的概念

花坛的最初含义是在具有几何形轮廓的植物内种植各种不同色彩的花卉，运用花卉的群体效果来体现图案纹样，观赏盛花时绚丽景观的一种花卉应形式。它以突出鲜艳的色彩或精美华丽的纹样来体现其装饰效果。《中国农业百科全书·观赏园艺》将花坛定义为"按照设计意图在一定形体范围内栽培观赏植物，以表现群体美的设施"，涵盖了多种园林植物的应用形式。

（2）花坛的特点及功能

传统意义上的花坛是一种花卉应用的特点形式，具有以下特点：

①花坛通常具有几何形的栽培床，因此属于规则式种植设计。

②花坛主要表现花卉组成的平面图案纹样或华丽的色彩美，不表现花卉的个体美。

③ 花坛多以时令性花卉为主体材料，需要随季节更换材料，保证最佳的景观效果。早期的花坛具有固定地点，几何形植床的边缘形成花坛的周界，且以平面地床或沉床为主，随着现代园林技术的发展，花坛的形式也在不断地变化和拓展，主要表现在以下几个方面：花坛规模扩大；观赏角度突破平面俯视近赏，出现了在斜面、立面及三维空间设置的花坛，观赏角度出现多方位的仰视和远望，给视觉以多层次的立体感；由静态的构图发展到连续的动态构图；由室外园林空间扩展到室内，尤其是展览室内花园等。

现代花坛具有美化和装饰环境，尤其渲染节日气氛、标志和宣传、分隔、屏障、组织交通，弥补园林中季节性景色欠佳的缺陷。

（3）花坛的分类

根据表现主题不同，可将花坛分为盛花花坛、模纹式花坛、标题式花坛、装饰物花坛和混合花坛。

（4）盛花花坛的特点及其园林植物的要求

盛花花坛具有以下特点：

① 外形轮廓主要是几何图形或其组合，也可以根据地形设置或自然形状。大小要适度，一般观赏轴以 8～10m 为度。

② 以色彩设计为主题，图案设计处于从属地位。

③ 内部图案简洁，轮廓鲜明，体现整体色块效果。

盛花花坛以一、二年生花卉为主要材料，也可适量选用球根花卉或宿根花卉，通常以 10～40m 的矮生花卉为宜。要求株丛紧密、开花繁茂、花色鲜艳明亮，盛开时花朵完全覆盖枝叶和地面，花期一致且开放时间较长，耐移栽，缓苗快。

2. 花坛对植物材料的要求

（1）花丛花坛的主体植物材料

花丛花坛主要由观花的一、二年生花卉和球根花卉组成，也可应用开花繁茂的多年生花卉。要求株丛紧密、整齐；开花繁茂，花色鲜明艳丽，花序呈平面开展，开花时见花不见叶，高矮一致；花期长而一致。如一、二年生花卉中的三色堇、雏菊、百日草、万寿菊、金盏菊、翠菊、金鱼草、紫罗兰、一串红、鸡冠花等，多年生花卉中的小菊类、荷兰菊、鸢尾类等，球根花卉中的郁金香、风信子、美人蕉、大丽花的小花品种等都可以用作花丛花坛的布置。

（2）模纹式花坛及造型花坛的主体植物材料

由于模纹花坛和立体造型花坛需长时期维持图案纹样的清晰和稳定，因此宜选择生长缓慢的多年生植物（草本、木本均少），且植株低矮、分枝密、发枝强、耐修剪、枝叶细小为宜，最高高度为 10cm，尤其毛毡花坛，以观赏期较长的五色苋类等观叶植物最为理想，花期长的四季秋海棠、凤仙类也是很好的植材。

（3）适合作花坛中心的植物材料

多数情况下，独立花坛，尤其是高台花坛常常用株型圆润、花叶美丽或姿态美丽规整的植物作为中心，常用的有棕榈、蒲葵、橡皮树、大叶黄杨、苏铁等观叶植物或叶子花、石榴等观花或观果植物作为构图中心。

（4）适合作花坛边缘的植物材料

花坛镶边植物材料要求植株低矮、株丛紧密、开花繁茂或枝叶美丽，稍匍匐或下垂更佳，尤其是盆栽花卉花坛，下垂的镶边植物可遮挡容器，保证花坛的整体性和美观，如半枝莲、雏菊、三色堇、垂盆草、香雪球等。

3．花坛的色彩设计

花坛的色彩设计除遵循一般色彩搭配规律以外，还应注意以下几点：

①花坛应根据使用场景来确定色调。在公园、剧院、草地、节日广场中布置花坛，需要选用表达热烈气氛的暖色调花卉；在安静休闲区内的花坛适宜纪念馆、图书馆等处采用质感轻柔、略带冷色调的花卉，如鸢尾、桔梗、藿香蓟、玉簪等淡蓝、淡紫和白色的花卉。

②花坛一般应有一个主调色彩，其他颜色的花卉则起着画图案线条轮廓的作用。一般除选用1～3个主花卉外，以其他花卉为衬托，使得花坛色彩主次分明。忌在一个花坛或一个花坛群中花色繁多，没有主次。

③对比色应用要有主次。形成对比色的花卉在同一花坛内不宜数量均等，要有主有次，通常以一种色彩作出花坛纹样，而以其对比色作为色块填充于纹样内，可以取得较好的观赏效果。

④白色的花卉除可以衬托其他颜色花卉外，还能起着两种不同色调的调和作用。白色花卉也常用于在花坛内勾画出纹样鲜明的轮廓线。

4．花坛的设计图

花坛的设计图主要包括以下几部分：

①总平面图　通常根据设置花卉空间及花坛的大小，以1/1000～1/500图纸画出花坛周围建筑边界、道路分布、广场平面轮廓及花坛的外形轮廓图。

②花坛平面图　较大的花丛花坛通常以1：50比例，精细模纹花坛以1：30～1：2比例画出花坛的平面布置图，包括内部纹样的精确设计。

③立体图　单面观、规则式圆形或几个方向图案对称的花坛只需画出主立面图即可。如果为非对称式图案，需有不同立面的设计图。

④说明书　对花坛的环境状况、立地条件、设计意图及相关问题进行说明。

⑤植物材料统计表　花坛所用植物的种（或品种）、名称、花色、规格（株高及冠幅）以及用量等。在季节性花坛设计中，还须标明花坛在不同季节的替换花卉。

5．花坛施工

（1）种植床土壤准备

在种植前，应对花坛土壤进行深翻和施肥改良。一、二年生花卉至少需20cm厚种植土壤，并要求排水良好，深翻后施足基肥。做出适当的排水坡度。

（2）施工放线

整好苗床以后，按照图纸进行放线，用绳子、木桩等在种植床上勾勒出花坛图案，撒上沙子或石灰绘制出花坛图。

（3）砌边

按照花坛外形轮廓和设计边缘的材料、质地、高低、宽窄进行花坛砌边。

（4）栽培

选择阴天或傍晚，花蕾露色时移栽。栽前2d应灌透水一次，以便起苗时带土。苗的色泽、高度、大小应一致，栽种时先栽中心部分；高度不一致时，高的深栽，短的浅栽；株行距以花株冠幅相接，不露出地面为准。栽好后充分灌水一次。

6．花坛日常管理

为了保持花坛良好的观赏效果，对花坛的日常管理要求非常精细。首先要根据季节、天气安排浇水的频率。在交通频繁尘土较重的地区，每隔2～3d还须喷水清洗，个别枯萎的植株要随时更换。对扰乱图形的枝叶要及时修剪，对于季节性花坛中的植株一般不再施肥，永久性和半永久性花坛中的植物可在生长季喷施液肥或结合休眠期管理进行固体追肥。

巩固训练

一、二年生花卉栽培

1．训练内容

（1）以校园绿化美化等绿化工程中一、二年生花卉栽培为任务，让学生以小组为单位，在咨询学习、小组讨论的基础上编制一、二年生花卉的栽培技术方案。

（2）以小组为单位，依据技术方案进行一、二年生花卉的栽培施工训练。

2．训练要求

（1）以小组为单位开展训练，组内学生要分工合作、相互配合、团队协作。

（2）技术方案应具有科学性和可行性。

（3）做到安全生产，操作程序符合要求。

3．可视成果

（1）编制一、二年生花卉的栽培技术方案。

（2）栽培后的花坛或绿地成活率、景观效果等。

考核评价见表 3-2。

表 3-2　一、二年生花卉栽培考核评价表

模　块	园林植物栽培			项　目	草本园林植物栽培	
任　务	任务 3.1　一、二年生花卉栽培				学　时	4
评价类别	评价项目	评价子项目		自我评价（20%）	小组评价（20%）	教师评价（60%）
过程性评价（60%）	专业能力（45%）	方案制订能力（15%）				
		方案实施能力	定点放样（5%）			
			栽培前准备（7%）			
			栽培（10%）			
			栽培后管理（8%）			
	社会能力（15%）	工作态度（7%）				
		团队合作（8%）				
结果评价（40%）	方案科学性、可行性（15%）					
	栽培的花卉成活率（15%）					
	绿地景观效果（10%）					
	评分合计					
班级：		姓名：		第　　组	总得分：	

　小结

一、二年生花卉栽培任务小结如图 3-4 所示。

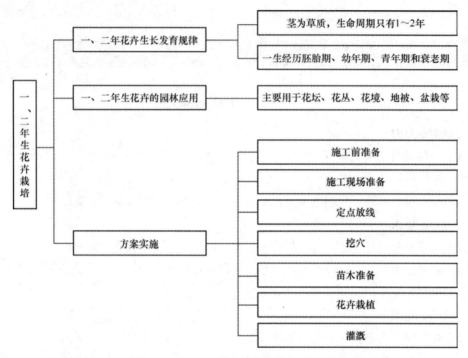

图3-4 一、二年生花卉栽培任务小结

思考与练习

1．简要叙述一、二年生草本园林植物生长发育规律分几个阶段，各有何特点？

2．一、二年生花卉栽培的主要步骤包括哪些？

3．现代花坛与传统花坛相比在形式上发生了哪些变化？

4．以"迎新生"为主题，以学习小组为单位，在校园的大门口、图书楼、教学楼、餐厅等任选一个场景，设计一个花坛，编制设计方案，并完成种植施工任务。

任务 *3.2*
宿根花卉栽培

任务分析

【任务描述】

宿根花卉栽培是园林地被植物栽培的重要组成部分。本任务学习以校内实训基地或各类绿地中宿根花卉栽培的施工任务为载体，以学习小组为单位，首先编制宿根花卉栽培的技术方案，依据制订的技术方案，各小组认真完成一定数量的宿根花卉栽培的施工任务。本任务实施宜在园林植物栽培理实一体化实训室或各类绿地中进行。

【任务目标】

（1）能以小组为单位制订宿根花卉栽培的技术方案；

（2）能依据制订的技术方案完成花卉栽培的施工任务；

（3）能熟练掌握宿根花卉的栽培任务，并安全使用各类栽培的器具材料；

（4）能独立分析和解决实际问题，吃苦耐劳，合理分工并团结协作。

 理论知识

3.2.1 宿根花卉生长发育规律

3.2.1.1 宿根花卉概述

宿根花卉是指形态正常、不发生变态的多年生草本花卉。个体寿命在 2 年以上，能够连续多年生长、多次开花。宿根花卉根据其原产地可分为落叶宿根花卉和常绿宿根花卉。

落叶宿根花卉原产于温带地区，如菊花、桔梗。这类花卉在冬季有完全休眠状态。大多数耐寒性强，可以露地越冬，到次年春天，地上部分萌发继续开花，再经历幼苗期、成熟期。常绿宿根花卉大多原产于暖温带地区，如沿阶草等。这类花卉冬季保持常绿，停滞生长，呈半休眠状态，耐寒性较弱。次年春天恢复生长，并开花结实。

3.2.1.2 宿根花卉的生长发育规律

1）宿根花卉的生命周期

宿根花卉的寿命较长，且以分株繁殖为主，也可以播种、扦插和嫁接。通常宿根花卉在生命周期内要经历胚胎期、幼苗期、成熟期和衰老期 4 个阶段。营养繁殖的宿根花卉不经过胚胎期，从繁殖开始进入幼苗期，然后经历成熟期和衰老期。

（1）胚胎期

胚胎期从卵细胞受精形成合子开始到胚具有发芽能力时止。胚胎期主要是促进种子形成、安全贮藏和在适宜的环境条件下播种并使其顺利发芽；而有的种子成熟后，需要经过一段时间的休眠后才能发芽。

（2）幼年期

幼年期从种子萌发（分株繁殖）到植株第一次开花止。幼年期是植物地上、地下部分旺盛生长时期。植株在高度、冠幅、根系等方面生长很快，光合作用与吸收作用迅速扩大，同化产物积累增多，为营养生长向生殖生长奠定了物质基础。幼年期的特点是可塑性大，对外界环境条件适应能力强，是定向培育的有利时期。不同种类宿根花卉幼年期的长短不一样，如荷包牡丹实生苗需要培育 3 年才能开花，芍药秋季分株繁殖

后需培育2～5年才能开花，大花金鸡菊、黑心菊等播种苗或八宝景天扦插苗当年就可以开花。幼年期的栽培措施主要是加强水肥管理，施足基肥，促进各器官健壮生长。

（3）成熟期

成熟期从植株第二次开花到大量开花，花果性状稳定为止。这一阶段是宿根花卉最具观赏价值的时期。此期的特点是根系和冠幅达到最大，分枝增多，花芽发育完全，开花数量增多，开花结果趋于平稳。由于开花营养消耗加大，需要加强栽培管理，才能延长期宿根花卉的成熟期，发挥其观赏价值。因此在栽培中，一要提供充足的水肥，早施基肥，分期追肥，施肥量随开花结果量逐年增加；二要合理进行株形管理，及时疏除病虫枝、枯枝，加强土壤管理，加大肥水供应，保证植株健壮，防止早衰，延长成熟期。

（4）衰老期

植株冠幅逐渐缩小，开花量开始下降，出现枯萎至死亡。这一阶段的特点是根系和叶片的吸收能力及合成能力下降，且开花和结实消耗了大量营养物质，致使植物体内贮藏营养物质越来越少，开花数量减少，花径变小，整体长势变弱，抗逆性显著降低，直至最后死亡。宿根花卉在这一阶段主要是采取措施，促进其更新复壮。如荷苞牡丹3年左右分株一次，鸢尾2～4年分株一次，大花萱草3～5年分株一次。

2）宿根花卉的年周期

无论是落叶宿根花卉还是常绿宿根花卉，在一年内随着季节的变化，有明显的物候变化，可以分为萌芽期、生长期和休眠期。

（1）萌芽期

萌芽期从日平均温度稳定在5℃以上，宿根花卉芽开始萌动膨大到展叶为止。宿根花卉休眠的解除，通常以芽的萌发、芽鳞的绽开作为解除休眠的形态标志，而生理活动则更早。这一阶段要求有适宜的温度和水分。

（2）生长期

生长期从宿根花卉萌芽生长开始到秋季叶子枯黄为止，这一时期包括整个生长季，是宿根花卉年生长周期中最长的一段。在这一阶段，宿根花卉会随着季节和温度的变化发生一系列明显的物候变化，如萌芽、抽枝、展叶、花芽分化、开花、结实及落叶。这一阶段的前期和中期要加强水肥的管理和株形管理，是提高宿根花卉观赏价值的重要措施之一。

（3）落叶期

宿根花卉的休眠期指从秋季落叶开始到春天芽开如膨大为止的时期。宿根花卉的休眠是对外界不良环境的一种适应，这一阶段的管理措施主要是剪去地上部分、适时分株及防寒越冬。

3.2.2　宿根花卉的园林应用

1）宿根花卉园林应用的主要特点

（1）种类繁多，花色丰富

宿根花卉种类繁多，以菊花为例，目前菊花的栽培品种有上万种，花色有白、黄、淡黄、淡红、红、紫、橙红、混金、乔色和奇色（嫩绿或近墨色等）10 个色系。以自然花期可以分为夏菊、秋菊和寒菊。以花径大小来分类，可以分为大菊、中菊和小菊。以花型类别分类，可以分为平瓣类、匙瓣类、管瓣类、桂瓣类和畸瓣类 5 个瓣类，30 个花型，13 个亚型。以栽培形式可以分为盆菊、标本菊、大立菊、悬崖菊、塔菊、扎菊、花坛菊和盆景菊。

（2）一次栽植，多年使用

宿根花卉生命力强，一次栽植以后，可多年观赏，有利于大面积种植，能呈现植物群落的群体美。

（3）适应性强，管理简便

宿根花卉对环境要求不严，能适应不同的生态环境。适应干燥向阳环境的有：鸢尾、丝兰、宿根亚麻、茼蒿菊、蛇目菊、萱草；耐阴的有：沿阶草、麦冬、玉簪、紫萼、铃兰等。管理简便也是宿根花卉的一大优点，如沿阶草、麦冬等栽植以后基本不需管理，节省人工，有利于大面积种植，形成地被景观。

（4）以播种或分株繁殖为主

大多数宿根花卉可以用播种繁殖，分株繁殖也是宿根花卉常用的繁殖方法，如菊花、玉簪、芍药。分株繁殖时，春季开花的宿根花卉须在秋季分株，即地上部分进入休眠，而根系仍未停止活动时期进行。秋季开花者须在春季分株，须在发芽前进行为好。

2）宿根花卉的园林应用方式（图 3-5）

宿根花卉种类、色彩丰富，在园林绿化中是花境的主要材料，也可用于花坛、地被以及专类园等不同场景中的植物配置。

（1）花境

宿根花卉在花期上具有明显的季节性，且种类繁多，姿态各异，自然感强，是构成花境的良好材料。一次栽植可多年观赏，应在生长季节进行必要的修剪、去杂草等基本养护。比起需要大规模更换的其他植物材料，管理方便，且可以节约大量成本。

（2）花坛

宿根花卉也常用作花坛的主体材料，由于一次栽植，可数年观赏，管理较简便，常用于远景或非主要区域。

（3）地被植物

宿根花卉是各类地被植物的首选材料，如黑心菊、金鸡菊、花菱草、硫华菊、常夏石竹等常用作观花地被植物；蕨类、沿阶草、麦冬、玉带草等常用作观叶地被；萱草、玉簪、鸢尾、落新妇等适合大面积种植，既可以观花，也可以观叶。

（4）专类园

常见可用作专类园的宿根花卉有：菊花、芍药、萱草、鸢尾等；可用作水景园材料的有：落新妇、玉簪、湿生鸢尾、千屈菜、驴蹄草、蕨类等等；可用作岩石园的有：老鹳草属、景天属、石竹属、萱草属、桔梗属等。

图 3-5　宿根花卉的园林应用

　　宿根花卉种类繁多、色彩丰富，在园林绿化中是花境的主要材料，也可用于花坛、地被以及专类园等不同场景中的植物配置。

 任务实施

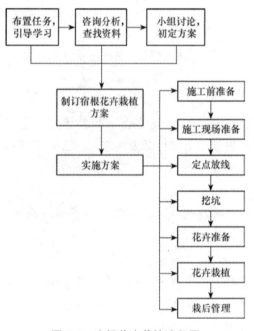

图 3-6　宿根花卉栽培流程图

1．器具与材料

　　设计图纸、皮尺、工程纸、白灰、铁锹、花铲、松土耙子、盛苗筐、水桶等栽培工具、宿根花卉种苗等。

2．任务流程

　　宿根花卉栽培流程图如图 3-6 所示。

3．操作步骤

　　宿根花卉的栽培流程同一、二年生花卉相似，不同的宿根花卉一次栽培，多年使用，根系分布较深，应以富含有机质的壤土为宜。若土壤瘠薄，整地深度应达 30～40cm，甚至 40～50cm，并应施入大量的有机肥，以长时期维持良好的土壤结构。应选择排水良好的土壤，一般幼苗期喜腐殖质丰富的土壤，在第二年后则以黏质土壤为佳。定植初期加强灌溉，定植后的其他管理比较简单。为使其生长茂盛、花多、花大，最好在春季新芽抽出时追施肥料，花前和花后再各追肥一次。秋季叶枯时，可在植株四周施腐熟的厩肥或堆肥。

　　由于栽种后生长年限较长，要根据花卉的生长特点，设计合理的密度。

表 3-3 常见宿根花卉

中文名	学名	科别	株高（cm）	花期（月）	花色	主要形态特征	主要习性	繁殖	应用
菊 花	Dendranthema morifolium	菊科	20～200	夏、秋季	红、黄、白、紫、粉等	茎直立，基部半木质化，单叶互生，卵圆形至长圆形	喜凉爽、耐寒、耐旱，忌积涝	扦插、分株、嫁接	广泛应用于花坛、地被、盆花和切花
芍 药	Paeonia lactiflora	芍药科	60～100	4～6	白色系、黄色系、粉色系	肉质根；茎丛生；2回三出羽状复叶，椭圆形状披针形	喜阳光充足，稍耐阴，不耐积水和盐碱	分株	专类花坛或花境
长夏石竹	Dianthus piumarius	石竹科	20～40	5～10	紫、粉红、白等	茎蔓状簇生，叶灰绿色，长线形	喜光，喜通风，耐半阴，耐寒	播种、分株、扦插	丛植、花坛、地被
鸢 尾	Iris tectorum	鸢尾科	30～40	4～5	蓝紫	叶剑形，淡绿色，全缘，交互排列成两行，基部抱茎，侧脉明显，叶脉明显	喜温暖、湿润、阳光充足、通风良好的环境	播种、扦插和分株	花坛、花境
火炬花	Kniphofia uvaria	百合科	80～120	6～7	橘红	茎直立，叶线形，总状花序	喜光，喜温暖湿润，耐半阴	播种、分株	丛植、花境、切花
玉 簪	Hosta plantaginea	百合科	20～40	6～8	白	叶基生成丛，卵形至心状卵形，弧形脉平行	喜阴、耐寒、忌强光直射	分株	林下荫蔽处
桔 梗	Platycodon grandiflorum	桔梗科	30～80	5～10	淡紫	叶卵形，边缘具锯齿	喜光，喜凉爽湿润，耐半阴	播种、分株	花境、岩石园
大花萱草	Hemerocallis middendorffii	百合科	20～50	6～7	黄、橙	叶基生，宽线形，拱形弯曲	喜阴光充足，湿润的环境	分株、播种	花境、花境
东方罂粟	Papaver orientai L.	罂粟科	60～100	5～6	深红、橙红、灰等	基生叶羽裂，密被白色柔毛	喜阳、耐寒，忌炎热和水涝	播种	花境、丛植
八宝景天	Sedum spectabile	景天科	30～50	7～9	粉、白、紫红、玫瑰红	叶倒卵形，肉质	喜光、耐旱	扦插、分株	花境、花境
射 干	Belamcanda chinensis	鸢尾科	60～130	7～9	红	叶剑形，排列在一个平面上	喜光和温暖，耐寒	播种、分株	花坛、花境、切花
草芙蓉	Hibiscus moscheutos	锦葵科	60～200	6～9	白、粉、红等	叶广卵形，叶柄、叶背密生灰色星状毛	喜温暖湿润，略耐阴，忌干旱	播种、扦插、分株	花坛、花境、丛植
宿根福禄考	Phlox paniculata	花荵科	60～120	6～9	白、粉红、深红、蓝或成复色	叶长椭圆形，十字形，对生或轮生	喜阳光充足，排水良好的石灰质壤土	分株、扦插、播种	花坛、花境

此外，大部分宿根花卉栽培时间以早春为宜，尤其是春季开花的植物要尽量在萌芽前移植。

案例3-2 山西林业职业技术学院怡园宿根花卉栽培施工技术方案

1．栽培时间

太原市宿根花卉的栽培时间大多在4月下旬至5月上旬，气温稳定在0℃以上，平均气温在10℃左右以上即可施工。但是早春开花的宿根花卉栽培时间可以再提前10d左右。

2．施工前的准备工作

实习学生以小组为单位，测量施工现场地形和面积，然后编制宿根花卉种植施工方案。结合现场墙体颜色，经讨论，此地栽培八宝景天（粉色和红色）和紫露草效果较好。根据面积计算宿根花卉的数量，苗木主要由学院苗圃提供（图3-7）。

3．施工现场的准备和整地

怡园的土壤比较肥沃，但是为保证花境观赏期长、花色艳丽，需施适量基肥。

图3-7 山西林业职业技术学院宿根花卉花境

结合整地需要施一定的有机肥，用量为1.5～2.5kg/㎡，整地深度30～40cm，整平整细。

4．定点放线

先根据设计图纸，确定出种植范围，再根据详细的设计图纸画出配置图案，然后根据植株冠幅的大小确定定植点、种植密度和株行距，使苗冠能相互衔接又不拥挤。

5．挖穴

确定种植范围以后，在样线范围内翻挖，松土，深度为30～40cm，然后整平，开穴。宿根花卉八宝景天和紫露草，苗木株高20cm，冠径15cm。从图案中心样线开10cm左右浅穴，样线内每一色块以"品"字形浅穴为主。多在轮廓外侧预留宽和深为3～5cm的保水沟，以利于灌水。

6．苗木准备

所用花卉为苗圃地容器苗，按照规格和花色选择健壮、株形饱满、花蕾繁茂的苗木，直接将袋苗装到苗框内，装车即可，随起、随运、随栽。

7．栽培

将容器苗脱袋，将苗木带土球，扶正入穴，然后将穴周围土壤铲入穴内约2/3时，抖动苗株使土粒与根系密接，再在根系外围压紧土壤，最后填平土穴使其与地面相平而略凹。

8．灌溉

栽培后需立即浇水，头水一定要浇透，次日应检查是否在栽培时未踩实土壤而导致土层塌陷或植株倒歪，若有须及时扶正植株并修补塌陷之处。视天气情况，再重复浇水。

 知识拓展

1．花境的概念

花境是源自于欧洲的一种花卉种植形式。随着园林绿化事业的发展，花境的形式和内容发生了许多变化，但是，模拟自然界中林地边缘地带野生花卉自然组合的群落美的设计理念被传承下来。

花境是园林中一种从规则式构图到自然式构图过渡的半自然式的带状种植形式，以表现植物个体所特有的自然美以及它们之间自然组合的群落美为主题。它一次设计种植，可多年使用。另外，花境不但有优美的景观效果，还有分隔空间和组织浏览路线的功能。

2．花境的特点

① 花境有种植床，种植床两边的边缘线是连续不断的平行的直线或是有几何轨迹可循的曲线。

② 花境种植床的边缘可以有也可无边缘，但通常要求有低矮的镶边植物。

③ 单面观赏的花境需有背景，其背景可以装饰围墙、绿篱、树墙篱等，通常规则式种植。

④ 花境内部的植物配置是自然式的斑块式混交，所以花境是过渡的半自然式种植设计。其基本构成单位是一组花丛，每组花丛由5～10种花卉组成，每种花卉集中栽培。

⑤ 花境主要表现花卉群丛平面和立面的自然美，是竖向和水平方向的综合景观表现。平面上不同种类是块状混交，立面上高低错落，表现植物个体的自然美，又表现植物自然组合的群落美。

⑥ 花境内部植物配置有季相变化。

3．花境的分类

（1）依据花境所用植物材料分类

依据花境所用植物材料，可以将花境分为以下几种类型：

① 灌木花境　花境内所用的观赏植物全部为灌木时称为灌木花境。所选用材料以观花、观叶、观景且体量较小的灌木为主。

② 宿根花卉花境　花境材料全部为可露地过冬，适应性较强的宿根花卉。如鸢尾、芍药、萱草、楼斗菜、荷包牡丹等。

③ 球根花卉花境　花境内栽培的花卉为球根花卉，如郁金香、百合、水仙、唐菖蒲、大丽菊等。

④ 专类花境　由一类或一种植物组成的花境，称为专类花境。如由不同颜色或品种的芍药组成的花境。能够用来布置专类花境的植物要求：其变种或品种类型较多，花期、株形、花色等须有较丰富的变化，才有良好效果。

⑤ 混合花境　主要指由灌木和耐寒性强的多年生花卉组成的花境。混合花境与宿根花境是园林中最常见的花境类型。

（2）依据设计形式分类

① 单面观赏花境　为传统应用设计形式，多临道路设置，并常以建筑物、矮墙、树丛、绿篱等为背景，前面为低矮的边缘植物，整体上前低后高，仅供一面观赏。

②双面观赏花境　多设置在道路、广场和草地的中央，植物种植总体上以中间高，两侧低为原则，可供两面观赏，这种花境没有背景。

③对应式花境　在园路轴线的两侧、广场、草坪或建筑周围设置的呈左右两列式相对应的两个花境，在设计上统一考虑。作为一组景观，多用拟对称手法，力求富有韵律变化之美。

4．花境的位置

（1）建筑物基础栽培的花境

实际上是花境形式的基础种植。在高度4～5层以下，色彩明快的建筑物前，花境可起到基础种植的作用，软化建筑生硬的线条，缓和建筑立面与地面形成的强烈对比的直角，使建筑与周围自然风景和园林风景取得协调。这类花境为单面花境，以建筑物立面作为花境背景，花境的色彩应该与墙面色彩取得对比的统一。

（2）道路边的花境

在道路的一侧，道路的两边或中央设置的花境。根据园林中整体景观布局，通过设置花境可形成封闭式、半封闭式或开放式道路景观：①在圆路的一侧设置花境供游人漫步，欣赏花境及另一边的景观。②若在道路尽头有雕塑、喷泉等园林小品，可在道路两边设置一组单面观的对应式花境。这两列花境必须成一个构图整体，道路的中轴线作为两列花境的轴线，两者的动势集中于中轴线，成为不可分割的对应演进的连续构图。③若道路较宽，也可以在道路的中央设置一列两面观赏的花境。花境的中轴线应与道路的中轴线重合，道路的两侧可以是简单的行道树或草地。

（3）与绿篱和树墙组合的花境

这是指在各种绿篱和树墙基部设置的花境。绿色的背景使花境色彩充分表现，而花境又活化了单调的绿篱或树墙。

（4）草坪花境

草坪花境即在宽阔的草坪上、树丛间设置的花境。这种绿地空间适宜设置双面观赏的花境，可丰富景观，组织浏览路线。通常在花境两侧辟出游览道，以便观赏。

（5）庭园花境

庭院花境即在家庭花园或者其他场合的小花园（如宿根花卉的专类花园）中设置的花境，通常设置在花园的周边。

5．种植床设计

花境的种植床是带状的，两边是平行或近于平行的直线或曲线。单面观花境植床的后边边缘线多采用直线，前边缘线可为直线或自由曲线。双面观赏花境的边缘基本平行，可以是直线，也可以是流畅的自由曲线。

花境的朝向要求：对应式花境要求长轴沿南北方向展开，以使左右两个花境光照均匀，植物生长良好，从而实现设计构想。其他花境可自由选择方向，并且根据花境的具体光照条件选择适宜的植物种类。

花境大小的选择取决于环境空间的大小，通常花境的长轴长度不限，但为管理方便及体现植物布置的节奏、韵律感，可以把过长的植床分为几段，每段长以不超过20m为宜。段与段之间可留1～3m的间歇地段，设置坐椅或其他园林小品。

花境的短轴长没有一定要求。通常，混合花境、双面观花境较宿根花境及单面观花境宽。各类花境的适宜宽度大致是：单面观混合花境4～5m，单面观宿根花卉花境2～3m，双面观宿根花卉花境4～6m。在家庭小花园中，花境可设置1～1.5m，一般不超过院宽的1/4。较宽的单面观花境的种植床与背景之间可留出70～80cm的小路，以便于管理，又有通风作用，并能防止背景与植物根系的侵扰。

6. 背景设计

单面观花境需背景。花境的背景依设置场所不同而异。较理想的背景是绿色的树墙或较高的绿篱，因为绿色最能衬托花境优美的外貌和丰富的色彩效果。

园林中装饰性的围墙也是理想境界的花境背景。用建筑物的墙基及各种栅栏作背景，则以绿色或白色为宜。背景是花境的组成部分，可与花境有一定距离，也可不留距离，根据实际需要合理设计。

7. 边缘设计

花境边缘不仅确定了花境的种植范围，也可对花境内的植物起到避免践踏的保护作用，并便于前面的草坪修剪和园路清扫工作。高床边缘可用自然的石块、砖块、木条等垒砌而成。平床多用低矮植物镶边，以15～20cm为宜。两面观赏的花境两边均须栽培镶边植物，而单面观赏的花境通常在靠近道路的一侧种植镶边花卉。镶边花卉最好用花叶兼赏的植物，如马蔺、酢浆草、葱兰、沿阶草等。若花境前面为园路，也可用草坪带镶边，宽度至少30cm以上。若要求花境边缘分明、整齐，还可以在花境边缘与环境分界处40～50cm深的范围内以金属或塑料板隔离，防止边缘植物越界到路面或草坪。

8. 花境主体部分种植设计

花境花卉以选择适应性强、耐寒、耐旱，当地自然条件下生长强健且栽培管理简单的多年生花卉为主，采用宿根花卉，要求根系发育良好，并有3～4个芽，绿叶期长，无病虫害和机械损伤。部分采用球根花卉，选择休眠期不需挖出养护的种类，苗木要强壮，生长点要多，并可适当配以一、二年生花卉和其他温室育苗的草本花卉。观叶植物必须足够移植苗或盆栽苗叶色鲜艳、观赏期长。

观赏性是花境花卉的重要特征。通常要求植于花境的花卉开花期长或花叶兼美，种类的组合上则应考虑立面与平面构图相结合，株高、株形、花序形态等变化丰富，有水平线条与竖直线条的交错，从而形成高低错落有致的景观。种类构成还需色彩丰富，质地有异，花期有连续性和季相变化，从而使整个花境的花卉在生长期次第开放，形成优美的群落景观。

（1）花境常用花卉

① 春季开花　金盏菊、飞燕草、紫罗兰、楼斗菜、荷包牡丹、风信子、花毛茛、郁金香、锦葵、石竹、马蔺、鸢尾、芍药等。

② 夏季开花　蜀葵、射干、天人菊、唐菖蒲、向日葵、萱草、矢车菊、玉簪、百合、卷丹、宿根福禄考、桔梗、葱兰等。

③ 秋季开花　菊、雁来红、乌头、百日草、鸡冠花、凤仙花、万寿菊、麦秆菊、硫华菊、翠菊、紫茉莉等。

（2）色彩设计

花境的色彩主要由植物的花色来体现，同时植物的叶色，尤其是少量观叶植物叶色的运用也很重要。在设计中，要使花境内花卉的色调与四周环境相协调，如在红墙前用蓝色、白色显得鲜明活泼，而在白粉墙前用黄色、橙色显得鲜艳。

在花境的色彩设计中，可以巧妙地利用不同花色来创造景观效果。如把冷色占优势的植物群放在花境后部，在视觉上有加大花境深度、增加宽度之感；在狭小的环境中用冷色调组成花境，有空间扩大感。利用花色少产生冷、暖心理感觉。花境的夏季景观宜使用冷色调的蓝紫色系花，给人带来凉意；而早春或秋天用红、橙色系花组成花境，可给人暖意。在安静休闲区，宜采用冷色调花；若要增加热烈气氛，多采用暖色调的花。

（3）季相设计

在设计花境时，应注意不同季节的生长变化，深根系和浅根系的搭配。如荷包牡丹与楼斗菜类上半年生长，炎夏茎叶枯萎进行休眠，应在其间配一些夏秋生长茂盛而春夏又不影响它们生长与观赏的其他花卉，如莺尾、金光菊等。因此设计时应当选择各个季节或月份的代表种类。在平面种植设计时考虑同一季节不同的花色、株形等合理地布置于花境各处，保证花境中开花植物连续不断，呈现各季的观赏效果。

（4）平面设计

一般来说，花境的外围有一定的轮廓，其边缘可用草坪、矮性花卉或矮栏杆做点缀。两面观赏的要中央高四周低。单面观赏的要前面低后面高。花境不宜过宽，要因地制宜。花境要与背景的高低、道路的宽窄或比例，即墙垣高大或道路很宽时，其花境也应宽些。植株高度不要高过背景。在建筑物前一般不要高过窗台。为了便于观赏和管理，花境不宜离建筑物过近，一般要距离建筑物40～50cm。

构成花境的最基本单位是自然式的花丛。每个花丛的大小即组成花丛的特定种类的株数多少取决于花境中该花丛在平面上面积的大小和该种类单株的冠幅等。平面设计时，要以花丛为单位，进行自然斑块状的混植，每斑块为一个单种的花丛。通常一个设计单元（如20m）以5～10种以上种类自然式混交组成。各花丛大小并非均匀，一般花后叶丛景观较差的植物面积宜小些。为使开花植物分布均匀，又不因种类过多造成杂乱，可把主花材植物分为数丛种在花镜的不同位置，再将配景花卉自然布置。在花后景观差的植株前方配置其他花卉给予遮掩。

（5）立面设计

花境要有较好的立面观赏效果，充分体现群落的美观。立面设计应充分利用植株的株形、株高、花序及质地等观赏特性，使植株高低错落有致，花色层分明，创造出丰富美观的立面景观。

①植株高度 宿根花卉依种类不同，高度变化极大，但一般不会高过人的视线。总体上是单面观花境前低后高，双面观花境中央高、两边低，但整个花境中前后应有适当的高低穿插和掩映，才可形成自然丰富的景观效果。

②株形与花序 依据整个植株形态和花序，可把花境花卉分成水平型、直线型及独特型三大类。水平型植株圆浑，多为单花顶生或各类头状花序和伞形花序，开花较紧密，并形成水平方向的色块，如八宝景天、蓍草、金光菊等。直线形植株竖直，多为顶生总状花序或穗状花序，开花时形成明显的竖线条，如大花飞燕草、蛇鞭菊等。独特型兼有水平及竖向效果，如莺尾类、大花葱、百合。花境在立面设计上有这3类植物的搭配，才可达到较好的立面观赏效果。

9．花境的种植施工

（1）整地及放线

由于花境所用植物材料多为多年生花卉，故第一年在栽培时整地要深翻。一般要求深达40～50cm，对土壤有特殊要求的植物，可在某种植区采取局部换土措施。花境所用的土壤最好是富含有机质的砂质土壤。若土壤过于贫瘠，要在壤中加入足够的有机肥。花境栽培后，每逢春天还要在上面覆盖一层有机肥。当然，最好是每年秋天也加施一次有机肥。

地整平整细后，依据平面设计图用石灰或沙在植床内放线。

（2）栽培

栽培时，需先栽培株较大的花卉，再栽一、二年生花卉和球根花卉。大部分花卉的栽培时间以早春为宜，尤其要注意春季开花的要尽量提前在萌动前移栽，必须秋季才能栽培的种类可先以其他种类代替，如一、二年生花卉等。

栽培密度以植株覆盖床面为限。若栽培成苗，则应按设计密度栽培。若栽培小苗，可适当密植，以后再行疏苗，否则过多暴露土面会导致杂草滋生，并增加土壤水分蒸发。

 巩固训练

宿根花卉栽培

1．训练内容

（1）以校园绿化美化等绿化工程中宿根花卉栽培为任务，学生以小组为单位，在咨询学习、小组讨论的基础上编制宿根花卉的栽培技术方案。

（2）以小组为单位，依据技术方案进行宿根花卉的栽培施工训练。

2．训练要求

（1）以小组为单位开展训练，组内同学要分工合作、相互配合、团队协作。

（2）技术方案应具有科学性和可行性。

（3）做到安全生产，操作程序符合要求。

3．可视成果

（1）编制宿根花卉的栽培技术方案。

（2）栽培后的花境或绿地成活率、景观效果等。

考核评价见表3-4。

表3-4 宿根花卉栽培考核评价表

模　块	园林植物栽培				项　目	草本园林植物栽培
任　务	任务3.2　宿根花卉栽培				学　时	2
评价类别	评价项目		评价子项目	自我评价（20%）	小组评价（20%）	教师评价（60%）
过程性评价（60%）	专业能力（45%）		方案制订能力（15%）			
		方案实施能力	定点放样（5%）			
			栽培前准备（7%）			
			栽培（10%）			
			栽培后管理（8%）			
	社会能力（15%）		工作态度（7%）			
			团队合作（8%）			
结果评价（40%）	方案科学性、可行性（15%）					
	栽培的花卉成活率（15%）					
	绿地景观效果（10%）					
	评分合计					
班级：		姓名：		第　组		总得分：

宿根花卉栽培任务小结如图 3-8 所示。

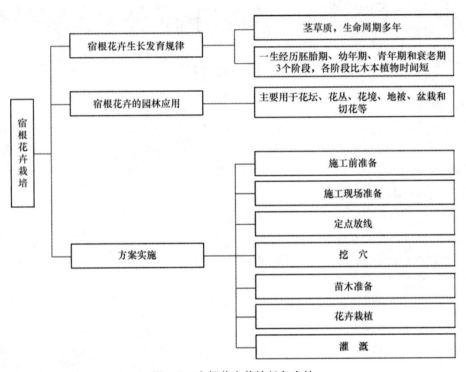

图 3-8　宿根花卉栽培任务小结

思考与练习

1．能熟练识别当地宿根花卉 50 种以上，并熟悉其生态习性和用途。

2．结合实训任务，编制宿根花卉的栽培技术方案。

任务 *3.3*

球根花卉栽培

任务分析

【任务描述】

球根花卉（flowering bulbs）是多年生花卉中的一大类，在不良环境条件下，于地上部茎叶枯死之前，植株地下部的茎或根发生变态，膨大形成球状或块状的贮藏器官，并以地下球根的形式渡过其休眠期（寒冷的冬季或干旱炎热的夏季），至环境条件适宜时，再生长并开花。本任务学习依忆本地常见露地球根花卉的种植过程，以小组为单位，首先按任务要求编制种植技术方案，再依据技术方案和球根花卉种植技术规程，完成种植任务。本任务实施可在学院园林植物栽培实训基地开展。

【任务目标】

（1）会编制本地区常见露地球根花卉种植技术方案；

（2）会依据制订的种植技术方案和球根花卉露地种植技术规程，进行球根花卉的种植操作；

（3）能熟练并安全使用球根花卉种植用器具材料；

（4）能分析和解决实际问题，吃苦耐劳，有团结协作精神。

理论知识

3.3.1 球根花卉的生长发育规律

球根花卉的生命周期有一个共同的特点，即植株先依赖贮藏的营养物质发芽、抽枝、发根，乃至开花。与此同时，植株吸收外界的营养物质继续生长，把叶片制造的光合作用产物贮藏于地下的各种贮藏器官，形成新的球根供翌年生长，并产生大量的子球，子球经过培养，可长成能开花的球茎。

3.3.1.1 球根花卉的花芽分化

1）花芽分化的阶段

球根花卉从花芽分化到开花包括 5 个连续的阶段：诱导阶段、开始分化阶段、器官发生（花器各部分分化）阶段、花器官成熟和生长阶段、开花阶段。要控制花期，了解和掌握影响及决定这 5 个阶段发生的因素是极为重要的。

2）影响花芽分化和发育的因素

（1）内因

① 童期长短　像其他植物一样，球根花卉在获得开花能力之前，必须达到一定的生理阶段，即经过一段营养生长结束童期后，在适宜的环境条件下，才有可能开始花芽分化和开花，然而童期的长短依球根花卉种类不同存在很大差异，少则 1 年，多则长达 6 年之久（表 3-5）。而且童期的长短与叶片数相关。如郁金香不能开花的鳞茎只形成 1 枚叶片和垂下球，开花的鳞茎则形成 3～5 枚叶片；荷兰鸢尾处于童期的植株只形成 3 枚叶片等。所以，球根花卉结束童期时的最少叶片数是判断其能否开始生殖生长的重要信息。

表 3-5　部分球根花卉的生长特性和童期

属或种	童期（年）	开花球的最低标准（周长 cm）	属或种	童期（年）	开花球的最低标准（周长 cm）
葱　属	2～3	3～18（因种和品种而异）	鸢尾属	3～4	4～6
番红花属	3～4	4～5	百　合	2～3	5～12
大丽花	1	(80+20g)	水　仙	4～6	5～12
小苍兰属	1	2～3	观音兰（鸢尾兰）	1	2～3
唐菖蒲属	1～2	3～6	郁金香	4～7	6～10
风信子属	3～5	8～10			

② 球根的大小　是又一个确定能否获得开花能力的主要因素，即球根必须长到一定大小，在适宜的环境条件下才能开始花芽分化和开花，但同样因种类而存在较大差异（表 3-6）。

表 3-6　部分球根花卉花芽分化的温度范围　　　　　　　　　　℃

种　类	最适温度	温度变幅	抑制温度
喇叭水仙	17～20	13～25	
郁金香	17～20	9～25	＞35
风信子	25.5	20～28	
球根鸢尾	13	5～20	＞25
百　合	20～23	13～23	
小苍兰	10		
唐菖蒲	15～25		

（2）外因

自然环境影响着球根花卉的花芽分化和发育，其中主要的因素是温度、光照和水分。

① 温度 各类球根花卉有其适宜的花芽分化温度，过低或过高都将延迟或抑制花芽分化，甚至导致花的败育（表3-7）。

表3-7 球根花卉的生长周期性

类 型	属或种
常绿球根花卉（非休眠）	百子莲属中4个种、君子兰属、文殊兰属中3个种、珊瑚花属中11个种、漏斗花属、网球花属中虎耳兰等2个种、朱顶红属、水鬼蕉属中蜘蛛水鬼蕉等3个种、绵枣儿属中1个种
夏季休眠球根花卉	孤挺花、罂粟牡丹、克美莲属、雪光花属、番红花属、仙客来属、菟葵属、猪牙花属、小苍兰属、贝母属、雪花莲属、唐菖蒲属中原产地中海地区的种、网球花属中9个种、风信子属、鸢尾属、鸢尾蒜属、立金花属、葡萄风信子（蓝壶花）属、水仙属、虎眼万年青属、酢浆草属、毛茛属、绵枣儿属、魔杖花属、郁金香属
冬季休眠球根花卉	菖蒲鸢尾属、葱属、银莲花属、秋海棠属、美人蕉属、铃兰属、大丽花属、夏风信子属、唐菖蒲属、网球花属中2个种、萱草属、水鬼蕉属中4个种、蛇鞭菊属、百合属、石蒜属、晚香玉属、虎皮兰属、马蹄莲属、菖蒲莲属

② 光照 其对球根花卉花芽分化的影响因种类而异。对郁金香、水仙、风信子属的球根花卉无明显的影响，因为这些属植物的花芽分化都是在鳞茎中于黑暗条件下完成的，它们甚至可在黑暗条件下完成生长发育周期，当然有光照植株的质量会更好。

对另一些属的球根花卉，如葱、大丽花、唐菖蒲、鸢尾、百合等，光照极大地影响着它们的花芽分化和开花，因为这些属植物的花芽分化是经过一段营养生长之后，在茎生长点上形成，因此，光照不足必然导致营养不良而孕花较少，或导致花败育及"盲花"的产生。这些球根花卉的花芽分化和开花对光周期长短也有特定要求，如唐菖蒲在长日照下进行花芽分化和花序发育，在短日照下开花和长球。

③ 水分 球根中的含水量也影响着花芽分化。一般来说，含水量少有利于花芽分化或提早孕花。因此，球根花卉应种植在砂壤土中，球根收获前2周控水，且充分成熟后再采收。若进行促成栽培，可用短时30~35℃的高温处理，起到脱水作用而提早孕花，如郁金香、风信子等。

3.3.1.2 球根花卉的休眠

由于球根花卉在地球上广泛分布，它们的生态习性明显地受到气候变化如温度、降雨、日照、光周期等因素的影响。原产于气候变化明显地区的球根花卉，为了能够在不良条件如低温、高温或干旱下生存，它们形成一种适应机制，即休眠，如唐菖蒲属、郁金香属、风信子属、水仙属等。而在赤道附近和热带地区，全年的气候条件基本一致，因此，原产于该地区的球根花卉没有明显的休眠期，它们可常年生长（常绿），如朱顶红属、君子兰属等。

球根的休眠期为园艺生产带来方便，利于球根采收后的处理、贮藏和运输，因此，也经常将常绿的球根花卉种植到非产地气候型的地区，迫使其休眠，以便进行球根的处理和改变花期。但是在休眠期间，不同类型球根花卉内部的变化或生理活动存在很大差异，如番红花、朱顶红、郁金香等进行器官的发生（花芽、叶芽、根的分化），而唐菖蒲、百合等器官的发生被减弱或暂时被抑制。

3.3.1.3　球根花卉的栽培习性

球根花卉的种类和园艺栽培品种极其繁多，原产地涉及温带、亚热带和部分热带地区，因此，生长习性各不相同。球根花卉根据栽培习性可分为两类：

（1）春植球根

春植球根多原产于中南非洲、中南美洲的热带、亚热带地区和墨西哥高原等地区，如唐菖蒲、朱顶红、美人蕉、大岩桐、球根秋海棠、大丽花、晚香玉等。这些地区往往气候温暖，周年温差较小，夏季雨量充足，因此春植球根的生育适温普遍较高，不耐寒。这类球根花卉通常春季栽培，夏秋季开花，冬季休眠。进行花期调控时，通常采用低温贮球，先打破球根休眠再抑制花芽的萌动，来延迟花期。

（2）秋植球根

秋植球根多原产于地中海沿岸、小亚细亚、南非开普敦地区和大洋的西南、北美洲西南部等地，如郁金香、风信子、水仙、球根鸢尾、番红花、仙客来、花毛茛、小苍兰、马蹄莲等。这些地区冬季温和多雨，夏季炎热干旱，为抵御夏季的干旱，植株的地下茎变态肥大成球状并贮藏大量水分和养分，因此秋植球根较耐寒而不耐夏季炎热。

秋植球根类花卉往往在秋冬季种植后进行营养生长，翌年春季开花，夏季进入休眠期。其花期调控通常可利用球根花芽分化与休眠的关系，采用种球冷藏，即人工给以自然低温过程，再移入温室进行催化。这种促成栽培的方法对那些在球根休眠期已完成花芽分化的种类效果最好，如郁金香、水仙、风信子等。

3.3.2　球根花卉的园林应用

3.3.2.1　球根花卉的园林应用特点

（1）种类繁多

球根花卉种类繁多。目前园林中常见的有 100 多种。在这些球根花卉中，有以观花为主的，如百合类等；有以观叶为主的，如一叶兰等；有生于水中的，如荷花、睡莲、再力花等；有适合作切花的，如唐菖蒲、郁金香、小苍兰、百合、晚香玉等；有适合作盆栽的，如仙客来、大岩桐、水仙、大丽花、朱顶红、球根秋海棠等。

（2）色彩丰富

球根花卉具有鲜艳明亮的色彩，分为红色系、黄色系、白色系、橙色系、紫色系、蓝色系等，如果在种植设计时配合得当，将会形成丰富多彩、色彩斑斓、绚丽多姿的优美景色。如黄色的菊花、中国石蒜等，紫色的蛇鞭菊、再力花等，白色的铃兰、晚香玉等，红色的红花酢浆草、射干等，蓝色的百子莲、鸢尾等以及具有多种色彩的百合类、郁金香、风信子等。

（3）适应性强

在球根花卉中，许多种类具备耐旱、耐寒、耐水湿、耐盐碱、耐瘠薄的能力，可以适用于多种用途。

（4）管理方便

球根花卉的繁殖、栽培大多没有特殊要求。一般采用播种繁殖，也可采用分球、扦插繁殖。掌握好栽培季节和方法，均能成活。其对环境条件适应性极强，病虫害也较少，只要依季节变化和天气的变化，对其进行必要水肥管理即可正常生长和开花结果。

（5）经济适用

球根花卉的球根与种子不同的是，球根种植后100d左右能开花，并能一次种植，多年开花，减少了培育时间，节省栽培养护费用。同时，球根便于运输和贮藏，节省人力、物力和财力。

3.3.2.2 球根花卉在园林中的应用方式（图3-9）

球根花卉栽培应遵循"适地适花"的原则。由于不同类型绿地的性质和功能不同，对球根花卉的要求也不一样。因此，要根据球根花卉的生态习性合理配置以展示最佳的景观效果。

（1）花坛

花坛要求经常保持鲜艳的色彩和整齐的轮廓，植物选择要求植株低矮、生长整齐、

图3-9 球根花卉园林应用

花期集中、株丛紧密而花色或叶色艳丽，多年生球根花卉则是优良的花坛材料，如韭莲、沿阶草、郁金香、风信子、美人蕉、大丽花的小花品种等。

（2）花境

花境的各种花卉配置应是自然斑状混交，还要考虑到同一季节中彼此的色彩、姿态体型及数量的调和与对比。花境的设计要巧妙利用色彩来创造空间或景观效果。花境常用的球根花卉有鸢尾、白芨、姜花、中国石蒜、美人蕉、洋水仙、郁金香、蛇鞭菊、大丽花等。

（3）草坪和地被

球根花卉中的一些种类，如白芨、鸢尾、火星花、石蒜类等，可与草坪草混合使用，用作草坪周围镶边，或按花期在草坪中点缀球根花卉等。以观叶为主的球根花卉还可以独自构成草坪，如细叶麦冬、沿阶草等。地被植物要求植株低矮，能覆盖地面且养护简单，还要求有观赏性强的叶、花、果等。球根花卉中有很多种类能满足此要求，因此能作为地被植物广泛地应用，如红花酢浆草、铃兰、球根鸢尾、石蒜、葱兰、白芨等。

（4）水体绿化

水生类球根花卉常植于水边湖畔，点缀风景，使园林景色生动起来，也常作为水景园或沼泽园的主景植物材料，如常见的挺水、浮水植物荷花、芦苇、睡莲等。有些适应于沼泽或低湿环境的球根花卉，如泽泻、慈姑、洋水仙、马蹄莲等也开始在园林湿地或水景边应用。

（5）岩石园

岩石园的植物主要以多浆类、苔藓类为主，植株矮小，仅需少量土壤即可生长。球根花卉中一些低矮、耐旱、耐热、耐寒的种类，如石蒜类、红花酢浆草、白芨、大花美人蕉、蜘蛛兰等都可以用作岩石园的材料。

（6）基础栽培

在建筑物周围与道路之间形成的狭长地带上栽培球根花卉，可以美化周围环境，调节室内外视线。墙基处栽培球根花卉，可以缓冲墙基、墙角与地面之间生硬的颜色。

随着我国城市化建设进程的加快，球根花卉作为城市景观花卉的重要组成部分，也越来越受到人们的重视。在城市改造、绿地建设、居住区绿化等方面，球根花卉都得到了大量的应用，如石蒜、红花酢浆草、美人蕉等。

 任务实施

1. 器具与材料

各类春植球根或秋植球根，皮尺、尼龙绳、修枝剪、锄头、耙、铁锹、铲、盛苗器、运输工具、施肥用具、水桶等各类栽培工具。

2．任务流程

球根花卉栽培流程图如图3-10所示。

3．操作步骤

（1）种植时间

球根花卉的种植时间集中在2个季节，一部分球根在春季3～5月种植，另一部分在秋季9～11月初种植。

（2）种植前准备

球根花卉种植前准备主要是球根准备和土壤准备。球根准备包括球根选择与质量标准、球根消毒；土壤准备包括整地、土壤消毒、施基肥等。

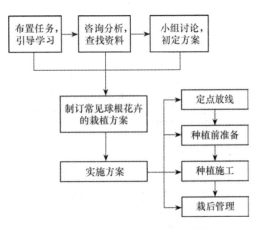

图3-10　球根花卉栽培流程图

① 球根准备　根据栽培目的，选择粒大饱满、种性纯正、无病虫害的优良品种的种球。

球根质量标准：《中华人民共和国国家标准主要花卉产品等级第6部分花卉种球》（GB/T 18247.6—2000）中规定，种球质量分为3级。以围径、饱满度、病虫害的指标划分等级（表3-8）。

表3-8　花卉种球质量等级　　　　　　　　　　　　　　　　　　　　　　　cm

序号	种　名	一　级			二　级			三　级			四　级			五　级		
		围径	饱满度	病虫害	围径	饱满度	病虫害	围径	饱满度	病虫害	围径	饱满度	病虫害	围径	饱满度	病虫害
1	亚洲型百合（百合科百合属） *Lilium* spp.（Asiatic hybrids）	16	优	无	14	优	无	12	优	无	10	优	无	9	优	无
2	东方型百合（百合科百合属） *Lilium* spp.（Oriental hybrids）	20	优	无	18	优	无	16	优	无	14	优	无	12	优	无
3	铁炮百合（百合科百合属） *Lilium* spp.（Longiflorum hybrids）	16	优	无	14	优	无	12	优	无	10	优	无			
4	L-A百合（百合科百合属） *Lilium* spp.（L/A hybrids）	18	优	无	16	优	无	14	优	无	12	优	无	10	优	无
5	盆栽亚洲型百合（百合科百合属） *Lilium* spp.（Asiatic hybrids pot）	16	优	无	14	优	无	12	优	无	10	优	无	9	优	无
6	盆栽东方型百合（百合科百合属） *Lilium* spp.（Oriental hybrids pot）	20	优	无	18	优	无	16	优	无	14	优	无	12	优	无
7	盆栽铁炮百合（百合科百合属） *Lilium* spp.（Longiflorum hybrids pot）	16	优	无	14	优	无	12	优	无	10	优	无			
8	郁金香（百合科郁金香属） *Tulipa* spp.	12	优	无	11	优	无	10	优	无						
9	鸢尾（鸢尾科鸢尾属） *Iris* spp.	10	优	无	9	优	无	8	优	无	7	优	无	6	优	无

（续）

序号	种　名	一级			二级			三级			四级			五级		
		围径	饱满度	病虫害	围径	饱满度	病虫害	围径	饱满度	病虫害	围径	饱满度	病虫害	围径	饱满度	病虫害
10	唐菖蒲（鸢尾科唐菖蒲属） *Gladiolus hybridus*	14	优	无	12	优	无	10	优	无	8	优	无	6	优	无
11	朱顶红（石蒜科弧挺花属） *Amaryllis vittata*	36	优	无	34	优	无	32	优	无	30	优	无	28	优	无
12	马蹄莲（天南星科马蹄莲属） *Zantedeschia aethiopica*	18	优	无	15	优	无	14	优	无	12	优	无			
13	小苍兰（鸢尾科香雪兰属） *Freesia refracta*	5	优	无	4	优	无	3.5	优	无						
14	花叶芋（天南星科花叶芋属） *Caladium bicolor*	5	优	无	3	优	无	2.5	优	无						
15	喇叭水仙（石蒜科水仙属） *Narcissus pseudo-narcissus*	14	优	无	12	优	无	10	优	无	8	优	无			
16	风信子 *Hyacinthus orientalis*	19	优	无	18	优	无	17	优	无	16	优	无	15	优	无
17	番红花（鸢尾科番红花属） *Crous satiuus*	10	优	无	9	优	无	8	优	无	7	优	无			
18	银莲花（毛茛科银莲花属） *Anemone cathayensis*	8	优	无	7	优	无	6	优	无	5	优	无	4	优	无
19	虎眼万年青（百合科虎眼万年青属） *Qrnithogalum caudatum*	6	优	无	5	优	无	4	优	无	3	优	无			
20	雄黄兰（鸢尾科雄黄兰属） *Crocosmia crocosmi flora*	12	优	无	10	优	无	8	优	无	6	优	无	4	优	无
21	立金花（百合科立金花属） *Lachenalia aloides*	8	优	无	6	优	无	4	优	无						
22	蛇鞭菊（菊科蛇鞭菊属） *Liatris spicata*	10	优	无	8	优	无	6	优	无	4	优	无			
23	观音兰（鸢尾科观音属） *Triteleia crocata*	8	优	无	6	优	无	4	优	无						
24	细茎葱（石蒜科葱属） *Allium aflatuemse*	10	优	无	9	优	无									
25	花毛茛（毛茛科毛茛属） *Ranunculus asiaticus*	10	优	无	9	优	无	8	优	无	7	优	无	6	优	无
26	夏雪滴花（石蒜科雪滴花属） *Leucojum aestivum*	16	优	无	15	优	无	14	优	无	13	优	无	12	优	无
27	全能花（石蒜科全能花属） *Pancratiam biflorum*	18	优	无	17	优	无	16	优	无	15	优	无	14	优	无
28	中国水仙（石蒜科水仙属） *Narcissus tazetta var. chinenses*	28	优	无	23	优	无	21	优	无	19	优	无			

注：围径大小系指经由子球栽培生长形成（一般1～3年）的不同种球的围径，而不是开花过的种球的围径。

球根消毒：为了保证花卉生长健壮及提高开花质量，种球在种植前最好进行消毒，一般将球根放在杀菌剂溶液中浸泡，浸泡时间长短依种类及品种、球根大小而异。消毒杀菌剂的配制是在 100L 水中加 100g 苯菌灵及 180g 克菌丹，也可用 200 倍苯雷特溶液。

②土壤准备

整地作床：整地的目的在于改良土壤的物理结构，使其具有良好的通气和透水条件，便于根系伸展。整地还能促进土壤分化，有利于微生物活动，从而加速有机肥分解，便于花卉的吸收利用。同时，还可将土壤中的病菌及害虫等翻于地表，经日晒及严寒而杀灭之，可有效预防病虫害发生。整地的同时应清除杂草、宿根、砖头、石头等杂物。球根花卉由于地下部分肥大，对土壤的要求较严格，需深耕 30cm 左右或 40～50cm。整地深度也因土壤质地不同而有差异，一般砂土宜浅耕，黏土宜深耕。花坛栽培花卉常常要做种植床。根据设计图纸在放线范围内做出种植床，球根花卉需要生长在排水良好的环境，土壤条件较差或低洼地段则在种植床栽培基质下层铺设砾石等排水层。

土壤消毒：依据条件及土壤特点，可选用蒸汽消毒、土壤浸泡（淹水消毒）或药剂消毒（详见球根花卉养护管理部分 3.3.1.2 内容）。

施基肥：在球根种植前需施足基肥，一般用腐熟的有机肥料加一些骨粉（磷肥），以促进根系的健壮生长。

（3）种植施工

根据设计要求定点放线后进行种植。种植深度因种类和品种、种球大小、种植季节、土壤结构、栽培系统（地栽或盆栽）及生产目的的不同而有差异。大多数球根花卉覆土深度为球根最大直径的 3 倍（测量方法是从球根的肩部到土壤表面，不是球顶到土表），如唐菖蒲属、百合属、美人蕉属、大丽花属、虎皮兰属、马蹄莲属等；覆土到球根顶部的有晚香玉属、百子莲属、球根秋海棠、石蒜等；将球根的 1/3 露出土面的有朱顶红、仙客来。种球大种植得深，相反则浅。夏季种得较深，冬季较浅。在黏重的土壤中球根比通常土壤要浅栽 2.5～5.1cm，反之，在砂性土中要深栽 2.5～5.1cm。以种球生产为目的的应深栽，以切花生产为主的可适当浅栽。盆栽球根花卉只为观花，应浅栽。

球根花卉种植初期一般不需浇水，如果过于干旱，则浇一次透水。

案例 3-3　百合露地种植技术

学名：*Lilium* spp.

别名：百合蒜、强瞿、蒜脑诸

科属：百合科百合属（图 3-11）

图 3-11　百合

1．百合的生物学特性

百合类大多性喜冷凉、湿润气候，耐寒；大多数种类品种喜阴。要求腐殖质丰富、多孔隙疏松、排水良好的土壤，多数喜微酸性土壤，有些种和杂种能耐受适度的碱性土壤，适宜 pH 为 5.5～7.5，忌土壤高盐分。生育和开花的适温为 15～20℃，5℃ 以下或 30℃ 以上时，生育近乎停止。

百合的地下部包含鳞茎盘和鳞片，其顶端分生组织发育为地上茎和叶。初期分化的叶为基生叶，当地上茎达到一定长度时顶端分化花芽，花茎上着生茎生叶。不开花的幼年鳞茎只形成基生叶。鳞片的腋内生长点分化的鳞片群形成子鳞茎，以后形成旁蘖。当母鳞茎开花之后，子鳞茎的鳞片数不再增加，但其大小、重量则继续增长。地表以下的茎节上可形成茎生小鳞茎，有时在鳞茎盘及匍匐茎的节上也能着生小鳞茎，又称为"木子"，地上茎节上着生的小鳞茎特称"珠芽"。木子和珠芽都是无性繁殖器官。

百合类为秋植球根，鳞茎盘下方的根原基通常在秋凉后萌发基生根，并萌生新芽，但新芽多不出土，基生根肉质，有分支，可以维持数年寿命，主要功能是吸收营养供茎叶生长及开花。经自然低温越冬后于翌春回暖后萌发地上茎，并迅速生长开花，自然花期暮春至夏季。秋冬来临时其地上部逐渐枯萎，再以鳞茎休眠态在深土中越冬。百合植株的地下部分也能发生不定根，称为"茎生根"或"颈根"，为纤维性根，分布于土壤表面，所吸收营养主要供新鳞茎发育，每年秋季随植株地上部枯萎而死亡。

百合在开花后鳞茎进入休眠期，经过夏季一段时期的高温即可打破休眠，再经低温春化诱导，于适宜温度下形成花芽。打破休眠及低温春化的温度、时间因品种而异，打破休眠一般需 20～30℃ 温度 3～4 周。亚洲系百合需在 -2℃ 条件下冷藏，而东方系和麝香百合通常需在 -1.5～-1℃ 条件下度过低温春化期，并在茎叶长到 8～10cm 时即开始形成花芽。

2．种植前准备

① 地势选择　不论是大面积栽培，还是少量栽培，栽培地都要或多或少有缓坡，以利于地面排水。大型百合圃的四周，要有适当的防风林。庭院栽培应选择恰当的灌木配置，可起到防风的作用，地势低洼可砌台地，创造高畦栽培，以达到改良地势的目的。因此，选择排水好、倾斜的缓坡地是确定栽培百合场地的首要条件，缓坡方向以东南向或南向为好。

②土壤准备　百合对土壤盐分很敏感，最忌连作，故以新选地并富含腐殖质、土层深厚疏松且排水良好者为宜，东西向做高畦或栽培床。种前需施入充分腐熟的基肥，可按原土壤 2 份中施用完全腐熟的厩肥或腐叶土 1 份，再加 1/50 的骨粉，在种植穴（沟）内充分混合均匀，百合所需的氮、磷、钾比例应为 5∶10∶10。维持合适的酸碱度，有助于植株根系的发展与正确的吸收营养元素。酸碱度过低，根系会过量吸收镁、铝和铁；反之，会对磷、镁、铁吸收不足。亚洲系杂种及铁炮百合杂交种适宜的酸碱度为 pH 6～7；东方百合杂种系为 pH 5.5～6.5。

③种球准备　选用周径 10cm 以上、无病虫害侵染的百合鳞茎，东方系百合围径在 12cm 以上。

3．栽培时间

百合 9～10 月定植，翌年 4 月下旬至 6 月中、下旬开花。早春 2～3 月也可定植，但最忌在春末移栽，易导致成活率下降、开花受损。百合基生根可存活 2 年，一般不必每年起球，尤其是园林栽种，可 3～5 年起球一次。

4．种植

百合属浅根性植物，但种植宜稍深，一般种球顶端到土面距离为 8～15cm，约为鳞茎直径的 2 倍。种植密度随种系和栽培品种、种球大小等的不同而异（表 3-9）。种球时土壤应疏松、稍湿润，若土太干应在栽培前几天先将土壤适当浇湿。切忌栽种后大量浇水。栽培程序：鳞茎要轻拿轻放，防止碰伤鳞茎；种植穴添加基肥后，在基肥上施放一层配好的疏松培养土，然后再放置鳞茎；放鳞茎时，使基生根疏散，鳞茎偏大的应填入部分培养土后，将鳞茎稍稍向上轻提，使基生根更舒展。

表 3-9　百合不同品种群和不同鳞茎规格的种植密度　　　　　　　　　个/m²

类型	规格（cm）				
	10～12	12～14	14～16	16～18	18～20
亚洲百合杂种系	60～70	55～65	50～60	40～50	25～35
东方百合杂种系	40～50	35～45	30～40	25～35	
麝香百合杂种系	55～65	45～55	40～50	35～45	

5．地面覆盖

栽种百合的地面用腐熟的堆肥、锯末、厩肥、腐叶土作土面覆盖，这对保持土壤的均匀温度（防止土表温度过高），减少杂草滋生都有很好的效果。这些覆盖材料逐渐与栽培百合的土壤混合，既改良了土壤的物理性状，又为百合的生长补充了各种营养元素。

案例 3-4　郁金香露地种植技术

学名：*Tulipa gesneriana*

别名：草麝香、洋荷花

科属：百合科郁金香属（图 3-12）

图 3-12　郁金香

1．郁金香的形态特征

该属植物为多年生草本，鳞茎扁圆锥形，外被淡黄或棕褐色皮膜，围径 8～12cm，内有 3～5 枚肉质鳞片。叶片 2～4 枚，着生在茎的中下部，阔披针形至卵状披针形，其中基部的 2 枚长而宽，全缘并呈波状，被有灰色蜡层。茎直立，光滑，被白粉。花单生茎顶，花被片 6 枚，排列 2 轮。少数重瓣品种花被片 20～40 枚。花大，花形多样，有杯形、碗形、碟形、百合花形等。多数花被片边缘光滑，少数花被片边缘有波状齿、锯齿、毛刺等。花色白、粉、红、紫红、黄、橙、棕、黑等。多数花色为纯色，也有花被具条纹、饰边和基部具黑紫斑等。花期 3～5 月，花白天开放，傍晚或阴雨天闭合。蒴果，种子成熟期 6 月。郁金香根系属肉质根，再生能力较弱，折断后难以继续生长。鳞茎寿命 1 年，母球在当年开花后分生新球干枯死亡。

2．栽培种的主要类型

目前世界各国广为栽培的郁金香品种，多数是荷兰育种家用野生郁金香种间杂交选育出来的。截至目前，已有品种 1 万多个。1976 年在荷兰召开的郁金香国际分类会议上将众多的郁金香品种划分为 15 个类型，也是目前世界公认的分类系统。这 15 个类型是：孟德尔早花系，重瓣早花系，凯旋杂种系，达尔文杂种系，单瓣晚花系，百合花系，毛边系，绿斑系，瑞木斑特晚花系，鹦鹉系，重瓣晚花系，考夫曼系，福斯特系，格雷格系，其他类。

3．种植前准备

种植前首先检查郁金香鳞茎有无病虫害，将染病害或开始腐烂者捡出焚毁。病球捡出后，将球根浸泡于杀菌药液中消毒，如在百菌清 600 倍液中浸泡 20～30min，也可用托布津或高锰酸钾溶液浸泡 15～20min。

选择富含腐殖质、排水良好的砂质壤土，做 20cm 以上的高畦，并于定植前 1 个月用 1%～2% 的福尔马林溶液浇灌进行土壤消毒。栽培床底层最好用炉渣等粗颗粒物铺垫，施入充分腐熟的堆肥作基肥，充分灌水，定植前 2～3d 耕耙，确保土质疏松。

4．种植时间

我国北方 9～10 月，南方 10～11 月种植。种植过早，导致幼芽出土，不利于安全越冬；种植过晚，不易生根，也不利越冬。因此，要以保证根系能良好生长，又不会发芽出土为原则，来决定当地的种植日期。虽然自然露地栽培不会因定植早晚而影响开花期，但因为郁金香的根系在整个冬季吸收并贮藏大量氮元素，如种植太晚则会因地温过低而影响植株根系的正常发育，而郁金香根系发育是否良好是栽培成败的关键。

5. 种植

郁金香忌连作，种植一年必须休闲3年以上，所以需选未种过郁金香的地块。开沟点播，定植深度一般为种球高度的2倍，株行距为9cm×10cm，切花栽培可采用露出球肩的浅植方法。定植后表面铺草可防止土壤板结，早期应充分灌水，以促使其生根。

案例3-5　唐菖蒲种植技术

学名：*Gladiolus hybridus*

别名：剑兰、菖兰、十三太保、什样锦

科属：鸢尾科唐菖蒲属（图3-13）

图3-13　唐菖蒲

1. 唐菖蒲的生物学特性

（1）生育周期

现代杂种唐菖蒲多为春植球根，夏季开花，秋季成熟，冬季球根休眠。生长发育可分为如下时期：

①萌芽与孕花　种植后，首先在基部生出不定根，也称下层根。栽后15～20d出苗，先伸出1～2片鞘状叶。当有两片完全叶展开时（二叶期）开始花芽分化，约经40d达到雌蕊分化期。当有三片叶展开时（三叶期）花茎开始伸长，四叶期花芽明显膨大，外观上达孕花期。

②新球茎形成　约在二叶期球茎基部开始逐渐形成新球茎，并在基部生出水平伸展的粗根，称为牵引根或上层根。

③花茎伸出与子球形成　当有6～8片叶展开时，花茎自叶丛中抽出，这时在新球与上层根之间形成一些短的根状茎，其先端膨大成为子球，在上层根发育的同时，老球茎与下层根逐渐死亡萎缩。

④ 开花　花茎全部伸出后，小花迅速发展，自下至上依次着色、开放。花期一般可延续 1～2 周。

⑤ 新球成熟与休眠　花期后地下新球迅速增大，子球增多、增大。花后约 1 个月，地上部茎叶枯黄，果实成熟并开裂，地下新球与子球达到成熟且进入休眠。

（2）对环境条件的要求

① 温度　球茎在 4～5℃ 萌芽，10℃ 以下生长缓慢，昼温 20～25℃、夜温 12～18℃ 为生育最适温。炎夏花蕾易枯萎或开花不盛，常使种球退化；在生长季气候凉爽地区，植株高大健壮，花色鲜明，种球不易退化，即使球径 1.5cm 的小球也能开花。

② 光照　唐菖蒲为典型的喜光植物，对光强度、光周期要求高，14h 以上的长日有利于花芽分化。冬季室内栽培，人工加光可提高成花率。花芽分化后，短日条件能促进花的发育，使其提前开放，花后还可促进新球茎成熟。

③ 土壤与水分　生长期要求水分充足，忌旱、忌涝。以土层深厚、土质疏松、排水通畅、富含有机质、pH 5.6～6.8 的微酸性砂质壤土最为适宜。生长期中对缺水敏感，尤其是 4～7 叶期，如遇水分不足将明显减少花朵数量，降低切花品质。

④ 空气　唐菖蒲对空气中二氧化硫有较强的抗性，但对氟化物敏感，微量即可致害。

2．种植前准备

（1）种球分级

美国唐菖蒲协会及荷兰的分级标准（表 3-10）。

表 3-10　美国及荷兰唐菖蒲种球分级标准

美国分类			荷兰分类			
种类	等级	球茎直径（x）（cm）	种类	等级	周径（cm）	球茎直径（cm）
开花球	特大级	$x>5.1$	商品种球	一级	>14	>4.5
	一级	$3.8<x\leq5.1$		二级	12～14	3.5～4.5
	二级	$3.2<x\leq3.8$		三级	10～12	3～3.5
	三级	$2.5<x\leq3.2$		四级	8～10	2.5～3
种植种球	四级	$1.9<x\leq2.5$	非商品球	五级	6～8	2～2.5
	五级	$1.3<x\leq1.9$				
	六级	$1.0<x\leq1.3$				

（2）开花种球培植

直径小于 2.5cm 的小球茎休眠程度深，在自然越冬条件下需经 4 个月脱离休眠。栽培前在 32℃ 温水中浸 2d 使外皮软化，置网袋内并转入 53～55℃ 杀菌剂溶液中浸 30min。消毒杀菌剂的配制是在 100L 水中加 100g 苯菌灵及 180g 克菌丹，也可用 200 倍苯雷特溶液。球茎从杀菌剂溶液中取出后用凉水冲洗 10min，摊成薄层晾干，贮藏于 2～4℃ 下待播种。

播种子球多用条播，行距 20cm，株距 4cm，收获时可得直径 1.0～2.5cm 的培植种球，需培植 1 年方可收获合格的商品种球。培植球种植前仍需消毒，只是消毒液温度降为 46℃，浸种时间减为15min。培植球有一部分可能开花，应及时剪除，以促进新球发育。每公顷可收获39万～45万粒商品种球。收获后2d内浸杀菌剂消毒（如200倍苯雷特），晾干后于2～4℃条件下贮藏。

优质的种球应浑圆、结实、芽点饱满、表面光滑、无病虫害浸染。唐菖蒲有很明显的种球退化现象，栽培年限越长，退化越严重，球茎也表现出大而扁。因此，优质的种球并非越大越好，而应当具备以下几个特征：①球茎厚实，即厚度与直径之比越大越好；②用手触摸感硬，有沉甸感，说明内部淀粉等养分含量充足；③球茎表面应平整光滑均匀，中间不能有大的凹陷，芽点要明显凸出饱满；④无病虫害。

（3）切花栽培管理

①种植时期　露地栽培时期北方需待晚霜过后，南方可周年种植。为延长花期还可分批栽种，但种球需在2～4℃条件下贮存，以防萌发或霉烂。

②施基肥　唐菖蒲宜有机质丰富的土壤，栽培前每公顷施有机肥60 000～75 000kg，并加过磷酸钙及草木灰各300kg。

③栽培密度与深度　通常用高畦或垄栽。高畦栽培时床宽90～100cm，通道40～50cm，株行距15cm×15～20cm，覆土厚5～10cm，每公顷种植18万～30万个球。垄栽时通常按双行式平栽，行内株距10～12cm，每垄两行，垄距60～80cm，培土时将垄间土铲起，覆于垄上，使原来垄间成为沟。

种植深度为5～10cm，常依品种而异。深栽不易倒伏，有利保持花茎挺直，并能为上层根生育创造条件，有利花茎发育。我国有些地区的垄栽法采用浅栽，以后分别在出苗期、四叶期和花前期分批覆土，利于防止倒伏，促使花期地上部的增长，从而提高切花商品质量。

案例3-6　大丽花露地种植技术

学名：*Dahlia hybrida*

别名：大理花、西番莲、天竺牡丹、地瓜花

科属：菊科大丽花属（图3-14）

图3-14　大丽花

1．大丽花的生物学特性

大丽花的原产地属热带高原气候，植株喜高燥凉爽、阳光充足的环境，既不耐寒，又忌酷热，低温期休眠。在5～35℃条件下均可生长，但以10～25℃为宜，4～5℃进入休眠，秋季经秋霜叶即枯萎。不耐旱，又怕涝，土壤以富含腐殖质、排水良好的中性或微酸性砂质壤土为宜。一年中以初秋凉爽季节花繁而色艳，夏季炎热多雨地区易徒长，甚至发生烂根。

大丽花为春植球根，春季萌芽生长，夏末秋初时进行花芽分化并开花，花期长，8～10月盛花。喜光，但炎夏强光对开花不利。对光周期无严格要求，但短日照条件（日长10～12h）能促进花芽分化，长日条件促进分枝，延迟开花。

2．露地栽培

露地栽培生长健壮，花多，花期长，适用于扩大繁殖种株、切花栽培以及布置花坛、花境等。

（1）定植前准备

选择排水良好的砂壤土或壤土，土壤pH为6.5～7.0。施入堆肥3kg/m²，使其与土壤充分拌和，并经过冬季的堆置，在定植前2周施入钾肥、氮肥各15 g/m²，然后整地。忌连作。

（2）催芽

定植前先进行催芽。使块根的顶部向上，排齐，覆土约2cm，充分灌水，外搭小拱棚或在温室中保温，催芽温度保持15℃以上，白天注意换气。

（3）定植

当植株展两叶时为定植适期。露地定植宜在4月初进行。定植密度，每100m²可定植大轮种150株，中轮品种270株，小轮品种300株。地栽的种植深度以根颈的芽眼低于土面6～10cm为宜，随新芽的生长而逐渐覆土于地平。定植后宜充分灌水，地温保持在10℃以上。

案例3-7　中国水仙露地种植技术

学名：*Narcissus tazetta* var. *chinensis*

别名：雪中花、雅蒜、水中仙子、凌波仙子等

科属：石蒜科水仙属（图3-15）

图3-15　中国水仙

1．中国水仙的形态特征

中国水仙为多年生草本，地下鳞茎肥大，圆锥形或卵圆形，外被黄褐色皮膜。叶基生，狭带状，二列状排列，绿色或灰绿色，基部有叶鞘包被。花多朵（通常3～9朵）成伞形花序着生于花葶顶端，花序外具膜质总苞；花葶直立，圆筒状或扁圆筒状，中空，高20～80cm；花白色，具浓香，副冠黄色杯状；花被片6枚。中国水仙的果实为小蒴果，系由子房膨大发育而成，成熟时由花被部开裂。其染色体组型多为三倍体，高度不育，故无种子。

2．品种

中国水仙为多花水仙即法国水仙的主要变种之一，大约于唐代初期由地中海传入中国。在中国，水仙的栽培分布多在东南沿海温暖湿润地区。从瓣型来分，中国水仙有两个栽培品种：一为单瓣，花被裂片6枚，称'金盏银台'，香味浓郁；另一种为重瓣花，花被通常12枚，称'百叶花'或'玉玲珑'，香味稍逊。从栽培产地来分，有福建漳州水仙、上海崇明水仙和浙江舟山水仙。漳州水仙鳞茎优美，具两个均匀对称的侧鳞茎，呈"山"字形，鳞片肥厚疏松，花葶多，花香浓，为中国水仙花中的佳品。

3．露地栽培

（1）种植时期

水仙为秋植球根，地栽常于10～11月下种。

（2）种植前准备

用河沙作基质时，宜选无污染的小溪沙。用土壤作基质，宜选用含沙量较大的稻田干壤，或山野中的黑色腐殖土，再拌入50%的干净河沙。栽前应对培养土进行消毒，除本书（见球根花卉养护管理7.3.1内容）提到的消毒方法外，还可用阳光暴晒和冰冻处理法。阳光暴晒就是将土薄摊于水泥地上，让烈日暴晒3～5d，并反复翻动即可。冰冻处理是在冬季，将土薄摊于能结冰之处，使之持续结冰1周以上。

种植前深翻土壤并施足基肥，每公顷施腐熟的厩肥22.5～30t，复合肥150～225kg。

（3）种植

种植深度10～15cm，株行距10～15cm。栽后浇透清水即可。

 知识拓展

1．球根花卉的分类

全世界有3000多种球根花卉，经过上百年的人工杂交选育，已培育出成千上万个品种。它们虽然具有在生长期间将叶片制造的养分贮藏到地下器官，以供下个生长季使用的共同特点，但是在形态结构和生长习性上存在明显的差异。根据球根的形态和变态部位，可分为五大类。

（1）鳞茎类

鳞茎是变态的枝叶，其地下茎短缩呈圆盘状的鳞茎盘，其上着生多数肉质膨大的变态叶——鳞片，整体呈球形。鳞茎盘的顶端为生长点（顶芽），鳞片多由叶基或叶鞘基肥大而成，简单的鳞茎如朱顶红的鳞片全部由叶基特化而成，郁金香的鳞片全部由叶鞘基特化而来，水仙的鳞片由叶基与叶鞘基共同特化而成。成年鳞茎的顶芽可分化花芽，幼年鳞茎的顶芽为营养芽。鳞茎盘上鳞片的腋内分生组织形成腋芽，形成茎、叶或子鳞茎。根据鳞片排列的状态，通常又将鳞茎分为有皮鳞茎和无皮鳞茎。有皮鳞茎又称层状鳞茎，鳞片呈同心圆层状排列，于鳞茎外包被褐色的膜质鳞皮，以保护鳞茎，如郁金香、风信子、水仙、石蒜、朱顶红、文殊兰等大部分鳞茎花卉。无皮鳞茎又称片状鳞茎，鳞茎球体外围不包被膜状物，肉质鳞片沿鳞茎的中轴呈覆瓦状叠合着生，如百合、贝母等。

依鳞茎的寿命可分为一年生和多年生两类。一年生鳞茎每年更新，母鳞茎的鳞片在生育期间由于贮藏营养耗尽而自行解体，由顶芽或腋芽形成的子鳞茎代替，如郁金香等。多年生鳞茎的鳞片可连续存活多年，生长点每年形成新的鳞片，使球体逐年增大，早年形成的鳞片被推挤到球体外围，并依次先后衰亡，如百合、水仙、风信子、石蒜等。

（2）球茎类

地下茎短缩膨大呈实心球状或扁球形，其上着生环状的节，节上着生叶鞘和叶的变态体，呈膜质包被于球体上。顶端有顶芽，节上有侧芽，顶芽和侧芽萌发生长形成新的花茎和叶，茎基则膨大形成下一代新球，母球由于养分耗尽而萎缩，在新球茎发育的同时，其基部发生的根状茎先端膨大形成多数小球茎。

球茎有两种根，一种是母球茎底部发生的须根，其重要功能是吸收营养与水分；此外，在新球茎形成初期，于新球茎基部发生

粗壮的牵引根或称收缩根，其功能是牵引新球茎不远离母体，并使之不露出地面。常见的球茎花卉如唐菖蒲、小苍兰、番红花、荷兰鸢尾、秋水仙、观音兰、虎眼万年青等。

（3）块茎类

地下茎变态膨大呈不规则的块状或球状，但块茎外无皮膜包被。根据膨大变态的部位不同可分为两类。一种由地下根状茎顶端膨大而成，上面具有明显的呈螺旋状排列的芽眼，在其块茎上不能直接产生根，主要靠形成的新块茎进行繁殖，如花叶芋；另一种由种子下胚轴和少部分上胚轴及主根基部膨大而成，其芽着生于块状茎的顶部，须根则着生于块状茎的下部或中部，能连续多年生长并膨大，但不能分生小块茎，因此需用种子繁殖或人工方法繁殖，如仙客来、球根秋海棠、大岩桐等。

（4）块根类

块根类是一种真正的根变态，由侧根或不定根膨大而成，其功能是贮藏养分和水分。块根无节、无芽眼，只有须根。发芽点只存在于根茎部的节上，故块根一般不直接用作繁殖材料。如大丽花、花毛茛、欧洲银莲花等。

（5）根茎类

地下茎呈根状肥大，具明显的节或节间，节上有芽并能发生不定根，根茎往往水平横向生长，地下分布较浅，又称为根状茎。其顶芽能发育形成花芽开花，而侧芽形成分枝，如美人蕉、姜花、铃兰、红花酢浆草、六出花等。

2. 球根花卉的繁殖

球根花卉的球根是营养繁殖的主要器官，多采用分球、扦插等营养繁殖方法。所以球根花卉的繁殖有有性繁殖和无性繁殖两种繁殖方式。

1）有性繁殖（播种繁殖）

球根花卉的种子繁殖主要用于新品种的培育，而仙客来由于其球根的繁殖率极低，几乎不分球，在商品生产中主要用播种繁殖。近年来大岩桐、麝香百合的播种繁殖也很流行。

2）无性繁殖

在球根花卉繁殖中广泛应用，其中最为常见的无性繁殖方法有分球法、扦插法、组织培养法等，以分球法繁殖最为常用。

（1）分球法

有自然分球和人工分球两种形式。

① 自然分球　球根类花卉都具有地下膨大器官，如鳞茎、球茎、块茎、块根及根茎，这些膨大的器官能分生出新球，或在新球的周围生出许多子球，掘起母球并将母球与新球分离后，分别栽培，即可长成新的植株，这种无性繁殖方法称为分球法。分球繁殖的时期多在春季或秋季。春植球根花卉，夏季开花，深秋起球，新球和子球越冬贮藏，在翌年春季再种植；秋植球根花卉春季开花，夏季掘球，新球和子球越夏贮藏，秋季再种植。

下面是不同类型球根的自然分球法。

鳞茎：如郁金香，栽种的母球发育到中后期时，鳞茎中的部分侧芽开始膨大，形成一个至数个子代鳞茎，并从母球旁分开，停止生长时掘出新鳞茎并分离之，越夏贮藏后于秋季分别栽培即可。子代鳞茎的直径达到3cm以上均能开花，小的子鳞茎需经几年的培育才能形成开花种球（图3-16）。

百合，除了由母鳞茎的生长点形成新的侧生子代鳞茎外，还产生木子和珠芽，这些都是百合的营养繁殖器官（图3-17）。

球茎：如唐菖蒲，秋季将球茎挖出后，除去干枯的母球，分离新球和子球，分级后越冬贮藏，于翌年的春季种下，新球当年就

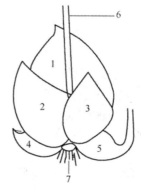

图 3-16　郁金香分球繁殖

1～3. 新鳞茎　4～5. 子鳞茎　6. 茎　7. 根

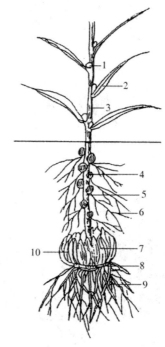

图 3-17　百合的营养繁殖

1. 珠芽　2. 叶　3. 地上茎　4. 小鳞茎　5. 地下茎
6. 基根（上根）　7. 老球　8. 基盘
9. 基根（下根）　10. 新球

能开花，子球需经过2～3年的培育方能形成开花种球（图3-18）。

块茎：块茎在其膨大的地下茎的顶端具有几个芽，表面分布有一些芽，将其切割开，每一小块茎须带1～2个芽，分别栽培即可（图3-19）。

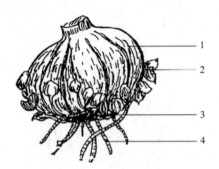

图 3-18 唐菖蒲分球繁殖

1. 新球 2. 子球 3. 退化母球 4. 新根系

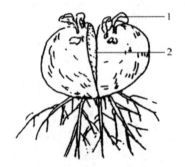

图 3-19 仙客来分球繁殖

1. 新芽 2. 切分

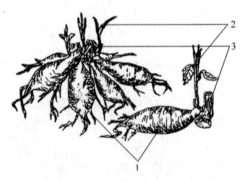

图 3-20 大丽花分球法繁殖

1. 块根 2. 芽 3. 根茎

块根：块根是变态的地下根，其上生有不定根，无不定芽，在根与茎交接处的根颈上着生芽眼，如大丽花、花毛茛等。因此，春季栽培前将块根由根颈处切割开，一定要带有根颈及芽，分别栽植即可（图3-20）。

根茎：根茎上具有节、节间、顶芽和腋芽，

经常在节上形成不定根，并发生侧芽，有分枝，形成新的株丛。如美人蕉、姜花等。一般于春季根据侧芽的多少进行适当的切割，2~3个芽分为一个新的根茎，分别栽培即可。

②人工分球 不同种类的球根花卉形成新球和子球的能力和数量不同，有些种类或品种球根的繁殖率极低，如朱顶红、风信子，而仙客来几乎不形成新球，若用种子繁殖又不能保持品种特性，因此，需要采取一些人为的措施促进球根的繁殖。

切伤法：风信子、朱顶红、百合、郁金香、水仙等鳞茎类球根花卉都可采用。初夏将鳞茎挖出放置1个月左右之后，用刀从鳞茎的底部切入至鳞茎高度的1/2处，若球的周径在18cm以上，可切成"十"字形，使切口透过茎盘和中心芽，然后将伤口涂上硫黄以防腐烂，并将鳞茎倒放在贮藏架上，待到秋季就会在伤口处产生大量子鳞茎，将带着子鳞茎的母鳞茎种下，母球并不能开花，但子鳞茎逐渐膨大，培育3~4年即可开花。一般一个母鳞茎可以得到20~30个子鳞茎，繁殖量较大。

剜底法：是风信子商品种球生产常用的方法。初夏将鳞茎挖出晾晒1~2d，并在25.5℃贮藏2周后，用特制的弧形刀将风信子鳞茎底盘部剜一个洞，既要保留稍许茎盘又要去除中心芽，然后用次氯酸盐溶液浸泡消毒，贮藏在21℃且低空气湿度的环境条件下，当剜伤的表面开始形成愈伤组织时，将温度逐渐升至30℃。空气湿度保持在85%，到10月在剜伤的茎盘周围产生许多子球，将带着子球的母鳞茎秋植于露地，借助母鳞茎的营养使子球迅速生长，翌年6月将子球挖出经贮藏后再秋植。一般经剜底处理一个母球可获得40~60个子球，但子球需要经过3~4年的培育方能长成开花种球（图3-21）。

分割法：用于仙客来、球根秋海棠、花叶芋、唐菖蒲等块茎或球茎类球根花卉。

仙客来，5～6月将盆栽的花后仙客来块茎上部切去1/3，并在横切面上交叉切入

1cm²小块，然后将花盆置于适宜的温度和湿度条件下，即在切割处发生不定芽，100d后将带有不定芽的块茎小方块分离，分别栽种。此法较简单易行，一个球可繁殖出40～50个小植株（图3-22）。

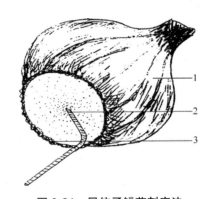

图3-21 风信子鳞茎刳底法

1. 鳞茎 2. 弧形刀 3. 切口

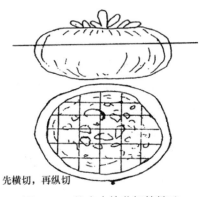

先横切，再纵切

图3-22 仙客来块茎切块繁殖

唐菖蒲，根据球茎的大小和芽的多少，将球茎纵切成若干块，每块必须带有1个以上的芽眼和部分根盘，否则不能发芽生根。切割后球茎要经过20℃，90%的高温处理2～3d，待伤口愈合后再种植（图3-23）。

（2）扦插法

球根花卉属于多年生草本植物，多采用

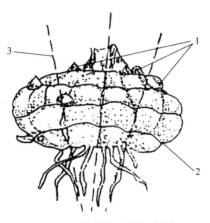

图3-23 唐菖蒲球茎切割法

1. 芽 2. 茎节 3. 切割线

叶插、鳞片插、茎插等方法繁殖。扦插法繁殖也是一种较为常见的营养繁殖方式，比播种繁殖成苗速度快，开花时间早，在短时间内可以获得大量的幼苗，并能保持品种原有的优良特性，不易于产生种子的花卉多采用此种方法进行繁殖。但扦插法繁殖获得的植株根系比较弱，常为浅根性，生长势也比较弱，抗性差，寿命短。因而球根花卉多用分球法繁殖，扦插法次之。

① 扦插的环境要求 影响扦插繁殖成活率的环境因子主要是温度、湿度、光照、通气4个方面。

温度：植物的种类不同，扦插所需要的温度也不同。一般热带花卉扦插的适宜温度为25～30℃，多数花卉扦插的适宜温度为20～25℃，耐旱性强的花卉一般在15～20℃。扦插过程中插床的温度略高于气温3～5℃，这个温差有利于插穗生根发芽成活，提高成活率。露地扦插多用于高畦，便于吸收太阳

能增温；温室扦插多用特制的扦插床或扦插箱，并配有增温设备或填充酿热物等。

湿度：插穗需要在一定的插床湿度和空气湿度下才能成活、生长，以防插穗由于过度蒸发而造成萎蔫。提高插床中基质的湿度，有利于插穗在伤口处形成愈伤组织，进而发育成为根。但插床的湿度不能过高，水分过多容易造成通气不良，从而引起根部腐烂。不同种类的花卉要求的插床湿度有所不同，通常以50%～60%的基质含水量较为适宜，并且扦插前期含水量较高，待愈伤组织形成以后，要降低基质的含水量，防止过湿引起的腐烂。扦插要求空气的相对湿度在80%以上，有些植物则要求饱和的空气湿度。

光照：光照时数和光照强度都会影响扦插的生根能力，尤其是对于带芽或叶的插穗，在光照下可以进行光合作用，制造营养物质，产生激素向下运输，有利于生根发芽。但强光直射下对插穗的成活又不利，加大了蒸发量，因此，扦插中，特别是在扦插初期要给予适当的遮阴，避免阳光照射。补充光照时数可以采用夜间加光或较多的利用散射光的办法获得。

通气：扦插过程中要求有充足的氧气，因为愈伤组织和新根形成时呼吸强度加大，需氧量提高，这就要求插床的基质要具有良好的通气条件。扦插基质既要有一定的湿度，又要有一定的通气能力，但含水量高时通气量就减少，两者是一对统一矛盾体，解决这一问题只有从基质出发，要选择既有保水能力又排水良好、通风通气的基质。扦插时插穗不易插入太深，因此浅层的基质通气条件较好，氧气较多，利于生根。此外，扦插初期为了保持一定湿度促进愈伤组织的形成，要避免空气流动太快，当愈伤组织形成并开始逐渐生根以后，

给予适当的通风。

②扦插前的准备工作

插床准备：主要是插穗基质的选择。插穗基质是插穗生根的场所，必须具有一定的保温、保湿、排水良好、通风透气及能够固定插穗的特性。需要明确的是基质并不向插穗提供养分，插穗生根发芽所需的养分物质主要来自于自身所含有的养分或叶片进行光合作用时制造的部分养分，如果基质中存在有机质，在高温、高湿的条件下插穗容易染病腐烂。一般在插穗生根发芽后，移植到腐殖质丰富的土壤中栽培养护。露地扦插多采用砂性土壤，保护地（温室、温床、冷床等）扦插多采用蛭石、河沙、珍珠岩等作为基质，适于不同植物的需求，也可以采用泥炭、木屑、黄沙腐叶土等单一或混合基质，目的就是创造适宜的保水、保湿、通气、排水的生长环境条件，利于生根生长。此外，有些花卉也可以利用水作为扦插基质进行水插，这就要严格地保持水体清洁卫生，因为在水中细菌繁殖迅速，易于引起插穗腐烂变质。

插穗准备：扦插成活率除了与环境条件、扦插基质有关系外，与插穗本身也有着密切的关系。选择插穗必须注意以下几点：第一，插穗要从具有优良性状、生长健壮、无病虫害的母株上选取，否则扦插后即使成活，其观赏价值也很低，尤其对于观赏花卉，这一点就显得突出重要；第二，要选择充实饱满的嫩枝作插穗，因为老化枝、徒长枝及纤弱枝的成活率很低；第三，截取插穗的时期要适宜，不同种类的花卉获得插穗的时期亦不相同，这要根据不同植物的生长物候期来做出适当的选取，即母株截穗的最佳时期；第四，截取的插穗要保持清洁、新鲜，最好是随截取随扦插，存放插穗要选择

在阴凉、湿润处，贮存时间不能过长，否则插穗易染病。

③扦插时期　因球根花卉种类特征、环境气候、插穗种类和管理方法的不同亦有所不同，一般可以分为休眠期扦插、生长期扦插和梅雨季扦插3种类型。

休眠期扦插：又称为硬枝扦插，多用于落叶性木本花卉，不适合于球根类花卉的繁殖。

生长期扦插：又称为嫩枝扦插，多适于温室花卉或草本花卉，除了炎热的夏季以外均可以进行扦插，但以春、秋两季为佳。

梅雨季扦插：实质上是生长期扦插的一种，是用嫩枝扦插，多在江南地区雨季来临之季进行，适合于耐高温、高湿的常绿花卉的繁殖，一般多在每年的6~8月雨季期间进行，这时母株的第一次生长结束，枝条充实。

④扦插种类及方法　根据球根花卉所选取营养器官的不同，可以将扦插分为叶插、鳞片插和枝插三大类。

叶插：进行叶插的球根花卉要求生长健壮，具有肥厚的叶片、粗壮的叶柄和叶脉、充分成熟等特点，并且其叶缘、叶柄或叶脉具备生根发芽能力，如球根秋海棠利用叶脉生根、大岩桐利用叶柄生根等。叶插法多在温室中进行，可以周年繁殖。又分为全叶插和片叶插两种。

全叶插是利用整片叶子进行扦插，依生根部位的不同又有平置法和直插法之分。平置法是在叶脉或叶缘处生根的花卉繁殖方法，将其叶片的叶柄切去后平铺在插床基质上，加以固定，使叶片与插床基质紧密结合，有利于吸收水分，防止萎蔫干枯。球根秋海棠的全叶平置扦插可在叶片基部的切口处或叶脉处生根发芽产生新植株。有时平置法扦插需要将叶脉处刻伤或切断，有利于吸水生根。直插法是扦插时将叶柄插入插床的

基质中，叶片直立，由叶柄的伤口处生根发芽，如大岩桐于6~7月进行叶片直插繁殖，基质保持20℃，先在叶柄的基部产生子球，然后生根发芽长成新的植株。

片叶插是利用部分叶片进行扦插，一片叶子可以分成数块后，分别扦插，大大提高繁殖量。如大岩桐的片叶插是从各对侧脉下方从主脉处切开，切除叶脉下方较薄部分后分别扦插，由主脉处发生新植株。

鳞片插：鳞片是叶的变态，所以鳞片插相当于叶插，鳞茎类球根花卉，如百合、水仙、朱顶红、风信子、石蒜、网球花、绵枣儿等都可采用此种方法。

鳞片插是百合最常用的商业繁殖方法。于秋季或冬季选择大、充实、无病虫害的鳞茎剥取鳞片，依球的大小每鳞茎可剥取鳞片25~75片，经杀菌剂消毒后，将鳞片均匀地撒播在装有湿泥炭或蛭石的浅箱中，然后将箱子堆放在高湿、适温、黑暗的温室中。开始温度保持在23℃下8~12周（子鳞茎形成期），然后转至17℃下数周（花茎形成期），再转到5℃下8~12周。子鳞茎形成的速度因品种存在很大差异，短的2~3周，长的12~14周。子鳞茎形成后，将带着子鳞茎的鳞片一起贮存在4~5℃的冷室中待翌年春季种植。子鳞茎需经过2年的栽培才能长成开花种球。

水仙是在球根休眠期将鳞茎纵切成8~10等份，再将以茎盘相连的每2片鳞片分割成一个繁殖体，用0.5%的苯菌灵溶液浸泡消毒30min后，混于湿蛭石中（1L水/12L蛭石），装入塑料袋置于25℃的温室或温箱中，12~16周后在鳞片基部形成子鳞茎，繁殖率可提高50~60倍。此法又称双鳞片繁殖，在朱顶红、风信子等鳞茎类球根花卉上亦常应用。朱顶红于2月或8月进

行，风信子于 6 月下旬进行。将分割的双鳞片繁殖体洗净，用 100 倍的升汞溶液消毒 30min，置于 25℃、80%～100% 空气湿度下 2～3d，待伤口愈合后再种植。

枝插：又称茎插，对于球根花卉来说主要是嫩枝插（又称为嫩茎插）。要求在生长健壮的茎的顶端截取未木质化的幼嫩部分作插穗，老熟适中，过老生根慢，过幼嫩易于腐烂，如大丽花。

大丽花商品生产中主要采用嫩枝插繁殖。于早春 2～3 月将未分割的块根密排于温室的繁殖床或温室中，覆土至球顶，温室内的昼夜温度保持在 18～20℃ /15～18℃，新芽可从根颈部不断发生，待嫩梢长到 6～7cm、茎还未出现中空时取下进行扦插，扦插生根的昼夜温度为 20～22℃ /15～18℃，2～4 周后生根（图 3-24）。

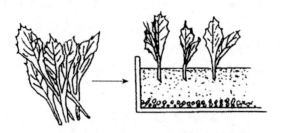

图 3-24　大丽花嫩枝扦插繁殖

⑤促进插穗生根的办法　为促进插穗生根，提高发芽成活率，常采用一些辅助措施对插穗进行处理。促进扦插生根的办法很多，主要包括药物处理法和物理处理法。

药物处理法：是利用植物生长调节物质，也包括一些化学药品的处理，其中无论是药物处理还是物理法处理，都以生长激素的调节最为有效，使用较多。激素可以促进或诱导插穗生根，常用的激素有吲哚乙酸、吲哚丁酸、萘乙酸、2，4-D 等，其中前三者应用效果较好。激素的处理方法较多，常

采用的方法包括粉剂处理和液剂处理，对取穗的母株喷射或注射激素，对扦插基质或对插穗进行处理。

粉剂处理：是将插穗的基部蘸上激素与滑石粉或木炭等粉末的混合粉剂，再进行扦插，或者直接用这些粉末作为基质，插穗沾上激素后直接插入基质中。由于这些激素不能溶于水，因此，配置混合粉剂时要先将激素溶于 95% 的酒精中，加入滑石粉搅匀后阴干，再磨成粉末备用。球根花卉的嫩枝扦插，使用浓度一般为 500～2000ug/L，不同的花卉种类、环境条件、土壤酸碱度下使用浓度有差异。使用时先将新鲜的插穗基部用水蘸湿，滴去多余的水后，再蘸粉剂扦插。

液剂处理：是将插穗的基部浸到激素的水溶液或酒精溶液中，浸泡一段时间后再进行扦插。由于激素不易溶于水，因而配制液剂时要用开水或 95% 的酒精溶液，使其溶解后再用水稀释到所需要的浓度，具体使用浓度因种类品种而异，一般球根花卉的使用浓度多为 5～10uL/L，浸泡 24～36h，有时可以用提高浓度的办法来缩短浸泡时间。此外，液剂应当随用随配制，防止失效。

除了用激素处理促进生根以外，还可以用其他药物进行处理，如高锰酸钾、蔗糖、醋酸等，其中蔗糖对草本花卉扦插生根效果较好。在 20% 的蔗糖浓度下浸泡 24h，然后用清水冲洗插穗，再扦插。蔗糖在这里主要是为插穗提供养分，冲洗的目的是防止微生物繁殖堵塞导管，阻碍吸水。

物理处理法：在扦插中促进插穗生根的常见方法有环状剥皮、软化、超声波、增加底温及喷雾处理等。在球根花卉上可以应用的处理方法有增加底温、喷雾及超声波 3 种。增加底温是广泛应用的方法，

通过提供插床温度与空气温度的差异，促使插穗生根。超声波处理是通过控制声波的频率而应用于不同的花卉，目前的应用还不广泛。喷雾处理经常与加温措施相结合，提供高温、高湿的生根条件，提高成活率。目前应用较为广泛的喷雾方法有：全日照喷雾法或电子间歇喷雾法，都可以在日照下扦插，不必遮阴养护。

⑥扦插后的管理 主要包括浇水、遮阴、控温、控湿等，其中温、湿度管理更为重要，良好的管理是保证插穗的水分平衡、生根、成活率高的重要因素之一。露地扦插是通过喷雾来加大湿度，通过简单的覆盖维持温度，如果有条件，要尽量减少风吹雨淋日晒；温室扦插除了要保持温、湿度以外，还要注意遮阴和早晚通风换气。无论是露地还是温室扦插，插穗生根成活以后就要逐渐通风见光，逐渐减少浇水量，不断地锻炼幼苗；当植株迅速生长时加强施肥、除草、防治病虫害等一系列的栽培管理工作，待充分长成以后就可以移栽。

（3）组织培养快繁技术

用组织培养的方法快速繁殖花卉是近30年以来兴起的一项新技术，是花卉无性繁殖上的又一个突破性的进展，其在球根花卉繁殖上的应用越来越广泛。生产中已经大量采用组培繁殖的球根花卉有球根秋海棠、百合、唐菖蒲、中国水仙、风信子、球根鸢尾等。

①培养基的选择与配制 球根花卉进行组织培养快繁多采用固体的MS培养基，其配制比例见表3-11，pH 5.5～6.5，过酸时用氢氧化钠溶液调节，过碱时用稀盐酸调节，加入琼脂，放在搅拌器上搅拌均匀后用大烧杯盛装，放在煮锅中水浴法煮沸，至琼脂完全熔解，稍等一会儿以后，趁热分别装入锥形瓶中，其体积为锥形瓶体积的

1/5～1/4，然后用铝箔封口，放进高压灭菌锅中灭菌20min。灭菌冷却后的培养基放在清洁干燥处待用。

表 3-11　MS 培养基的配方　mg/L

化合物	用量	化合物	用量
KNO_3	1900	$Na_2MoO_4 \cdot 2H_2O$	0.25
NH_4NO_3	1650	$CuSO_4 \cdot 5H_2O$	0.025
KH_2PO_4	170	$CoCl_2 \cdot 6H_2O$	0.025
$CaCl_2 \cdot 2H_2O$	440	甘氨酸	2.0
$MgSO_4 \cdot 7H_2O$	370	盐酸硫胺素	0.40
$FeSO_4 \cdot 7H_2O$	27.8	盐酸吡哆素	0.50
Na_2EDTA	37.7	烟酸	0.50
$MnSO_4 \cdot 4H_2O$	22.3	肌醇	100
$ZnSO_4 \cdot 7H_2O$	8.6	蔗糖	30000
H_3BO_3	6.2	琼脂	10000
KI	0.83		

②培养材料的选择及处理 试管快繁多采用幼根、嫩茎、花托、叶柄、叶片、鳞茎（鳞片、鳞茎盘均可）、根茎等，将取来的材料进行挑选、整理后，先用肥皂水清洗，再用自来水冲洗，初步酒精杀菌消毒后进入超净工作台进一步消毒，70%的酒精溶液中浸泡30s，进行表面消毒，用镊子取出后放入10%的漂白粉溶液中浸泡10～15min，最后用无菌蒸馏水冲洗3遍，接种的材料即准备好。

③接种 接种材料、接种所需要的器具及操作人员的手、臂都要用70%的酒精消毒以后，才能进入超净工作台，所用器具在使用前要在酒精灯的外焰上燃烧杀菌备用。开始接种，切分截取材料中准备作为外植体的部分用解剖针剥取茎尖生长点，或用解剖刀切取鳞茎、根茎、叶片、嫩茎、花托、叶柄等材料器官，茎尖取0.2～0.8cm长，叶片类切取0.5～1cm²的切块，叶片要切去边缘。

用镊子夹取放在培养基表面，注意外植体要同培养基紧密结合。最后将锥形瓶的瓶口处用酒精灯烘烧以后，再在酒精灯火焰附近用铝箔封口，从工作台取出待转入培养室培养。

④培养　接种后即放入培养室培养。不同种类的植物要求的温度、光照等环境条件不同，唐菖蒲、大丽花、百合等大部分露地球根花卉在23～26℃的温度下，每天给予12～16h的光照即可，而球根秋海棠、水仙等球根花卉要求的温度较高，为27～30℃。在培养过程中非常重要的环节是植物生长调节物质的添加。

初次培养：在外植体的培养初期形成大量的愈伤组织，然后才能进一步分化成芽，形成幼苗，有时也直接产生芽形成幼苗。植物生长调节剂以6BA（6-苄基腺嘌呤）与NAA（萘乙酸）的配合使用效果较好。

芽的增殖：使外植体分化出大量有效的繁殖芽或繁殖苗。6BA最为有效，生长素NAA的浓度要低一些，过高会抑制芽分化，有时加入低浓度GA_3（赤霉素）有利于芽的伸长。

生根培养：使前两种培养过程中产生的幼苗生根、长大，形成完整的植株。在无生长素或1/2生长素的MS培养基上可以生根。

培养基的阶段性改变要根据具体的需要来确定，有时为了大量繁殖幼苗，在愈伤组织大量形成时进行继代培养扩繁。

⑤试管苗的移栽　通常包括炼苗、取苗、选苗和栽培过程。

炼苗：外植体经愈伤、分化、生根长成为试管苗的过程中，其营养物质主要来源于培养基，而移栽后的小苗将依靠自身从外界吸收水分和矿物质等制造有机物。首先，就要对试管苗进行炼苗，其做法是将小苗连同培养基原封不动地拿出培养室，在将要移栽的环境中放置3～10d，使小苗慢慢接受光照、温度及湿度等自然条件，在移栽前1～2d打开铝箔封口。

取苗和选苗：玻璃瓶中的小苗脆嫩柔弱，所以，取苗时一定要非常小心。取苗前先向锥形瓶中注入清水，轻轻捣碎培养基，然后用镊子轻轻地夹取小苗，再在清水中洗净苗上残留的培养基。为合理利用移栽苗床，提高移苗成活率，就要对移栽的小苗进行有目标的选取，挑选具有健壮根系的小苗移栽。

栽培：种植前要将移栽用的苗床进行清洗消毒，一般苗床多用基质栽培，如河沙、蛭石、珍珠岩或它们的混合基质。栽培初期要遮阴，保持较高的温度、湿度，温度比培养温度低1～2℃。将小苗在苗床中培养3周左右，即可移入清洁的栽培器皿中，养护成为生产用苗。移栽后要浇足水，1周后进行施肥或浇灌营养液，除去遮阴物，此时的小苗就可以独立生长。通过试管苗进行大量繁殖的成本较高，因此，成活后的小苗要给予精细的管理养护，才能保持其生产上的优势。

 巩固训练

1. 训练要求

以小组为单位开展训练，组内同学要分工合作、相互配合、团队协作。

2. 训练内容

（1）结合当地各类园林绿地中球根花卉应用情况，让学生在走访、咨询学习、熟悉并研究其种植技术方案的基础上，以小组为单位讨论并重新制订适宜该地生长的球根花卉的种植技术方案，分析技术方案的科学性和可行性。

（2）根据季节，在校内外实训区或结合校园绿化工程依据制订的技术方案进行球根花卉栽培施工训练。

3．可视成果

（1）编制球根花卉栽培技术方案。

（2）养护的花坛或绿地景观效果等。

考核评价见表 3-12。

表 3-12　球根花卉栽培考核评价表

模　块	园林植物栽培		项　目	草本园林植物栽培	
任　务	任务 3.3　球根花卉栽培		学　时		4
评价类别	评价项目	评价子项目	自我评价（20%）	小组评价（20%）	教师评价（60%）
过程性评价（60%）	专业能力（45%）	方案制订能力（15%）			
		方案实施能力　种植时期（5%）			
		方案实施能力　种植准备（10%）			
		方案实施能力　种植（15%）			
	社会能力（15%）	工作态度（7%）			
		团队合作（8%）			
结果评价（40%）	方案科学性、可行性（15%）				
	种植成活率（15%）				
	园林景观效果（10%）				
	评分合计				
班级：		姓名：	第　组	总得分：	

小结

球根花卉栽培任务小结如图 3-25 所示。

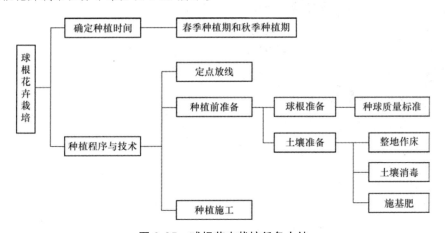

图 3-25　球根花卉栽培任务小结

思考与练习

1．选择题

（1）下列属于鳞茎类花卉的是（　　）。

　　A．百合　　　B．大丽花　　C．仙客来　　　D．美人蕉

（2）大丽花具有粗大纺锤状肉质根，地上茎中空直立，节明显，叶对生。（　　）繁殖方法不适合大丽花。

　　A．播种　　　B．分球　　　C．播种和分球　　D．压条

（3）球根花卉中的生长习性不同，对栽培时间也有区别，一般分为（　　）两种类型。

　　A．春植球根、秋植球根　　　B．耐寒性球根、不耐寒性球根

　　C．春花类球根、秋花类球根　D．花坛类球根、盆栽类球根

（4）水仙、百合的茎属于（　　）。

　　A．根状茎　　B．块茎　　　C．球茎　　　　D．鳞茎

（5）上海地区 2～3 月催芽，一般放在温室内保持白天 18～25℃，夜间 15～18℃，埋藏沙中喷水催芽。催芽后，可以看出芽萌动，进行分割块根，注意每一块根必须带 2～3 芽。这是在繁殖（　　）。

　　A．大丽花　　B．唐菖蒲　　C．球根秋海棠　D．菊花

（6）百合花是一种用途很广的球根花卉，下列（　　）组说法不符合百合。

　　A．地下部分具有无皮鳞茎　　B．有些品种有珠芽可以用来繁殖

　　C．有短日照习性　　　　　　　　　　　　　D．有低温春化习性

（7）唐菖蒲、香雪兰的茎是（　　）。

　　A．根状茎　　B．块茎　　　C．球茎　　　　D．鳞茎

2．判断题（对的在括号内填"√"，错的在括号内填"×"）

（1）球根花卉是指具有变态的储藏根的栽培植物。　　　　　　　　　　（　　）

（2）花卉的地下部分具有鳞茎、块茎、块根的都属于球根花卉。　　　　（　　）

（3）大丽花不耐霜冻，地下部分为块根而不能繁殖，主要靠播种繁殖。　（　　）

（4）大丽花不耐霜冻，地下部分为块根，分根时宜早春先催芽。　　　　（　　）

（5）多年生草本植物地下部分具有膨大的变态茎或变态根的称为球茎花卉。（　　）

（6）美人蕉是芭蕉科的南方观赏花卉，其地下部分具有根茎。　　　　　（　　）

（7）唐菖蒲的叶片着生方式与鸢尾类相似，但唐菖蒲地下部分为球茎。　（　　）

（8）东方型百合、亚洲型百合、麝香百合是目前最常用的观赏百合种类。（　　）

3．问答题

（1）简述球根花卉的生长发育规律。

（2）简述各类球根花卉种植过程及要点。

任务 *3.4*

水生花卉栽培

 任务分析

【**任务描述**】

　　水生花卉是布置水景园的重要材料。本次任务的学习以某公园或新建小区水景园中水生花卉栽培的施工任务为支撑，以学习小组为单位，在上次课后利用业余时间制订出公园或新建小区水景园中水生花卉栽培技术方案，依据栽培技术方案及园林植物栽培技术规程，按设计要求保质保量完成水生花卉栽培的施工任务。本任务的实施应在园林植物栽培一体化教室、新建小区水景园和公园水面进行。

【**任务目标**】

　　（1）能以小组为单位制订公园或新建小区水景园水生花卉栽培的技术方案；

　　（2）能依据制订的技术方案和园林植物栽培技术规程的国标或地标，进行水生花卉栽培的施工操作；

　　（3）熟练并安全使用各类水生花卉栽培的器具材料；

　　（4）能独立分析和解决实际问题，吃苦耐劳，合理分工并团结协作。

 理论知识

3.4.1　水生花卉概述

3.4.1.1　水生花卉的概念及分类

　　水生花卉是指常年生长在水中或沼泽地中的多年生草本植物。按其生态习性可分为：

　　① 挺水花卉　根生于泥中，茎叶挺出水面，如荷花、千屈菜、水葱、香蒲等。

　　② 浮水花卉　根生于泥水中，叶面浮于水面或略高于水面，如睡莲、王莲等。

　　③ 沉水花卉　根生于泥水中，茎叶全部沉于水中，仅在水浅时偶有露出水面，如莼菜、狸藻等。

④ 漂浮花卉　根伸展于水中，叶浮于水面，随水漂浮流动，在水浅处根可生于泥中，如浮萍、凤眼莲等。

3.4.1.2　水生花卉的特点

水生花卉依赖水而生存，其在形态特征、生长习性及生理机能等方面与陆生植物有明显的差异。主要表现在以下方面：

（1）通气组织发达

除少数湿生花卉外，水生花卉体内都具有发达的通气系统，可以使进入水生花卉体内的空气顺利地到达植株的各个部分，尤其是处于生长阶段的荷花、睡莲等。从叶脉、叶柄到膨大的地下茎，都有大小不一的气腔相通，保证进入到植株体内的空气散布到各个器官和组织，以满足位于水下器官各部分呼吸和生理活动的需要。

（2）机械组织退化

通常有些水生花卉的叶及叶柄有部分生长在水中，不需要有坚硬的机械组织来支撑个体，所以水生花卉不如陆生植物坚硬；又因其器官和组织的含水量较高，从而叶柄的木质化程度较低，植株体比较柔软，而水上部分的抗风力也差。

（3）根系不发达

一般情况下，水生花卉的根系不如陆生植物发达。因为水生花卉的根系，在生长发育过程中直接与水接触或在湿土中生活，吸收矿物质营养及水分比较省力，导致其根系缺乏根毛，并逐渐退化。

（4）排水系统发达

正常情况下，水生花卉体内水分过多，也不利于植物的正常生长发育。水生花卉在雨季，或气压低时，或植物的蒸腾作用较微弱时，能依靠体内的管道细胞、空腔及叶缘水孔所组成的分泌系统，把多余的水分排出，以维持正常的生理活动。

（5）营养器官差异表现明显

有些水生花卉为了适应不同的生态环境，其根系、叶柄和叶片等营养器官，在形态结构上表现出不同的差异。如荷花的浮叶和立叶，菱的水中根和泥中根等，它们的形态结构均产生了明显的差异。

（6）花粉传授有变异

由于水体的特殊环境，为了满足花粉传授的需要，某些水生花卉如沉水花卉就产生了特有的适应性变异，如苦草为雌雄异株，雄花的佛焰苞长 6mm，而雌花的佛焰苞长 12mm；金鱼藻等沉水花卉，具有特殊的有性生殖器官，能适应以水为传粉媒介的环境。

（7）营养繁殖能力强

营养繁殖能力强是水生花卉的共同特点，如荷花、睡莲、鸢尾、水葱、芦苇等利用地下茎、根茎、球茎等进行繁殖；金鱼藻等可进行分枝繁殖，当分枝断掉后，每个断掉的小分枝，又可长出新的个体；黄花蔺、荇菜、泽苔草等除根茎繁殖外，还能利用茎节长出的新根进行繁殖；苦草、菹草等在沉入水底越冬时就形成了冬芽，翌年春季，冬芽萌发成新的植株。水生花卉这种繁殖快且多的特点，为保持其种质特性，防止品种退化以及杂种分离都是有利的。

（8）种子幼苗始终保持湿润

因水生花卉长期生活在水环境中，与陆生植物种子相比，其繁殖材料如种子（除莲子）及幼苗，无论是处于休眠阶段（特别是睡莲、王莲），还是萌芽生长期，都不耐干燥，必须始终保持湿润，若受干则会失去发芽力。

3.4.1.3 水生花卉的分布

水生花卉种类繁多，分布广泛，可利用空间大，不同的叶色、形状、果色等为园林绿化提供了多种选择，水生花卉在我国各地均有分布。

3.4.2 水生花卉的园林应用

3.4.2.1 水生花卉在自然景观中的应用

（1）城市自然河湖水体的应用

城市河道、公园水面、湖泊水体经常会受到各种各样的污染，对被污染的水体，应选择栽培抗污染和具有净化污水的水生花卉。如芦苇、香蒲、千屈菜、豆瓣菜、金鱼藻、浮萍等植物可以主动吸收水体中的养分，净化水体，降低污染，同时丰富水体景观。

（2）湿地的应用

可以应用湿生花卉和挺水花卉如水葱、香蒲、芦苇、慈姑、泽泻、千屈菜、菖蒲等使绿地与水体自然衔接，创造野趣及休闲的景观。

3.4.2.2 水生花卉在人工景观中的应用

园林绿地中，水体是构成景观的重要因素，在各种风格的园林中，水体具有不可替代的作用，园林中各类水体，无论其在园林中是主景、配景或小景，无一不是借助水生花卉来丰富水体的景观。

（1）湖泊

湖泊是园林中最常见的园林水体景观，湖面辽阔，视野宽广，可在湖中种植沉水植物，如金鱼藻、黑藻等；湖面点缀浮叶植物，如睡莲、萍蓬草等。湖边大面积种植挺水植物，如荷花、芦苇、菖蒲、香蒲、水葱、千屈菜等可形成疏影横斜、暗香浮动、静雅的景观。

（2）水池

在较小的园林中，水体常以池为主。水生花卉可分割水面空间、增加层次，以获得小中见大的效果，同时也可创造宁静优雅的景观。

（3）喷泉

由于泉水喷吐跳跃，能吸引人们的视线，是景点的主题，常选用挺水植物。

（4）驳岸

驳岸的水生花卉配置，可以使陆地和水面融为一体，对水面的空间景观起主导作用。可使用宿根植物和湿生植物，如菖蒲、水莎草、芦苇、香蒲、水葱、泽泻、千屈菜等。可加固驳岸、净化水体。

（5）沼泽园

沼泽园常和水景结合，为水池延伸部分，湿生、挺水植物是沼泽园的最佳选择，如泽泻、慈姑、菖蒲、千屈菜等。

（6）盆栽

随着人们生活水平的提高，室内绿化应运而生，在室内摆放一盆水生花卉，会给生活带来更多的温馨和浪漫，如碗莲、睡莲、小香蒲等都是理想的盆栽植物。

 任务实施

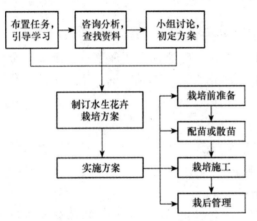

图3-26　水生花卉栽培流程图

1．器具与材料

水生花卉苗木，皮尺、尼龙绳、修枝剪、起苗铲、锄头、铁锹、铲、盛苗容器、运输工具、水桶等各类栽培工具等。

2．任务流程

水生花卉栽培流程如图3-26所示。

3．操作步骤

（1）栽培时间

春季栽培和秋季栽培。

（2）栽培前准备（图3-27）

栽培水生花卉（如荷花、睡莲等）的容器，常有缸、盆、碗等。选择哪种容器，应视植株的大小而定（表3-13）。

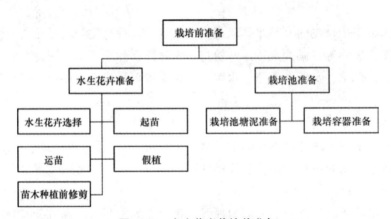

图3-27　水生花卉栽培前准备

表 3-13 不同容器规格

容器种类	规格（cm）	植株大小	适用的水生花卉
缸或大盆	高 60～65 口径 60～70	植株大	荷花、纸莎草、水竹芋、香蒲等
中盆	高 25～30 口径 30～35	植株较小	睡莲、埃及莎草、千屈菜、荷花中型品种等
碗或小盆	高 15～18 口径 25～28	一些较小或微型的植株	碗莲、小睡莲等

（3）栽培方法

① 面积较小的水池中水生花卉栽培技术　先将池内多余水分排出，使水位降至15cm左右，再按规划设计要求，用铲子在种植点挖穴，将选好的水生花卉苗直立放入穴中，用土盖好。

② 较高水位湖塘中水生花卉的栽培技术

围堰填土法：冬末春初期间，大多数水生花卉尚处于休眠状态，雨水也少，此时可放干池水，按绿化设计要求，事先按种植水生花卉的种类及面积进行设计，再用砖砌起抬高种植穴后进行栽培，适用于栽培王莲、荷花、纸莎草、美人蕉等畏水深的水生花卉种类及品种。

抛植法：此法只适合于荷花的种植，当不具备围堰条件时，用编织袋将荷花数株秧苗装在一起，扎好后，加上镇压物（如砖、石等），抛入湖中。

③ 容器栽培法　先将容器内盛泥土，至容器的3/5即可，要使土质疏松，可在泥中掺一些泥炭土，将水生花卉的秧苗植入容器中，再掩土灌水。有一些种类的水生花卉（如荷藕等）栽种时，要将其顶芽朝下成20°～25°的斜角，放入靠容器的内壁，埋入泥中，并让藕秧的尾部露出泥外。像王莲、纸莎草、美人蕉等可用大缸、塑料筐填土种植。

 案例

案例3-8　黑龙江林业职业技术学院喷泉内荷花的栽培施工技术方案

1．水生花卉的选择配置

荷花为宿根水生花卉，挺水植物，性喜强光温暖环境，炎热夏季为生长最旺盛时期，而耐寒性很强，喜湿怕干，喜相对水位变化不大的水区。黑龙江林业职业技术学院位于牡丹江市，处于北温带中部，属温带大陆季风气候，半湿润地区。2012 年结合学院校园绿化，计划在综合楼前栽培荷花。

2．栽培时间

春季4月至5月上旬土壤开始解冻时，荷花未萌芽前栽培。此时地温高于气温，新栽荷花生理活动旺盛，愈合能力强，地上部分未萌芽，生理活动较弱，栽培后易成活。

3．栽培程序与技术

（1）栽培前准备

① 苗木准备　此次学院栽培的荷花由园林与花卉技术专业2010级1班学生负责，荷花是从牡丹江市人民公园购买，选取生长健壮、无病虫害、无损伤、茎粗1cm左右、长30～40cm的根茎，每段2～3节，带有顶芽和保留尾节的藕段作种藕，也可用整枝主藕作种藕。要轻拿轻放。

② 栽培地准备

栽培地整地：由于春季栽培，喷泉中的水还没注进去，最适合操作，先翻耕池土，深30～40cm，施入基肥磷酸二氢钾，使土质疏松、底面平整。

栽培沟的准备：根据设计要求成行栽培，行距70～100cm，株距100～150cm，沟深5～7cm。

栽培技术：整地后放水入池，将采下的藕茎立即栽培，将藕茎顺栽培沟斜翘放入栽培沟中，用手指保护顶芽，以20°～30°方向将顶芽插入泥中埋好，使浮叶浮在水面上。

③ 水生花卉无土栽培技术　水生花卉的无土栽培，具有轻巧、卫生、携带方便的特点。适合家庭、物业小区、机关、学校等单位种植；无土栽培基质可选用蛭石、珍珠岩、沙、石砾、河沙、泥炭土、卵石等。一般是几种基质混合使用。如栽培荷花以蛭石、河沙、矾石按1∶1∶0.5的比例混合，或者卵石＋50%泥炭土，效果都较好。

（2）水生花卉反季节栽培技术

随着科学技术的发展，人们可运用促成栽培技术，打破水生花卉的休眠，使其在冬天展叶开花，增加冬季景观。

① 生产条件和设备（表3-14、表3-15）　水生花卉的反季节栽培需要有一定的生产条件、加温设备及其他设备。

表3-14　生产条件

名称	具体要求
塑料棚	高2～2.2m、宽4～5m、长10～12m为宜，塑料薄膜要加厚，或用双层薄膜
水池	规格以长8m、宽1.5m、深0.6m为宜，也可根据具体情况而定

表3-15　加温设备及肥料、农药

名称	常用材料
加温设备	绝缘加热管、控温仪以及碘钨灯等
基肥	花生骨粉、复合肥等
农药	敌敌畏、速灭杀丁、氰菊酯、代森锌、甲基托布津等

② 水生花卉栽培种类和方法

植物种类：适合反季节栽培的水生花卉有荷花、睡莲、千屈菜、纸莎草、香蒲等。

栽培技术：一般在9月下旬至10月上旬，将反季节栽培的水生花卉进行翻盆，取出根茎作种苗，如荷花的藕节、睡莲的块茎、千屈菜的插条等。然后把处理好的种苗植于盆内，盖好泥土，放进水池内。同时在池内放好水，池水水位要与栽培盆持平，再将绝缘加热棒固定在池内，装好控温仪。

③养护管理　水生花卉反季节栽培主要是温度的控制，在发芽前白天池中的水温要在30℃左右，夜间在24～25℃。待幼苗长出3或4片叶时，将水温逐步升到33～35℃。中午棚内气温高达40℃时，需要喷水降温。生长期中注意病虫害的检查，定期追肥，清除水中杂草，及时换水或清理池底。

 巩固训练

1．训练要求

（1）以小组为单位开展训练，组内同学要分工合作、相互配合、团队协作。

（2）技术方案应具有科学性和可行性。

（3）做到安全生产，操作程序符合要求。

2．训练内容

（1）结合当地小区绿化工程中水生花卉栽培任务，让学生以小组为单位，在咨询学习、小组讨论的基础上制订某公园水生花卉栽培技术方案。

（2）以小组为单位，依据技术方案进行水生花卉栽培施工训练。

3．可视成果

提供某公园水生花卉栽培技术方案；栽培成功的绿地。

考核评价见表3-16。

表3-16　水生花卉栽培考核评价表

模　块	园林植物栽培			项　目		草本园林植物栽培
任　务	任务3.4　水生花卉栽培			学　时		2
评价类别	评价项目	评价子项目		自我评价（20%）	小组评价（20%）	教师评价（60%）
过程性评价 （60%）	专业能力（45%）	方案制订能力（15%）				
		方案实施能力	定点放样（5%）			
			栽培前准备（7%）			
			栽培（10%）			
			栽培后管理（8%）			
	社会能力（15%）	工作态度（7%）				
		团队合作（8%）				
结果评价（40%）	方案科学性、可行性（15%）					
	栽培的水生花卉的成活率（15%）					
	水景景观效果（10%）					
	评分合计					
班级：		姓名：		第　　组	总得分：	

小结

水生花卉栽培任务小结如图 3-28 所示。

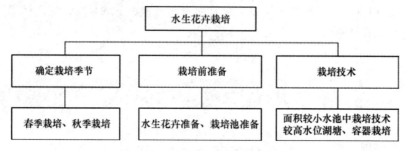

图 3-28　水生花卉栽培任务小结

 思考与练习

1．填空题

（1）根据水生花卉对水分要求的不同，分为_____、_____、_____、_____。

（2）水生花卉的繁殖方法有_____繁殖、_____繁殖。

（3）水生花卉具有的特点是_____、_____、_____、_____、

_____、_____、_____。

2．选择题

（1）挺水植物是指生于泥中，茎叶挺出水面，如（　　）。

　　A．荷花　　　　B．睡莲　　　　　C．王莲　　　　D．浮萍

（2）在黑龙江，水生花卉的栽培时间常为（　　）。

　　A．秋季　　　　B．夏季　　　　　C．春季　　　　D．冬季

（3）水生草本园林植物的特点为（　　）。

　　A．根系发达　　B．营养繁殖能力强　　C．机械组织发达　　D．排水系统差

3．判断题（对的在括号内填"√"，错的在括号内填"×"）

（1）大多数水生花卉的种子干燥后即丧失发芽力，需在种子成熟后立即播种或贮于水

中或湿处。　　　　　　　　　　　　　　　　　　　　　　　　　　　　　　（　　）

（2）浮水植物指根生于泥中，茎叶挺出水面，如荷花、千屈菜、水葱、香蒲等。（　　）

（3）沉水植物指根生于泥水中，茎叶全部沉于水中，仅在水浅时偶有露出水面，如莼

菜、狸藻。　　　　　　　　　　　　　　　　　　　　　　　　　　　　　　（　　）

4．问答题

（1）水生花卉的栽培方法有哪些？

（2）简述容器栽培及湖塘栽培水生花卉的技术措施。

 自主学习资源库

1．花卉生产技术．吴志华．中国林业出版社，2002．

2．球根花卉．义鸣放．中国农业大学出版社，2000．

3．园林植物栽培与养护管理．佘远国．机械工业出版社，2007．

4．中国花卉网：http://www.china-flower.com．

5．中国园林绿化网：http://www.yllh.com.cn．

项目 4
屋顶及垂直绿化植物栽植

屋顶及垂直绿化植物栽植是园林植物栽培新形式，是绿色建筑、建筑节能的重要举措，是治理PM2.5 的重要手段，是大力推进生态文明，建设美丽中国的重要途径。本项目以园林绿化建设工程中屋顶绿化和垂直绿化的实际工作任务为载体，设置了屋顶绿化植物栽植和垂直绿化植物栽植 2 个学习任务。学习本项目要熟悉屋顶及垂直绿化植物栽植技术规程的国家标准或地方标准，并以园林绿化建设工程中的实际施工任务为支撑，将知识点和技能点融于实际的工作任务中，使学生在"做中学、学中做"，实现"理实一体化"教学。

学习目标　　【知识目标】
(1) 了解屋顶与垂直绿化栽植的概念、功能和意义；
(2) 熟悉屋顶与垂直绿化植物的选择配置的原则和技术方法；
(3) 熟悉屋顶及垂直绿化栽植的技术规程。

【技能目标】
(1) 能制订屋顶及垂直绿化栽植技术方案并实施；
(2) 会依据制订的技术方案进行屋顶和垂直绿化的模拟施工；
(3) 通过方案实施培养学生自主学习、组织协调和团队协作能力，独立分析和解决屋顶绿化和垂直绿化栽植生产实际问题能力。

任务 4.1
屋顶绿化植物栽植

 任务分析

【任务描述】

屋顶绿化植物栽植是园林植物栽植的重要组成部分。本任务学习以学院或某小区绿化工程中屋顶绿化植物栽植的施工任务为支撑，以学习小组为单位，首先制订学校或某小区屋顶绿化植物栽植技术方案，再依据制订的技术方案和屋顶绿化技术规范，完成一定数量的屋顶绿化植物栽植模拟施工任务。本任务实施宜在园林植物栽培理实一体化实训室、学校或某小区屋顶开展。

【任务目标】

（1）能以小组为单位制定学校或某小区屋顶绿化植物栽植的技术方案；

（2）能依据制订的技术方案和屋顶绿化技术规范，进行屋顶绿化植物栽植模拟施工；

（3）能熟练并安全使用各类屋顶绿化植物栽植的器具材料；

（4）能独立分析和解决实际问题，吃苦耐劳，合理分工并团结协作。

 理论知识

4.1.1 屋顶绿化概述

4.1.1.1 屋顶绿化的含义和类型

（1）屋顶绿化的含义

在不与自然土壤接壤的建筑物、构筑物顶部以及天台、露台上，以植物为主体进行景观配置的一种绿化方式称为屋顶绿化。在世界七大奇观中就有古代巴比伦王朝的"空中花园"，至今影响深远。近年来屋顶绿化在国内外得到迅速发展，是绿色建筑、建筑节能的重要举措，是治理PM2.5的重要手段，是大力推进生态文明，建设美丽中国的重要途径。

（2）屋顶绿化的类型

屋顶绿化的类型多种多样，根据不同的性质，其分类也不同，目前国内外通常根据其荷载的大小将屋顶绿化分为两类：简单式屋顶绿化和花园式屋顶绿化（图4-1、图4-2）。

① 简单式屋顶绿化　又称轻型屋顶绿化，是利用低矮灌木或草坪、地被植物进行屋顶绿化，不设置园林小品等设施，一般不允许非维修人员活动的简单绿化形式。具有荷载轻，施工简单，建造和维护成本低等特点。其绿化形式有：覆盖式绿化、固定种植池绿化、可移动容器绿化。

② 花园式屋顶绿化　是根据屋顶具体条件，选择小型乔木、低矮灌木和草坪、地被植物进行屋顶绿化植物配置，并设置园路、座椅、亭榭花架、体育设施等园林小品，提供一定的游览和休憩活动空间的复杂绿化。其对屋顶的荷载及种植基质要求严格，成本高，施工管理难，很难大面积营建。以突出生态效益和景观效益为原则，根据不同植物对基质厚度的要求，通过适当的微地形处理或种植池栽植形式进行绿化。

图 4-1　简单式屋顶绿化

图 4-2　花园式屋顶绿化

4.1.1.2　屋顶绿化的作用

① 改善城市生态环境，丰富城市绿化景观，提高市民生活和工作环境质量。

② 减少"热岛效应"，降低室内温度，吸尘、降噪声、吸收有毒气体，净化空气。

③ 保护建筑物顶部，延长屋顶建材使用寿命。

④ 提高国土资源利用率。

4.1.2　屋顶绿化植物选择

4.1.2.1　屋顶绿化植物选择原则

屋顶绿化环境特点主要表现在土层薄、营养物质少、缺少水分；且屋顶风大，阳光直射强烈，夏季温度较高，冬季寒冷，昼夜温差变化大。因此屋顶绿化植物选择应遵行如下原则。

① 遵循植物多样性和共生性原则，以生长特性和观赏价值相对稳定、滞尘控温能力较强的本地常用和引种成功的植物为主。

② 以低矮灌木、草坪、地被植物和攀缘植物等为主，原则上不用大乔木，有条件时可少量种植耐旱小乔木。

③ 应选择须根发达的植物，不宜选用根系穿透性较强的植物，防止植物根系穿透建筑防水层。

④ 选择易移植、耐修剪、耐粗放管理、生长缓慢的植物。

⑤ 选择抗风、抗倒伏、耐旱、耐瘠薄、耐极端温度、抗辐射能力强的植物。

⑥ 选择抗污性强，可耐受、吸收、滞留有害气体或污染物质的植物。

4.1.2.2 屋顶绿化常用植物种类

参考名录详见表4-1。

表4-1 屋顶绿化部分植物一览表

序号	植物名称	主要特性	序号	植物名称	主要特性
小型乔木					
1	樱花（控高）	喜光，较耐寒；观花	8	二乔玉兰	喜光，较耐寒；观花、树形
2	紫叶李	喜光，稍耐阴；观花、叶	9	苏 铁	中性，喜温暖气候；观形、观叶
3	白玉兰（控高）	喜光，稍耐阴；观花、树形	10	垂枝榆	喜光，极耐旱；观树形
4	红 枫	喜光；观叶、树形	11	丁 香	喜光，也耐半阴，耐寒、耐旱、耐瘠薄；观花、树形
5	龙爪槐	喜光，稍耐阴；观树形	12	紫 薇	喜光，耐旱，喜肥；观花、观形
6	银杏（控高）	喜光，耐旱；观树形、叶	13	紫 荆	喜光，较耐寒；观花、观形
7	栾树（控高）	喜光，稍耐阴；观枝、叶、果	14	海棠类	喜光，稍耐阴；观花、果
灌木					
1	三角梅	喜光，耐贫瘠、耐碱、耐干旱、耐修剪，忌积水；观花、观形	12	红瑞木	喜光；观花、果、枝
2	小叶黄杨	喜光，稍耐阴；观叶	13	月季类	喜光；观花
3	珍珠梅	喜阴；观花	14	碧桃类	喜光；观花
4	凤尾丝兰	喜光；观花、叶	15	迎 春	喜光，稍耐阴；观花、叶、枝
5	金叶女贞	喜光，稍耐阴；观叶	16	果石榴	喜光，耐半阴；观花、果、枝
6	紫叶小檗	喜光，稍耐阴；观叶	17	火 棘	喜光，喜高温，耐寒；观果、观形
7	连 翘	喜光，耐半阴；观花、叶	18	黄 栌	喜光，耐半阴，耐旱；观花、叶
8	榆叶梅	喜光，耐寒，耐旱；观花	19	锦带花类	喜光；观花
9	紫叶矮樱	喜光；观花、叶	20	木 槿	喜光，耐半阴；观花
10	寿星桃	喜光，稍耐阴；观花、叶	21	黄刺玫	喜光，耐寒，耐旱；观花
11	米 兰	喜光，较耐寒；观花、观形	22	扶 桑	喜光，耐旱；观花
地被植物（花卉、草坪草、藤本类）					
1	景天类	喜光耐半阴，耐旱；观花、叶	2	小菊类	喜光；观花

（续）

序号	植物名称	主要特性	序号	植物名称	主要特性
3	马蔺	喜光；观花、叶	13	萱草类	喜光，耐半阴；观花、叶
4	石竹类	喜光，耐寒，耐旱；观花	14	鸢尾类	喜光，耐半阴；观花、叶
5	铃兰	喜光，耐半阴，观花、叶	15	芍药	喜光，耐半阴；观花、叶
6	葱兰	喜光，耐半阴，较耐寒；观花	16	白三叶	喜光，耐半阴；观叶
7	一串红	喜光耐半阴，观花	17	结缕草	喜光，耐高温，抗干旱；观叶
8	百日草	喜光，耐干旱，喜肥，忌酷暑；观花	18	早熟禾	喜光也耐阴，耐旱，极耐寒，耐瘠薄，观叶
9	凤仙花	喜光，怕湿，耐热不耐寒，较耐瘠薄，观花	19	狗牙根	喜光，耐热，不耐寒；观叶
10	万寿菊	喜光，喜湿又耐干，较耐瘠薄，观花	20	紫藤	喜光，较耐阴、较耐寒，能耐水湿及瘠薄土壤；观花、观形
11	羽衣甘蓝	喜光，耐热且极耐寒，耐盐碱，观叶	21	五叶地锦	喜阴湿；观叶；可匍匐栽植
12	彩叶草	喜光，忌烈日暴晒，较耐寒；观叶	22	小叶扶芳藤	喜光，耐半阴；观叶；可匍匐栽植

4.1.3　屋顶荷载的调查与计算

屋顶荷载是计量屋顶承受能力，评价是否具有安全性能的主要指标。屋顶荷载分析对于评价屋顶绿化是否安全具有重要意义。要根据具体季节和时间开展调查，要求屋顶绿化的实际荷载小于设计的安全荷载，保证屋顶安全，这是一项基础工作。

4.1.3.1　屋顶荷载组成

屋顶荷载是指屋顶的楼盖梁板传递到墙、柱及基础上的荷载（包括活荷载和静荷载）。

活荷载（临时荷载）是由积雪和雨水回流，以及建筑物修缮、维护等工作产生的屋面荷载。

静荷载（有效荷载）是由屋面构造层、屋顶绿化构造层和植被层等产生的屋面荷载。

4.1.3.2　屋顶荷载计算

屋顶绿化设计须充分考虑绿化的荷载。花园式和组合式屋顶绿化设计，其屋面荷载应不小于 $500kg/m^2$（营业性屋顶花园不小于 $600kg/m^2$）；简单式屋顶绿化屋顶设计，其屋面荷载应 $100\sim250kg/m^2$。屋顶绿化设计时应由屋面荷载验算资质的相关单位进行复验，并出具证明。

已建屋面的绿化设计荷载应满足建筑屋顶承重安全要求，荷载必须在屋面结构承载力允许的范围内。屋顶绿化荷载应包括植物材料、种植土、园林小品建筑、设备和人流量等静荷载，以及由雨水、风、雪、树木生长等所产生的活荷载。植物材料平均荷载参考值见表4-2；屋顶绿化相关材料密度参考值表4-3；种植层土壤基质的荷载可根据土壤基质的容重和不同植物类型基质厚度（表4-4）加以计算。

表 4-2　植物材料平均重量和种植荷重参考值

植物类型	规格（m）	植物平均质量（kg）	种植荷载（kg/m²）
乔木（带土球）	$H=2.0\sim2.5$	$80\sim120$	$250\sim300$
大灌木	$H=1.5\sim2.0$	$60\sim80$	$150\sim250$
小灌木	$H=1.0\sim1.5$	$30\sim60$	$100\sim150$
地被植物	$H=0.2\sim1.0$	$15\sim30$	$50\sim100$
草坪	$1m^2$	$10\sim15$	$50\sim100$

注：选择植物应考虑植物生长产生的活荷载变化。种植荷载包括种植区构造层自然状态下的整体荷载。

表 4-3　屋顶绿化相关材料密度参考值　　　　　　　　　　　　　　　　　kg/m³

材料	混凝土	水泥、砂浆	河卵石	豆石	青石板	木质材料	钢质材料
密度	2500	2350	1700	1800	2500	1200	7800

4.1.3.3　屋顶荷载安全分析

通过计算荷载实际质量与屋顶安全设计荷载比较，要求实际荷载小于安全荷载。超过安全荷载则需要调整各个部分质量，尤其是绿化附属设施数量。种植土层厚度一般不做调整，树木地上部分调整较少，建筑、园路的调整需要及时处理。

 任务实施

1．器具与材料

运输工具，皮尺、尼龙绳、塑料薄膜、无纺布、聚乙烯塑料、油毛毡、小锄头、小修枝剪、铁锹、铲、盛苗器、支撑木棍、水桶等。

2．任务流程

屋顶绿化的施工任务根据图 4-3 所示的流程进行操作。

3．操作步骤

（1）苗木准备

根据屋顶绿化工程设计要求进行栽植前苗木准备，技术方法详见项目 1 任务 1.3 内容。

首先根据屋顶绿化设计方案，选择合适的植物种类，并做好苗木准备。苗木准备包括选择苗木、起苗、运苗、假

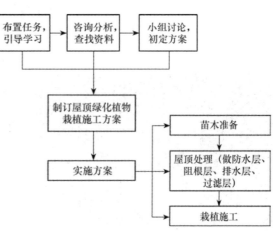

图 4-3　屋顶绿化栽植施工流程图

植（针对当天或较长时间未能栽植完毕的树木）和苗木修剪。栽植前应进行苗木修剪造型，围绕根系修剪，苗冠也进行修剪，要求树木具有较好的观赏形态，分枝合理，苗木地上地下部分形态合理。

（2）屋顶处理

屋顶处理主要做防水层、排水层、过滤层、阻根层等处理（图4-4、图4-5）。

① 防水层　屋顶绿化防水做法应达到二级建筑防水标准。绿化施工前应进行防水检测并及时补漏，必要时做二次防水处理。宜优先选择耐植物根系穿透的防水材料。

刚性防水层：在钢筋混凝土结构层上用普通硅酸盐水泥砂浆掺5%防水剂抹面。造价低，但怕震动；耐水、耐热性差，暴晒后易开裂。

柔性防水层：用油、毡等防水材料分层粘贴而成，通常为三油二毡或二油一毡。使用寿命短、耐热性差。

涂膜防水层：用聚氨酯等油性化工涂料涂刷成一定厚度的防水膜，高温下易老化。

② 阻根层　一般有合金、橡胶、PE（聚乙烯）和HDPE（高密度聚乙烯）等材料类型，用于防止植物根系穿透防水层。隔根层铺设在排（蓄）水层下，搭接宽度不小于100cm，并向建筑侧墙面延伸15~20cm。

③ 排水层　一般包括排（蓄）水板、陶砾（荷载允许时使用）和排水管（屋顶排水坡度较大时使用）等不同的排（蓄）水形式，用于改善基质的通气状况，迅速排出多余水分，有效缓解瞬时压力，并可蓄存少量水分。

排（蓄）水层铺设在过滤层下。应向建筑侧墙面延伸至基质表层下方5cm处。施工时应根据排水口设置排水观察井，并定期检查屋顶排水系统的通畅情况。及时清理枯枝落叶，防止排水口堵塞造成壅水倒流。

④ 过滤层　一般采用既能透水又能过滤的聚酯纤维无纺布等材料，用于阻止基质进入排水层。隔离过滤层铺设在基质层下，搭接缝的有效宽度应达到10~20cm，并向建筑侧墙面延伸至基质表层下方5cm处。

（3）栽植施工

① 砌种植槽、搭建棚架　花台、种植槽、棚架应搭建在承重墙上，尽量选轻质材料；确定合理的花台、种植槽、棚架规格（宽度、深度、高度）：满足植物生长需要，又减轻荷重；

图4-4　屋顶绿化排水板

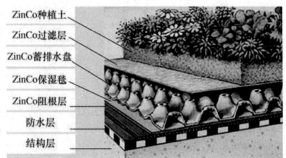

图4-5　屋顶绿化层次图

直接安放多功能轻型人工种植盘。

② 种植土层铺设 一般的泥土荷载较大，同时在土壤的营养和保水性方面也不能满足屋顶绿化的需求。因此在屋顶绿化种植时一般均采用专门配制的轻质土壤。

基质要求：屋顶绿化树木栽植的基质除了要满足提供水分、养分的一般要求外，应尽量采用轻质材料，以减少屋面载荷。基质应质量轻，排水好，通透性好，保水保肥能力强，清洁无毒，pH 6.5～7.5。常用基质有田园土、泥炭土、草炭、木屑、河沙、轻质骨料、腐殖土等。

基质配制：肥沃土壤＋排水材料＋轻质骨料等（表4-4）。

种植土层厚度要求见表4-5。

表4-4 常用基质类型和配制比例

基质类型	主要配比材料	配制比例	湿容重（kg/m³）
改良土	田园土、轻质骨料	1：1	1200
	腐叶土、蛭石、砂土	7：2：1	780～1000
	田园土、草炭、蛭石和肥	4：3：1	1100～1300
	田园土、草炭、松针土、珍珠岩	1：1：1：1	780～1100
	田园土、草炭、松针土	3：4：3	780～950
	轻砂壤土、腐殖土、蛭石、珍珠岩	2.5：5：2：0.5	1100
	轻砂壤土、腐殖土、蛭石	5：3：2	1100～1300
超轻量基质	无机介质（如陶粒、硅质火山岩等）		450～650

表4-5 不同植物类型基质厚度参考值

植物类型	规格（m）	植物生存所需基质厚度（cm）	植物发育所需基质厚度（cm）
乔木	$H=3.0～10.0$	60～120	90～150
大灌木	$H=1.2～3.0$	45～60	60～90
小灌木	$H=0.5～1.2$	30～45	45～60
草本、地被植物	$H=0.2～0.5$	15～30	30～45

③ 栽植技术 应明确屋顶结构、种植环境、屋顶平面布局等，放置种植土壤，确定园林、建筑小品的空间位置，用石灰放线，在特定种植位置完成散苗、配苗，要求苗木定点放样位置准确，能根据设计图纸要求完成对应放样，通过检查各个部分是否符合种植设计要求，位置是否正确，要求种植规范符合屋顶施工标准。

• 严格遵循园林树木栽植技术规程，依设计方案实施；

• 绿化植物应以小乔木和灌木、草本为主，选用容器苗；

• 树木种植穴或栽植容器等应放在承重墙或柱上；

• 树木种植应由大到小、由里到外逐步进行；

• 种植高于2m的植物应设防风设施；

• 容器种植有固定式和移动式，应注意安全，减轻荷重；

• 乔灌木主干距屋面边界的距离应大于乔灌木本身的高度；

- 尽量利用多种植物色彩、花果丰富屋顶绿化景观效果；
- 苗木种植搭配合理、规格统一、种植整齐，种植完毕后应清理现场。

　案例

案例 4-1　屋顶花园栽植实例

以上海一个六层楼的屋顶花园为例，面积 46m²（图 4-6）。树种选择配置为：6 株高 1.5m、冠幅 60cm 的桂花，2 株高 1m、冠幅 50cm 的盆栽山茶，桂花下种植杜鹃花，周围为 30m² 结缕草。栽培基质由田园土 60%、草炭 30%、珍珠岩 10% 组成，厚 60cm。防水层采用涂抹厚 2cm 的火山灰硅酸盐水泥砂浆，工程结构如图 4-7 所示，工作时能形成以喷头为中心的 3m 半径范围，喷射角度为 10°，受风力影响较小。

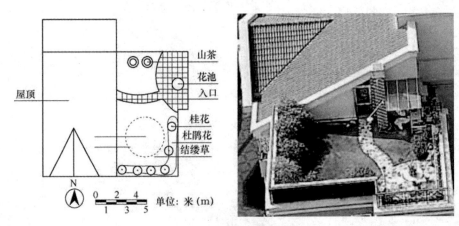

图 4-6　屋顶花园平面图

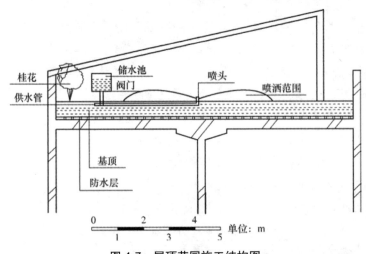

图 4-7　屋顶花园施工结构图

案例 4-2 上海世博会中国馆屋顶花园

1．设计理念

从设计理念的产生、优化到施工技术的应用，始终坚持"科技、人文、生态"的整体规划原则。屋顶花园总面积 2.7hm²，主要功能为休闲、集散用地，作为主题国家馆的重要景观衬托，景观立意"新九州清晏"，取北京清代皇家园林圆明园中九州景区之形：以碧水环绕的 9 个岛屿象征浩瀚中华之广袤疆土，寓意"九州大地，河清海晏，天下升平，江山永固"。

该项目荣获"世界屋顶绿化 500 佳"称号，这是世界建筑绿化的"奥斯卡金奖"。

2．屋顶花园先进技术

（1）微地形改造（图 4-8）

为了使最终的景观达到最佳效果，并利于后期养护，建设人员在尊重原设计、不改变原设计方案风格基础上进行整体性考虑，对局部、细节进行了优化。据该项目总协调苏寿梁先生介绍，在分析原方案竖向标高后，发现 8 个岛的设计标高致使在狭小的屋顶空间内岛屿间距过近，地形整体起伏变化较小，经过调整标高，达到地形大、格局主题突出、

图 4-8 岛屿"泽"

山水骨架变化有致、气韵生动的目的，立面走势暗合我国大陆架西高东低之格局。

（2）苗木及养护技术

屋顶花园精美、大气的景致离不开栽种的珍稀引种苗木，这些苗木是上海地区的移栽容器苗。种植前，苗木工人把所需苗木移栽到培养池中进行 2～3 个月的养护培养，确定苗木成活后再进行栽种。不仅如此，还对种植苗木周边环境进行改造，如土壤采用适合该种类生长的配制营养土，采用地形处理及辅助物遮挡以满足植物种类的供水、通风及光照需求。针对每株苗木还编制了具体养护手册，现场派遣专业管理人员进行全天监督管理。这些措施都为提高苗木成活率、确保工程进度奠定了基础。

（3）先进技术应用

屋顶花园采用了环保节能的无土草坪、轻型绿化无机介质技术和防倒伏技术等措施。其中，无土草坪具有抗病虫害、无杂草、绿期长、景观好、节能环保、不破坏国土资源的优点，轻型绿化无机介质具有薄层、稳定和环保等优势。苏寿梁说："生长介质性质长期稳定是影响屋顶绿化寿命的关键因素。轻型屋顶绿化完成施工后，其寿命一般为 20～30 年，为确保景观长期效果提供了保障。"

中国馆屋顶花园设计建造创造了 5 个第一：屋顶花园单体面积第一，屋顶花园水体面

积第一，大机械、大设备运用规模第一，大树成林面积第一，建设速度、工程质量第一。该花园运用生态农业景观等技术有效实现了隔热，使得国家馆室内温度下降5～7℃，节省空调用电量50%；雨水收集系统用于园林灌溉、冲厕、洗车，成为践行"科技、人文、生态"理念的新典范（图4-9、图4-10）。

图4-9 景色优美的中国馆屋顶花园

图4-10 上海世博会中国馆屋顶花园

 知识拓展

1. 屋顶绿化施工流程

简单式屋顶绿化施工流程如图4-11所示。花园式屋顶绿化施工流程如图4-12所示。

2. 屋顶绿化成功案例

（1）北京市科委十五层屋面植被

北京市科学技术委员会可持续发展科技促进中心十五层屋面植被，位于北京市朝阳区安翔北里创业大厦十五层的东西两侧屋顶平台，面积近800m²，始建于2005年4月。该项目是一个研究示范工程，本着朴素实用、本地化、适宜性、效率优化及景观丰富多样化原则，应用轻量，具有可降解、可再生、可循环的本地构造材料，雨水收集利用系统，抗逆性强、株型小、根系浅、四季可观赏的多种植物材料，以及独特的防风的乡土砾石材料，做到了种

植施工后粗放维护，并且成本低，获得了国内外专家的好评。

选用的种植材料是适宜北京、综合抗性较强、四季景观都较好的宿根景天类及少量低矮的木本植物种类。

（2）欧洲的斜屋顶屋面植被

为了顺利排除屋面上的雨水，所有的建筑屋面都有一定的坡度，根据屋顶绿化的规划、建造和管理的准则，不同的坡度进行屋顶绿化时的要求是不同的。

屋面坡度大约15°起，必须有附加的防滑装置，可以通过建筑下部结构本身的防滑挡板进行防滑，也可以加放防滑装置。防滑挡板应在表面防水层之下，屋面结构之上。也可以采用植物技术措施，如使用有机质含量少，带有泥沙以及有棱角的颗粒状物的松

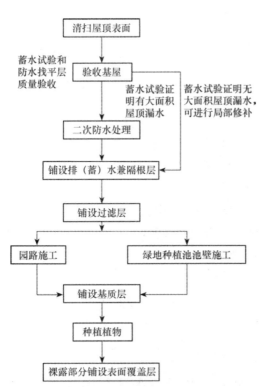

图 4-11 简单式屋顶绿化施工流程示意图

散材料作基质。也可以用铁丝网作骨架预制成植物垫后再在屋顶铺设应用。

（3）城市中的绿洲——芝加哥市政厅的植被屋面

芝加哥市政厅的屋顶绿化是降低芝加哥热岛效应的典型工程。绿色屋顶被设计为星状布局，以南侧和北侧的精细式的绿化面为中心。图案将由多年生植物和草组成的交替的带状图形构成，每个带状图形里应用颜色相近的种类，构成"色轮"的效果。最终的设计包括约 $2000m^2$ 的屋顶绿化面积，占屋顶总面积的55%，约 20 000 株植物，包括156 个不同的种类：苹果和山楂。其主体仍是植被屋面。

（4）日本·筑波茅草屋

牛田·梵德雷联合设计公司 1994 年为筑波的一对年轻夫妇设计了一座茅草屋。运

用草皮作为屋顶的保温隔热材料的历史已有好几个世纪。在京都暖和的气候条件下，"茅草屋"的草屋顶有了另外的功能，即用来隔绝夏天的热气，使室内保持舒适的温度。这个面积很大而形态自由的屋顶花园上种满了各种木本植物，许多花草都长过了外墙和内墙。除了保温隔热作用之外，这个屋顶还是休闲娱乐的好去处，为拥挤的城市节约了宝贵的地面空间。

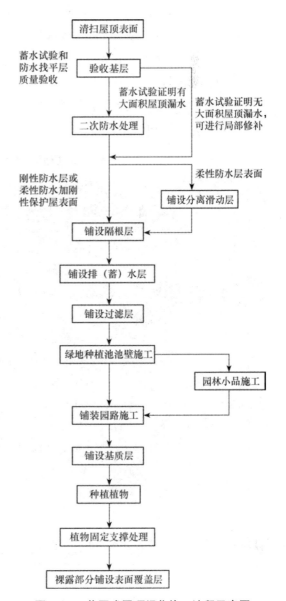

图 4-12 花园式屋顶绿化施工流程示意图

巩固训练

1．训练要求

（1）以小组为单位开展训练，组内同学要分工合作、相互配合、团队协作；

（2）屋顶绿化设计和施工技术方案应具有科学性和可行性；

（3）做到安全生产，操作程序符合要求。

2．训练内容

（1）结合当地小区绿化工程的屋顶绿化植物栽植任务，以学生小组为单位，在咨询学习、小组讨论的基础上制订某小区或学院屋顶绿化植物栽植技术方案。

（2）以小组为单位，依据技术方案进行屋顶绿化植物栽植施工训练。

3．可视成果

某小区或学校屋顶绿化植物栽植技术方案；栽植管护成功的屋顶绿地。

考核评价见表4-6。

表 4-6　屋顶绿化植物栽植考核评价表

模　块	园林植物栽植		项　目	屋顶及垂直绿化植物的栽植	
任　务	任务 4.1　屋顶绿化植物栽植			学　时	2
评价类别	评价项目	评价子项目	自我评价（20%）	小组评价（20%）	教师评价（60%）
过程性评价 （65%）	专业能力（45%）	方案制订能力（15%）			
		方案实施能力 苗木准备（5%）			
		屋顶处理（12%）			
		栽植施工（13%）			
	社会能力（20%）	主动参与实践（7%）			
		工作态度（5%）			
		团队合作（8%）			
结果评价（35%）	方案完整性、可行性（15%）				
	栽植的植物成活率（10%）				
	屋顶绿化景观效果（10%）				
	评分合计				
班级：		姓名：	第　　组	总得分：	

 小结

屋顶绿化植物栽植任务小结如图4-13所示。

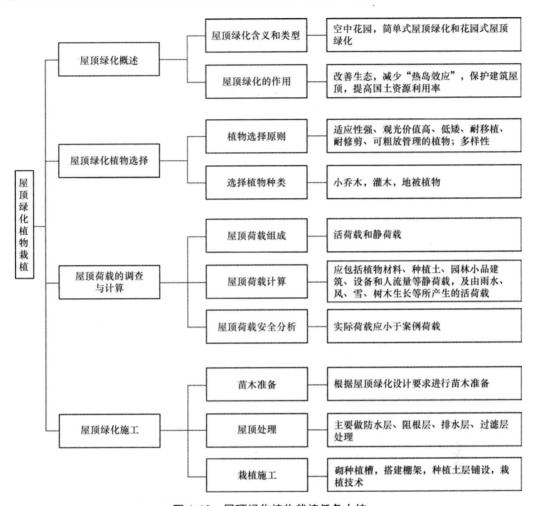

图 4-13　屋顶绿化植物栽植任务小结

 思考与练习

1．名词解释

屋顶绿化，简单式屋顶绿化，花园式屋顶绿化，屋顶荷载，活荷载，静荷载。

2．填空题

（1）屋顶绿化的类型多种多样，目前国内外通常根据其荷载的大小将屋顶绿化分为两类：_____、_____。

（2）简单式屋顶绿化具有荷载轻、_____、_____的特点。其绿化形式主要有_____、_____、_____。

（3）花园式屋顶绿化对屋顶的_____和_____要求严格，_____、_____，很难大面积营建。

（4）屋顶绿化种植由于受到荷载的限制，不可能有很深的土壤，因此屋顶绿化的环境特点主要表现在_____、_____、_____；同时_____、_____，夏季温度较高，冬季寒冷，昼夜温差_____。

（5）屋顶绿化树木栽植的基质除了要满足提供水分、养分的一般要求外，应尽量采用_____，以减少屋面载荷。基质应_____，_____，_____，_____，清洁无毒，pH 6.5～7.5。

（6）屋顶绿化常用基质有_____、_____、_____、_____、_____、_____河沙等。

（7）屋顶绿化的屋顶处理主要包括_____、_____、_____、_____等处理。

3．选择题

（1）屋顶绿化的种植土是（　　）。

　　A．人工合成土　　　　　　　　B．自然土

　　C．自然土和无土基质　　　　　D．轻型土壤

（2）屋顶结构可以承受的最大荷载计算内容包括（　　）。

　　A．排水层材料　　　　　　　　B．人造土

　　C．植物　　　　　　　　　　　D．各种材料和降水（雪）、降尘等

（3）屋顶绿化的大灌木存活种植土最小厚度是（　　）cm。

　　A．15　　　　　B．30　　　　　C．45　　　　　D．50

（4）花园式和组合式屋顶绿化设计，其屋面荷载应不小于（　　）kg/m²。

　　A．200　　　　B．300　　　　C．500　　　　D．600

（5）简单式屋顶绿化设计，其屋面荷载应达到（　　）kg/m²。

　　A．100～200　　B．200～300　　C．300～500　　D．100～250

（6）屋顶绿化的排水层设在防水层（　　）面，过滤层的（　　）面。

　　A．上、下　　　B．下、上　　　C．上、上　　　D．下、上

（7）屋顶绿化 $H=2.0～2.5$m 的乔木（带土球）种植荷载应达到（　　）kg/m²。

　　A．150～250　　B．100～150　　C．50～100　　D．250～300

（8）屋顶绿化 $H=1.5～2.0$m 的大灌木种植荷载应达到（　　）kg/m²。

　　A．150～250　　B．100～150　　C．50～100　　D．250～300

（9）屋顶绿化 $H=0.2～1.0$m 的地被植物种植荷载应达到（　　）kg/m²。

　　A．150～250　　B．100～150　　C．50～100　　D．250～300

（10）屋顶绿化 1m² 的草坪种植荷载应达到（　　）kg/m²。

　　A．150～250　　B．100～150　　C．50～100　　D．250～300

4．问答题

（1）简述屋顶绿化的作用。

（2）分析屋顶绿化的环境特点。

（3）屋顶绿化植物选择的原则有哪些？举例说明本地区屋顶绿化怎样正确选择植物种类。

（4）分析屋顶荷载的组成。举例说明怎样正确计算屋顶荷载。

（5）举例说明屋顶绿化栽植施工的流程及操作技术要点。

（6）分析屋顶绿化的屋顶处理程序和技术。

任务 *4.2*
垂直绿化植物栽植

 任务分析

【任务描述】

　　垂直绿化是园林绿化的重要组成部分，是园林绿化向空间的延伸。本任务学习以学校或某小区绿化工程中垂直绿化植物栽植的施工任务为支撑，以学习小组为单位首先制订学校或某小区垂直绿化植物栽植技术方案，再依据制订的技术方案和垂直绿化技术规范，完成一定数量的垂直绿化植物栽植模拟施工任务。本任务实施宜在园林植物栽培理实一体化实训室、学校或某小区绿地开展。

【任务目标】

　　（1）能以小组为单位制订学校或某小区垂直绿化植物栽植的技术方案；

　　（2）能依据制订的技术方案和垂直绿化技术规范，进行垂直绿化植物栽植模拟施工；

　　（3）能熟练并安全使用各类垂直绿化植物栽植的器具材料；

　　（4）能独立分析和解决实际问题，吃苦耐劳，合理分工并团结协作。

 理论知识

4.2.1 垂直绿化概述

4.2.1.1 垂直绿化的含义

　　利用植物材料沿建筑物立面或其他构筑物表面攀附、固定、贴植、垂吊形成垂直面的绿化。它主要包括：墙面绿化；阳台、窗台绿化；花架、棚架绿化；裸露山体、护坡绿化；栏杆、桥柱、灯柱及屋顶绿化等绿化形式。

4.2.1.2 垂直绿化的作用

　　① 有效利用土地资源，增加城市绿地率和绿化覆盖率，扩大城市绿量，提高城市

绿化水平；

②减少城市热辐射、阻滞尘埃、涵养雨水、增加空气湿度，有效改善城市生态环境；

③形成城市垂直立面优美景观，绿化美化环境，是建设美丽中国的重要途径。

4.2.2　垂直绿化的植物选择

4.2.2.1　垂直绿化植物选择条件

①具有浅根性，耐贫瘠、耐旱、耐寒、耐水湿，对阳光有高度适应性，易栽培，管理方便者；

②具有卷须、吸盘、吸附根，可攀缘、匍匐、悬垂生长，对建筑物无损坏的蔓生植物；

③姿态优美，或花果艳丽，或叶形奇特、叶色秀丽，观赏价值高。

4.2.2.2　垂直绿化植物种类

（1）缠绕类

缠绕类指依靠自己的主茎或叶轴缠绕它物向上生长的一类藤本，适用于栏杆、棚架等。如紫藤、金银花、菜豆、牵牛花、木通、南蛇藤、扶桑、猕猴桃等。

（2）攀缘类

攀缘类指由枝、叶、托叶的先端变态特化而成的卷须攀缘生长的一类藤本，适用于篱墙、棚架和垂挂等。如葡萄、铁线莲、丝瓜、葫芦、飘香藤等。

（3）蔓生类

蔓生类指不具有缠绕特性，也无卷须、吸盘、吸附根等特化器官，茎长而细软，披散下垂的一类藤本，适用于栏杆、篱墙和棚架等，如迎春、迎夏、枸杞、藤本月季、木香等。

（4）攀附类

攀附类指依靠茎上的不定根或吸盘吸附它物攀缘生长的一类藤本，适用于墙面等。如地锦、扶芳藤、常春藤、凌霄、薜荔等。

4.2.3　垂直绿化植物配置

（1）应用垂直绿化植物造景，要根据周围的建筑形式和植物环境进行合理配置，在色彩和空间大小、形式上协调一致。

（2）在配置立体绿化植物时应注意观赏效果，季相变化及叶、花、果、植株形态等合理搭配、远近结合。尽量选用常绿攀缘植物，如选用落叶植物要考虑落叶期景观并注意与常绿植物的搭配。

（3）依照植物种类、形式多样的原则配置，结合植物生长习性、观赏特征、与环境及与攀附构筑物关系采用点缀式、花境式、整齐式、悬挂式、垂吊式不同设计形式。

①点缀式　以观叶植物为主，点缀观花植物，实现色彩丰富。如地锦中点缀凌霄、紫藤中点缀牵牛等。

② 花境式　几种植物错落配置，观花植物中穿插观叶植物，呈现植物株形、姿态、叶色、花期各异的观赏景致。如大片地锦中有几块爬蔓月季。

③ 整齐式　体现有规则的重复韵律和同一的整体美。成线成片，但花期和花色不同。如红色与白色的爬蔓月季、铁线莲与蔷薇等。力求在花色的布局上达到艺术化，创造美的效果。

④ 悬挂式　在攀缘植物覆盖的墙体上悬挂应季花木，丰富色彩，增加立体美的效果。悬挂时需用钢筋焊铸花盆套架，用螺栓固定，托架形式讲究艺术构图，花盆套圈负荷不宜过重，应选择适应性强、管理粗放、见效快、浅根性的观花、观叶品种。布置要简洁、灵活、多样，富有特色。如紫叶草、石竹等。

⑤ 垂吊式　自立交桥顶、墙顶或平屋檐口处，放置种植槽，种植花色艳丽或叶色多彩、飘逸的下垂植物，让枝蔓垂吊于外，既充分利用了空间，又美化了环境。材料可用单一品种，也可用季相不同的多种植物混栽。如凌霄、木香、蔷薇、紫藤、地锦、牵牛等。容器底部应有排水孔，式样轻巧，牢固，不怕风雨侵袭。

4.2.4　垂直绿化的形式

4.2.4.1　墙面绿化

墙面绿化指各类建筑物墙面表面的垂直绿化。可极大地丰富墙面景观，增加墙面的自然气息，对建筑外表具有良好的装饰作用。在炎热的夏季，墙体垂直绿化，更可有效阻止太阳辐射、降低居室内的空气温度，具有良好的生态效益。据报道，有"绿墙"的室内温度能比无"绿墙"的室内温度降低 3～4℃，而湿度相应地增加 20%～30%，还能隔离噪声、吸收灰尘、降低污染。据测定，五爪金龙垂直绿化的地方，空气中含尘量可以降低 22%。

（1）直接吸附攀缘绿化墙面（图 4-14）

用吸附类的攀缘植物直接攀附墙面，是常见、经济、实用的墙面绿化方式，在城市垂直绿化面积中占有很大的比例。在植物的选择上一般要求生命力强、茎节有气生根或

图 4-14　墙面绿化（直接吸附攀缘）

吸盘的攀缘植物。在较粗糙的表面可选择枝叶较粗大的种类如有吸盘的地锦、异叶地锦等，有气生根的薜荔、美国凌霄等；在表面光滑、细密的墙面如马赛克贴面则宜选用枝叶细小、吸附能力强的种类如络石、洋常春藤等；在阴湿环境还可选用春羽、绿萝等。

（2）墙面安装条状或网状支架绿化墙面（图 4-15）

通过安装条状或网状支架，使卷须类、悬垂类、缠绕类的垂直绿化植物借支架绿化墙面。支架安装可采用在墙面钻孔后用膨胀螺旋栓固定，或者预埋于墙内，或者用凿砖打、木楔、钉钉、拉铅丝等方式进行。支架形式要考虑有利于植物的攀缘、人工缚扎牵引和养护管理。用钩钉、骑马钉等人工辅助方式也可使无吸附能力的植物茎蔓，甚至是乔、灌木枝条直接附壁，但此方式只适用于小面积的垂直绿化，用于局部墙面的植物装饰。

（3）墙体的顶部设花槽、花斗绿化墙面（图 4-16，图 4-17）

栽植枝蔓细长的悬垂类植物或攀缘植物（但并不利用其攀缘性）可在墙体顶部设花槽、花斗再栽植植物，并使其藤蔓悬垂而下，如常春藤、洋常春藤、金银花、

图 4-15　墙面绿化（有支架）

图 4-16　墙面绿化顶部（花槽）　　　图 4-17　墙面绿化顶部（花槽、花斗）

红花忍冬、木香、迎夏、迎春、云南黄馨、三角梅等，尤其是开花、彩叶类型装饰效果更好。

（4）女儿墙、檐口和雨蓬边缘墙外管道栽植绿化墙面

可选用适宜攀缘的常春藤、凌霄、地锦等进行垂直绿化。也可以选择一些悬垂类植物如云南黄馨、十姐妹等盆栽，置于屋顶，长长的藤蔓如绿色锦面。

4.2.4.2　棚架、廊道绿化（图 4-18、图 4-19）

这是园林中应用最早也是最为广泛的一种垂直绿化形式。棚架、廊道绿化是指攀缘植物在一定空间范围内，借助于各种形式、各种构件进行的垂直绿化形式。

（1）经济效益为主

主要是选用经济价值高的藤本植物攀附在棚架上，如葡萄、猕猴桃、五味子、金银花、丝瓜、黄瓜等。既可遮阴纳凉、美化环境，同时也兼顾了经济利益。

（2）美化环境为主

以园林构筑物形式出现的廊架绿化，形式极为丰富，有花架、花廊、亭架、墙架、门廊、廊架组合体等，其中以廊架形式为主要对象之一。利用观赏价值较高的垂直绿化植物在廊架上形成的绿色空间，或枝繁叶茂，或花果艳丽，或芳香宜人，既为游人提供了遮阴纳凉的场所，又为城市园林中独特的景点。常用于廊架绿化的藤木主要有紫藤、木香、金银花、藤本月季、凌霄、铁线莲、大花老鸦嘴、观赏南瓜、三角梅、炮仗花等。

图 4-18　经济型棚架绿化

图 4-19　观赏型棚架绿化

4.2.4.3　人行天桥、立交桥垂直绿化

由于所处的位置大多交通繁忙，汽车废气、粉尘污染严重，土壤条件差，桥柱还存在着光照不足的缺点，因此，在选择植物材料时应当充分考虑这些因素，选用那些适应性强、抗污染并抗逆性强的种类，如异叶地锦、洋常春藤等。

（1）桥体绿化（图 4-20）

应根据桥体两侧的栽植槽或栽植带的宽度选择植物，桥体两侧无栽植地时，可在

图 4-20　桥体绿化图

图 4-21　桥柱绿化

图 4-22　栅栏绿化

图 4-23　围栏绿化

桥体两侧架设辅助设施如栽植槽等实施绿化。栽植槽或栽植带宽度小于 60cm 时，栽植抗旱性强的攀缘或悬垂植物，如三角梅、云南黄素馨、紫芸藤等；栽植槽或栽植带宽度大于 60cm 时，还可栽植常绿灌木，如枸骨、假连翘、鹅掌藤等。

一些具吸盘或吸附根的攀缘植物如地锦、络石、常春藤、凌霄等尚可用于小型拱桥、石墩桥的桥墩和桥侧面的绿化，涵盖于桥洞上方，绿叶相掩，倒影成景；也可用于高架、立交桥立柱的绿化。

（2）桥柱绿化（图 4-21）

应选择栽植抗旱性强、攀爬能力强的攀缘植物，如地锦、洋常春藤、络石等；也可通过牵引措施，栽植五叶地锦、常春油麻藤等。

4.2.4.4　围栏、栅栏绿化（图 4-22、图 4-23）

藤本植物在栅栏、铁丝网、花格围墙上缠绕攀附，或繁花满篱，或枝繁叶茂、叶色秀丽。可使篱垣因植物的覆盖而显得亲切、和谐。栅栏、花格围墙上多应用带刺的藤木攀附其上，既美化了环境，又具有很好的防护功能。常用的有藤本月季、云实、金银花、扶芳藤、凌霄等，缠绕、吸附或人工辅助攀缘在篱垣上。

4.2.4.5　护坡（堤岸）绿化（图4-24）

护坡绿化是用各种植物材料，对具有一定落差坡面起到保护作用的一种绿化形式，包括山体悬崖峭壁、土坡岩面、山石以及城市道路两旁的坡地、堤岸和道路护坡等。可选择两种形式进行，绿化材料既可在岸脚种植带吸盘或气生根的地锦、常春藤、络石等，亦可在岸顶种植垂悬类的紫藤、蔷薇类、迎春、迎夏、花叶蔓等。

（1）河、湖护坡绿化

河、湖护坡绿化应选择耐涝、抗风的植物，如洋常春藤、长喙花生、马尼拉草等。

（2）海岸护坡绿化

海岸护坡绿化应选择耐盐碱、抗海风的植物，如沿阶草、三裂蟛蜞菊、百喜草等。

（3）道路护坡绿化

道路汽车废气、粉尘污染严重，应选择吸尘、防噪、抗污染的植物，并且不得影响行人及车辆安全。常用植物有云南黄素馨、木豆、天门冬等。

（4）山体陡坡绿化

采用藤本植物覆盖，一方面既遮盖裸露地表，美化坡地，起到绿化、美化的作用，另一方面可防止水土流失，又具有固土之功效。一般选用地锦、葛藤、常春藤、藤本月季、薜荔、扶芳藤、迎春、迎夏、络石等。

图4-24　护坡（堤岸）绿化

（5）花坛台壁、台阶绿化

花坛台壁、台阶两侧可吸附地锦、常春藤等，其叶幕浓密，使台壁绿意盎然，自然生动；在花台上种植迎春、枸杞等蔓生类藤本，其绿枝婆娑潇洒，犹如美妙的挂帘。

（6）山石绿化

山石绿化是现代园林中最富野趣的点景材料，藤本植物的攀附可使之与周围环境很好地协调过渡，但在种植时要注意不能覆盖过多，以若隐若现为佳。常用覆盖山石的藤木有地锦、常春藤、扶芳藤、络石、薜荔等。

4.2.4.6　园门造景

城市园林和庭院中各式各样的园门，如果利用藤木攀缘绿化，则别具情趣，可明显增加园门的观赏效果。适于园门造景的藤木有三角梅、木香、紫藤、木通、凌霄、金银花、金樱子、藤本月季、炮仗花等，利用其缠绕性、吸附性或人工辅助攀附在门廊上；也可进行人工造型，或让其枝条自然悬垂。显花藤木，盛花期繁花似锦，则园门自然情趣更为浓厚；地锦、络石等观叶藤本，则可使门廊浓荫匝顶。

4.2.4.7　柱体绿化

树干、电杆、灯柱等柱体进行垂直绿化，可攀缘具有吸附根、吸盘或缠绕茎的藤木，形成绿柱、花柱。金银花缠绕柱干，扶摇而上；地锦、络石、常春藤、薜荔等攀附干体，颇富林中野趣。但在电杆、灯柱上应用时要注意控制植株长势、适时修剪，避免影响供电、通信等设施的功能。

4.2.4.8　室内垂直绿化（图4-25）

宾馆、公寓、商用楼、购物中心和住宅等室内的垂直绿化，可使人们工作、休息、娱乐的室内空间环境更加赏心悦目，达到调节紧张、消除疲劳的目的，有利于增进人体健康。垂直绿化植物经叶片蒸腾作用，向室内空气中散发水分，可保持室内空气湿度；可以增加室内负离子，使人感到空气清新愉悦。有些垂直绿化植物可以分泌杀菌素，使室内有害细菌死亡。可通过绿色植物吸收二氧化碳、放出氧气的光合作用，清新空气；绿色植物还可净化空气中的一氧化碳等有毒气体。垂直绿化可有效分隔空间，美化建筑物内部的庭柱等构件，使室内空间由于绿化而充满生气和活力。室内的

图 4-25　室内垂直绿化

植物生长环境与室外相比有较大的差异，如光照强度明显低于室外、昼夜温差亦较室外要小、空气湿度较小等，因此在室内垂直绿化时必须首先了解室内环境条件及特点，掌握其变化规律，根据垂直绿化植物的特性加以选择，以求在室内保持其正常的生长和达到满意的观赏效果。室内垂直绿化的基本形式有攀缘和吊挂，可应用推广的种类有常春藤（包括其观叶品种）、络石、花叶蔓、热带观叶类型的绿蔓和红宝石等。

 任务实施

1．器具与材料

垂直绿化栽植技术方案；园林植物苗木，绿化墙面，皮尺、尼龙绳、修枝剪、锄头、铁锹、铲、盛苗器、栽植槽、盆器、运输工具、水桶等各类栽植工具；互联网；报纸、专业书籍；教学案例等。

2．任务流程

垂直绿化栽植施工流程如图 4-26 所示。

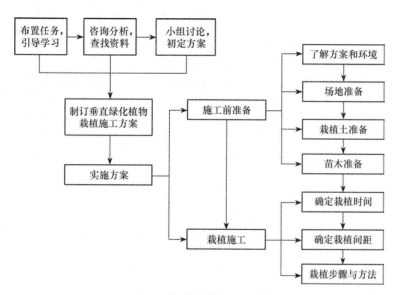

图 4-26　垂直绿化栽植施工流程图

3．操作步骤

（1）施工前准备

① 了解栽植方案和环境　施工前，应仔细核对设计图纸，掌握设计意图和施工技术要求，进行现场对图，如有不合适应做好相应调整；应实地调查了解栽植地给水、排水、土质、场地周围环境等情况。

② 场地准备

•墙面或围墙绿化时，需沿墙边带状整地；也可采用沿墙砌花槽填土种植。对墙面光滑植物难以攀附的，应事先采取安装条状或网状支架的辅助措施，促进植物攀附固定。

• 阳台、窗台绿化时，除场地允许用花盆种植外，还可采用支架外挂栽植槽供绿化，但必须考虑最大承重及支架挂件安全牢固、耐腐蚀，防止物件坠落。

• 棚架、桥柱绿化时，围绕棚架或桥柱的四周应进行整地，整地的宽度视现场条件情况一般以 40～60cm 为宜，对植物不易攀附的应采取牵引固定的措施。

• 裸露山体、护坡绿化时，应沿山边或坡边整地，宽度一般以 50～80cm 为宜；坡长度超过 10m 的，可采用其他工程措施在半坡处增设种植场地。

③ 种植土准备 栽植前应对土壤基质理化性质进行测定，要求符合表 4-7 的规定。

表 4-7 垂直绿化栽植基质重要理化性状要求

栽植形式	pH 值	EC 值 （ms/cm）	有机质 （g/kg）	容重 （mg/m³）	通气孔隙度 （%）	有效土层 （cm）	石灰反应 （g/kg）	石砾	
								粒径 （cm）	含量 （%）
地 栽	6.0～7.5	0.51～1.5	≥30	≤1.1	≥12	40～50	<10	≥3	≤10
栽植槽	6.0～7.5	0.5～1.5	≥30	≤1.1	≥12	20～30	<10	≥2	≤5

直接下地种植的在栽植前应整地，翻地深度不得少于 40cm；对含石块、砖头、瓦片等杂物较多的土壤，必须更换栽植土。栽植地点有效土层下方如有不透气层的，应用机械打碎，不能打碎的应钻穿，使土层上下贯通。

栽植前结合整地，应向土壤中施基肥，肥料应选择腐熟的有机肥，将肥料与基质拌匀，施入坑或槽内。

需要设置栽植槽等辅助设施提供栽植条件种植植物的其栽植槽内净高宜为 30～50cm；净宽宜为 20～40cm，填种植土的高度应低于槽沿 2～3cm 以防止水、土溢出。栽植槽填土应使用富含腐殖质且轻型的种植基质。

④ 苗木准备

选苗：在绿化设计中应根据施工图设计要求，根据垂直立面的朝向、光照、立地条件和成景的速度，科学合理地选择适宜的植物苗木。要求植株根系发达、生长苗壮、无病虫害，大部分垂直绿化可用小苗，棚架绿化的苗木宜选大苗。

起苗与包装：落叶种类多采用裸根起苗，常绿类用带土苗。起苗后合理包装。

运输与假植：起出待运的苗木植株应就地假植。裸根苗木在 0.5d 内的近距离运输，只需盖上帆布即可；运程超过 0.5d 的，装车后应先盖湿草帘再盖帆布；运程为 1～7d 的，根系应先蘸泥浆，用草袋包装装运，有条件时可加入适量湿苔等；途中最好能经常给苗株喷水，运抵后若发现根系较干，应先浸水，但以不超过 24h 为宜；未能及时种植的，应用湿土假植，假植时间超过 2d 应浇水管护。

（2）栽植施工

① 栽植季节 华南地区，春、秋、冬均可栽植；华中、华东长江流域，春、秋季栽植；华北、西北南部，3～4 月栽植；东北、西北、华北，4 月栽植；西南，2～3 月、6～9 月栽植。

非季节性栽植应采用容器苗。

②栽植间距

• 植物的栽植间距按设计施工图要求，应考虑苗木品种、大小及要求绿化见效的时间长短合理确定，通常应为 40～50cm；

• 垂直绿化材料宜靠近建筑物和构筑物的基部栽植；

• 墙面贴植，栽植间距为 80～100cm。

③栽植步骤与方法

挖穴：垂直绿化植物多为深根性植物，穴应该略深些，穴径一般应比根幅或土球大 20～30cm，深与穴径相等或略深。蔓生性垂直绿化植物为 45～60cm；一般垂直绿化植物为 50～70cm。穴下部填土，加肥料层，若水位高还应添加沙层排水。

栽植苗修剪：垂直绿化植物的特点是根系发达，枝蔓覆盖面积大而茎蔓较细，起苗时容易损伤较多根系，为了确保栽植后水分平衡，对栽植苗留适当的芽后对主蔓和侧蔓适当重剪和疏剪；常绿类型以疏剪为主，适当短截，栽植时视根系损伤情况再行复剪。

定植：栽植工序应紧密衔接，做到苗木随挖、随运、随种、随灌，裸根苗不得长时间暴晒和脱水；除吸附类作垂直立面或作地被的垂直绿化植物外，其他类型的栽植方法和一般的园林树木一样，即要做到"三埋二踩一提苗"，做到"穴大根舒、深浅适度、根土密接、定根水浇足"。裸露山体的垂直绿化宜在山体下面和上部栽植攀缘植物，有条件的可结合喷播、挂网、格栅等技术措施实施绿化。

围堰浇水：栽植后应坚固树堰，用脚踏实土埂，以防跑水。苗木栽好后应立即浇第一遍水，过 2～3d 再浇第二遍水，两次水均应浇透。浇水时如遇跑水、下沉等情况，应随时填土补浇。第二次浇水后应进行根际培土，做到土面平整、疏松。

牵引和固定：建筑物及构筑物的外立面用攀缘或藤本植物绿化时应根据植物生长需要进行牵引和固定，苗木种植时应将较多的分枝均匀地与墙面平行放置；护坡绿化应根据护坡的性质、质地、坡度的大小采用金属护网、砌条状护坝等措施固定栽植植物。

案例 4-3　西安市立交桥立体绿化

1. 西安市立交桥概况

为了缓解西安市日益加剧的交通拥堵状况，城市立交桥建设迅速发展，目前西安市已建成几十座立交桥与高架桥。二环以内就有二十几座。

2. 气候特征

西安市气候属暖温带半湿润大陆性季风气候，四季分明，夏季炎热多雨，冬季寒冷，少雨雪，春秋时有连阴雨天气出现。西安市年平均气温 13.1～13.4℃，年极端最高气温

35～41.8℃；极端最低 -20～-16℃。全年以 7 月最热，月平均气温 26.1～26.3℃，月平均最高气温 32℃左右；1 月最冷，月平均气温 -1.3～-0.3℃，月平均最低气温 -4℃左右，年较差达 26～27℃。降水年际变化很大，多雨年和少雨年雨量差别很大，两者最大差值可达 590mm。降水的季节分配也极不均匀，年平均相对湿度 70% 左右，有 78% 的雨量集中在 5～10 月，其中 7～9 月的雨量即占全年雨量的 47%，且时有暴雨出现。全年盛行风向为东北风，年平均风速为 1.8m/s。

3．设计原则

遵循安全性、整体性、景观性、生态性原则等进行设计。

4．植物应用

根据植物选择要求主要选择藤本类的地锦、五叶地锦、常春藤、凌霄、金银花、藤本月季等，垂挂类草花的矮牵牛、一串红、万寿菊、吊兰、旱金莲、彩叶草等，灌木类的紫叶小檗、金叶女贞、小叶女贞、八角金盘、海桐、红叶石楠等。

5．立交桥绿化

（1）桥身绿化

①栏杆绿化　桥面栏杆放置装饰吊篮种植槽（槽的摆置密度不宜过大），槽底铺设排水层，填入人工配制保水保肥能力强、疏松透气、营养丰富的轻质土壤，种植装饰效果较强的植物一串红、万寿菊、三色堇或抗性适应性强的矮牵牛、五叶地锦等植物进行栏杆绿化。

②桥壁绿化　采用地栽布置方式，沿墙或柱下种植，种植带宽度 1m 左右，土层厚根据植物不同而定，约为 0.5m，种植时使植物根部离墙 20cm 左右。因本桥基空间充裕，在距墙体 0.2～0.5m 的距离内竖立用竹片、木料等材料制作的艺术造型和用钢管、铁丝网制成的经典时尚造型，其下种植藤本植物可利用支架向上攀爬，为单纯的绿色桥壁增添绚丽的色彩与精美奇特的造型。在植物品种的选择上，依桥壁材料和光度的不同，面向阳光这一面的种植凌霄、紫藤、木香、扶芳藤等；背离阳光的阴面种植常春藤、地锦等耐阴植物等。在桥梁的两侧栏杆基部设置花槽，采用轻质土壤种植藤本植物地锦、五叶地锦、南蛇藤等。

③桥帮垂挂　桥帮与桥壁几乎属于同一立面，本立交桥将桥帮与桥壁结合起来绿化，在桥帮栏杆上专门固定种植花钵和花槽，栽植垂吊花卉，美化桥帮。

（2）桥柱绿化

吸附类和缠绕类的攀缘植物最适于桥柱造景，卷须类植物也可应用。对于部分全天有一定直射光照、日照充足的部位采用攀缘植物或在柱体外壁固定环形金属槽，其内种植枝条柔软的垂吊植物，如旱金莲、吊兰、矮牵牛等。对于无阳光直射的立柱，在立柱下设置种植槽，栽植地锦、常春藤等耐阴植物，使其向上攀爬，达到绿化和美化效果。

（3）桥底绿化

桥底绿化本着打造"桥下森林"为理念，模仿自然生态环境下的森林模式，创造和谐统一的生态立交景观。如南三环立交桥桥底进行了初步绿化栽植试验，并取得良好的效果。栽植了大规格乡土树种槐、油松等，还搭配有大叶女贞、紫薇、花石榴、八角金盘、红叶石楠、玉簪等花灌木，丰富植物层次，提升绿地的观赏效果，使其达到三季有花、四季常绿的景观效果。

案例 4-4　加拿大馆垂直绿化

1．加拿大馆垂直绿化概况

建造面积约 600m²（相当于建筑占地面积的 10%）；建造高度为 17m；建造方式为模块式垂直绿化；植物选择小规格灌木（金边黄杨、海桐）。

2．设计要点

设计分为 3 块：①景观设计：选择金边黄杨和海桐两种深浅不同的绿色植物勾勒出加拿大某城市的地图形状，表达绿色城市，美好生活。②建筑结构设计：选择合适的绿化模块，根据模块的特点进行结构计算，并设计垂直绿化必要的连接构件。③垂直绿化各系统的深化设计。

3．垂直绿化系统

（1）绿化模块

完整的绿化模块包括：种植盒体；盒体内浇灌通路；固土隔片；种植土；植物；表面固定网片；背部固定悬挂条。采用类似于大理石干挂的方法，通过固定悬挂条固定在绿化钢结构上；固土隔片和表面固定网片可以将种植土固定在种植盒体内，防止脱落；标准化生产的种植盒体、悬挂条等构件可以使绿化模块的安装尺寸很精确。

（2）固定系统

使用材料为镀锌角钢，预先制作的角钢固定在建筑预留的联墙构件上，安装尺寸符合绿化模块的安装模数。

（3）浇灌及排水系统

浇灌：由绿化墙面最顶部的一根浇灌管和相互连接的模块所形成的完整的浇灌通路组成；由自动控制系统控制，以若干区域轮流灌溉的方式完成全墙面的浇灌步骤；各个轮灌区域的浇灌持续时间根据绿化墙面的形状有所不同，尽可能地节约用水；排水：利用景墙最底部的 PVC 集水管将多余的水集中排放至指定排水处。

（4）防水设施

使用一层 PE 膜将绿化模块和绿化钢结构隔离，使浇灌多余的水能引流至底部的排水槽中。

4．垂直绿化模块安装

顺序分为：①材料加工：种植盒体及配件生产；种植盒体组装、编号；植物种植；绿化模块养护成景；种植开始前在地面放样（完全按照绿化墙面图案放样）；每个绿化模块完全按照编号的图案进行种植；植物种植完成后，按照绿化模块的编号，仔细检查每个绿化模块内植物的图案，直到完全符合图纸。②绿化钢结构制作安装。③浇灌及排水系统安装。④防水处理。⑤绿化模块安装，绿化模块安装至墙面时再次核对模块的编号，确保景观图案的准确。⑥结构收尾及整理。

5．特点

外墙装饰效果好；可以标准化生产和安装；现场施工时间短，与其他建筑系统相容性好；可以作为外墙的第一层隔热保温材料。

新型建筑外墙材料——模块式垂直绿化必将使城市的生活更加美好！

　知识拓展

1．垂直绿化植物的盆器栽植

（1）盆栽植物的选择

应选长势适中，节间较短，蔓姿、叶、花、果观赏价值高，病虫害少的种类或品种。观果垂直绿化植物，宜选用自花授粉率高的品种。一般情况下，垂蔓性品种更适合盆栽，如迎春、迎夏、连翘、枸杞、花叶蔓等。分枝性差、单轴延长的蔓性灌木，不宜用作盆栽。

缠绕类中苗期呈灌木状者（如紫藤等）和卷须类中可供观花、观果者（如金银花、葡萄等）也适合盆栽。吸附类中常绿耐阴的常春藤等，常供室内盆栽，作垂吊观赏。枝蔓虬曲多姿者，还适合制作树桩盆景，如金银花、紫藤等。

（2）选盆

选盆就是选择盆的大小、深浅、款式、色彩和质地。要求做到：大小适中，深浅恰当，款式相配，色彩协调，质地相宜。

①盆的大小、深浅　盆的大小一定要适中。盆器过大，盆内显得空旷，植株显得体量过小，而且因为盛土多、蓄水多，常会造成烂根；盆器过小，内置植株就会显得头重脚轻，缺乏稳定感，盛土少、蓄水少，常造成养分、水分供应不足，影响植物生长。

盆的深浅对于植株生长和株形影响很大，过深，盆中容土多、蓄水多，不利于喜干品种的生长；过浅，容土太少且易干润，不利于喜湿类型以及观花、观果品种的生长。

另外，主蔓粗壮的品种，易给人以不稳定感。

②盆的款式、色彩　盆的款式一定要与盆中所栽品种的形态形成的景观相匹配，在格调上一致、协调，同时还要考虑到有利于植株生长以及摆放环境的协调。

盆的色彩与盆中植株的色彩要既有对比又相协调。植株观赏部位色彩较深，如红色的种类，应选择色彩较浅如白色、浅绿色、浅黄色、浅蓝色的盆；观赏部位色彩较浅如翠绿色叶的应选择深色的盆。配盆时还应考虑到植株主蔓的色彩。

③盆的质地　从观赏性考虑，宜选择观赏性较好的釉陶盆、紫砂陶盆、瓷盆等；但从栽培和养护出发宜选择通气透水性好的瓦盆，如能套上装饰性强的盆，则可相得益彰。

（3）盆栽用土或基质

盆栽用土一定要根据植物种类的生物学特性来选用，盆栽垂直绿化植物对土壤要求的共性是肥沃疏松、富含腐殖质。腐殖质土、稻田土、山泥、腐叶土、塘泥土等都可以作盆栽用土。但为了满足盆栽用土达到肥沃、疏松、富含腐殖质的目标，常常需要进行人工配制培养土，常见的配方有：4份肥田土＋4份腐叶土＋2份粗砂＋少量砻糠灰。如果是盆栽喜肥植物，还应配制加肥培养土，为10份普通培养土＋饼肥1～2份。

无土盆栽是在无孔盆中以蛭石、石英砂

等基质，加入营养液进行的栽培，是卫生、优质、便于机械化生产的先进栽培方法。营养液的配制因当地水质、植物种类对酸碱度的要求不同而异，具体做法可参考有关无土栽培章节。

（4）盆栽的方法和步骤

① 上盆　北方的新瓦盆含碱，需经水充分浸泡，使其吸足水，以利于除碱；旧盆浸后有青苔的则应刷净。浸后待盆稍干再用。在栽植之前首先需要填塞盆底的透水孔，浅盆可用双层铁丝网或塑料窗纱填塞；较深的盆可用两片碎瓦片叠合填塞；千筒盆则需要用多块瓦片将盆下层垫空。值得注意的是千万不能将透水孔堵死，以免排水不畅，造成植株烂根。填土时应在盆底放大粒土，稍上放中粒土，中上部放细粒土，一边放入一边用竹扦抖动，以使盆土与植株根贴实，但不可将土压得太紧，以保证盆土的透气透水。深盆栽植需要留水口，离盆口 1～2cm，以便于浇水；浅盆则不留水口。填土结束后，用细喷壶浇足定根水，至盆底孔有水流出为止，特别要注意避免出现浇"半截水"、上下干湿不均，影响根系的生长。其后，将其放置到无风半阴处，并注意对植株经常喷水，约半个月后，进入正常管理。

② 换盆　盆栽垂直绿化植物生长多年后，须根密布盆底，浇水难以渗透、排水也变困难，肥料也不能满足需要，会影响植株的正常生长，应翻盆换土，并同时结合修根。

翻盆、换土一般 1～2 年进行 1 次。枝叶茂盛、根系发达的喜肥类型，可每年进行一次。翻盆时间一般在植株休眠期或生长迟缓期进行为宜，最好在将萌芽前的早春（3月初至4月初）进行。常绿类型植物可在晚春或夏季梅雨季节翻盆；春花类型的宜花后进行为妥。

在脱盆前 1～2d 浇足水，以便于脱盆。脱盆时，用手掌拍打盆的四周，使土团与盆壁分离，然后用一只手握住主蔓基，用另一只手的手指由排水孔向外顶出。脱盆后，须去除部分旧土并增添新土，以增加肥力、促发新根。根须多而易活的类型，可多去一些旧土，反之，则应多保留一点旧土。剔除旧土时，视情况进行根系修剪更新，去除部分粗长老根、病根和死根。选择大一套的盆，添加新土。

翻盆用的土壤必须是有机质含量丰富、排水快、透气性好的肥土，一般以中性园土 5 份＋厩肥或堆肥 3 份＋砻糠灰 2 份，充分拌匀后过筛备用。

③ 施肥　盆土的养分有限，在补充肥料时应注意：有机肥、饼肥在施肥之前应先充分腐熟，防止发酵烧根；应薄肥勤施，以防肥害；新栽植株，在新根未长出时不要急于施肥；施肥应于盆土干燥时进行，施后要浇水；施用液态肥时不宜洒在叶片上，以免烂叶。梅雨季节不施肥。

施肥以有机氮肥为主，养分较全面的首推饼肥。将饼肥与水按 1∶4 沤制发酵，喜肥植物类型施用时稀释 10 倍，一般植物种类稀释 20～30 倍施用。在生长期 1～2 周施 1 次。对喜酸性的垂直绿化植物，以饼肥为主加硫酸亚铁等配制"矾肥水"，即将饼肥 5～6kg、人畜粪肥 10～15kg、硫酸亚铁 2.5～3kg、水 175～200L，放入缸内沤制（冬季需在高温温室中沤制 1 个月）。碎块饼肥也可在雨季干施，或研成细粉撒于盆面，3～5d 可见效。叶面喷施 0.05%～0.1% 磷酸二氢钾，可防落花落果。

④ 浇水　盆栽垂直绿化植物浇水应掌握"不干不浇，浇则浇透"的原则。盆面浇水是常用基本方法；叶面喷雾主要用于夏季

高温季节；盆栽多于移栽初期的定植水。

浇水时间：春、秋季宜上午或下午浇水；夏季高温时，宜在早晨和傍晚浇水，切忌在中午烈日下浇水；冬季寒冷时，宜在中午气温较高时浇水，且尽量少浇。

（5）支架与整形

① 单柱形　立较粗的竹、木、塑管柱于高蔓旁。盆内先内垫海绵或管内打孔，内填泡沫塑料，再外包扎棕皮或塑料窗纱，多用于观叶类型植物，如绿萝等，直立缠蔓于柱。

② 平面形　有各式拍子（如藤本月季、迎春等）、牌坊式（如香豌豆等）、丁字式、阶式、开蚌式等。垂直绿化植物做拍最好入室前完成，过迟枝条变硬易折断，需先放进高温温室，待枝变软后进行。

③ 立体形　如漏斗形、伞垂形、锥螺形、尖塔形、圆球形等。

2. 立体绿化新技术

（1）一种用于垂直或倾斜的墙体表面绿化的植物种植技术

其主要组成部分是一个具有一定的弹性、通气性和不透水性的软性包囊，包囊由一片非纺织而成的材料做成，如聚酯、尼龙、聚乙烯、聚丙烯等。包囊可以并列地分成多个格，每个格开若干裂缝，数量和间距根据绿化的需要而定。绿化时，将包囊水平放置，将泥土倒入缝隙内，再种上植物，种植后将包囊沿墙体表面吊起，植物向外。最后加入适量的水，以促进植物的生长。这种绿化方式可以根据墙体的具体情况，精细地对墙体绿化，达到理想的绿化效果。

（2）一种垂直面绿化的构件

垂直面绿化构件的垂直面有排列有序、向上倾斜的花草导出管及花草导出管相连通的空腔，构件的上方有弯钩，有凹口，下方有凸片，便于施工安装。在空腔中植入培植基，通过花草导出管植入花草即能起到垂直绿化的目的。

（3）一种组合式直壁花盆

它包含底盆托架和多单元连体花盆，该连体花盆是由多只盆口向上的单元花盆依次固定在一直壁上而成，连体花盆以最末一个单元插嵌在底盆托架的托盆中。根据柱形建筑物的高度，可用多组多单元连体花盆叠置至所需高度，以上一组多单元连体花盆的最末一个单元插嵌在下一组多单元连体花盆的最上一个单元内，任意调节高度。

（4）一种可以种植植物的水泥防护墙

这种防护墙为钢结构，基部 H 钢与地面平行，而悬空 H 钢则与地面成一个角度。在钢结构上加上钢丝和透水性水泥层、人造绿化土壤，即可在上面种植植物。为了促进我国城市垂直绿化事业的进一步发展，必须打破思想上的束缚，不要认为垂直绿化只能用攀缘植物，研究也只是局限于攀缘植物的选种，还应对垂直绿化技术进行革新，因地制宜地开展多种垂直绿化。

（5）一种无土栽培模块式垂直绿化装置

2013 年 5 月 21 日，武汉市徐冬云工程师申报的实用新型专利"一种无土栽培模块式垂直绿化装置"获得国家知识产权局授权。本专利引入了可以蓄水保水的水苔，实现无土栽培模式，可以克服现某些技术的不足。同时增加了排灌系统，实现种植、养护一体化。该无土栽培模块式垂直绿化装置既可以作为园林景观观赏，也能起到生态绿化的多重作用。该专利可以作为墙面、阳台、门窗、花架绿廊、亭塔、花墙、栏杆、桥柱、灯柱、高架建筑涵洞桥头垂直绿化及公路铁路边坡护坡绿化等，应用范围广泛。

（6）生命墙

把草木板、种植模块或种植毯垂直安

装在墙体结构或框架中。这些面板可由塑料、弹力聚苯乙烯塑料、合成纤维、黏土、金属、混凝土等制成，可种植多样的巨大密度的植物。它们通常比壁面绿化需要更多地维护，但不管在内墙或外墙使用都有优势。生命墙也细分成 3 种类型：

容器型：将花槽安装到墙体的底部，可以使用多种品种的植物，但当生根区的面积有限时需要用人工轻质保水土壤。

模块型：植物生长在种植盒（板）上。推荐临时建筑使用，因为它可以轻易拆卸。植物需要定期更换，并不适合永久的种植。

基质型：也被称为"生物墙"，植物可以在充满土壤或种植基质的墙体上自由生长。

 巩固训练

1．训练要求

（1）以小组为单位开展垂直绿化训练，组内同学要分工合作、相互配合、团队协作。

（2）垂直绿化设计和施工技术方案应具有科学性和可行性。

（3）做到安全生产，操作程序符合要求。

2．任务训练内容

（1）结合当地小区绿化工程的垂直绿化植物栽植任务，让学生以小组为单位，在咨询学习、小组讨论的基础上制订某小区或学校垂直绿化植物栽植技术方案。

（2）以小组为单位，依据技术方案进行垂直绿化植物栽植施工训练。

3．可视成果

需提供某小区或学校垂直绿化植物栽植技术方案；栽植管护成功的垂直绿化景观。考核评价见表 4-8。

表 4-8　垂直绿化植物栽植考核评价表

模　块	园林植物栽培			项　目	屋顶及垂直绿化植物的栽植	
任　务	任务 4.2　垂直绿化植物栽植			学　时	2	
评价类别	评价项目		评价子项目	自我评价（20%）	小组评价（20%）	教师评价（60%）
过程性评价（65%）	专业能力（45%）		方案制订能力（15%）			
		方案实施能力	施工前准备（15%）			
			栽植施工（15%）			
	职业素养能力（20%）		主动参与实践（7%）			
			工作态度（5%）			
			团队合作（8%）			
结果评价（35%）	方案完整性、可行性（15%）					
	栽植的植物成活率（10%）					
	垂直绿化景观效果（10%）					
	评分合计					
班级：		姓名：		第　　组	总得分：	

小结

垂直绿化植物栽植任务小结如图 4-27 所示。

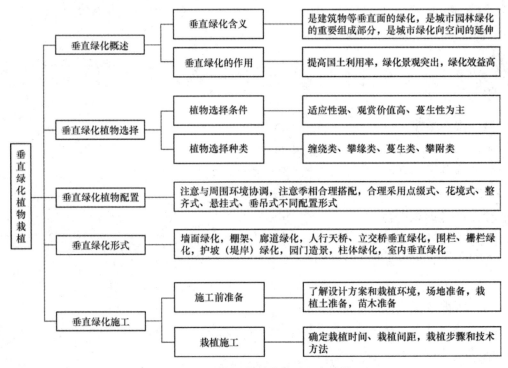

图 4-27　垂直绿化植物栽植任务小结

 思考与练习

1．名词解释

垂直绿化，墙面绿化，立体绿化。

2．填空题

（1）利用植物材料沿建筑物立面或其他构筑物表面_____、_____、_____、垂吊形成垂直面的绿化称为垂直绿化。

（2）垂直绿化主要包括墙面绿化，_____、_____，花架、_____、_____、护坡绿化，栏杆、桥柱、灯柱及屋顶绿化等绿化形式。

（3）垂直绿化植物种类有_____、_____、_____、蔓生类、_____等。

（4）依照_____、_____的原则配置，结合植物_____、_____、与环境及与攀附构筑物关系采用_____、_____、整齐式、_____、_____不同垂直绿化植物配置形式。

（5）墙面垂直绿化有_____、_____、_____、_____等形式。

（6）护坡（堤岸）垂直绿化_____、_____、_____、_____、花坛台壁、台阶绿化和山石绿化等形式。

（7）垂直绿化施工前准备包括_____、_____、_____、_____等工作。

3．选择题

（1）以下属于缠绕类的垂直绿化植物组合是（　　　）。

    A．紫藤、金银花、牵牛花　　　　　　B．南蛇藤、铁线莲、葡萄

    C．地锦、金银花、常春藤　　　　　　D．迎春、枸杞、藤本月季

（2）以下属于蔓生类的垂直绿化植物组合是（　　　）。

    A．紫藤、金银花、牵牛花　　　　　　B．南蛇藤、铁线莲、葡萄

    C．地锦、金银花、常春藤　　　　　　D．迎春、枸杞、藤本月季

（3）以下属于攀缘类的垂直绿化植物组合是（　　　）。

    A．紫藤、金银花、牵牛花　　　　　　B．丝瓜、铁线莲、葡萄

    C．地锦、金银花、常春藤　　　　　　D．迎春、枸杞、藤本月季

（4）以下属于攀附类的垂直绿化植物组合是（　　　）。

    A．紫藤、金银花、牵牛花　　　　　　B．凌霄、铁线莲、葡萄

    C．地锦、薜荔、常春藤　　　　　　　D．迎春、枸杞、藤本月季

（5）下列植物组合适用于直接吸附攀缘绿化墙面的是（　　　）。

    A．地锦、薜荔、常春藤　　　　　　　B．络石、三角梅、藤本月季

    C．紫藤、牵牛花、薜荔　　　　　　　D．绿萝、地锦、迎春

（6）下列植物组合适用于经济型棚架垂直绿化的是（　　　）。

    A．葡萄、薜荔、炮仗花　　　　　　　B．观赏南瓜、凌霄、铁线莲

    C．葡萄、猕猴桃、金银花　　　　　　D．丝瓜、紫藤、藤本月季

（7）下列植物组合适用于观赏型棚架垂直绿化的是（　　　）。

    A．葡萄、薜荔、炮仗花　　　　　　　B．紫藤、凌霄、铁线莲

    C．葡萄、猕猴桃、金银花　　　　　　D．丝瓜、紫藤、藤本月季

（8）下列植物组合适用于桥柱垂直绿化的是（　　　）。

    A．葡萄、薜荔、炮仗花　　　　　　　B．地锦、洋常春藤、络石

    C．牵牛花、猕猴桃、三角梅　　　　　D．丝瓜、紫藤、藤本月季

（9）垂直绿化植物的栽植间距按设计施工图要求，应考虑苗木品种、大小及要求绿化见效的时间长短合理确定，通常应为（　　　）cm。

    A．100～150　　　B．80～100　　　C．50～100　　　D．40～50

（10）垂直绿化墙面贴植的栽植间距通常应为（　　　）cm。

    A．100～150　　　B．80～100　　　C．50～100　　　D．40～50

4．问答题

（1）简述垂直绿化的作用。

（2）以本地区为例，分析怎样正确选择垂直绿化植物。

（3）举例分析怎样合理配置垂直绿化植物。

（4）简述墙面垂直绿化形式。

（5）简述护坡（堤岸）垂直绿化形式。

（6）举例说明垂直绿化栽植施工的流程及操作技术要点。

 自主学习资源库

1．高级园林绿化与育苗工培训考试教程．张东林．中国林业出版社，2006．

2．屋顶绿化规范 DB11/T 281—2005．北京市质量技术监督局，2005．

3．北京市垂直绿化技术规范．2007．

4．屋顶绿化网站：http://www.thegardenroofcoop.com.

5．中国立体绿化网：http://www.3d-green.com.

模块 2

园林植物养护管理

项目 5
园林绿地养护招投标及合同制定

本项目以园林绿化建设工程中各类园林植物养护招投标及签订合同的实际工作任务为载体，设置了养护招投标书制定、养护合同制定 2 个学习任务。学习本项目要熟悉园林植物养护管理技术规程和园林工程招投标及合同制定的行业企业规范等，并以园林绿化建设工程中的养护管理工作任务为支撑，将知识点和技能点融于实际的工作任务中，使学生在"做中学、学中做"，实现"理实一体化"教学。

学习目标

【知识目标】
(1) 熟悉制作园林植物养护投标书和养护合同的基本内容；
(2) 熟悉园林植物养护管理技术规程，熟悉园林工程招投标和合同签订的行业企业规范等。

【技能目标】
会编制园林绿化养护工程投标书和养护合同。

任务 5.1
养护投标书制定

 任务分析

【任务描述】

随着我国园林建设的快速发展，城市园林绿地的规模不断扩大，绿地的养护管理也逐渐走向市场化。通过招投标过程，园林绿化养护企业才能获得绿地的认养资格。园林绿地养护投标书是招投标过程中的重要文件。

本任务学习以当地某一城市绿地认养为案例，以学习小组为单位，教师设计招标文件，学生认领招标书，通过实地现场勘查，依据招标文件要求、现场勘查结果、相关的技术资料等编制投标书，最后通过模拟投标、开标、评标过程进行项目化教学。通过学习，熟悉绿化养护招投标过程，找出方案中的不足。本任务实施宜在校园绿地或当地城市公共绿地及多媒体教室进行。

【任务目标】

（1）熟悉园林绿地养护招投标过程；

（2）能制订园林绿地养护招投标文件；

（3）锻炼语言表达能力；

（4）能独立分析和解决实际问题，合理分工并团结协作。

 理论知识

5.1.1　养护投标书的组成

（1）投标书一（商务标）

①投标函；

②授权委托书；

③开标一览表；

④投标报价表；

⑤公平竞争承诺书。

（2）投标书二（技术标）

①企业绿地养护管理制度　制度需完善，程序规范，责任明确，具有可操作性。包括养护档案管理制度、安全文明措施等。

②绿化养护技术方案　园林植物养护管理技术方案，园林设施维护管理技术措施。

③绿地保洁和保安工作方案　方案需完整，措施有效扎实，管理责任清晰。包括卫生保洁责任落实、24h 保安计划等。

④绿化养护项目工作人员安排　安排需计划合理，组织管理体系科学，能够有效实施养护管理工作。包括各专业工种人员的配备以及劳动力安排等。

（3）投标书三（资格证明文件部分）

①关于资格文件的声明函（招标函）；

②投标单位情况表；

③投标人《营业执照》副本复印件；

④投标人《组织代码证》副本复印件；

⑤投标人《税务登记证》副本复印件；

⑥投标人法定代表人身份证复印件；

⑦投标人授权委托人身份证复印件（如有授权）；

⑧园林绿化企业资质证书复印件；

⑨公司专业职称人员和各类专业技术工种人员一览表　投标人须附相关职称证书复印件、上岗证复印件；

⑩专用设施设备一览表　投标人须附相关机具设备的权属证明复印件，如购置发票、车辆行驶证和租赁协议等，若投标人提供的是设备租赁协议，还须提供租赁设备的购置发票或车辆行驶证等权属证明复印件；

⑪投标人近3年绿地养护项目一览表　投标人近3年来承担过公共绿地承包养护管理的业绩证明，如中标通知书、合同文件等证明复印件；

⑫企业办公场所的证明材料（附房屋产权证明复印件、土地使用权证复印件或租赁合同复印件等）；

⑬企业及项目组成员取得各级表彰证书等证明材料复印件。

5.1.2　养护投标书制作范本

5.1.2.1　投标函

投标函

我们收到贵公司_____招标文件，经仔细阅读和研究，我们决定参加投标，按照贵公司招标文件的要求制作投标文件，提供投标文件正本一份，副本四份。据此函，签字人兹宣布同意如下：

（1）我们愿意按照招标文件的一切要求，提供包括完成该项目全部内容的服务，所报投标价格包括完成该项工作所需的人工、材料、机械、管理、维护、保险、利润、税金、政策性文件规定及合同包含的所有风险、责任等一切费用，即为合同价一次性包干。

（2）如果我们的投标书被接受，我们将严格履行招标文件中规定的每一项要求，按期、按质、按量履行合同的义务，完成绿化养护的全部工作。

（3）我们愿意提供招标方在招标文件中要求的所有资料。

（4）我们认为你们有权决定中标者，还认为你们有权接受或拒绝所有的投标者。

（5）我们愿意遵守招标通告及招标文件中所列的各项收费标准。

（6）我们承诺该项投标在开标后的全过程中保持有效，不作任何更改和变动。

（7）我们愿意按招标文件的规定交纳_____元的投标保证金。

（8）我们愿意按照贵公司招标文件的要求提供一正四副全部投标文件，并保证全部投标文件内容真实有效，若有虚假，我公司愿意承担与此相关的一切责任。

（9）我们承诺：

①我们愿意按照《绿化养护保洁管理考核办法》规定的全部条款接受考核。

②我们愿意配置满足绿化养护标准的人力、物力、工具，我们的绿化养护人员将统一着装上岗。

③我们愿意做好绿化养护人员的安全工作并承担他们的安全责任。

（10）我们愿意按照《中华人民共和国合同法》履行自己应该承担的全部责任。

投标单位：　　　　（盖章）

单位地址：

法定代表人或委托代理人：　　　　（签字）

邮政编码：

电话：

传真：

开户银行名称：

银行账号：

开户行地址：

日期：　　年　　月　　日

5.1.2.2 法定代表人授权委托书

授权委托书

本授权委托书声明：_____（姓名）系_____（投标人名称）的法定代表人，现授权委托_____（单位名称）的_____（姓名）为我公司代理人，以本公司的名义参加_____的投标活动。代理人在开标、评标、合同谈判过程中所签署的一切文件和处理与之有关的一切事务，我均予以承认。代理人无权委托。特此委托。

代理人：_____性别：____年龄：____

单位：_____部门：_____职务：_____

投标人：（盖章）

法定代表人：（签字或盖章）

日期：　　年　　月　　日

5.1.2.3 开标一览表（表5-1）

表 5-1 开标一览表

项目名称：
投标报价：
管理期限：
投标方：（单位盖章）
法定代表人或授权委托人：（签字或盖章）
日期：　　年　　月　　日
注：本表中的报价为综合报价，应包括在承包期内绿化养护的需要的人工、材料、机械、管理、维护、保险、利润、税金、政策性文件规定及合同包含的所有风险、责任等一切费用。

附：详细投标报价清单

5.1.2.4   项目负责人情况表（表 5-2）

表 5-2   项目负责人情况一览表

姓名：   性别：

身份证号码：   出生年月：   年   月

联系电话：   传真：   电子邮箱：

从事绿化养护工作时间：

拥有关于绿化的职称等：

曾获得的关于绿化方面的奖励情况：

关于绿化养护的经验：（须写明项目甲方名称、项目名称等）

(1) _____

(2) _____

(3) _____

（本页不够填写，可另附纸说明）

其他需要说明的情况

投标单位：（公章）

法定代表人或授权委托人：（签字或盖章）

日期：   年   月   日

5.1.2.5   养护人员情况表（表 5-3）

表 5-3   养护人员情况表

（投标单位拥有工程类初级以上职称、技工专业技术人员一览表）

序号	姓名	学历	专业	职称/工种	备注

投标方：（公章）

法定代表人或授权委托人：（签字或盖章）

日期：   年   月   日

附：个人专业职称、技工资格证书复印件（表 5-4）。

表 5-4   项目配备管理人员和养护人员一览表

序号	姓名	学历	专业	职称/工种	在本项目中的岗位

5.1.2.6　专用设施设备一览表（表 5-5）

表 5-5　公司拥有专用设施设备一览表

序号	设备机具名称	型号 （汽车行驶证号等）	单位 （台 / 辆 / 个）	数量	设备性质 （自有 / 租赁）	拟配备于本项目设备 （是打√）

投标方：（公章）

法定代表人或授权委托人：（签字或盖章）

日期：　　年　　月　　日

注：权属证明复印件（如购置发票、车辆行驶证、租赁协议和租赁设备的购置发票或车辆行驶证等权属证明复印件等）。

5.1.2.7　近 3 年绿地养护项目一览表（表 5-6）

表 5-6　近 3 年绿地养护项目一览表

序号	项目名称	总面积（m²）	合同金额（万元）	结算金额（万元）	竣工日期	备注

投标方：（公章）

法定代表人或授权委托人：（签字或盖章）

日期：　　年　　月　　日

注：无论项目是否完工，投标人都应提供收到的中标通知书或双方签订的承包合同复印件。

5.1.2.8　项目负责人独立负责绿化养护证明

证　明

兹有_____公司（投标单位名称）_____（专职项目负责人姓名）同志在我单位_____（项目名称）的绿化养护工作中为主要负责人。本项目绿化养护总面积为_____万平方米，合同总金额为人民币_____万元。特此证明。

招标方：（公章）

法定代表人或授权委托人：（签字或盖章）

日期：　　年　　月　　日

5.1.2.9　投标单位情况表（表5-7）

表5-7　投标单位情况表

投标单位名称（盖章）：

法定代表人：＿＿＿＿＿＿联系电话：＿＿＿＿＿＿

企业注册年份：＿＿＿＿＿＿成立日期：＿＿＿＿＿＿

企业注册地：＿＿＿＿＿＿企业注册资本（万元）：＿＿＿＿＿＿

企业联系人：＿＿＿＿＿＿

企业传真：＿＿＿＿＿电子邮箱：＿＿＿＿＿＿联系人电话：＿＿＿＿＿＿

企业地址：＿＿＿＿＿＿＿＿＿＿＿＿＿＿＿＿＿＿＿＿＿＿＿＿＿

企业经营范围：＿＿＿＿＿＿＿＿＿＿＿＿＿＿＿＿＿＿＿＿＿＿＿

＿＿＿＿＿＿＿＿＿＿＿＿＿＿＿＿＿＿＿＿＿＿＿＿＿＿＿＿＿＿＿

公司园林绿化资质等级及证书号：＿＿＿＿＿＿＿＿＿＿＿＿＿＿＿＿

企业职工人数：＿＿＿＿＿＿其中：有中高级以上职称的人数：＿＿＿＿＿＿

2012年总营业收入＿＿＿＿＿＿万元，2012年实现利润＿＿＿＿＿＿万元

企业办公场所及堆放场所的面积：＿＿＿＿＿＿平方米，其中：自有面积＿＿＿＿＿＿平方米，承租面积＿＿＿＿＿＿平方米

单位优势及特长：＿＿＿＿＿＿＿＿＿＿＿＿＿＿＿＿＿＿＿＿＿＿＿

＿＿＿＿＿＿＿＿＿＿＿＿＿＿＿＿＿＿＿＿＿＿＿＿＿＿＿＿＿＿＿

5.1.2.10　开户银行资信证明

银行资信证明

鉴于＿＿＿＿＿＿＿（单位名称）将于＿＿＿年＿＿＿月＿＿＿日参加＿＿＿＿＿＿＿公司组织实施的＿＿＿＿＿＿＿项目的招标活动，本银行提供以下证明：

＿＿＿＿＿＿＿（单位名称）在本银行开设基本结算账户，开户许可证号码为＿＿＿＿＿＿＿，账户号码为＿＿＿＿＿＿＿，开设此账号的时间为＿＿＿年＿＿＿月＿＿＿日，开具本证明日该账户的余额为＿＿＿＿＿＿＿元。本银行对本证明的真实性承担责任。

银行名称：（盖章）

法定代表人：（签字或盖章）

银行地址：

邮政编码：

联系电话：

日期：　　年　　月　　日

5.1.2.11　公平竞争承诺书

致：＿＿＿＿＿＿＿

本公司愿接受贵公司邀请，积极参加＿＿＿＿＿＿＿项目的投标。为杜绝商业贿赂现象，维护良好管理秩序，共同营造公平、公正的竞争环境，我司郑重承诺：

（1）遵守贵司就前述项目招投标所制订的所有相关流程及要求，并保证所提交《投标文件》中相关资料与描述真实有效。

（2）坚持投标独立性，保证不以任何手段了解或意图了解其他投标参与人情况及其报价信息。

（3）保证不私下接触贵司负责招投标组织工作的人员及相关领导。

（4）保证不对贵司负责招投标组织工作的人员及相关领导进行宴请、招待，或赠送及承诺赠送礼金、礼品、礼券、其他利益。

（5）除自贵司公开渠道获取相关信息外，保证不以其他方式刺探或意图刺探贵司评标、议标信息及其进展。

（6）保证采取内部约束措施，禁止具体经办人或其他相关人员私自实施前述各项禁止性行为，并对其违规后果承担连带责任。

（7）如出现违反上述各项承诺情况，自愿接受贵司取消投标资格、没收投标保证金、解除合同等处罚措施，并对贵司因此所受损失进行全额赔偿。

（8）如贵司负责招投标组织工作的人员及相关领导，明示或暗示要求宴请、招待，或索取礼金、礼品、礼券、其他利益，或故意刁难、显失公平，保证立即向贵司监察部门进行举报。

特此承诺。

承诺单位：

法定代表人：

年　　　月　　　日

5.1.2.12　绿化养护施工组织设计

（1）投标书综合说明

（2）绿地养护管理相关的制度及规范

①养护档案管理制度；

②安全文明措施。

（3）绿化养护技术方案

①园林树木养护管理；

②草坪养护管理；

③草花养护管理；

④绿化养护工作月历。

（4）绿地设施维护管理方案

①园路管理；

②照明设施的使用与维护；

③绿化设施的维护；

④休闲娱乐设施维护；

⑤喷灌设施与排水设施的维护使用。

（5）绿地保洁和保安工作方案

① 卫生保洁；

② 绿地安保。

（6）绿化养护项目人员安排计划

① 管理服务机构；

② 人员编制及分工。

（7）绿化养护设备配置

任务实施

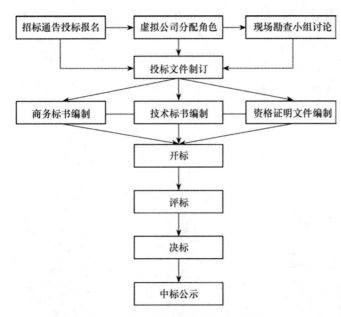

图 5-1　园林植物养护招投标流程图

1．器具与材料

各类投标文件和表格；卷尺、树木测径尺、数码相机等。

2．任务流程

园林植物养护招投标流程见图 5-1。

3．操作步骤

本项任务宜采用任务驱动、仿真模拟的项目教学法进行，其工作步骤如下：

（1）招标通告

教师以业主的身份，以本地某一园林绿地养护管理认养为案例，发布绿地养护管理招标通告。

（2）投标报名

学生以小组为单位，以绿化养护公司身份，报名参加绿地养护招投标，按招标要求填写投标申报表，如实登记本单位的有关证件，包括主管部门核发的法人证书、资质等级、单位简历和技术装备情况等。

（3）资格预审

招标单位通过资格审查，选定投标单位，准备相应份额的招标文件，发给投标的养管单位，收取押金，并领取绿地养护招标文件。

（4）现场勘查

招标单位向投标单位介绍任务概况，提供图纸、管理资料等情况，共同勘查现场，并进行答疑，确定开标时间、地点。

（5）编制投标书

投标单位根据招标文件，编制投标书。

（6）递交投标书

投标单位将投标书按时密封报送招标单位。

（7）开标

组织相关的专业教师作为评标人，每个团队对自己制订的投标文件进行汇报。

（8）评标与决标

评标人按照评标标准对每个投标单位进行现场打分，经综合评判决定中标单位。

（9）中标公示

招标单位将评标结果通过媒体向外公开，自本中标结果公示之日起 5d 内，对中标结果没有异议的，招标人将办理中标通知书。

　知识拓展

园林绿化养护管理标准定额（重庆市试行）

1. 关于养护管理标准定额的说明

在推进园林绿化养护管理市场化进程中，需要一部养护管理定额来明确养护管理级别和与之相应的养护管理质量和定额，也是对养护管理单位的养护管理绩效进行考核的依据。随着重庆市园林事业的发展，园林绿化养护管理市场化的推进，市园林局先后在 1994 年和 2005 年制定的养护管理定额已经不能适应形势发展的需要。重新制定一部养护管理定额，尽可能科学合理地确定养护管理定额就变得非常必要和迫切。

（1）根据园林绿地所处位置的重要程度和养护管理水平的高低，将园林绿地的养护管理标准分成不同等级。由高到低分别为一级养护管理、二级养护管理两个等级。本定额根据重庆市城市绿化养护管理标准而定。

（2）为了提高重庆市城市园林绿化养护管理效益和水平，加快园林绿化养护管理市场化进程，制定本定额。

（3）本定额适用于重庆市城市规划区内城市园林绿地养护管理招投标和养护管理质量考核。

（4）本定额所指主城区是指渝中区、江北区、沙坪坝区、南岸区、九龙坡区、大渡口区、北碚区、渝北区、巴南区、北部新区，远郊区县（自治县）是指我市除主城区以外的其余各行政区县（自治县）。

（5）本定额是编制绿化养护管理费预算的基础，是园林绿化养护管理工程招标标底和投标报价的编制依据。

（6）本定额适用于本市范围内已建成公共绿地的园林绿化养护管理工程，不适用于园林新建绿地移栽植物的养护，新建绿地第一年的养护管理费，等同养护管理量的定额标准，可按本定额标准的 1.8～2.0 倍计算。

（7）本定额中养护管理绿地的面积，按照养护管理绿地的地表面积计算，不按照养护管理绿地的垂直投影面积计算。

（8）本定额为全市建成区内公共绿地养

护管理定额，各区县（自治县）的公共绿地养护管理费用，可根据各地的实际情况，按照本定额标准的60%～100%计算。

（9）单位绿化、居住小区绿化可参照本养护管理定额执行。

（10）本标准定额已综合考虑了养护期间园林植物的正常损耗。

（11）城市园林绿地中的管理房、给排水、供电设施、道路、公厕、理水、喷泉、音响、灯饰、座椅、环卫等设施的养护管理费按照其他有关标准执行，不包含在本定额内；对于因人为原因、车辆事故、大风等不可抗拒力造成植物损毁，需要补植植物的，其所需费用不包括在本定额养护管理费之内。

（12）在举行重大活动和节假日期间，要在绿地中布展鲜花，则按照鲜花购买、运输、布展、布展后的管理、拆展等实际发生的费用计算，不包括在本定额内。

对古树名木按株计算养护管理费，不影响其所在绿地养护管理费的计算。

（13）本标准定额由重庆市园林局城市绿化处负责解释。

2．单位绿化面积综合养护管理标准定额（表5-8）

表5-8 单位绿化面积综合养护管理标准定额

序号	养护管理类别	综合养护管理标准	
		一级	二级
1	市街绿地	14.80元/（m²·年）	11.84元/（m²·年）
2	公园绿地	12.54元/（m²·年）	10.03元/（m²·年）
3	居住区绿地	9.32元/（m²·年）	7.46元/（m²·年）
4	水体（绿地）养护	1.23元/（m²·年）	0.98元/（m²·年）
5	生产绿地（乔木非草花）	8.46元/（m²·年）	6.77元/（m²·年）
6	行道树	14.73元/（株·年）	11.78元/（株·年）

（1）市街绿地养护管理费用（表5-9）

（2）公园绿地养护管理费用（表5-10）

（3）居住区绿地养护管理费用（表5-11）

表5-9 市街绿地养护管理费用　　元/m²

项　目		市街绿地养护管理	
		一级养护管理	二级养护管理
预算基价（元）	总价	14.80	11.84
	人工费	11.10	8.88
	材料费	2.96	2.37
	机械费（不含水车）	0.74	0.59

注：以上标准其他取费（利润、税金、管理费、规费等）均未包含。

表5-10 公园绿地养护管理费用　　元/m²

项　目		公园绿地养护管理	
		一级养护管理	二级养护管理
预算基价（元）	总　价	12.54	10.03
	人工费	9.405	7.523
	材料费	2.508	2.006
	机械费（不含水车）	0.627	0.502

注：以上标准其他取费（利润、税金、管理费、规费等）均未包含。

表5-11 居住区绿地养护管理费用区

元/m²

项　目		居住区绿地养护管理	
		一级养护管理	二级养护管理
预算基价（元）	总　价	9.32	7.46
	人工费	6.99	5.60
	材料费	1.86	1.49
	机械费（不含水车）	0.47	0.37

注：以上标准其他取费（利润、税金、管理费、规费等）均未包含。

（4）生产绿地（乔木非草花）养护管理费用（表5-12）

表 5-12 生产绿地（乔木非草花）养护管理费用

元 /m²

项 目		生产绿地（乔木非草花）养护管理	
		一级养护管理	二级养护管理
预算基价（元）	总 价	8.46	6.77
	人工费	6.35	5.08
	材料费	1.69	1.35
	机械费（不含水车）	0.42	0.34

注：以上标准其他取费（利润、税金、管理费、规费等）均未包含。

（5）行道树养护管理费用（干径 8cm 以上）（表 5-13）

表 5-13 行道树养护管理费用　　元 /m²

项 目		行道树养护管理（干径 8cm 以上）	
		一级养护管理	二级养护管理
预算基价（元）	总 价	14.73	11.78
	人工费	11.05	8.83
	材料费	2.95	2.36
	机械费（不含水车）	0.73	0.59

注：以上标准其他取费（利润、税金、管理费、规费等）均未包含。

3．古树名木养护管理标准定额

（表 5-14）

表 5-14 古树名木养护管理定额

内 容	一级	二级
定额标准	2000 元 /（株·年）	1200 元 /（株·年）

注：以上标准其他取费（利润、税金、管理费、规费等）均未包含。

4．园林绿化养护管理工程费计算程序表（表 5-15）

表 5-15 园林绿化养护管理工程费计算程序表

序号	项目名称	计算方法
1	直接工程费	∑（工程量×养护管理定额）
2	(1) 其中的人工费	∑（工程量×养护管理定额中的人工费）
3	企业管理费	(2) ×15%
4	规费	(2) ×44.51%
5	利 润	{(1)＋(3)＋(4)}×5%
6	税 费	{(1)＋(3)＋(4)＋(5)}×税率
7	含税造价	(1)＋(3)＋(4)＋(5)＋(6)

注：税率按照当地税务部门的规定计算。

 巩固训练

1．训练要求

（1）以小组为单位开展训练，组内同学要分工合作、相互配合、团队协作。

（2）园林植物养护招投标书应具有可行性和科学性。

2．训练内容

（1）结合当地小区园林绿化工程养护管理内容，让学生以小组为单位，在咨询学习、小组讨论的基础上，熟悉园林绿化工程养护管理项目招投标基本流程。

（2）以小组为单位，依据当地小区园林绿化工程养护管理项目进行招投标书的编制。

3．可视成果

某小区园林绿化工程养护管理项目招投标书。考核评价见表 5-16。

表 5-16　养护投标书制定考核评价表

模 块	园林植物养护管理		项 目	园林绿地养护招投标及合同制定	
任务	任务 5.1　养护投标书制定		学 时	2	
评价类别	评价项目	评价子项目	自我评价（20%）	小组评价（20%）	教师评价（60%）
过程性评价（60%）	专业能力(45%)	方案实施能力 现场勘查（10%）			
		标书制定（20%）			
		标书递交（5%）			
		开标汇报（10%）			
	社会能力(15%)	工作态度（7%）			
		团队合作（8%）			
结果评价（40%）	投标文件的完整性（15%）				
	投标文件的科学性（10%）				
	投标文件的可行性（15%）				
	评分合计				
班级：		姓名：	第　　组	总得分：	

小结

养护招投标任务小结如图 5-2 所示。

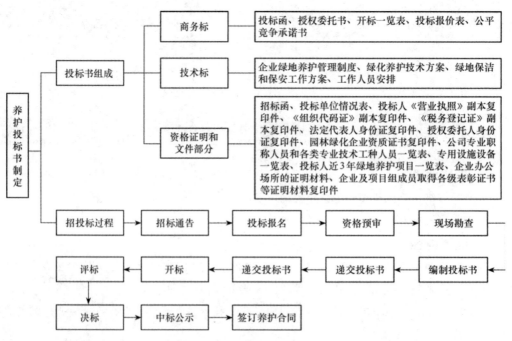

图 5-2　养护投标书制定任务小结

（续）

 思考与练习

1．填空题

（1）养护投标书是由_____、_____、_____等几部分组成的。

（2）商务标是由_____、_____、_____、_____、_____等几部分组成。

（3）技术标是由_____、_____、_____、_____等几部分组成。

2．选择题

（1）园林养护工程项目实施的年限一般为（　　）。

　　A．1年　　　　B．2年　　　　C．3年　　　　D．4年

（2）投标单位要参加园林绿化养护工程项目的招投标，应按照招标公司的招标文件要求制作投标文件，提供投标文件（　　）。

　　A．正本1份、副本1份　　　　B．正本2份、副本4份

　　C．正本1份、副本4份　　　　D．正本1份、副本2份

3．判断题（对的在括号内填"√"，错的在括号内填"×"）

（1）授权委托书是招标单位的法人代表委托他人进行项目招投标过程的文件。（　　）

（2）绿化养护工程费用的报价为所有费用的综合报价。（　　）

4．问答题

简述园林绿化养护工程招投标的工作过程。

任务 *5.2*

养护合同制定

 任务分析

【任务描述】

　　园林绿化养护合同是园林绿化养护招投标工作完成之后，招标单位和中标单位签订的重要合同文件。本合同的签订，确定了双方的责任、权利和义务。

　　学习本任务，宜结合当地某一园林绿地养护的认养为案例进行，以学习小组为单位，结合仿真模拟园林绿地养护招投标工作过程，以小组为单位，制订园林绿地养护合同。通过学习，熟悉园林绿地养护合同的基本内容，掌握园林绿地养护合同书的编写方法。

【任务目标】

（1）熟悉园林绿地养护合同的基本内容；

（2）能独立编写园林绿化养护合同。

　理论知识

5.2.1　合同基本结构

合同由标题、约首、正文、约尾四部分组成。

（1）标题

标题通常为（项目名称）合同书。

（2）约首

约首位于标题之下，通常指签订合同双方当事人的名称。为了便于正文叙述，当事人名称分别用"甲方"、"乙方"代称。在约首中必须将当事人名称的全称写在代称的后面。

当事人名称可以左右并列，也可以上下分列。

（3）正文

正文由开头和主体两部分组成。

① 开头　也叫签约的原由、引言。写签订合同的目的、依据和立约过程，通常采用的写法是"为了×××××，根据《中华人民共和国合同法》及有关政策规定，经双方共同协商签订本合同，以资共同恪守"。引入主题，开头部分力求简明扼要。

② 主体　也叫具体内容部分，基本条款部分。另起一行，空两格将当事人协商一致的内容写清、写具体即可。格式条款合同，事先印好，条款项目比较固定，往里填充内容即可。非格式条款合同，内容可多可少，根据需要而定。

（4）约尾

约尾一般包括以下几条：

① 合同的附件　如表格、图纸、资料、实样等，它们与合同具有同等法律效力，写在正文后面标注"附件"字样，然后使用序码依次写清附件的名称和份数。

② 合同的有效期　可以列在条文中，也可以放在合同末尾落款下面。

③ 合同的份数和保存方法。

④ 条款未尽事宜的处理办法。

⑤ 署名　注明签约当事人各自单位的全称，法定代表人姓名（签字），并加盖单位印章或合同专用章。用印要端正清晰。如果需要主管机关或签（公）证机关审批，需写上主管机关、签（公）证机关名称、意见、日期，经办人签名并加盖印章。此外，如有必要，还要写上各签约单位详细地址、电话、电传、开户银行、账号，以便于联系。

⑥日期　以签订合同的日期为准，签订日期是合同生效的标志，必须写清楚。

5.2.2　养护合同的具体内容

（1）项目概况

项目概况包括养护工程项目的名称、位置、面积、承包方式等。

（2）养护范围及内容

养护范围包括园林植物、建筑小品、环境管理等。园林植物养护的内容主要有浇水排水、松土除草、施肥、病虫防治、整形修剪、保护及灾害预防、补植等；建筑及小品养护主要包括栏杆、园路、桌椅、路灯、井盖和标牌、驳岸等园林设施的保洁维修等；环境管理的内容主要有绿地保洁、垃圾收集、垃圾清运、水体保洁、治安巡逻等。

（3）养护工程量

养护工程量包括绿地总面积、园林植物数量（包括乔木、灌木、木质藤本、竹子、草坪及地被植物、水生植物、草本花卉的数量）、建筑及小品数量（包括园路面积，园桌、园椅、园凳、垃圾箱、园灯、标牌、雕塑、假山及水景数量等）。

（4）养护质量及考核

参照相关的园林绿化养护质量标准，结合当地的实际情况，制定出适宜本项目使用的养护质量标准及考核办法。

（5）安全防护及事故处理

①一般要求

•乙方在养护期间，应当严格遵守安全生产作业的有关管理制度，并随时接受行业安全检查人员依法实施的监督检查，采取必要的安全防护措施，消除事故隐患。由于乙方安全措施不力造成事故的责任和因此发生的费用，由乙方承担。

•乙方应对其在养护场地的工作人员进行安全教育，并对他们的安全负责。

•甲方不得要求乙方违反安全管理的规定进行养护工作。因甲方原因导致的安全事故，由甲方承担相应责任及发生的费用。

②安全防范

•乙方在从事喷洒农药、控制有害生物、修剪树木、修理设施、清理道路或水体、防台防汛等工作时应自行采取相应的安全防护措施。除双方另有约定外，安全防护费用由乙方自行承担。

•乙方应保证养护范围内的各项设施能够安全使用，对于存在安全隐患的设施、物品，应及时提请甲方予以修理或更换。对养护范围内的树林、水体或其他可能造成人员伤亡的场所，乙方应提请甲方设置禁止吸烟、禁止火种、禁止游泳等安全警告铭牌。

•乙方对土壤进行消毒或防治病虫害时，应使用符合环保要求的药剂，不得使用国家禁止使用的剧毒、高残留或可能造成其他公害的药剂。乙方喷洒药物之前，须将喷洒时间、药物种类提前报甲方批准，按甲方批准的时间和路线进行喷洒。瓜果类植物在挂果期间不得喷洒药剂，以防发生意外。残留药剂和容器，乙方应按规定妥善收集和处理。乙方未按规定使用药剂，造成的责任由乙方自行承担。

③ 环境保护

• 养护期间，乙方应遵守国家有关环境保护的政策、法规。养护范围内的垃圾应按规定清理、外运。污水、废水未处理达标前，不得直接排入河道或其他公共设施，以免造成污染。

• 乙方应按合同约定进行施肥、沤肥。施肥、沤肥不得造成绿化景观和周边环境污染。

• 养护期间，在枯水季节，乙方应按合同约定的范围和内容，清理水体淤泥，挖出的淤泥应堆放于甲方指定位置。

• 养护期间，乙方应按合同约定修整水体堤岸，防止坍塌；但不能擅自挖掘堤岸以扩大水面，亦不能擅自改变堤岸形状、走向。

④ 事故处理

• 养护期间，若发生重大伤亡及其他安全事故，乙方应按有关规定立即上报有关部门并通知甲方代表，同时按政府有关部门要求处理，由事故责任方承担发生的费用。

• 甲方、乙方对事故责任有争议时，应按政府有关部门的认定处理。

（6）价款及支付方式

价款通常由价格（元/m²）、总额（万元）和支付方式三部分组成。支付方式通常为每季末付总价格的1/5，年底扣除相关的违约责任后，余款全部付清。

（7）履行期限

绿化养护期限通常为1年。

（8）权利及义务

① 甲方的权利及义务　通常包括以下内容：

• 将养护工程区域内的树木、草坪、花卉、绿篱、水生植物、水体、园林设施及其他需要养护的设施，列明范围或清单，双方进行现场确认。

• 提供养护范围内的园林景观设计图纸，以及养护场地内的工程地质和地下管线资料，并对资料的真实准确性负责。

• 提供养护所需用水、用电的接驳点，保证养护期间的需要。除双方另有约定外，购买及安装计量表具的费用由甲方承担，养护期间的水、电使用费用由乙方承担（景观水体养护所发生的水电费用，由双方另行协商确定）。

• 组织召开养护作业要求交底会。

• 在乙方开展养护工作时，协调乙方与政府部门、相关单位和人员（包括养护范围内的游客）的关系。

• 在养护期间，若主管单位通知停电、停水，甲方应及时将停电、停水通知送交乙方，乙方应自行采取停电、停水期间的养护措施。甲方收悉停电、停水通知后未及时通知乙方的，由此造成养护范围内的植物或养殖物死亡，其损失由甲方承担。除此之外的停电、停水或其他异常事件，造成损失由责任方承担；不能确定责任的，由乙方承担。

· 按照本合同约定，检查、考核乙方的工作。

· 按合同约定向乙方支付养护费用。

② 乙方的权利及义务　通常包括以下内容：

· 根据本合同约定，在合同签订后_____ d 内，制定养护期内相应的总体绿化养护管理方案，报请甲方代表审核批准，作为实施依据。甲方代表收到乙方方案后，应于_____ d 内予以确认或提出修改意见，逾期不确认也不提出修改意见的，视为同意。

· 建立完善的养护班组，制定养护岗位职责以及各岗位规范、操作规程、养护制度（包括节假日值班制度、防汛防台期间的值班制度和应急抢险工作制度）。根据合同约定，配备技术管理人员和养护操作人员，并将岗位规范、操作规程、管理制度及工作人员的名单交甲方审批备案。

· 根据季节、气候、土壤、植物的生长习性和生长阶段及养护场地的具体情况合理安排、开展养护工作，根据甲方要求及时做好养护区域的局部调整，保证绿化观赏的整体性，并向甲方提供年、季、月度养护管理方案及相应进度统计表。

· 负责区域内各类植物养护及日常巡视检查，如发现各类苗木、设施有被损、被盗等情况，应及时向甲方汇报并立即进行补缺、恢复。

· 开展养护工作时，严格遵守政府和有关主管部门对噪声污染、环境保护和安全生产等的管理规定，文明施工；对外开放的养护区域，处理好养护工作与游客的关系。绿化垃圾须堆放于甲方指定位置，除双方另有约定外，垃圾由乙方负责清理外运。

· 养护期间，做好养护范围内的地下管线和现有建筑物、构筑物的保护工作；但甲方须在乙方进场前，将养护范围内的地下管线、地下构筑物的情况向乙方进行交底。

· 接受甲方的管理、监督、检查和考核，对甲方发出的整改通知，应及时按甲方的要求进行整改。乙方无正当理由拒绝整改时，甲方可以另行委托他人予以整改，所发生的费用由乙方承担。

· 负责养护工作人员的劳动保护和人身安全。除双方另有约定外，养护工作人员的餐饮、住宿由乙方自行承担。

· 建立和健全养护管理档案，对养护管理工作中采集的各种信息、资料及时做好分析整理和归档保存工作，并报送甲方备案。养护管理期满，将养护管理的所有档案资料及养护范围内的各类植物、设施完好地移交给甲方。

（9）养护所需机械、材料、器具设备

通常由乙方自理，需要列出清单。

（10）违约责任

① 甲方违约责任

· 甲方未按合同约定，逾期支付养护款，应每天按照逾期付款金额的_____ % 向乙方支付违约金。甲方逾期付款超过_____ d 后，乙方可停止养护工作，造成的损失由甲方承担。

·甲方未按合同约定提供相关图纸、资料及养护所需用水、电的接驳点，应承担以下违约责任：_____。

·因甲方原因，造成养护范围内的植物或养殖物死亡，其损失由甲方承担。

·甲方应承担的其他违约责任：_____。

②乙方违约责任

·因乙方原因，养护质量未达到合同约定的养护标准，乙方应采取补救措施，并赔偿甲方损失。

·未经甲方同意，乙方擅自更改、调整养护方案，给甲方造成损失的，应承担赔偿责任。

·未经甲方同意，乙方擅自将承包的养护项目进行分包或转包给他人，给甲方造成损失的，应承担赔偿责任。

·乙方应承担的其他违约责任：_____。

（11）解决争议的方法

解决争议的途径主要有双方协商和解，第三人进行调解，通过仲裁解决，通过诉讼解决。当事人约定解决争议的方法，必须在签订合同时商定清楚，明确写入条款中。

（12）其他约定

合同履行过程中，双方可根据有关法律、行政法规规定，结合养护项目的实际情况，经协商一致后订立补充协议。补充协议视为本合同的组成部分。

（13）附则

本合同一式4份，具有同等效力，由甲方、乙方分别保存两份。

5.2.3　养护合同的写作要求

①撰写人必须熟悉与合同有关的专业知识、法律知识；

②必须坚持平等、自愿、公平和诚实信用的原则；

③合同的内容条款要明确具体、完备、全面；

④注意合同的形式；

⑤合同的语言要求准确、严谨、周密。

　任务实施

1．器具与材料

招标文件、当地园林绿化养护质量等级标准等相关资料。

2．任务流程

园林植物养护合同制定流程如图5-3所示。

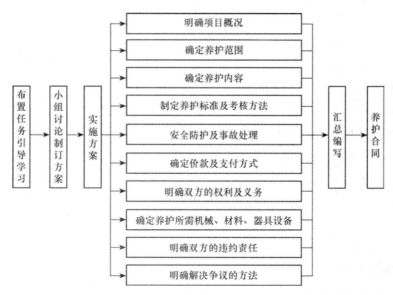

图 5-3　园林植物养护合同制定流程图

3．操作步骤

本项任务是招投标工作的后续环节，是投标方获得了绿地认养资格后与招标方签订合同文件的一项工作。宜采用任务驱动、仿真模拟的项目教学法进行，其工作步骤如下：

（1）任务安排

以本地某一园林绿地养护管理认养为例，教师以业主的身份，学生小组以中标单位的身份参与本项教学。以业主委托中标单位起草养护合同的形式布置工作任务。

（2）小组讨论及任务分工

认真阅读、讨论招标文件中对养护合同的具体要求，制订合同编写方案，并对养护合同中的主要编写内容进行分工。

（3）分块编写

每个人按照分配的工作任务，参考相关的资料，根据当地的实际情况，进行独立编写。

（4）小组讨论

在分块编写任务完成之后，各小组召开研讨会，对每个成员编写的内容进行认真的讨论，提出意见及建议，并进行修改完善。

（5）统稿定稿

由本组项目负责人将每个成员编写的合同任务进行汇总、统稿。

（6）合同递交

各小组将制定好的养护合同交给指导教师，教师以作业展评的形式，与学生共同对养护合同进行评价。

巩固训练

1．训练要求

（1）以小组为单位开展训练，组内同学要分工合作、相互配合、团队协作。

（2）园林植物养护合同应具有可行性和科学性。

2．训练内容

（1）结合当地小区园林绿化工程养护管理内容，让学生以小组为单位，在咨询学习、小组讨论的基础上，熟悉园林绿化工程养护管理项目养护合同编制流程。

（2）以小组为单位，依据当地小区园林绿化工程养护管理项目进行养护合同编制。

3．可视成果

提供某小区园林绿化工程养护管理项目养护合同书。

考核评价见表 5-17。

表 5-17　养护合同制定考核评价表

模　块	园林植物养护管理			项　目		园林绿地养护招投标及合同制定
任　务	任务 1.2 养护合同制定			学　时		2
评价类别	评价项目	评价子项目		自我评价（20%）	小组评价（20%）	教师评价（60%）
过程性评价（30%）	专业能力（15%）	方案实施能力	小组讨论（10%）			
			分块实施（20%）			
			按时递交（5%）			
	社会能力（15%）	工作态度（7%）				
		团队合作（8%）				
结果评价（70%）	养护合同的规范性（30%）					
	养护合同的科学性（20%）					
	养护合同的可行性（20%）					
	评分合计					
班级：		姓名：		第　　组	总得分：	

　小结

养护合同制定任务小结如图 5-4 所示。

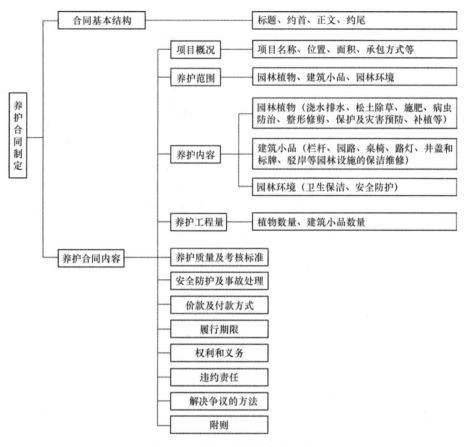

图 5-4   养护合同制定任务小结

 思考与练习

1. 填空题

（1）养护合同通常是由_____、_____、_____、_____四部分组成。

（2）在养护合同正文中，项目概况通常包括养护工程项目的_____、_____、_____、_____等。

（3）养护合同正文中，开头也叫签约的_____、_____。写签订合同的目的、_____和_____。

（4）园林绿化养护工程项目的约尾一般包括_____、_____、_____、署名等。

（5）园林绿化养护的范围通常包括_____、_____、_____，其中以_____养护为主。

2. 选择题

（1）园林绿化养护履行期限一般为（   ）。

　　A．1 年　　　B．2 年　　　C．3 年　　　　D．4 年

（2）园林绿化养护工程费用的支付一般每（　　　）支付一次。

　　A．月份　　　B．季度　　　C．年

3．判断题（对的在括号内填"√"，错的在括号内填"×"）

（1）园林绿化养护工程一般采用包工包料的承包形式。　　　　　　　　　（　　　）

（2）园林绿化养护工程全年承包费用通常按中标价结算，不再追加。　　（　　　）

（3）绿化养护工程可以自主分包和转包。　　　　　　　　　　　　　　（　　　）

自主学习资源库

1．北京市园林绿化养护管理标准．

2．上海市园林绿化养护合同示范文本（2008 版）．

3．北京市园林绿化局关于城市绿地养护管理投资标准的意见．

4．重庆市园林绿化养护管理标准定额（试行）．

5．园林绿化养护招标文件．

项目 6
园林树木养护管理

园林树木养护管理是园林植物养护管理的重点内容。本项目以园林绿化工程养护管理项目的实际工作任务为载体，设置了园林树木土、肥、水管理，园林树木整形修剪，园林树木树体保护及灾害预防，古树名木养护管理 4 个学习任务。学习本项目要熟悉园林植物养护管理技术规程，并以园林绿化工程养护管理项目的实际任务为支撑，将知识点和技能点融于实际的工作任务中，使学生在"做中学、学中做"，实现"理实一体化"教学。

学习目标

【知识目标】

(1) 熟悉园林树木土、肥、水管理的意义和原则，掌握园林树木土、肥、水管理的基本内容和技术方法；

(2) 掌握本地区园林植物养护管理工作月历编制方法；

(3) 熟悉园林树木修剪整形的基本知识，掌握本地区常见园林树木整形修剪技术方法；

(4) 熟悉古树名木衰老原因，掌握古树名木资源调查和养护管理技术方法；

(5) 掌握园林树木伤口处理与树洞修补的技术方法；

(6) 熟悉园林树木常见灾害的成因，掌握本地区园林树木常见灾害的预测预报和防治方法；

(7) 熟悉常用灌溉机具种类及使用维修技术方法，熟悉整形修剪机具种类及使用维修技术方法。

【技能目标】

(1) 能编制园林植物养护管理工作月历和园林树木养护管理技术方案；

(2) 能根据园林树木养护管理合同、养护管理技术方案实施各类园林树木的养护管理；

(3) 能进行古树名木资源调查并编制调查报告；

(4) 能编制古树名木养护技术方案，并据方案实施古树名木的养护管理；

(5) 能进行本地区园林树木常见灾害的预测预报并实施防治；

(6) 能使用和维修常用灌溉机具、整形修剪机具。

任务 *6.1*

园林树木土、肥、水管理

 任务分析

【任务描述】

　　园林树木土、肥、水管理是园林植物养护管理的重要组成部分。本任务学习以学院或某小区绿地中各类园林树木土、肥、水管理的养护任务为支撑，以学习小组为单位，首先制订学院或某小区园林树木土、肥、水管理的技术方案，再依据制订的技术方案和园林植物养护技术规程地标，保质保量完成一定数量的园林树木土、肥、水管理养护任务。本任务实施宜在学校绿地、小区绿地、公园等地开展。

【任务目标】

　　（1）能在教师指导下，以小组为单位制订学校或某小区园林树木土、肥、水管理技术方案；

　　（2）能依据制订的技术方案和园林植物养护技术规程，进行园林树木土、肥、水管理操作；

　　（3）熟练并安全使用各类园林树木土、肥、水管理的设备、器具材料；

　　（4）能独立分析和解决实际问题，吃苦耐劳，合理分工并团结协作。

 理论知识

6.1.1　园林植物养护管理工作月历编制

　　要对园林植物进行科学的年复一年的有效的养护管理，必须在植物的不同生长时期、季节采取不同的养护管理措施。我国土地辽阔，南北的气候相差甚大，北国千里冰封，南国已是春意正浓，各地的养护管理措施的实施时间相差大，因此各地养护管理措施会有所不同。

　　所谓工作月历是当地园林绿化养护每月工作的主要内容，它对于不熟悉园林植物养护的人员来说有指导作用，也是管理部门的年工作计划之一。但是，各类植物的养护管理内容很多，尤其是花卉草本植物，种类多、栽培方式各异，难以统一栽培措施。下面以哈尔滨、北京、南京、广州每月的树木养护管理措施为主进行举例，说明一年中园林植物养护管理的作业重点和技术要求。

表 6-1　园林植物养护管理工作月历

（成海钟，2005）

月份	哈尔滨	北京	南京	广州
1月 (小寒、大寒)	◆ 平均气温－19.7℃，平均降水量4.3mm ◆ 积肥和堆备草袋等 ◆ 园林树木进行防寒设施的检查	◆ 平均气温－4.7℃，平均降水量2.6mm ◆ 进行冬剪，将枯枝、伤残枝、干枯枝等枝条剪除。对于有伤流和易枯梢的树种，推迟到萌芽前进行 ◆ 检查防寒设施，发现破损应立即补修 ◆ 在树木根部堆集不含杂质的积肥 ◆ 利用冬闲时节进行积肥 ◆ 防治病虫害，在树根下挖越冬的虫蛹、虫茧，剪除树上虫包并集中销毁处理	◆ 平均气温1.9℃，平均降水量31.8mm ◆ 冬植抗寒性强的树木。如遇冰冻天气立即停止，对樟树、石楠等容温树种可先打穴 ◆ 冬季整形修剪，剪除病虫枝、伤残枝等 ◆ 挖掘枯死树 ◆ 大量积肥和沤制堆肥 ◆ 深施基肥 ◆ 做好防寒工作，遇有大雪，对古树名木、竹类要退组织打雪 ◆ 防治越冬虫害 ◆ 检查防寒措施的完好程度	◆ 平均气温13.3℃，平均降水量36.9mm ◆ 打穴，整理地形，为下月进行种植作准备 ◆ 对树木进行常规修剪 ◆ 进行积肥堆肥、深施基肥 ◆ 对耐寒性较差树种采取适当的防寒措施 ◆ 清除杂草和枯萎的乔灌木 ◆ 防治病虫害，消灭越冬虫卵
2月 (立春、雨水)	◆ 平均气温－15.4℃，平均降水量3.9mm ◆ 进行松类冻坨移植 ◆ 利用冬剪进行树冠的更新 ◆ 继续进行积肥	◆ 平均气温－1.9℃，平均降水量7.7mm ◆ 继续进行冬剪，月底结束 ◆ 检查防寒设施的情况 ◆ 堆肥，利于春防旱 ◆ 积肥与沤制堆肥 ◆ 防治病虫害 ◆ 进行春季绿化的准备工作	◆ 平均气温3.8℃，平均降水量53mm ◆ 进行一般树木的起苗，本月上旬开始作类的移植 ◆ 继续做好积肥工作 ◆ 继续施基肥和冬耕，并对春花植物施花前肥 ◆ 继续防寒工作和防治越冬害虫	◆ 平均气温14.6℃，平均降水量80.7mm ◆ 个别树木开始萌芽抽叶，开始绿化种植，补植等 ◆ 撤防寒设施 ◆ 继续进行积肥堆肥 ◆ 继续进行树木的修剪 ◆ 对抽梢的树木施追肥，花前肥及时补土
3月 (惊蛰、春分)	◆ 平均气温－5.1℃，平均降水量12.5mm ◆ 做好春季植树的准备工作 ◆ 继续进行树木的冬剪 ◆ 继续进行积肥	◆ 平均气温4.8℃，平均降水量9.1mm，树木结束休眠，开始抽芽展叶 ◆ 春季植树，应做到随挖、随运、随栽、随护 ◆ 春灌以补充土壤水分，缓和春旱 ◆ 开始进行追肥 ◆ 根据树木的耐寒能力分批拆除防寒设施 ◆ 防治病虫害	◆ 平均气温8.3℃，平均降水量73.6mm ◆ 做好植树工作，及时完成成活率 ◆ 对原有的树木进行浇水和施肥 ◆ 清除树下架物，废土等 ◆ 撤防寒设施	◆ 平均气温18.0℃，平均降水量80.7mm ◆ 绝大多数树木抽消长叶。绿化种植的主要季节，并进行补植，移植，对新植树木立支撑柱 ◆ 开始对树木进行造型或继续整形，对树冠过密的树疏枝 ◆ 继续施追肥，除草松土 ◆ 防治病虫害

（续）

月　份	哈尔滨	北　京	南　京	广　州
4月 （清明、谷雨）	◆ 平均气温6.1℃，平均降水量25.3mm，连翘类开花 ◆ 土壤解冻到40～50cm时，进行春季植树，并做到"挖、运、栽、浇、管"五及时 ◆ 撒防寒设施 ◆ 进行春灌和施肥 ◆ 对新植树木立支柱	◆ 平均气温13.7℃，平均降水量22.4mm ◆ 继续进行植树，在树木萌芽前完成种植任务 ◆ 继续进行春灌、施肥 ◆ 剪除冬季枯梢，开始修剪绿篱 ◆ 维护开早花的花灌木 ◆ 防治病虫害	◆ 平均气温14.7℃，平均降水量98.3mm ◆ 本月上旬完成各种落叶树种的栽植工作，对樟树、石楠等暖季型树种此时栽植适宜 ◆ 对新植树木立支柱 ◆ 对各类树木进行灌溉抗旱并除草、松土 ◆ 修剪绿篱，做好剥芽剥蘖和除萌蘖工作 ◆ 防治病虫害，对易感染病害的雪松、月季、海棠等每10d喷一次波尔多液	◆ 平均气温22.1℃，平均降水量175.0mm ◆ 继续进行绿化种植、补植、改植等 ◆ 修剪绿篱、疏除过密枝、剪去枯死枝和残花 ◆ 继续对新植的树木立支柱、淋水养护、施肥 ◆ 除草松土、施肥 ◆ 防治病虫害
5月 （立夏、小满）	◆ 平均气温14.3℃，平均降水量33.8mm ◆ 对新植或冬剪树木的抹芽萌蘖及时剪除和除萌蘖 ◆ 继续灌溉与追肥 ◆ 中耕除草 ◆ 防治病虫害	◆ 平均气温20.1℃，平均降水量36.1mm ◆ 树木旺盛生长需大量灌水 ◆ 结合灌水施速效肥或进行叶面喷肥 ◆ 除草松土 ◆ 剪残花，除萌蘖和抹芽 ◆ 防治病虫害	◆ 平均气温20℃，平均降水量97.3mm ◆ 对春季开花的灌木进行花后修剪，并追施氮肥和中耕除草 ◆ 新植树木芽实、填土、剥蘖去萼 ◆ 继续灌溉抗旱 ◆ 及时采收成熟的种子 ◆ 防治病虫害	◆ 平均气温25.6℃，平均降水量293.8mm ◆ 继续看管新植的树木 ◆ 修剪绿篱及施工后种植 ◆ 继续绿化施工种植 ◆ 加强除草松土、施肥工作 ◆ 防治病虫害
6月 （芒种、夏至）	◆ 平均气温20℃，平均降水量77.7mm ◆ 进行树木夏季的常规修剪 ◆ 继续灌溉与追肥 ◆ 继续灌溉松土除草 ◆ 防治病虫害	◆ 平均气温24.8℃，平均降水量70.4mm ◆ 继续进行灌水和施肥，保证其充足供应 ◆ 雨季即将来临，特别是进行道树剪除与架空线有矛盾的枝条，中耕除草 ◆ 防治病虫害 ◆ 做好雨季排水工作	◆ 平均气温24.5℃，平均降水量145.2mm ◆ 加强行道树的修剪，解决树木与架空线路及建筑物间的矛盾 ◆ 做好防暴风暴雨的工作，及时处理危险树木 ◆ 做好抗旱、排涝工作，确保树木花草的成活和保存率 ◆ 抓紧晴天进行中耕除草和大量追肥，保证树木迅速生长 ◆ 及时对花灌木进行花后修剪 ◆ 防治病虫害	◆ 平均气温27.4℃，平均降水量287.8mm ◆ 继续绿化种植 ◆ 对新植的树木加强水分管理 ◆ 对过密树冠进行疏枝，对花后树木进行修剪及整形 ◆ 继续进行除草松土、施肥工作 ◆ 防治病虫害

（续）

月　份	哈尔滨	北　京	南　京	广　州
7月 （小暑、大暑）	◆ 平均气温 22.7℃，平均降水量 176.5mm，雨季来临，气温最高 ◆ 对某些树木进行造型 ◆ 继续中耕除草 ◆ 防治病虫害，尤其是杨树腐烂病 ◆ 调查春植树木的成活率	◆ 平均气温 26.1℃，平均降水量 196.6mm ◆ 雨季来临，排水防涝 ◆ 增施磷、钾肥，保证树木安全越夏 ◆ 中耕除草 ◆ 移植常绿树种，最好入伏后降过一场透雨后进行 ◆ 抽稀树冠达到防风目的 ◆ 防治病虫害 ◆ 及时扶正被风吹倒、吹斜的树木	◆ 平均气温 28.1℃，平均降水量 181.7mm ◆ 本月暴风雨多，暴风雨过后及时处理倒伏树木，凹穴填土夯实，排除积水 ◆ 继续行道树的修剪、剥芽 ◆ 新栽树木的抗旱、果树施肥及除草松土 ◆ 防治病虫害	◆ 平均气温 28.4℃，平均降水量 212.7mm ◆ 继续绿化种植，移植或绿化改造 ◆ 处理被台风吹倒的树木，修剪易被风折的枝条 ◆ 加强绿篱等的整形修剪 ◆ 中耕除草、松土，尤其加强花后树木的施肥 ◆ 防治病虫害
8月 （立秋、处暑）	◆ 平均气温 21.4℃，平均降水量 107mm ◆ 加强排水，防止洪涝 ◆ 继续对树木进行修剪，同时修剪绿篱 ◆ 调查春植树木的保存率 ◆ 加强对树木的后期管理，及时中耕除草，保证其正常生长 ◆ 防治病虫害	◆ 平均气温 24.8℃，平均降水量 243.5mm ◆ 防涝，巡视，抢险 ◆ 继续移植常绿树种 ◆ 继续进行中耕除草 ◆ 防治病虫害 ◆ 行道树的养护和花木的修剪及绿篱等整形植物的造型	◆ 平均气温 27.9℃，平均降水量 121.7mm ◆ 继续做好抗旱排涝、防洪防汛工作，解决树木枝条与管线、建筑物之间的矛盾 ◆ 对风吹歪的树木进行扶正 ◆ 夏季修剪，植物整形 ◆ 挖除枯树，松土除草和施肥 ◆ 继续做好病虫害防台工作	◆ 平均气温 28.1℃，平均降水量 232.5mm ◆ 继续进行绿化栽植 ◆ 做好低洼地段的排水防洪工作 ◆ 对受台风影响的树木进行清理及扶正修剪等 ◆ 松土除草施肥，以磷、钾肥为主，提高植物的木质化程度 ◆ 防治病虫害 ◆ 积肥，花后植物的修剪
9月 （白露、秋分）	◆ 平均气温 14.3℃，平均降水量 27.7mm ◆ 迎国庆，全面整理绿地园容，并对行道树进行涂白 ◆ 修剪树木，去掉枯死枝、病虫枝，挖除枯死树木 ◆ 中耕除草继续进行 ◆ 做好秋季植树的工作 ◆ 防治病虫害	◆ 平均气温 19.9℃，平均降水量 63.9mm ◆ 迎国庆，全面整理绿地园容，修剪树枝 ◆ 对生长较弱，枝梢木质化程度不高的树木追施磷、钾肥 ◆ 中耕除草 ◆ 防治病虫害	◆ 平均气温 22.9℃，平均降水量 101.3mm ◆ 准备迎国庆，加强中耕除草、松土与施肥 ◆ 继续抓好防台风、防暴雨工作，及时扶正吹斜的树木 ◆ 对绿篱的整形修剪月底完成 ◆ 防治病虫害，特别是蛀干害虫	◆ 平均气温 27.0℃，平均降水量 189.3mm ◆ 进行带土球树木的种植 ◆ 处理被台风影响的树木 ◆ 继续除草松土、施肥和积肥 ◆ 对绿篱等进行整形和树形维护 ◆ 防治病虫害

（续）

月　份	哈尔滨	北　京	南　京	广　州
10月（寒露、霜降）	◆ 平均气温 5.9℃，平均降水量 26.6mm ◆ 本月中下旬开始秋季植树 ◆ 土壤封冻前灌冻水 ◆ 收集枯枝落叶、杂草，进行积肥，沤肥堆肥 ◆ 做好树木的防寒工作	◆ 平均气温 12.8℃，平均降水量 21.1mm，随气温下降，树木相继开始休眠 ◆ 气温封冻前灌冻水 ◆ 堆备秋季植树 ◆ 土壤封冻前进行积肥 ◆ 收集枯枝落叶开始积肥 ◆ 本月下旬开始灌冻水 ◆ 防治病虫害	◆ 平均气温 16.9℃，平均降水量 44mm ◆ 全面检查新植树木，确定全年植树成活率 ◆ 出圃常绿树木，供绿化栽植 ◆ 采收树木种子 ◆ 防治病虫害	◆ 平均气温 23.7℃，平均降水量 69.2mm ◆ 继续带土球树木的种植 ◆ 加强树木的灌水 ◆ 清理部分一年生花卉，并进行松土除草 ◆ 防治病虫害
11月（立冬、小雪）	◆ 平均气温 −5.8℃，平均降水量 16.8mm ◆ 土壤封冻前结束树木的栽植工作 ◆ 继续灌冻水 ◆ 对冻苗移植采取防寒措施 ◆ 做好冻苗移植的准备工作，在土壤封冻前挖好坑 ◆ 继续积肥	◆ 平均气温 3.8℃，平均降水量 7.9mm ◆ 土壤冻结前栽种耐寒树种，完成灌水任务，深翻施基肥 ◆ 对不耐寒的树种进行防寒，时间不宜太早	◆ 平均气温 10.7℃，平均降水量 53.1mm ◆ 大多数常绿树的栽植 ◆ 进行树木的冬剪 ◆ 冬季施肥，深翻土壤，改良土壤结构 ◆ 对不耐寒的树木等进行防寒 ◆ 大量收集枯枝落叶沤制积肥 ◆ 防治病虫害，消灭越冬虫卵等	◆ 平均气温 19.4℃，平均降水量 37.0mm ◆ 带土球或容器苗的绿化施工 ◆ 检查当年绿化种植的成活率情 ◆ 加强灌水，减轻旱情 ◆ 深翻土壤，施基肥 ◆ 开始进行冬季修剪 ◆ 防治病虫害
12月（大雪、冬至）	◆ 平均气温 −15.5℃，平均降水量 5.7mm ◆ 冻吃移植树木 ◆ 砍伐枯死树木 ◆ 继续积肥	◆ 平均气温 2.8℃ ◆ 加强防寒工作 ◆ 开始进行树木的冬剪 ◆ 防治病虫害，消灭越冬虫卵 ◆ 继续积肥	◆ 平均气温 4.6℃，平均降水量 30.2mm ◆ 除雨、雪、冰冻天气外，大部分落叶树可进行移植 ◆ 继续堆肥、积肥，施足基肥 ◆ 深翻土壤，施基肥 ◆ 继续进行树木的冬剪 ◆ 继续做好防寒工作 ◆ 防治病虫害	◆ 平均气温 15.2℃，平均降水量 24.7mm ◆ 加强淋水，改善树木生长环境的缺水状况 ◆ 继续施深基肥 ◆ 继续进行冬剪 ◆ 防治病虫害，杀灭越冬害虫 ◆ 对不耐寒的树木进行防寒

6.1.2　园林树木的土、肥、水管理基本知识

6.1.2.1　园林树木种植土壤类型和特点

土壤是园林树木生长的基础，它不仅支持、固定树木，而且还是园林树木生长发育所需生活条件的主要供给地。园林树木土壤管理的任务就在于，通过多种综合措施来提高土壤肥力，改善土壤结构和理化性质，保证园林树木健康生长所需养分、水分、空气的不断有效供给，因此，土壤的质量直接关系着园林树木的生长好坏；同时，结合园林工程的地形地貌改造利用，土壤管理也有利于增强园林景观的艺术效果，并能防止和减少水土流失与尘土飞扬等现象的发生。

（1）园林树木种植土壤类型

① 城市绿地土壤　详见模块1项目1"任务1.2土壤准备"部分。

② 保护地土壤　指温室和塑料大棚下的土壤。这种土壤温度高，蒸发量大，没有天然降水的淋溶作用。常造成表土盐化等不利植物生长的因素。

③ 盆栽土壤　指盆栽花卉和盆栽盆景用的栽培土。实际上盆栽土壤是人工配制的土壤。因盆栽土层薄、土体小、干湿变化、土温变化频繁，对水、肥、气、热都有较高的要求。

（2）园林树木种植土壤特点

① 城市绿地土壤特点　详见模块1项目1"任务1.2土壤准备"部分。

② 保护地土壤的特征

•土壤溶液浓度高，一般露地土壤的全盐浓度在500～3000mg/kg，在保护地栽培下可达10 000mg/kg以上。对一般植物来讲，适宜的盐分浓度为2000mg/kg，若超过4000mg/kg，就会抑制植物生长。新建温室土壤较好，随时间的延长，因施肥不当致盐类集聚，土壤溶液浓度升高。

•土壤消毒造成的危害，在保护地中有大量的有机肥，微生物活动也比较旺盛，在土壤消毒的同时，将硝化细菌也同时消灭，而氨化细菌对蒸汽和药物的抵抗力强，会使土壤中有很多的氨积累起来。另外，土壤消毒后会造成有效态锰的积累。

•氮素形态变化和气体的危害，肥料中的氮转化为相当数量的氨和亚硝酸，而硝化过程进行得很慢，因此造成了氨和亚硝酸就蓄积起来，逐渐变成了气体。由于有玻璃、塑料膜的覆盖和保温，在冬季换气比较困难，会产生气体危害。

③ 盆栽土壤特征　通常用的盆栽土壤是两种以上基质配合而成。理想的盆栽基质在理化学性质上比任何一种单独使用的基质都要好。但对不同的植物，盆栽基质的配方不同，土壤特征也有较大差异。

•盆栽基质需要排水良好，也能忍受一定程度的干旱；

•一般容重较小，为0.1～0.8g/cm^3，总孔隙、大小孔隙比合适；

•基质本身具有一定的缓和酸碱变化的能力，基质阳离子交换量10～100mmol/100cm^3。

6.1.2.2　土壤管理

1）土壤管理类型

常规的土壤管理的类型一般为松土除草、土壤改良、地面覆盖。

（1）松土除草

为增强植区景观效果、保持绿地的环境卫生、减少病虫害对植物的危害、提高植物对土壤水肥的利用率，需要经常清除杂草。松土除草一般同时进行，在植物的生长期内，要做到见草就除，既除草又松土，其效果较好。

除草要掌握"除早、除小、除了"的原则。杂草开始滋生时，其根系较浅，植株又矮小，易于除尽。对于除草的范围，不同的地段采用不同的方法。风景林、片林及自然景观保护地区，只要不妨碍游人观瞻都予以保留，保持田园情调，增添古朴自然的风韵；易发生水土流失的斜坡也无需进行除草，以减少雨水对土表的冲刷。除以自然景观为主的园林之外，一般的绿地尤其是主景区，都不应允许杂草的生长。

城区公共绿地土壤被反复践踏致板结，透气性、排水性、透水性极差，不利于好气微生物的活动，影响土壤肥力的发挥，严重束缚植物根系的生长。为了改善土壤的上述状况，应结合除草进行松土。松土可以切断土壤表层的毛细管，减少土壤水分的蒸发；在盐碱地上，还可防止土壤返碱；疏松土壤，改善土壤通气状况，促进土壤微生物的活动，有利于难溶养分的分解，提高植物对土壤有效养分的利用率。

大面积除草也可以采用化学除草。但由于除草剂选择性的限制，以及对环境的污染，故一般较少在城区园林中使用。

（2）土壤改良

土壤改良工作根据各地的自然条件、经济条件，因地制宜地制订切实可行的规划，逐步实施，以达到有效地改善土壤生产性状和环境条件的目的。

土壤改良过程分两个阶段：

① 保土阶段　采取工程或生物措施，使土壤流失量控制在容许流失量范围内。如果土壤流失量得不到控制，土壤改良亦无法进行。

② 改土阶段　其目的是增加土壤有机质和养分含量，改良土壤性状，提高土壤肥力。改土措施主要多施有机肥。当土壤过砂或过黏时，可采用砂黏互掺的办法。中国南方的酸性红黄壤地区的侵蚀土壤磷素缺乏，改土时必须施用磷肥。用化学改良剂改变土壤酸性或碱性的可取得较好效果，常用的化学改良剂有石灰、石膏、磷石膏、氯化钙、硫酸亚铁、腐殖酸钙等，视土壤的性质而择用。对碱化土壤需施用石膏、磷石膏等以钙离子交换出土壤胶体表面的钠离子，降低土壤的 pH 值。对酸性土壤，则需施用石灰性物质。化学改良必须结合水利、农业等措施，才能取得更好的效果。

（3）地面覆盖

地面覆盖即覆盖树盘。覆盖材料应"就地取材，经济适用"，如草、豆秸、树叶、树皮、锯屑、泥炭等。覆盖厚度为 3～6cm 为宜（鲜草 5～6cm）。覆盖时间为生长季节土温较高而较干旱时。

2）土壤管理的作用

① 疏松表土，切断表层与底层土壤的毛细管联系，以减少土壤水分的蒸发；改善土壤的通气性，加速有机质的分解和转化，提高土壤的综合营养水平；有利于树木的生长。

② 排除杂草和灌木对水、肥、气、热、光的竞争；避免杂草、灌木、藤蔓对树木的危害。

③ 防止或减少水分蒸发，减少地表径流；增加土壤有机质，调节土壤温度；减少杂草生长；为树木生长创造良好的环境条件。

④ 改善通透性、保水保肥；扩大根系吸收范围；促进侧、须根的发育；深翻并施适量有机肥。

6.1.2.3 灌溉与排水

1）灌溉

水是植物各种器官的重要组成部分，是植物生长发育过程中必不可少的物质，园林植物和其他所有植物一样，整个生命过程都离不开水。因此依据不同的植物种类及在一年中各个物候期的需水特点、气候特点和土壤的含水量等情况，采用适宜的水源适时适量灌溉，是植物正常生长发育的重要保证措施。

灌溉的主要内容包括：灌溉依据、灌溉时期、灌溉类型、灌溉量、灌溉次数、灌溉用水。

（1）灌溉依据

水分是影响植物生长的重要因素。在城市绿地灌溉中，掌握各种绿化植物的耗水特性和生长特性，对实现节水灌溉有重要意义。只有当土壤含水率高于某一阈值时（植物存活阈值）植物才能存活，在此之上更高的某一阈值时（植物拥有最大生物量阈值）才能保证植物拥有较大的生物量。对于景观植物而言，不需要拥有最大生物量，只要保证一定的观赏水平即可，这是实现节水灌溉的生物学依据。因此，掌握植物的需水量变化、准确测量土壤含水率，将植物根部附近的土壤含水率控制在植物存活阈值和植物拥有最大生物量阈值之间，就能有效节水且保证植物的正常生长，具有重要的现实意义。

（2）灌溉时期

① 春季灌溉 随气温的升高，植物进入萌芽期、展叶期、抽枝期，即新梢迅速生长期，此时北方一些地区干旱少雨多风，及时灌溉显得相当重要，它不但能补充土壤中水分的不足，使植物地上部分与地下部分的水分保持平衡，也能防止春寒及晚霜对树木造成的危害。

② 夏季灌溉 夏季气温较高，植物生长正处于旺盛时期，开花、花芽分化、结幼果都要消耗大量的水分和养分，因此应结合植物生长阶段的特点及本地同期的降水量，决定是否进行灌溉。对于一些进行花芽分化的花灌木要适当扣水，以抑制枝叶生长，保证花芽的质量。

③ 秋季灌溉 随气温的下降，植物的生长逐渐减慢，应控制浇水以促进植物组织生长充实和枝梢充分木质化；防止秋后徒长和延长花期；加强抗寒锻炼。但对于结果植物，在果实膨大时，要加强灌溉。

④ 冬季灌溉　我国北方地区冬季严寒多风，为了防止植物受冻害或因植物过度失水而枯梢，在入冬前，即土壤冻结前应进行适当灌溉（俗称灌"冻水"）。随气温的下降土壤冻结，土壤中的水分结冰放出潜热从而使土壤温度、近地面的气温有所回升，植物的越冬能力也相应地提高。

另外，植株移植、定植后的灌溉与成活关系甚大。因移植、定植后根系尚未与土壤充分接触，移植又使一部分根系受损，吸水力减弱，此时如不及时灌水，植株因干旱使生长受阻，甚至死亡。一般来说，在少雨季节移植后应间隔数日连灌2～3次水。但应注意大树、大苗的栽植，亦不能灌水过多，否则新根未萌，老根吸水能力差，宜导致烂根。

一天内灌水时间最好是清晨，此时水温与地温相近，对根系生长活动影响小；早晨风小光弱，蒸腾作用较低，若傍晚灌水，湿叶过夜，易引起病害。但夏季天气高温酷暑，需要灌溉也可在傍晚进行；冬季则因早晚气温较低，灌溉应在中午前后进行。

（3）灌溉类型

园林植物的灌溉类型多种多样，一般根据植物的栽植方式来选择。在园林绿地中常用的有以下几种：

① 单株灌溉　对于露地栽植的单株乔灌木如行道树、庭荫树等，先在树冠的垂直投影外开堰，利用橡胶管、水车或其他工具，对每株树木进行灌溉，灌水应使水面与堰埂相齐，待水慢慢渗下后，及时封堰与松土。

② 漫灌　适用于在地势较平坦的群植、林植的植物。这种灌溉方法耗水较多，容易造成土壤板结，注意灌水后及时松土保墒。

③ 沟灌　在列植的植物如绿篱或宽行距栽植的花卉行间开沟灌溉，使水沿沟底流动浸润土壤，直至水分充分渗入周围土壤为止。

④ 喷灌　用移动喷灌装置或安装好的固定喷头对草坪、花坛等人工或自动控制进行灌溉。这种灌溉方法基本上不产生深层渗漏和地表径流，可很好地省水、省工、效率高，且能减免低温、高温、干热风对植物的危害，既可达到生理灌水的目的，又可起到生态灌水的效果，与此同时也提高了植物的绿化效果。

⑤ 滴灌　这是按照植物需水要求，通过低压管道系统与安装在毛管上的灌水器，将水和植物需要的养分均匀而又缓慢地滴入植物根区土壤中的灌水方法。滴灌不破坏土壤结构，土壤内部水、肥、气、热经常保持适宜于植物生长的良好状况，蒸发损失小，不产生地面径流，几乎没有深层渗漏。目前干旱缺水地区最有效的一种节水灌溉方式，水的利用率可达95%。滴灌较喷灌具有更高的节水增产效果，同时可以结合施肥，提高肥效1倍以上。

（4）灌溉量及灌溉次数

植物类型、种类不同，灌溉量及灌溉次数不同。一、二年生草本花卉及一些球根花卉由于根系较浅，容易干旱，灌溉次数应较宿根花卉为多。木本植物根系比较发达，吸收土壤中水分的能力较强，灌溉量及灌溉的次数可少些，观花树种，特别是花灌木灌水量和灌水次数要比一般树种多。耐旱的植物如樟子松、蜡梅、虎刺梅、仙人掌等灌溉量及灌溉次数可少些，不耐旱的如垂柳、枫杨、蕨类、凤梨科等植物灌溉量及灌溉次数要适当增多。每次灌水深入土层的深度，一、二年生草本花卉应达 30～35cm，一般花灌木应达 45cm，生理成熟的乔木应达 80～100cm。

植物栽植年限及生长发育时期不同，灌溉量及灌溉次数不同。一般刚栽种的植物应连续灌水 3 次，才能确保成活。露地栽植花卉类，一般移植后马上灌水，3d 后灌第二次水，5～6d 后灌第三次水，然后松土；若根系比较强大，土壤墒情较好，也可灌两次水，然后松土保墒；若苗木较弱，移植后恢复正常生长较慢，应在灌第三次水后 10d 左右灌第四次水，然后松土保墒，以后进行正常的灌水。春夏季植物生长旺盛期如枝梢迅速生长期、果实膨大期，每月可浇水 2～3 次，灌水量应大些，阴雨或雨量充沛的天气要少浇或不浇；秋季减少浇水量，如遇天气高燥，每月浇水 1～2 次。园林树木栽植后也要间隔 5～6d 连灌 3 次水，且需要连续灌水 3～5 年，花灌木应达 5 年。北方地区露地栽培的花木，全年一般应灌水 6 次，分别在初春根系旺盛生长时、萌芽后开花前、开花后、花芽分化期、秋季根系再次旺盛生长时、入冬土壤封冻前都要浇 1 次透水。

土壤质地、性质不同，灌溉量和灌溉次数不同。质地轻的土壤如沙地；或表土浅薄，下有黏土盘，其保水保肥性差，宜少量多次灌溉，以防土壤中的营养物质随重力水淋失而使土壤更加贫瘠；黏重的土壤，其通气性和排水性不良，对根系的生长不利，灌水次数要适当减少，但灌溉的时间应适当延长，最好采用间歇方式，留有渗入期；盐碱地的灌溉量每次不宜过多，以防返碱或返盐；土层深厚的砂质壤土，一次灌水应灌透，待干后再灌水。

天气状况不同，灌溉量和灌溉次数不同。春季干旱少雨天气，应加大灌溉量；夏季降雨集中期，应少浇或不浇。晴天风大时应比阴天无风时多浇几次。

总之，掌握灌溉量及灌溉次数的一个基本原则是保证植物根系集中分布层处于湿润状态，即根系分布范围内的土壤湿度达到田间最大持水量 70% 左右。原则是只要土壤水分不足立即灌溉（表 6-2）。

表 6-2　土壤墒情检验表

类　别	土　色	潮湿程度	土壤状态	作业措施
黑墒（饱墒）	深暗	湿，含水量大于 20%	手攥成团，揉搓不散，手上有明显水迹；水稍多而空气相对不足，为适度上限，持续时间不宜过长	松土散墒，适于栽植和繁殖
褐墒（合墒）	黑黄偏黑	潮湿，含水量 15%～20%	手攥成团，一搓即散，手有湿印；水气适度	松土保墒，适于生长发育
黄墒	潮黄	潮，含水量 12%～15%	手攥成团，微有潮印，有凉感；适度下限	保墒，给水，适于蹲苗，花芽分化
灰墒	浅灰	半干燥，含水量 5%～12%	攥不成团，手指下才有潮迹，幼嫩植株出现萎蔫	及时灌水
旱墒	灰白	干燥，含水量小于 5%	无潮湿，土壤含水量过低，草本植物脱水枯萎，木本植物干黄，仙人掌类停止生长	需灌透水
假墒	表面看似合墒色灰黄	表潮里干	高温期，或灌水不彻底，或土壤表面因苔藓、杂物遮阴，粗看潮润，实际内部干燥	仔细检查墒情，尤其是盆花；正常灌水

（5）灌溉用水

灌溉用水的质量直接影响园林植物的生长发育。以软水为宜，避免使用硬水。自来水、不含碱质的井水、河水、湖水、池塘水、雨水都可用来浇灌植物，切忌使用工厂排出的废水、污水。在灌溉过程中，应注意灌溉用水的酸碱度对植物的生长是否适宜。北方地区的水质一般偏碱性，对于某些要求土壤中性偏酸或酸性的植物种类来说，容易出现缺铁现象，要注意调整。

2）排水

不同种类的植物，其耐水力不同。当土壤中水分过多时致使土壤缺氧，土壤中微生物的活动、有机物的分解、根系的呼吸作用都会受到影响，严重时根系腐烂，植物体死亡，因此需采用以下 3 种常用的方法对不耐水的植物或易积水的地区进行排水。

（1）地表径流法

这是园林绿地常用的排水方法。将地面改造成一定坡度，保证雨水顺畅流走。坡度的降比应合适，过小，排水不畅；过大，易造成水土流失。地面坡度以 0.1%～0.3% 为宜。

（2）明沟排水法

当发生暴雨或阴雨连绵积水很深时，在不易实现地表径流的绿化地段挖一定坡度的明沟来进行排水的方法。沟底坡度以 0.1%～0.5% 为宜。

（3）暗沟排水法

在绿地下挖暗沟或铺设管道，借以排出积水。

6.1.2.4　施肥管理

1）施肥的原则

（1）有机肥为主，化肥为辅

使用粪肥、饼肥、厩肥、堆肥、沤肥等，以及经工厂化加工的优质有机肥，如膨化鸡粪肥、微生物肥、有机叶面肥等。根据土壤肥力和植物营养需求进行配方施肥。

（2）施足基肥，合理追肥

在有机肥为主的施肥方式中，将有机肥为主占总肥分的 70% 以上的肥料作为基肥，种植前施入土壤中，肥分不易流失，并可以改良土壤性状，提高土壤肥力。追肥要根据植物生长情况与需求，以速效肥料为主。采用根区撒施、沟施、穴施、淋水肥及叶面喷施等多种方式。

（3）科学配比，平衡施肥

施肥应根据土壤条件、植物营养需求和季节气候变化等因素，调整各种养分的配比和用量，保证植物所需营养的比例平衡。除了有机肥和化肥外，微生物肥、微量元素肥、氨基酸等营养液，都可以通过根施或叶面喷施作为植物的营养补充。

（4）注意各养分间的化学反应和颉颃作用

磷肥中的磷酸根离子很容易与钙离子反应，生成难溶的磷酸钙，造成植物无法吸收，出现缺磷。南方红壤中的铁、铝、钙离子会与磷酸根生成难溶的磷酸盐，过磷酸钙等磷肥不能单独直接施入土壤，必须先与有机肥混合堆沤，然后施用。磷肥不宜与石灰混用，也不宜与硝酸钙等肥料混用。钾离子和钙离子相互颉颃，钾离子过多会影响植物对钙的吸收，相反钙离子过多也会影响植物对钾离子的吸收。

（5）禁止和限制使用的肥料

城市生活垃圾、污泥、城乡工业废渣以及未经无害化处理的有机肥料，不符合相应标准的无机肥料等禁止使用。忌氯植物禁止施用含氯肥料。

2）施肥的依据

（1）树相诊断

树木的外观形态反映其营养状况，可从树相判断出营养水平和某些营养元素的丰缺。一般认为：叶大而多、浓绿肥厚、枝条粗壮、节间较长、病虫害较少、结实大小年现象不明显的属营养正常。

（2）土壤分析

土壤分析是对土壤的组成成分和（或）物理、化学性质进行的定性、定量测定。是进行土壤生成发育、肥力演变、土壤资源评价、土壤改良和合理施肥研究的基础工作，也是环境科学中进行环境质量评价的重要手段。

于园林绿地取代表性强的点（十字交叉法或五点取样法）上的土壤，土样深度分0~20cm、20~40cm、40~60cm、60~80cm、80cm 以上土层。土样经过晾干、磨细、过筛等处理，通过有关仪器和分析程序，测定土壤质地、有机质含量、酸碱度、矿质营养元素含量，对照标准参数或丰产园的相应数据，判断某种元素的盈亏程度，制订出科学的施肥方案。

（3）叶分析

一个植物种或生态群类型在生理上对某种元素的需求基本上是恒定的，叶片中矿质元素的含量能及时准确地反映出植株的营养状况。各种元素含量在生长进程中的差异是由环境条件、养分供应水平和管理技术的不同造成的。根据这一论点，对不同植物叶片和叶柄进行分析，可作为施肥的重要依据。

3）施肥的种类

在生产上，施肥常分为基肥和追肥两大类。一般原则为"基肥要早，追肥要巧"。

基肥是在较长时间内供给植物养分的基本肥料。一般常以厩肥、堆肥、饼肥等有机肥料作基肥。厩肥和堆肥多在整地前翻入土中或埋入栽植穴内，粪干或饼肥一般在播种或移植前进行沟施或穴施，也可与一些无机肥料混合施用。

我国部分地区，园林树木多在早秋施基肥，此时正值根系生长高峰，有机养分积累的时期，能提高树体的营养贮备和翌年早春土壤中养分的及时供应，以满足春季根系生长、发芽、开花、新梢生长的需要。也可在早春施用，但效果通常不如早秋施基肥效果好。

追肥是植物生长需肥时必须及时补充的肥料。一般无机肥为多，园林观花树木可用粪干、粪水及饼肥等有机肥料。通常花前、花后及花芽分化期要施追肥，对于某些观花、观果植物，花后追肥非常重要。

4）施肥的次数

一般树木幼苗期，应主要追施氮肥，生长后期主要追施磷、钾肥；因多方面原因，树木进入成熟期追肥次数较少，但要求一年至少追肥3～4次，分别为春季开始生长后、花前、花后、休眠期（厩肥、堆肥）。对观花树木且花期长的可适当增施一些有机肥料。对于初栽2～3年的园林树木，每年的生长期也要进行1～2次的追肥。

具体的施肥时期和次数应依植物的种类、各物候期需肥特点、当地的气候条件、土壤营养状况等情况合理安排，灵活掌握。

5）施肥深度和范围

施肥主要是为了满足植物根系对生长发育所需各种营养元素的吸收和利用。只有把肥料施在距根系集中分布层稍深、稍远的部位，才利于根系向更深、更广的方向扩展，以便形成强大的根系，扩大吸收面积，提高吸收能力，因此，从某种角度来看，施肥深度和范围对施肥效果有很大作用。

施肥深度和范围，要根据植物种类、年龄、土质、肥料性质等而定。

木本花卉、小灌木如茉莉、米兰、连翘、丁香、黄栌等与高大的乔木相比，施肥相对要浅，范围要小。幼树根系浅，分布范围小，一般施肥较中、壮龄树浅、范围小。沙地、坡地和多雨地区，养分易流失，宜在植物需要时深施基肥。

氮肥在土壤中的移动性较强，浅施也可渗透到根系分布层，从而被植物所吸收；钾肥的移动性较差，磷肥的移动性更差，因此，应深施到根系分布最多处；由于磷在土壤中易被固定，为了充分发挥肥效，施过磷酸钙和骨粉时，应与厩肥、圈肥、人粪尿等混合均匀，堆积腐熟后作为基肥施用，效果更好。

6）施肥量

施肥量受植物的种类、土壤的状况、肥料的种类及各物候期需肥状况等多方面影响，应根据不同的植物种类及大小确定。喜肥者多施，如梓树、梧桐、牡丹等；耐瘠薄者可少施，如刺槐、悬铃木、山杏等。开花结果多的大树较开花结果少的小树多施，一般胸径8～10cm的树木，每株施堆肥25～50kg或浓粪尿12～25kg；胸径10cm以上的树木，每株施浓粪尿25～50kg。花灌木可酌情减少。草本花卉的施肥参见表6-3。

表6-3　花卉施肥量　　　　　　　　　　　　　　　　　　　　kg/hm^2

花卉类别		N	P$_2$O$_5$	K$_2$O
一般标准	一、二年生草花	94.05～226.05	75.00～226.05	75.00～169.05
	宿根与球根类	150.0～226.05	103.05～226.05	187.95～300.00
基　肥	一、二年生草花	39.60～42.00	40.05～49.95	45
	宿根与球根类	72.60～76.95	80.10～100.05	90
追　肥	一、二年生草花	29.70～31.50	24.00～30.00	25.05
	宿根与球根类	16.50～17.55	12.75～16.05	15.00

任务实施

1．器具与材料

锄头、铁锹、铲、耙、大草剪、修枝剪、运输工具（推车）、水桶、喷雾器等各类养护工具材料。

2．任务流程

园林树木土、肥、水管理流程如图6-1所示。

3．操作步骤

1）土壤管理

（1）松土除草

松土的深度和范围视植物不同而异，以松土时不碰伤植物的树皮、顶梢等为佳。树木的松土范围在树冠投影外 1m 以内至投影半径的 1/2 以外的环的范围内，深度为 6～10cm。灌木的松土可全面进行，深度为 5cm 左右。

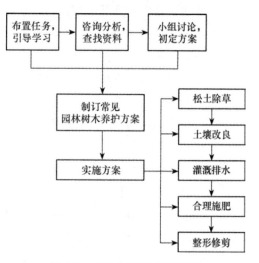

图6-1　园林树木养护流程图

松土可在晴天进行，也可在雨后 1～2d 土壤不过湿时进行。松土的次数，每年至少进行 1～2 次。也可根据具体情况而定：乔木、大灌木可两年一次，小灌木、草本植物一年多次；主景区、中心区一年多次；边缘区域次数可适当减少。

（2）土壤改良

在生产实践中，土壤的理化性状均能达到适宜栽植条件的很少。因此，栽植前一般都要进行土壤改良。

① 黏质土壤的改良措施　黏质土壤与适宜栽植土壤的主要差别是孔隙度低、通透性差。主要改良方法如下：

掺沙：是提高黏质土孔隙度、增加通透能力的有效措施。具体掺沙比例视土壤黏重程度而定，一般掺入 1/4～1/2。为了防止播种后畦面板结，影响出苗，播种田的覆土掺沙量应适当增大。

深刨深耕：黏质土底层（20～40cm）的通气性和渗水性很差，整地时应适当深刨深耕，促进土壤熟化，增加孔隙度。如果底层土过于冷凉，可将底层土用铁锹或专用犁铧疏松一下，但不把底层生土翻上来。

施有机肥：适当增施热性有机肥，也是改良黏质土壤的有效措施。半分解的有机质能使土壤疏松，土壤孔隙度增加。由于腐殖质的黏结力和黏着力均明显低于黏粒。因此有机肥能降低黏土的黏性，从而改善黏土的通透性和耕性。

② 砂质土壤的改良措施　砂质土壤与适宜栽培土壤的主要区别是，土壤非毛管孔隙过

多，通透性过强，保水保肥能力差。改良的措施主要是增施有机肥和掺黏质土。

掺入黏质土：黏质土含黏粒多，黏着力和黏结力强，故砂质土掺入黏土后，可明显降低沙质土的松散程度和通气性，提高保水、保肥能力。

增施有机肥：砂质土壤一般比较瘠薄，可增施猪粪等有机肥。有机肥中的腐殖质是亲水胶体物质，能吸收大量水分，其吸水率为 400%～600%。由于腐殖质胶体具有多功能基因，如羧基和酚基上的 H^+，可与土壤溶液中阳离子进行交换，使这些离子不致流失。因此，增施有机肥不但直接补充了砂质土壤的养分，而且可明显提高砂质土壤的保水、保肥性能。此外，腐殖质的黏结力和黏着力均比砂土强。故它可提高砂质土的黏结力，克服松散性，增加水稳性团粒结构。

③ 生土的改良措施　生土是未经人类扰乱过的原生土壤，亦称"死土"。其特点是结构比较紧密，稍有光泽，颜色均匀，质地纯净，不含人类活动遗存。土壤改良的具体措施有：

深翻耕作层，促进土壤熟化：生土地要采用机械深翻，深度为 25～30cm，深翻 2～3次，通过深翻曝晒，熟化土壤。

增施有机肥，培肥地力：生土地土壤养分贫瘠，要经过增施有机肥，增加土壤养分，培肥地力，一般应亩*施有机肥 5000kg 以上。

多施磷肥，提高地力：结合深翻或种植绿肥作物，亩施过磷酸钙 50～70kg，以肥调水，以水促肥，培肥地力。

2）灌溉（以喷灌为例）

（1）制订灌溉计划

喷灌系统的设计一般是按满足最不利的条件作出的，可满足植物最大需水要求。而在运行时，应根据实际情况确定灌水计划，包括灌水时间、灌水延续时间、灌水周期等。

（2）确定灌水时间、灌水延续时间及灌水周期　在一天内的大部分时间均可灌水。但应避免在炎热的夏季中午灌水，以防烫伤树体，而且此时蒸发量最大，水的利用率低，傍晚及夜间灌水是较好的选择。

灌水延续时间的长短，主要取决于系统的组合喷灌强度和土壤的持水能力，即田间持水量。当喷灌强度大于土壤的渗透强度时，将产生积水或径流，水不能充分渗入土壤；灌水时间过长，灌水量将超过土壤的田间持水量，造成水分及养分的深层渗漏和流失。因此，一般的规律是，砂性较大的土壤，土壤的渗透强度大，而田间持水量小，故一次灌水的延续时间短，但灌水次数多，间隔短，即需少灌勤灌；反之，对黏性较大的土壤则一次灌水的延续时间长，但灌水次数少。

灌水周期，即灌水间隔或灌水频率，除与上述提到的土壤性质有关外，主要取决于树木本身。灌水过于频繁，会使树体发病率高，根系层浅，生长不健壮；而灌水间隔时间太长，会因缺水使正常生长受到抑制，影响质量。

（3）建立系统运行档案

对喷灌系统的运行情况，包括开机时间、灌水延续时间、用水量、用电量等，应进行详细记录存档，并及时分析这些数据，为进一步改进管理和监测系统运行状况提供依据。

（4）评价灌水效果

在喷灌系统投入使用后，可以直观地对植物生长状况、节水、节省人工的情况进行评价。也可以通过实际测试，对系统的喷洒均匀度、灌溉水的利用率等加以评估，以便及时修正灌水计划。

3）施肥

（1）设计施肥方案（施肥时期、方法、土壤类型、肥料种类、施肥树习性等）

（2）选取施肥方法（依树龄、树势、根系生长情况等确定）

① 环状沟施肥法　在树冠外围稍远处挖 30～40cm 宽环状沟，沟深据树龄、树势以及根系的分布深度而定，一般深 20～50cm，将肥料均匀地施入沟内，覆土填平灌水。随树冠的扩大，环状沟每年外移，每年的扩展沟与上年沟之间不要留隔墙。此法多用于幼树施基肥。

② 放射沟施肥法　以树干为中心，从距树干 60～80cm 的地方开始，在树冠四周等距离地向外开挖 6～8 条由浅渐深的沟，沟宽 30～40cm，沟长视树冠大小而定，一般是沟长的 1/2 在冠内，1/2 在冠外，沟深一般 20～50cm，将充分腐熟的有机肥与表土混匀后施入沟中，封沟灌水。下次施肥时，调换位置开沟，开沟时要注意避免伤大根。此法适用于中壮龄树木。

③ 穴施法　在有机物不足的情况下，基肥以集中穴施最好，即在树冠投影外缘和树盘中，开挖深 40cm、直径 50cm 左右的穴，其数量视树木的大小、肥量而定，施肥入穴，填土平沟灌水。此法适用于中壮龄树木。

④ 全面撒施法　把肥料均匀地撒在树冠投影内外的地面上，再翻入土中。此法适用于群植、林植的乔灌木及草本植物。

⑤ 灌溉式施肥　结合喷灌、滴灌等形式进行施肥，此法供肥及时，肥分分布均匀，不伤根，不破坏耕作层的土壤结构，劳动生产率高。

⑥ 根外追肥　又称为叶面追肥。指根据植物生长需要将各种速效肥水溶液，喷洒在叶片、枝条及果实上的追肥方法，是一种临时性的辅助追肥措施。叶面喷肥主要是通过叶片上的气孔和角质层进入叶片，而后运送到植株体内和各个器官。一般幼叶比老叶吸收快；叶背比叶面吸收快。喷时一定要把叶背喷匀，叶片吸收的强度和速率与溶液浓度、气温、湿度、风速等有关。一般根外追肥最适温度为 18～25℃，湿度较大些效果好，因而最好的时间应选择无风天气的 10:00 之前和 16:00 以后。叶面喷肥，简单易行，用肥量小，发挥作用快，可及时满足植物的需要，同时也能避免某些肥料元素在土壤中固定。尤其是缺水季节、缺水地区和不便施肥的地方，可采用此法。

（3）挖掘入肥（以具体施肥方法及树势确定）

（4）覆土镇压

（5）覆草浇水

覆草可提高土壤蓄水能力，减少土壤水土流失和地面水分蒸发的有效措施。长期覆草，还能改善土壤团粒结构，增加土壤有机质含量，提高土壤肥力。覆草可以用秸秆、当地杂草等，覆草厚度在15～20cm，一般在雨季进行。为防止失火可在草上面压土，待草腐烂后翻入土内，再覆新草。

覆盖要掌握以下技术要点：一是覆草前，一般要先整好树盘，浇一遍透水或等下透雨后再覆草。二是覆草未经初步腐熟的，要适量追施速效氮肥，或覆草后浇施腐熟人粪尿，防止因鲜草腐熟引起土壤短期脱氮叶片发黄。覆草厚度，常年宜保持在15～20cm，太薄起不到保温、保湿、灭杂草的作用；太厚春季土壤温度上升慢，不利吸收根活动。三是覆草要离开根颈20cm左右，以防积水。

案例6-1　江西环境工程职业学院桂花品种园施肥技术方案

1．品种园概况

江西环境工程职业学院桂花品种园规划栽植面积1.33hm²，目前收集了35个品种，150株标准树，2000余株小苗。为更好地发挥资源特色，使教学、研究与生产有机结合，园区分为四季桂品系区、银桂品系区、丹桂品系区和金桂品系区，并开展对园内标准植株的定位监测，研究其生物学、生态学特性，进而进行乡土品种和优良的外来品种、各类珍稀品种的生产试验。

2．桂花生长习性

桂花有一年多次抽生新梢的习性，通常为春梢、夏梢、秋梢3种类型。树体发育基本完成、树冠丰满的成年树，以春梢为主，夏秋梢少见。幼年、青壮年树除春梢外，还抽生夏梢和秋梢。夏秋梢的发生量依树势强弱而定。小树生长旺盛，在肥水条件充足的情况下，苗圃地的幼苗在整个生长季节，均可持续不断地抽生新梢，包括春梢、夏梢、夏秋梢、秋梢和晚秋梢。

桂花喜温暖环境，宜在土层深厚、排水良好、肥沃、富含腐殖质的偏酸性砂质土壤中生长。不耐干旱瘠薄，在浅薄板结贫瘠的土壤上，生长特别缓慢，枝叶稀少，叶片瘦小，叶色黄化，不开花或很少开花，甚至有周期性的枯顶现象，严重时桂花整株死亡。

不同树龄的桂花需肥规律不同。幼树以扩大树冠、搭好骨架为主，以后逐步过渡到营养、生殖均衡生长为主。由于各时期的要求不同，因此对养分的需求也各有不同。桂花幼树需要的主要养分是氮和磷，特别是磷对植物根系的生长发育具有良好的作用。建立良好的根系结构是桂花树冠结构良好、健壮生长的前提。成年树对营养的需求比较全面，需及时补充氮、磷、钾等营养元素，若不能及时补充则将严重影响桂花来年的生长及开花。

桂花花芽是在6月开始进行分化的，开花和种实发育在2年内完成，因此在营养方面消耗较大，需要注意桂花的营养生长和生殖生长的相互平衡及营养生长和种实发育的平衡。

3．桂花施肥技术

应以薄肥勤施为原则，中大苗全年施肥三四次。早春，芽开始膨大前根系就已开始活动，逐渐吸收肥料。因此，早春期间在树盘内施有机肥，促进春梢生长。春梢是当年秋季的开花枝，春梢长得壮，将来开花就多。秋季桂花开花后，为了恢复树势，补充营养，入冬前期需施复合肥、有机肥或垃圾杂肥。其间可根据桂花生长情况，施肥一两次。新移植的桂花，由于根系的损伤，吸收能力较弱，追肥不宜太早。移植坑穴的基肥应与土壤拌匀再覆土，根系不宜直接与肥料接触，以免伤根，影响成活率。

根据桂花生长情况选取环状沟施肥法和放射沟施肥法（图 6-2）。

（1）环状沟施肥法

在树冠外围处挖 20～30cm 宽环状沟，沟深 20～30cm，将复合肥均匀地施入沟内，覆土镇压。

图6-2　桂花施肥技术

A～B．桂花品种园　C～E．环状沟施肥　F～H．放射沟施肥

（2）放射沟施肥法

以树干为中心，从距树干50~60cm的地方开始，在树冠四周等距离地向外开挖8条由浅渐深的沟，沟宽20~30cm，沟长40~50cm，沟深15~40cm，将有机肥施入沟中，覆土镇压。要注意下次施肥时调换位置开沟，开沟时要避免伤大根。

　知识拓展

1．灌溉机具的使用与维修

1）灌溉机具的种类

（1）喷灌系统

①喷灌系统的组成　喷灌系统由水源、水泵及动力、管路系统、喷洒器等组成。现代先进的喷灌系统还可以设置自动控制系统以实现作业的自动化。

水源：城市绿地一般采用自来水为喷灌水源，近郊或农村选用未被污染的河水或塘水为水源，有条件的也可用井水或自建水塔。

水泵与动力机：水泵是对水加压的设备，水泵的压力和流量取决于喷灌系统对喷洒压力和水量的要求。园林绿地一般有城市电网供应，可选用电动机为动力。无电源处可选用汽油机、柴油机作动力。

管路系统：输送压力水至喷洒装置。管道系统应能够承受系统的压力和通过需要的流量。管路系统除管道外，还包括一定数量的弯头、三通、旁通、闸阀、接头、堵头等附件。

喷洒器（喷头）：把具有压力的集中水流分散成细小水滴，并均匀地喷洒到地面或植物上的一种喷灌专用设备。

控制系统：在自动化喷灌系统中，按预先编制的控制程序和植物需水要求的参数，自动控制水泵启、闭和自动按一定的轮灌顺序进行喷灌所设置的一套控制装置称为控制系统。

②喷灌系统的类型　喷灌系统按管道可移动程度，可分为固定式、半固定式和移动式3类。

固定式喷灌系统：除喷头可移动以外，其余部分固定不动。园林草坪地埋式喷头一般也不移动。

半固定式喷灌系统：半固定式喷灌系统除喷头外，支管也可移动。

移动式喷灌系统：除水源外其余部分均可移动。往往把可移动部分安装在一起，构成一个整体，称为喷灌机组。

（2）微灌系统

微灌是利用低压管路系统将压力水输送分配到灌水区，通过灌水器以微小的流量湿润植物根部附近土壤的一种局部灌水技术。微灌使植物主要根系活动区的土壤经常保持在最优含水状态。微灌由于仅湿润根区附近土壤，水在空中运动少，故水的损失小、利用率高；由管网输水操作方便，便于实现自动控制，并能结合施肥；微灌是局部灌溉，栽培植物之间地面干燥不易生长杂草；对土壤和地形的适应能力强。缺点是灌水器出水口较小、易堵塞，因此对水的质量要求较高，必须经过严格过滤；微灌投资较高，较适用于温室、花卉和园林灌溉。

①微灌系统组成　通常由水源工程、首部枢纽、输配水管网和灌水器四部分组成。

水源：江河、渠道、湖泊、水库、井、泉等均可作为微灌水源，但其水质需符合微灌要求。

首部枢纽：包括水泵、动力机、肥料和化学药品注入设备、过滤设备、控制器、控制阀、进排气阀、压力流量量测仪表等。

输配水管网：作用是将首部枢纽处理过的水按照要求输送分配到每个灌水单元和灌水器。输配水管网包括干、支管和毛管3级管道。毛管是微灌系统的最末一级管道，其上安装或连接灌水器。

灌水器：是直接施水的设备，其作用是消减压力，将水流变为水滴或细流或喷洒状施入土壤。

②微灌系统的类型 主要分滴灌、微喷灌、渗灌和小管出流灌溉。

滴灌：利用装在毛管（末级管道）上的滴头、孔口或滴灌带等灌水器，将压力水以水滴状一滴一滴、均匀而缓慢地滴入植物根区附近土壤的微灌技术。滴灌头可放在地表称地表滴灌，也可埋在地下30～40cm处称地下滴灌。

微喷灌：利用安装在毛管上的微喷头将压力水均匀而缓慢地喷洒在根系周围的土壤上。也可将微喷灌安装在温室等栽培设施内的屋面下，组成微喷降温系统。

渗灌：利用特制的渗水毛管，埋入地下30～40cm处，压力水通过渗水毛管管壁的毛细孔以渗流方式湿润周围土壤，由于土壤蒸发量少，所以是最省水的灌溉技术。

小管出流灌：利用直径小于4mm的小塑料管与毛管连接作为灌水器，以细射流状局部湿润根系附近土壤。

2）灌溉机具的使用

（1）安装与检查

输水管一头安装过滤器入水池，一头安装控制阀门和喷灌泵；支水管间距根据具体情况而定，用螺栓固定并与主水管连接好；每隔数米把1个喷头固定在弯头上连接支水管，以倒挂形式安装。喷灌系统安装好后，检查过滤器、喷灌泵、主水管、支水管和喷头等各部位的连接部位，如紧固完好，可放水3～5min进行试喷，若发现喷头不喷水，应停止供水，检查喷孔。如是沙子等杂物堵塞，应取下喷头，除去杂物，但不可自行扩大喷孔，以免影响喷水质量。同时，检查过滤器是否完好，若不完好须检修。

（2）喷灌系统的使用

喷灌泵启动后，通过阀门控制供水压力，使其保持在0.18kPa。喷灌时间一般选在上午或下午，这时进行喷灌后地温能快速上升。喷水时间及间隔可根据植物不同生长期和需水量来确定。随着植株的增高，喷灌时间需逐步延长。因喷灌的水直接喷洒在作物叶面上，便于叶面吸收，既防止病虫害，又利于植物生长。

（3）利用喷灌进行施肥

喷灌能够随水施肥，提高肥效。宜施用易溶解的化肥，每次3～4kg。先将化肥溶解后倒入施肥罐内，因施肥罐连通支水管，所以打开施肥阀，调节主水阀，待水管中有水流时即可开始喷，一般1次喷15～20min。化肥溶液与水之比可根据植株生长情况而定。喷灌施肥后，继续喷水3～5min，以清洗管道与喷头。

3）灌溉机具的维修保养

灌溉机具是一种技巧含量高、结构相对庞杂的专业化生产工具，所进行作业的工作条件比较恶劣，操作人员的使用技巧水平和专业知识素质差别较大。同时，作为一种生产工具，随着使用期限的延长，机械零部件也会正常磨损而引起使用性能下降，影响到正常使用。所以，灌溉机具的使用管理中维修保养这个环节非常重要。

维修保养大致能够分成两部分：一部

分是技巧保养，即机手在使用进程中对机具能够做到的合理保留、日常检修、按期守护保养及准确的操作使用，这样可延长机具使用寿命，提高机具运用效果；另一部分是修理，即靠机手自身的条件和手段不能够解决的维修内容，如机具主要部件损坏的修复或换件修理，使用到一按期限落伍行的中、大修及检测调整等，就必须到专门的维修服务网点或请专业人员修理。

（1）灌溉机具的保养

灌溉机具的保养要遵守"防重于治、养重于修"的原则，切实履行技巧保养规程，动力机械要按主燃油耗费量判别保养周期，按时、按号、按项、按技巧需求进行保养，达到保养标准，确保机具处于完好的情况。灌溉机具的保养要严格遵守使用说明书。燃油动力机械要做到"四不漏"（不漏油、不漏水、不漏气、不漏电）、"五净"（油、水、气、机器、工具）、"六封锁"（柴油箱口、汽油箱口、机油加注口、机油检视口、汽化器、磁电机）、"一完好"（技巧情况完好）；配套机具要履行终年修理，做到"三机动"（操作、滚动、升降机动）、"五不"（不旷、不钝、不变形、不锈蚀、不缺件）、"一完好"（技巧情况完好）。

（2）灌溉机具的修理

要依据作业需要，对灌溉机具的技巧情况进行按期检查，保证及时修理。目前，我国的灌溉机具维修服务一般是在制造厂商在各地设立的特约维修服务站（点），其主要负责所产机具的售后服务及换件修理等。

2．配方施肥技术

配方施肥技术是以土壤测试和肥料田间试验为基础，根据作物需肥规律、土壤供肥性能和肥料效应，在合理施用有机肥料的基础上，提出氮、磷、钾及中、微量元素等肥料的施用数量、施肥时期和施用方法。测土

配方施肥技术的核心是调节和解决作物需肥与土壤供肥之间的矛盾，同时有针对性地补充作物所需的营养元素，作物缺什么元素就补充什么元素，需要多少补多少，实现各种养分平衡供应，满足作物的需要，达到提高肥料利用率和减少用量，提高作物产量，改善农产品品质，节省劳力，节支增收的目的。实践证明，推广测土配方施肥技术，可以提高化肥利用率 5%～10%，增产率一般为 10%～15%，高的可达 20% 以上。实行测土配方施肥不但能提高化肥利用率，获得稳产高产，还能改善农产品质量，是一项增产节肥、节支增收的技术措施。

1）测土配方施肥的理论依据

测土配方施肥，考虑到植物、土壤、肥料体系的相互联系，其理论依据主要有以下几个方面。

（1）植物增产曲线证实了肥料报酬递减律的存在。因此，对某一植物品种的肥料投入量应有一定的限度。在缺肥的中低地区，施用肥料的增产幅度大，而高产地区，施用肥料的技术要求则比较严格。肥料的过量投入，不论是哪类地区，都会导致肥料效益下降，以致减产的后果。因此，确定最经济的肥料用量是配方施肥的核心。

（2）植物生长所必需的多种营养元素之间有一定的比例。有针对性地解决限制当地产量提高的最小养分，协调各营养元素之间的比例关系，纠正过去单一施肥的偏见，实行氮、磷、钾和微量元素肥料的配合施用，发挥诸养分之间的互相促进作用，是配方施肥的重要依据。

（3）在养分归还（补偿）学说的指导下，配方施肥体现了解决植物需肥与土壤供肥的矛盾。植物的生长，不但消耗土壤养分，同时消耗土壤有机质。因此，正确处理好肥

料（有机与无机肥料）投入与植物产出、用地与养地的关系，是提高植物产量和改善品质，也是维持和提高土壤肥力的重要措施。

（4）测土配方施肥是一项综合性技术体系。它虽然以确定不同养分的施肥总量为主要内容，但为了充分发挥肥料的最大增产效益，施肥必须与选用良种、肥水管理耕作制度、气候变化等影响肥效的诸因素相结合，配方肥料生产要求有严密的组织和系列化的服务，形成一套完整的施肥技术体系。

2）确定配方的基本技术

当前所推广的配方施肥技术从定量施肥的不同依据来划分，可以归纳为以下3个类型：

（1）地力分区（级）配方法

地力分区（级）配方法的做法是，按土壤肥力高低分为若干等级，或划出一个肥力均等的田片，作为一个配方区，利用土壤普查资料和过去田间试验成果，结合群众的实践经验，估算出这一配方区内比较适宜的肥料种类及其施用量。

地力分区（级）配方法的优点是针对性强，提出的用量和措施接近当地经验，群众易于接受，推广的阻力比较小。其缺点是地区的局限性，依赖于经验较多。适用于生产水平差异小、基础较差的地区。在推行过程中，必须结合试验示范，逐步扩大科学测试手段和指导的比重。

（2）目标产量配方法

目标产量配方法是根据植物产量的构成，由土壤和肥料两个方面供给养分原理来计算施肥量。目标产量确定以后，计算需要吸收的养分来施用肥料。目前有以下两种方法：

① 养分平衡法　以土壤养分测定值来计算土壤供肥量。肥料需要量可按下列公式计算：肥料需要量＝（植物单位产量养分吸收量×目标产量）－（土壤测定值×校正

系数）肥料养分含量×肥料当季利用率

式中　植物单位吸收量×

目标产量＝植物吸收量；

土壤测定值×0.3校正系数＝土壤供肥量；

土壤养分测定值以 mg/kg 表示，0.3 为养分换算系数。

这一方法的优点是概念清楚，容易掌握。缺点是，由于土壤具有缓冲性能，土壤养分处于动态平衡，因此，测定值是一个相对量，不能直接计算出"土壤供肥量"，通常要通过试验，取得"校正系数"加以调整。

② 地力差减法　植物在不施任何肥料的情况下所得的产量称空白田产量，它所吸收的养分，全部取自土壤。从目标产量中减去空白田产量，就应是施肥所得的产量。按下列公式计算肥料需要量：

肥料需要量＝植物单位产量养分吸收量×（目标产量－空白田产量）养分含量×肥料当季利用率。

这一方法的优点是，不需要进行土壤测试，避免了养分平衡法的缺点。但空白田产量不能预先获得，给推广带来了困难。同时，空白田产量是构成产量诸因素的综合反映，无法代表若干营养元素的丰缺情况，只能以植物吸收量来计算需肥量。当土壤肥力越高，植物对土壤的依赖率越大（植物吸自土壤的养分越多）时，需要由肥料供应的养分就越少，可能出现剥削地力的情况而未能及时察觉，必须引起注意。

（3）肥料效应函数法

通过简单的对比，或应用正交、回归等试验设计，进行多点田间试验，从而选出最优的处理，确定肥料的施用量，主要有以下3种方法：

① 多因子正交、回归设计法　此法一般以单因素或二因素多水平试验设计为基

础，将不同处理得到的产量进行数量统计，求得产量与施肥量之间的函数关系（肥料效应方程式）。根据方程式，不仅可以直观地看出不同元素肥料的增产效应，以及其配合施用效果，而且还可以分别计算出经济施用量（最佳施肥量）、施肥上限和施肥下限，作为建议施肥量的依据。

此法的优点是，能客观地反击影响肥效诸因素的综合效果，精确度高，反馈性好。缺点是有地区局限性，需要在不同类型土壤上布置多点试验，积累不同年度的资料，费时较长。

②养分丰缺指标法 利用土壤养分测定值和植物吸收土壤养分之间存在的相关性，对不同植物通过田间试验，把土壤测定值以一定的级差分等，制成养分丰缺及应施肥料数量检索表。取得土壤测定值，就可对照检索表按级确定肥料施用量。

此法的优点是，直感性强，定肥简捷方便。缺点是精确度较差，由于土壤理化性质的差异，土壤氮的测定值和产量之间的相关性很差，一般只用于磷、钾和微量元素肥料的定肥。

③氮、磷、钾比例法 通过一种养分的定量，然后按各种养分之间的比例关系来决定其他养分的肥料用量，例如，以氮定磷、定钾，以磷定氮等。

此法的优点是，减少了工作量，也容易为群众所理解。缺点是，植物对养分吸收的比例和应施肥料养分之间的比例是不同的，在实用上不一定能反映缺素的真实情况。由于土壤各养分的供应强度不同，因此，作为补充养分的肥料需要量只是弥补了土壤的不足。所以，推行这一定肥方法时，必须预先做好田间试验，对不同土壤条件和不同植物相应地做出符合客观要求的肥料氮、磷、钾比例。

配方施肥的3类方法可以互相补充，并不互相排斥。形成一个具体配方施肥方案时，可以一种方法为主，参考其他方法，配合起来运用。这样做的好处是：可以吸收各法的优点，消除或减少存在的缺点，在产前能确定更符合实际的肥料用量。

3）测土配方施肥的实施

测土配方施肥涉及面比较广，是一个系统工程。整个实施过程需要农业教育、科研、技术推广部门同广大农民相配合，配方肥料的研制、销售、应用相结合，现代先进技术与传统实践经验相结合，具有明显的系列化操作、产业化服务的特点。一般采用的测土配方施肥方法，主要有以下8个步骤。

（1）采集土样

土样采集一般在秋收后进行，采样的主要要求是：地点选择以及采集的土壤都要有代表性。从过去采集土壤的情况看，很多农民甚至有的技术人员对采样不够重视，不能严格执行操作程序。取得的土样没有代表性。采集土样是平衡施肥的基础，如果取样不准，就从根本上失去了平衡施肥的科学性。为了了解植物生长期内土壤耕层中养分供应状况，取样深度一般在20cm，如果种植植物根系较长，可以适当加深土层。

取样一般以50～100亩面积为一个单位，当然，这也要根据实际情况而定，如果地块面积大、肥力相近的，取样代表面积可以放大一些；如果是坡耕地或地块零星、肥力变化大，取样代表面积也可小一些。取样可选择东、西、南、北、中5个点，去掉表土覆盖物，按标准深度挖成剖面，按土层均匀取土。然后，将采得的各点土样混匀，用四分法逐项减少样品数量，最后留1kg左右即可。取得的土样装入布袋内，袋的内外都要挂放标签，标明取样地点、日期、采样人及分析的有关内容。

（2）土壤化验

土壤化验就是土壤诊断，要找县以上农业和科研部门的化验室。江西省已有50多个县的农业技术推广中心都有这类化验室，土壤化验主要是由他们来承担。化验内容的确定，考虑需要和可能两个方面。按目前农民对化验费用的实际承受能力，只能选择一些相关性较大的主要项目。各地普遍采用的是5项基础化验，即碱解氮、速效磷、速效钾、有机质和pH值。这5项之中，碱解氮、速效磷、速效钾是体现土壤肥力的三大标志性营养元素。有机质和pH值两项可作参考项目，根据需要可针对性化验中、微量营养元素。土壤化验要准确、及时。化验取得的数据要按农户填写化验单，并登记造册，装入地力档案，输入计算机，建立土壤数据库。

（3）确定配方

配方选定由农业专家和专业农业科技人员来完成。省里聘请了农业大学、农业科学院和土肥管理站的知名土肥专家组成专家组，负责分析研究有关技术数据资料，科学确定肥料配方。各地的农业技术推广中心、土肥站，负责本地的肥料配方。首先要由农户提供地块种植的植物及其规划的产量指标。农业科技人员根据一定产量指标的农植物需肥量、土壤的供肥量，以及不同肥料的当季利用率，选定肥料配比和施肥量。这个肥料配方应按测试地块落实到农户。按户按植物开方，以便农户按方买肥，"对症下药"。

（4）加工配方肥

配方肥料生产要求有严密的组织和系列化的服务。省里成立了平衡施肥技术产业协作网。这个协作网集行业主管部门、教育、科研、推广、肥料企业、农村服务组织于一体，实行统一测土、统一配方、统一供肥、统一技术指导，为广大农民服务。配方肥的生产第一关，是把住原料肥的关口，选择省内外名牌肥料厂家，选用质量好、价格合理的原料肥。第二关，是科学配肥。由县农业技术推广部门统一建立配肥厂。

（5）按方购肥

经过近些年推广测土配方施肥的实践，一些地方已经摸索出了配方肥的供应办法。县农业技术推广中心在测土配方之后，把配方按农户按植物写成清单，县推广中心、乡镇综合服务站、农户各一份。由乡镇农业综合服务站或县推广中心按方配肥销售给农户。

美国已有1/5左右的耕地采用卫星定位测土配方施肥，依据不同土壤肥力条件，确定若干适应不同植物的施肥配方。当播种施肥机械田间作业时，由卫星监视机械行走的位置，并与控制施肥配方的计算机系统连接，机械走到哪个土壤类型区，卫星信息系统就控制计算机采用哪种配方施肥模式。这种施肥是变量的、精确的，这是当今世界上最先进的科学施肥方法。我们现在做的平衡施肥，应当说还是一个过渡阶段，但发展趋势越来越科学。一定要认真解决过去出现的"只测土不配方、只配方不按方买肥"的问题，全面落实平衡施肥操作程序、不断提高科学化水平。

（6）科学用肥

配方肥料大多是作为底肥一次性施用。要掌握好施肥深度，控制好肥料与种子的距离，尽可能有效满足植物苗期和生长发育中、后期对肥料的需要。用作追肥的肥料，更要看天、看地、看植物，掌握追肥时机，提倡水施、深施，提高肥料利用率。

（7）田间监测

平衡施肥是一个动态管理的过程。使用

配方肥料之后，要观察农植物生长发育，要看收成结果。从中分析，做出调查。在农业专家指导下，基层专业农业科技人员与农民技术员和农户相配合，田监测，翔实记录，纳入地力管理档案，并及时反馈到专家和技术咨询系统，作为调整修订平衡施肥配方的重要依据。

（8）修订配方

江西省平衡施肥测土一般每年进行一次。按照测土得来的数据和田间监测的情况，由农业专家组和专业农业科技咨询组共同分析研究，修改确定肥料配方，使平衡施肥的技术措施更切合实际，更具有科学性。这种修改完全符合科学发展的客观规律，每一次反复，都是一次深化提高。

 巩固训练

1. 训练要求

（1）以小组为单位开展训练，组内同学要分工合作、相互配合、团队协作。

（2）各小组拟订园林树木养护管理技术方案，技术方案应具有科学性和可行性。

（3）做到安全生产，操作程序符合要求。

2. 训练内容

（1）结合校园绿化或当地小区绿化工程的养护管理任务，让学生以小组为单位，在咨询学习、小组讨论的基础上制订园林树木土、肥、水管理技术方案。

（2）以小组为单位，依据技术方案进行一定任务的园林树木土、肥、水管理施工训练。

3. 可视成果

提供校园绿化或某小区园林树木土肥水管理技术方案及执行方案；土、肥、水管理操作较标准的绿地。考核评价见表6-4。

表6-4　园林树木土、肥、水管理考核评价表

模　块	园林植物养护管理			项　目		园林树木养护管理	
任　务	任务6.1　园林树木土、肥、水管理				学　时		6
评价类别	评价项目	评价子项目		自我评价(20%)	小组评价(20%)	教师评价(60%)	
过程性评价 (60%)	专业能力(45%)	方案制订能力（15%）					
		方案实施能力	松土除草（5%）				
			土壤改良（5%）				
			灌溉排水（10%）				
			施肥（10%）				
	社会能力(15%)	工作态度（7%）					
		团队合作（8%）					
结果评价(40%)	方案科学性、可行性（15%）						
	养护规范性（15%）						
	养护效果（10%）						
	评分合计						
班级：		姓名：		第　　组		总得分：	

小结

园林树木土、肥、水管理任务小结如图 6-3 所示。

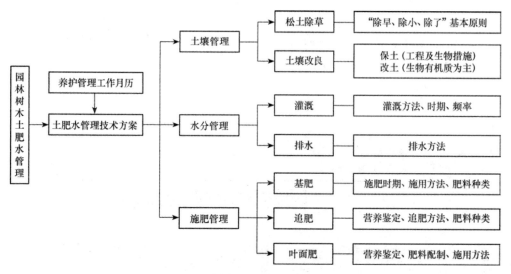

图 6-3　园林树木土、肥、水管理任务小结

 思考与练习

1．填空题

（1）除草的原则是_____、_____、_____。

（2）春季施肥以_____肥为主。

（3）树木花芽分化期施肥以_____肥为主。

（4）施肥一般分基肥、_____、_____3 种。

（5）土壤改良分为_____、_____两个阶段。

2．判断题（对的在括号内填"√"，错的在括号内填"×"）

（1）城市绿地土壤理化性质较差。（　　）

（2）树木的松土范围在树冠投影外 1m 以内至投影半径的 1/2 以外的环的范围内，深度为 6～10cm。（　　）

（3）一般常以厩肥、堆肥、饼肥等有机肥料作追肥。（　　）

（4）叶面喷肥一般幼叶比老叶吸收快，叶面比叶背吸收快。（　　）

（5）叶面喷肥应选无风的阴天进行最为理想。（　　）

3．问答题

（1）简述对城镇土壤进行改良的方法。

（2）简述大量元素在对园林树木进行施肥时的应用。

（3）简述园林树木水分管理的意义。

（4）叶面施肥的操作步骤是什么？

（5）简述园林树木环状沟施肥技术。

4．分析题

（1）分析水肥土管理与树木生长之间的关系。

（2）树木花芽分化期如何进行土肥水管理。

任务 6.2

园林树木整形修剪

 任务分析

【任务描述】

　　整形修剪是采用各种不同的技法，对树木的枝、叶、花、果等进行剪截或疏除，以调节植物的生长势并达到良好的观赏效果。它是园林树木栽培与养护管理专业技术性较强的一项工作。本任务学习以当地常用的乔木类、灌木类、藤本类及竹类植物为案例，以学习小组为单位，首先制订不同类型园林树木整形修剪技术方案，再依据制订的技术方案，结合园林苗圃、园林绿地树木整形修剪工作进行现场教学。通过学习，熟练掌握本地区常用园林树木整形修剪的基本方法，并找出技术方案中的不足及实际工作中的问题。本任务实施宜在校内园林植物栽培实训基地、当地园林苗圃或园林绿地现场进行。

【任务目标】

（1）能制订不同类型园林树木整形修剪的技术方案；

（2）能运用各种不同技法对当地常用的园林树木进行整形修剪；

（3）能熟练使用整形修剪的工具和机械，并能保养维护；

（4）能独立分析和解决实际问题，吃苦耐劳，合理分工并团结协作。

理论知识

6.2.1　整形修剪的理论基础

6.2.1.1　整形修剪的作用

（1）平衡树势

通过对长势强的树轻剪或不剪，使营养和水分供给较多的生长中心，从而能缓和树势；而对长势弱的衰老树木重剪，可刺激枝干皮层内的隐芽萌发，诱发形成健壮的新枝，达到恢复树势、更新复壮的目的。大树移植过程中丧失了大量的根系，通过对树冠进行适度修剪以减少蒸腾量，缓解根部吸水功能下降的矛盾，提高树木移栽的成活率。

（2）控制开花结果

合理的修剪可使树体养分集中、新梢生长充实，控制成年树木的花芽分化或果枝比例。及时有效的修剪，既可促进大部分短枝和辅养枝成为花果枝，达到花开满树的效果；也可避免花、果过多而造成的大小年现象。

（3）培育优美树形

整形修剪可调控树冠结构，使树体的各层主枝在主干上分布有序、错落有致、主从关系明确、各占一定空间，形成合理的树冠结构，增强园林树木的景观效果。

（4）调控通风透光

当自然生长的树冠过度郁闭时，内膛枝得不到足够的光照，致使枝条下部光秃形成天棚型的叶幕，开花部位也随之外移呈表面化；同时树冠内部相对湿度较大，极易诱发病虫害。通过适当的疏剪，可使树冠通透性能加强、相对湿度降低、光合作用增强，从而提高树体的整体抗逆能力，减少病虫害的发生。

6.2.1.2　枝芽生长特性与修剪的关系

1）树体的基本结构

①树冠　主干以上枝叶部分的统称。

②主干　又称树干，是指树木分枝以下的部分，即从地面开始到第一分枝为止的一段茎。丛生性灌木没有主干。

③中干　指树木在分枝处以上主干的延伸部分。在中干上分布有树木的各种主枝。

④主枝　着生在中干上面的主要枝条。

⑤内向枝　向树冠内方生长的枝条。

⑥侧枝　从主枝上分生出的枝条。

⑦花枝组　由开花枝和生长枝共同组成的一组枝条。

⑧骨干枝　是组成树冠骨架永久性枝的统称，如主干、中干、主枝、侧枝、延长枝等。

⑨ 延长枝　各级骨干枝先端的延长部分。

2）树木枝芽特性与修剪的关系

（1）芽的类型

① 按芽的位置不同　可分为顶芽、侧芽和不定芽。在枝条顶端的芽称顶芽；在枝条节上叶腋内的芽称为腋（侧）芽；不定芽没有固定的位置，可在根、茎、叶上发生，当地上部分或根受到刺激时，极易形成不定芽。

② 按芽形成的器官不同　分为叶芽、花芽和混合芽（图 6-4）。

叶芽：叶萌发后仅抽生枝叶而不开花的芽。

花芽：叶萌发后仅开花的芽，如梅花的花芽等先花后叶的芽。

混合芽：芽萌发后，既抽生枝叶又开花的芽，如海棠、山楂、丁香的花芽。

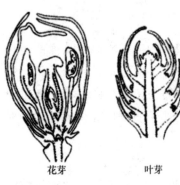

花芽　　　叶芽　　　混合芽

图 6-4　叶芽、花芽和混合芽

③ 按芽鳞的有无　分为鳞芽和裸芽。温带地区多数的落叶树冬季的越冬芽外有鳞片的保护，称为鳞芽；而原产于热带或亚热带的树木，其越冬芽裸露，无芽鳞片包被，称为裸芽，如枫杨等。

④ 按芽的活动能力不同　分为活动芽和休眠芽。枝条上的芽在萌发期能萌发的芽称为活动芽，如顶芽和距顶芽较近的芽；枝条下部或基部的腋芽则大部分不能萌发，呈休眠状态，称为隐芽。

⑤ 主芽与副芽　大多生于叶腋的中央而最饱满的芽称为主芽；叶腋中除主芽以外的芽称为副芽，通常生长在主芽的两侧。

（2）分枝方式（图 6-5）

① 单轴分枝　主茎的顶芽不断向上生长，形成直立而明显的主干，主茎上的腋芽形成侧枝，但它们的生长均不超过主茎，又称总状分枝。大多数裸子植物和部分被子植物具有这种分枝方式，如松、柏、杉、白杨、悬铃木等。

② 合轴分枝　互生叶序的部分植物，顶芽发育到一定时候，生长缓慢、死亡或形成花芽，由其下方的一个腋芽代替顶芽继续生长形成侧枝。这样，主干实际上是由短的主茎和各级侧枝相继接替联合而成，因此，称为

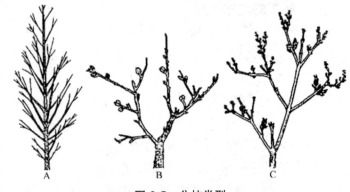

图 6-5　分枝类型

A. 单轴分枝　B. 合轴分枝　C. 假二叉分枝

合轴分枝。

③假二叉分枝　对生叶序的部分植物，顶芽停止生长或分化为花芽后，由它下面对生的两个腋芽发育成两个外形大致相同的侧枝，呈二叉状，每个分枝又经同样方式再分枝，如此形成许多二叉状分枝。如丁香、茉莉、桂花等。

（3）枝条类型

①按枝条的生长发育状况　分为发育枝、细弱枝和徒长枝。生长发育健壮、侧芽饱满的中庸枝称为发育枝，通过短截，可促进长枝的发生，扩大树冠；生长特别旺盛、枝粗叶大、节间长、芽小不饱满、含水分多、组织不充实、往往直立向上的枝条称为徒长枝，多着生在枝的背部或枝权间；生长发育细弱的枝条称为细弱枝，通常着生在透光条件较差的树冠内部。

②按枝条形成的器官不同　分为营养枝和花果枝。只长枝叶的枝条称为营养枝；能开花结果的枝条称为花果枝。

③按枝条节间的长短不同　分为长枝和短枝。节间较长的枝称为长枝，绝大多数的营养枝为长枝；节间短、叶簇生的枝条称为短枝，其能开花结果。

④按枝条着生的位置不同　可分为以下几种类型。

直立枝：垂直地面直立向上的枝条。

斜生枝：与水平线成一定角度的枝条。

水平枝：和地面平行即水平生长的枝条。

下垂枝：先端向下生长的枝。

背上枝：着生在水平枝、斜生枝上，直立向上生长的枝条。

并生枝：自节位的某一点或一个芽并生出两个或两个以上的枝。

重叠枝：两枝条同在一个垂直面上，上下相互重叠。

交叉枝：两个相互交叉的枝条。

轮生枝：多个枝条的着生点相距很近，好似多个枝条从一点发出，并向四周呈放射形伸展。

萌蘖枝：通常是由潜伏芽、不定芽萌发形成的新枝条，包括根颈部萌生的"茎蘖"，根系萌生的"根蘖"，砧木上萌生的"砧蘖"以及多余的新梢。

一般整形修剪时宜疏除徒长枝、细弱枝、交叉枝、重叠枝、背上枝、并生枝、萌蘖枝等。

（4）新梢类型

按生长季节的不同，通常把春季萌发的新梢称为"春梢"；夏季萌发的称为"夏梢"；秋季萌发的称为"秋梢"。一年中新梢顶端于不同季节的延伸生长，在两次生长的交接处（如春梢与秋梢），会形成一个类似"节"的部分，这个部位上的芽一般是瘪芽或无芽，故称为盲节。

（5）顶端优势

植物的顶芽生长对侧芽萌发和侧枝生长的抑制作用称为顶端优势。如果顶芽受伤或被摘去，侧芽就迅速活动而形成侧枝。顶端优势强的树木主干通直高大，树冠窄小。

顶端对侧芽的抑制程度，随距离增加而减弱。因此对下部侧芽的抑制比对上部侧芽的轻。许多树木因此形成宝塔形树冠。幼龄植物顶端优势强，老龄时减弱。在实践中人工切除顶芽，就可以促进侧芽生产，增加分枝数。

针叶树顶端优势较强，可对中心主枝附近的竞争枝进行短截，削弱其生长势，从而保证中心主枝顶端优势地位。若采用剪除中心主枝的办法，使主枝顶端优势转移到侧枝上去，便可创造各种矮化树形或球形树。

阔叶树的顶端优势较弱，因此常形成圆球形的树冠。为此可采取短截、疏枝、回缩等方法，调整主侧枝的关系，以达到促进树高生长、扩大树冠、促发中庸枝、培养主体结构的目的。

幼树的顶端优势比老树、弱树明显，所以幼树应轻剪，促使树木快速成形；而老树、弱树则宜重剪，以促进萌发新枝，增强树势。

枝条着生位置越高，顶端优势越强，修剪时要注意将中心主枝附近的侧枝短截、疏剪，来缓和侧枝长势，保证主枝优势地位。内向枝、直立枝的优势强于外向枝、水平枝和下垂枝，所以修剪中常将内向枝、直立枝剪到弱芽处，对其他枝通常改造为侧枝、长枝或辅养枝。

剪口芽如果是壮芽，优势强；若是弱芽则优势较弱。扩大树冠，留壮芽；控制竞争枝，留弱芽。部分观花植物还可以通过在饱满芽处修剪枝梢，在促发新梢的同时，使其花期得以延长，如月季、紫薇等。

（6）芽的异质性（图 6-6）

同一枝条不同部位的芽在质量及饱满程度上的差异称为芽异质性。通常一年生枝条基部和顶端的芽，由于营养条件较差而相对瘦小，发枝较弱甚至不萌发，而中部的芽发育较好。秋、冬梢形成的芽一般也较为瘦小。短枝由于生长停止早，腋芽多不发育，因此，顶芽最充实。

芽的异质性导致同一年中形成的同一枝条上的芽质量各不相同。芽的质量直接关系到其是否萌发和萌发后新梢生长的强弱。长枝基部的芽常不萌发，成为休眠芽潜伏；中部的芽萌发抽枝，长势最强；先端部分的芽萌发抽枝长势最弱，常成为短枝或弱枝。修剪整形时，正是利用芽的这一特性来调节枝条生长势，平衡植物的生长和促进花芽的形成与萌发。如为使骨干枝的延长枝发出强壮的枝条，常在新梢的中上部饱满芽处进行剪截。对于生长过旺的个别枝条，为抑制其过于旺盛的生长，可选择在弱芽处短截，抽出弱枝以缓和其长势。为平衡树势、扶持弱枝，常利用饱满芽当头，抽生壮枝，使枝条由弱转强。总之，

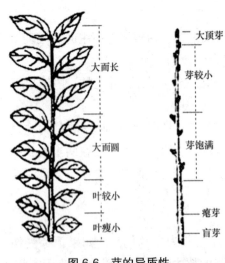

图 6-6　芽的异质性

在修剪中合理地利用芽的异质性，可有效地调节园林植物生长势并创造出理想的造型。

（7）萌芽力与成枝力

一年生枝条上芽萌发的能力称为萌芽力，没有萌发的芽有的逐渐消亡，有的成为潜伏芽。一年生枝条上的芽萌发后形成长枝的能力称为成枝力。萌芽力和成枝力均强的树木耐修剪，如桃、梅、月季、石榴、小蜡、紫叶小檗、女贞等。萌芽力和成枝力较弱的树木不耐修剪，如银杏、广玉兰、雪松等。

（8）干性与层性

树木主干、中干的长势强弱和维持时间的长短称为干性。通常顶端优势强的树木干性强，主干通直高大，如雪松、悬铃木、鹅掌楸等；顶端优势弱的树木干性较弱，如黄山栾树、槐、合欢、紫薇、蜡梅等。

主枝在主干上分布的层次明显程度称为层性。顶端优势和芽的异质性的共同作用，形成了树木的层性。层性明显的树木主要有雪松、油松、南洋杉、银杏、灯台树等。

干性、层性强的树木个体高大，适合整成有中央领导干的分层型树形。干性、层性弱的树木个体矮小，多整成自然形或开心形。

（9）花芽分化类型

① 夏秋分化型　一些树木的花芽分化在夏秋季进行，第二年春季开花，如蜡梅、梅、桃、海棠、连翘等。

② 冬春分化型　一些树木的花芽分化在 1～2 月进行，花芽分化完后随即开花，主要见于暖地的常绿花木，如枇杷、柑橘等。

③ 当年分化型　树木的花芽在当年新梢上一次性分化完成，如栀子、夹竹桃、紫薇、木槿、桂花等。

④ 多次分化型　树木的花芽分化可在当年产生的新梢及分枝上多次进行，当年可以多次开花，如月季、茉莉、四季桂等。

6.2.2　整形修剪的原则

（1）服从树木景观配置要求

不同的景观配置对同一种树木要求不同的整形修剪方式。如悬铃木，用作行道树栽植一般修剪成杯状形，若作孤植树、庭荫树用则采用自然式整形；圆柏，作孤植树配置应尽量保持自然树冠，作绿篱树栽植则一般行强度修剪、规则式整形；木槿，栽植在草坪上宜采用丛状扁球形，配置在路边则采用单干圆头形。

（2）遵循树木生长发育习性

不同树种生长发育习性相差较大，要求采用相应的整形修剪方式。如海桐、桂花、大叶黄杨、红叶石楠等顶端生长势不太强，但发枝力强、易形成丛状树冠，可采用人工式整形修剪成圆球形；樟树、广玉兰、银杏等大型乔木树种，则主要采用自然式整形修剪。对于桃、梅、杏等喜光树种，为避免内膛秃裸、花果外移，通常需采用自然开心形的整形修剪方式。

（3）根据栽培的生态环境条件

树木在生长过程中总是不断地协调自身各部分的生长平衡，以适应外部生态环境的变化。孤植树，光照条件良好，因而树冠丰满，冠高比大；密林中的树木，主要从上方接受光照，因侧旁遮阴而发生自然整枝，树冠狭窄、冠高比小。因此，需针对树木的光照条件及生长空间，通过修剪来调整有效叶片的数量、控制大小适当的树冠，培养出良好的冠形与干体。生长空间较大时，在不影响周围配置的情况下，可开张枝干角度，最大限度地扩大树冠；如果生长空间较小，则应通过修剪控制树木的体量，以防过分拥挤，有碍观赏、生长。对于生长在风口逆境条件下的树木，应采用低干矮冠的整形修剪方式，并适当疏剪枝条，保持良好的透风结构，增强树体的抗风能力。

6.2.3　整形修剪时期

（1）休眠期修剪（冬季修剪）

大多数落叶树种修剪，宜在树体落叶休眠到春季萌芽开始前进行，称为冬季修剪。此期树木生理活动滞缓，枝叶营养大部分回归主干、根部，修剪造成的营养损失最少，伤口不易感染，对树木生长影响较小。冬季严寒的北方地区，冬季修剪以后伤口易受冻害，故以早春修剪为宜；而一些需保护越冬的花灌木，应在秋季落叶后立即重剪，然后埋土或包裹树干防寒。

对于一些有伤流现象的树种，如槭树类，应在春季伤流开始前修剪。伤流液是树木体内的养分与水分，流失过多会造成树势衰弱，甚至枝条枯死。

（2）生长季节修剪（夏季修剪）

生长季节修剪通常是指在春季萌芽后至秋季落叶前的整个生长季内进行，此期修剪的主要目的是改善树冠的通风透光性。一般采用轻剪，以免因剪除枝叶量过大而对树体生长造成不良的影响。对于发枝力强的树种，应疏除冬剪截口附近的过量新梢，以免干扰树型；嫁接后的树木，应加强抹除砧芽、除蘖等修剪措施，保护接穗的健壮生长。对于春季开花的树种，应在花后及时修剪，避免养分消耗，并促进来年开花；一年内多次抽梢开花的树木，应在花后及时剪去残花，可促使新梢的抽发，再度开花；观叶、赏形的树木，可随时疏除扰乱树形的枝条；绿篱、组团造型及造型树可采用多次剪梢，以保持树形的整齐美观。

常绿树种一般无真正的休眠期，根系枝叶终年活动。因冬季修剪伤口易受冻害而不易愈合，故宜在春季气温开始上升、枝叶开始萌发后进行。根据常绿树种在一年中的生长规律，可采取不同的修剪时间及强度。

6.2.4　整形修剪的形式

6.2.4.1　自然式整形修剪

这是指以自然生长形成的树冠为基础，仅对树冠生长做辅助性的调节和整理，使之形态更加优美和自然。保持树木的自然形态，不仅能体现园林树木的自然美，同时也符合树木自身的生长发育习性，有利于树木的养护管理。

树木的自然冠形主要有：圆柱形，如塔柏、杜松、龙柏等；塔形，如雪松、水杉、落叶松等；卵圆形，如圆柏（壮年期）、加拿大杨等；球形，如元宝枫、黄刺梅、栾树等；倒卵形，如千头柏、刺槐等；丛生形，如玫瑰、棣棠、贴梗海棠等；拱枝形，如连翘、迎春等；垂枝形，如垂柳等；匍匐形，如铺地柏、常春藤等。

修剪时需依据不同树种灵活掌握，对有中央领导干的单轴分枝型树木，应注意保护顶芽；抑制或剪除扰乱生长平衡、破坏树形的交叉枝、重生枝、徒长枝等，维护树冠的匀称完整。

6.2.4.2 人工式整形修剪

依据园林树木在园林景观中的配置需要，将树冠修剪成各种特定的形状。应用于枝密叶小、萌芽力与成枝力强、耐修剪的树种，如黄杨、大叶黄杨、小蜡、龙柏等枝密、叶小的树种。常见树形有规则的几何形体、不规则的动物造型，以及亭、门等雕塑形体。成形后要经常进行维护修剪。

6.2.4.3 复合式整形修剪

在自然树形的基础上，结合观赏目的和树木生长发育的要求而进行的整形修剪方式叫作复合式整形修剪。主要形式有：

（1）杯状形（图6-7）

树木主干上部分保留3～5个主枝，均匀向四周排开；每主枝各自分生侧枝2个，每侧枝再各自分生次侧枝2个，而成为12枝，成为"三股、六杈、十二枝"的树形。杯状形树冠内不允许有直立枝、内向枝的存在，一经出现必须疏除。此种整形方式适用干性较弱的树种及城市行道树，如槐树、合欢、黄山栾树等。

（2）自然开心形（图6-8）

自然开心形是杯状形的改进形式，不同处仅是分枝点较低、内膛不空、三大主枝的分布有一定间隔，适用于干性弱、枝条开展的观花观果树种，如碧桃、日本晚樱、梅花等。

（3）中央领导干形（图6-9）

中央领导干形指在强大的中央领导干上配列疏散的主枝，自下而上逐渐疏除以提高分枝点。适用于干性强、能形成高大树冠的树种，如水杉、银杏、鹅掌楸、毛白杨、

图6-7 杯状形

图6-8 自然开心形

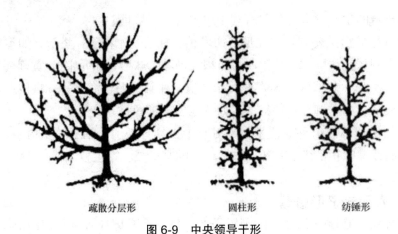

| 疏散分层形 | 圆柱形 | 纺锤形 |

图 6-9　中央领导干形

白玉兰、梧桐、松柏类等，在行道树、庭荫树、孤植树栽植应用中常见。

（4）多主干形

有 3～5 个主干，各自分层配列侧生主枝，形成规整优美的树冠，能缩短开花年龄，延长小枝寿命，多适用于观花乔木和庭荫树，如紫薇、蜡梅、桂花等。

（5）灌丛形

适用于迎春、连翘、云南黄馨、黄刺玫、红瑞木等小型灌木，每灌丛自基部留主枝 5～10 个，每年疏除老主枝 3～4 个，新增主枝 3～4 个，促进灌丛的更新复壮。

（6）棚架形

适用于垂直绿化栽植的树木整形，常用于紫藤、凌霄、木香、藤本月季、葡萄等藤本树种。整形修剪方式由架形而定，常见的有棚架式、廊架式、篱壁式等。

6.2.5　整形修剪技法

6.2.5.1　截

截是指剪去枝条的一部分。可分为短截、回缩、剪梢、截干、摘心等。

（1）短截（图 6-10）

短截又称短剪，是指冬季剪去一年生枝条的一部分。枝条短截后，养分相对集中，可刺激剪口下侧芽的萌发，增加枝条数量，促进营养生长或开花结果。短截程度对产生的修剪效果具有显著的影响。

① 轻截　是指剪去枝条全长的 1/5～1/4，主要用于观花观果类树木的强壮枝修剪。枝条经短截后，多数半饱满芽受到刺激而萌发，形成大量中短枝，易分化更多的花芽。

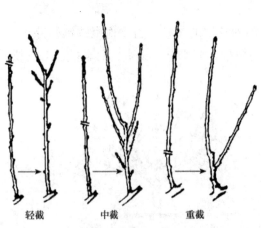

| 轻截 | 中截 | 重截 |

图 6-10　枝条的短截反应

②中截　自枝条长度 1/3～1/2 的饱满芽处短截，使养分较为集中，促使剪口下发生较壮的营养枝，主要用于骨干枝和延长枝的培养及某些弱枝的复壮。

③重截　在枝条中下部、全长 2/3～3/4 处短截，刺激作用大，可逼基部隐芽萌发，适用于弱树、老树的复壮更新。

④极重截　仅在春梢基部留 2～3 个芽，其余全部剪去，修剪后会萌生 1～3 个中、短枝，主要应用于竞争枝的处理。

（2）回缩（图 6-11）

回缩是指对多年生枝条（枝组）进行短截的修剪方式。在树木生长势减弱、部分枝条开始下垂、树冠中下部出现光秃现象时采用此法，多用于衰老枝的复壮和结果枝的更新，促使剪口下方的枝条旺盛生长或刺激休眠芽萌发徒长枝，达到更新复壮的目的。

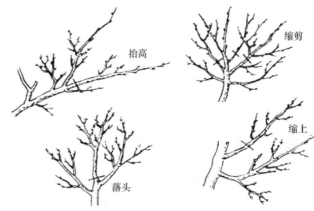

图 6-11　回缩

（3）截干

对主干或粗大的主枝、骨干枝等进行的回缩措施称为截干，可有效调节树体水分吸收和蒸腾平衡间的矛盾，提高移栽成活率，在大树移栽时多见。此外，尚可利用逼发隐芽的效用，进行壮树的树冠结构改造和老树的更新复壮。定植一年的乔木小苗，翌年春季从基部截干后，选留一个壮芽生长，有利于培育通直高大的主干。

（4）摘心及剪梢（图 6-12）

这是指在生长期将新梢的顶芽摘除或将新梢的一部分剪除。其目的是解除枝梢的顶端优势，促发侧枝。如绿篱、造型树的整形修剪。

图 6-12　摘心与剪梢

6.2.5.2　疏

疏即把枝条从分枝基部彻底剪除。疏剪能减少树冠内部的分枝数量，使枝条分布趋向合理与均匀，改善树冠内膛的通风与透光，增强树体的同化功能，减少病虫害的发生，并促进树冠内膛枝条的营养生长或开花结果。

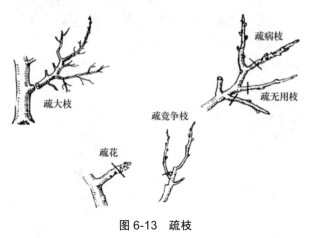

图 6-13　疏枝

（1）疏枝（图 6-13）

疏除的主要对象是徒长枝、细弱枝、病虫枝、干枯枝及影响树木造型的交叉枝、并生枝、重叠枝、背上枝、萌蘗枝等。特别是树冠内部萌生的直立性徒长枝，芽小、节间长、粗壮、含水分多、组织不充实，宜及早疏剪以免影响树形；但如果有生长空间，可改造成枝组，用于树冠结构的更新、转换和老树复壮。

疏剪强度是指被疏剪枝条占全树枝条的比例，剪去全树 10% 的枝条者为轻疏，强度达 10%～20% 时称中疏，重疏则为疏剪 20% 以上的枝条。实际应用时的疏剪强度依树种、长势和树龄等具体情况而定，一般情况下，萌芽力、成枝力都弱的树种应少疏枝，如松类、银杏、广玉兰等；而萌芽力、成枝力强的树种，可多疏枝；幼树宜轻疏，以促进树冠迅速扩大；进入生长与开花盛期的成年树应适当中疏，以调节营养生长与生殖生长的平衡，防止开花、结果的大小年现象发生；衰老期的树木发枝力弱，为保持有足够的枝条组成树冠，应尽量少疏；花灌木类，轻疏能促进花芽的形成，有利于提早开花。

（2）疏花疏果

对于以结果为主要栽培目的的树木，人为地去除一部分过多的花和幼果，以获得优质果品和持续丰产。开花结果过多，养分供不应求，不仅影响果实的正常发育，形成许多小果、次果，还会削弱树势，树体易受冻害和感染病害，并使翌年减产造成小年。

（3）摘叶

摘叶主要作用是改善树冠内的通风透光条件，提高观果树木的观赏性，防止枝叶过密，减少病虫害，同时起到催花的作用。如丁香、连翘、榆叶梅等花灌木，在 8 月中旬摘去一半叶片，9 月初再将剩下的叶片全部摘除，在加强肥水管理的条件下，则可促其在国庆节期间二次开花。而红枫的夏季摘叶措施，可诱发红叶再生，增强景观效果。

（4）抹芽

抹除枝条上多余的芽体，可改善留存芽的养分状况，增强其生长势。如每年夏季对行道树主干上萌发的隐芽进行抹除，一方面可使行道树主干通直；另一方面可以减少不必要的营养消耗，保证树体健康地生长发育。

（5）去蘗（除萌）

榆叶梅、月季等易生根蘗的园林树木，生长季期间要随时除去萌蘗，以免扰乱树形，并可减少树体养分的无效消耗。嫁接繁殖树，则须及时去除砧木上的萌蘗，防止干扰树性，影响接穗树冠的正常生长。

6.2.5.3　伤

伤是指损伤枝条的韧皮部或木质部，以削弱枝条生长势、缓和树势的方法。伤枝多在生长季内进行，对局部影响较大，而对整株树木的生长影响较小，是整形修剪的辅助措施之一，主要方法有：

（1）环剥

环剥是指用刀在枝干或枝条基部的适当部位，环状剥去一定宽度的树皮，以在一段时期内阻止枝梢的光合养分向下输送，有利于枝条环剥上方营养物质的积累和花芽分化，适用于营养生长旺盛、开花结果量小的枝条。剥皮宽度要根据枝条的粗细和树种的愈伤能力而定，一般以 1 个月内环剥伤口能愈合为限，约为枝直径的 1/10（2～10mm），过宽伤口不易愈合，过窄愈合过早而不能达到目的。环剥深度以达到木质部为宜，过深伤及木质部会造成环剥枝梢折断或死亡，过浅则韧皮部残留，环剥效果不明显。实施环剥的枝条上方需留有足够的枝叶量，以供正常光合作用之需。

环剥是在生长季应用的临时性修剪措施，多在花芽分化期、落花落果期和果实膨大期进行，在冬剪时要将环剥以上的部分逐渐剪除。环剥也可用于主干、主枝，但须根据树体的生长状况慎重决定，一般用于树势强旺、花果稀少的青壮树。伤流过旺、易流胶的树种不宜应用环剥。

（2）刻伤

刻伤是指用刀在枝芽的上（或下）方横切（或纵切）而深及木质部的方法，常结合其他修剪方法施用。主要方法有：

① 目伤　在枝芽的上方行刻伤，伤口形状似眼睛，伤及木质部以阻止水分和矿质养分继续向上输送，以在理想的部位萌芽抽生壮枝；反之，在枝芽的下方行刻伤时，可使该芽抽生枝生长势减弱，但因有机营养物质的积累，有利于花芽的形成。

② 纵伤　指在枝干上用刀纵切而深达木质部的刻伤，目的是为了减小树皮的机械束缚力，促进枝条的加粗生长。纵伤宜在春季树木开始生长前进行，实施时应选树皮硬化部分，细枝可行一条纵伤，粗枝可纵伤数条。

（3）扭梢与折梢

多用于生长期内生长过旺的半木质化枝条，特别是着生在枝背的徒长枝，扭转弯曲而未伤折者称扭梢，折伤而未断离者则为折梢。扭梢和折梢均是部分损伤输导组织以阻碍水分、养分向生长点输送，削弱枝条长势以利于短花枝的形成。

6.2.5.4　变

变是变更枝条生长的方向和角度，以调节顶端优势为目的整形措施，并可改变树冠结构。有屈枝、弯枝、拉枝、抬枝、扶枝等形式，通常结合生长季修剪进行，对枝梢施行屈曲、缚扎或扶立、支撑等技术措施。直立诱引可增强生长势；水平诱引具中等强度的抑制作用，使组织充实易形成花芽；向下屈曲诱引则有较强的抑制作用，但枝条背上部易萌发强健新梢，须及时去除，以免适得其反。大树倾斜可采用扶正器扶正树身。

6.2.5.5　放

营养枝不剪称为放，也称长放或甩放，适宜于长势中等的枝条。长放的枝条留芽多，抽生的枝条也相对增多，可缓和树势，促进花芽分化。丛生灌木也常应用此措施，如连翘，在树冠的上方往往甩放3～4根长枝，形成潇洒飘逸的树形，长枝随风摇曳，观赏效果极佳。

6.2.6　整形修剪注意事项

6.2.6.1　整形修剪程序

一知、二看、三剪、四检查、五处理。

6.2.6.2　注意问题

（1）剪口和剪口芽的处理

疏截修剪造成的伤口称为剪口，距离剪口最近的芽称为剪口芽。剪口方式和剪口芽的质量对枝条的抽生能力和长势有关（图6-14）。

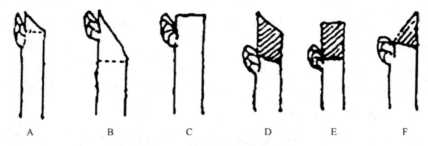

图6-14　剪口与剪口芽的关系

A. 正确（斜切面与芽的方向相反，其上端与芽端相齐，下端与芽的腰相齐）　B. 错误（切口过大）
C. 可行，但易损伤芽　D～F. 不正确，但D、E可以在多旱风的地区使用

① 剪口方式　剪口的斜切面应与芽的方向相反，其上端略高于芽端上方0.5cm，下端与芽之腰部相齐，剪口面积小而易愈合，有利于芽体的生长发育。

② 剪口芽的处理　剪口芽的方向、质量决定萌发新梢的生长方向和生长状况，剪口芽的选择，要考虑树冠内枝条的分布状况和对新枝长势的期望。背上芽易发强旺枝，背下芽发枝中庸；剪口芽留在枝条外侧可向外扩张树冠，而剪口芽方向朝内则可填补内膛空位。为抑制生长过旺的枝条，应选留弱芽为剪口芽；而欲弱枝转强，剪口则需选留饱满的背上壮芽。

③ 剪口保护　截口面积过大，易因雨淋及病菌侵入而导致剪口腐烂，需要采取保护措施。应先用锋利的刀具将创口修整平滑，然后用2%的硫酸铜溶液消毒，最后涂树木伤口保护剂。也可采用以下方法自行配制：

保护蜡：用松香2500g，黄蜡1500g，动物油500g配制。先把动物油放入锅中加温火熔化，再将松香粉与黄蜡放入，不断搅拌至全部溶化，熄火冷凝后即成，取出装入塑料袋密封备用。使用时只需稍微加热令其软化，即可用油灰刀蘸涂，一般适用于面积较大的创口。

液体保护剂：用松香 10 份，动物油 2 份，酒精 6 份，松节油 1 份（按质量计）配制。先把松香和动物油一起放入锅内加温，待熔化后立即停火，稍冷却后再倒入酒精和松节油，搅拌均匀，然后倒入瓶内密封贮藏。使用时用毛刷涂抹即可，适用于面积较小的创口。

油铜素剂：用豆油 1000g，硫酸铜 1000g 和热石灰 1000g 配制。硫酸铜、熟石灰需预先研成细粉末，先将豆油倒入锅内煮至沸热，再加入硫酸铜和熟石灰，搅拌均匀，冷却后即可使用。

（2）大枝剪截（图 6-15）

在移栽大树、恢复树势、防风雪危害以及病虫枝处理时，经常需对一些大型的骨干枝进行锯截，操作时应格外注意锯口的位置以及锯截的步骤。

选择准确的锯截位置及操作方法是大枝修剪作业中最为重要的环节，因其不仅影响到剪口的大小及愈合过程，更会影响到树木修剪后的生长状况。错误的修剪技术会造成创面过大、愈合缓慢、创口长期暴露、腐烂易导致病虫害寄生，进而影响整株树木的健康。正确的位

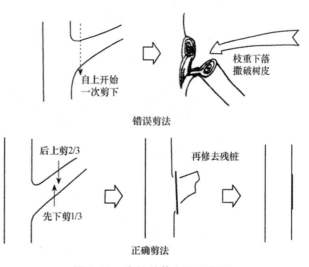

图 6-15　大枝剪截方法示意图

置是贴近树干但不超过侧枝基部的树皮隆脊部分与枝条基部的环痕。该法的主要优点是保留了枝条基部环痕以内的保护带，如果发生病菌感染，可使其局限在被截枝的环痕组织内而不会向纵深处进一步扩大。

枯死枝的修剪截口位置应在其基部隆起的愈伤组织外侧。

（3）注意安全

使用机械修剪时，必须事先掌握机械的性能和使用方法，仔细检查机械各部件是否完好、牢固。使用时严格遵守操作规程。上树或上梯修剪时，必须先站稳后再修剪，有必要时使用安全带，防止事故发生。在道路边修剪时要密切注意来往的车辆；注意树上有无高压电线；利用高枝油锯和高枝绿篱机时，要防止锯下的树枝伤人；树液有毒者，要避免树液入口、眼及伤口。

（4）工具保护

修枝剪、锯等金属工具用过后，一定要用清水冲洗干净，再用干布擦净，并在刀刃及轴部抹上机油，放在干燥处保存。其他工具在使用前，都应进行认真检查，以保证使用安全。

任务实施

1．器具与材料

修枝剪、长柄修枝剪、大平剪、绿篱修剪机、高枝剪、手锯、高枝锯、油锯、人字梯、移动式降机、枝条粉碎机、剪口保护剂、刷子等（图6-16）。

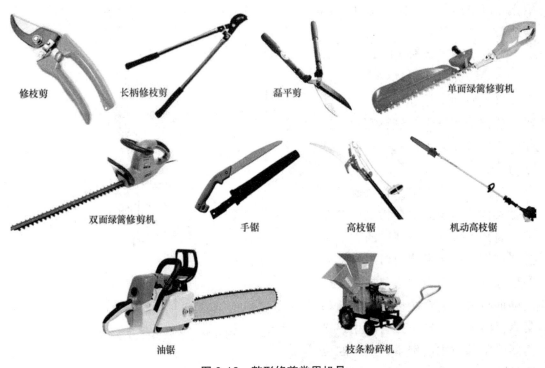

图 6-16　整形修剪常用机具

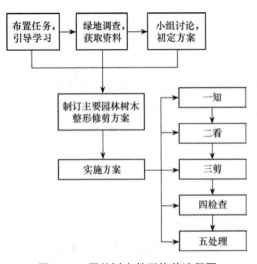

图 6-17　园林树木整形修剪流程图

2．任务流程

园林树木整形修剪流程如图6-17所示。

3．操作步骤

一知：认知修剪对象，明确待修剪树木的生长发育规律，根据修剪目的，确定修剪方案。

二看：观察分析树木的树冠结构、树势、主侧枝的生长状况、平衡关系等，确定要修剪的枝条、部位等。

三剪：按照先疏后截，先上后下，先粗后细，先里后外的顺序进行。一般从疏剪入手，把枯枝、密生枝、重叠枝等先行剪除；再按大、中、小枝的次序，对多年生枝进行回缩修剪；

最后，根据整形需要，对一年生枝进行短截修剪。

四检查：修剪完成后尚需检查修剪的合理性，有无漏剪、错剪，以便更正。

五处理：及时清理、运走修剪下来的枝条，保证环境整洁。也可采用移动式枝条粉碎机在作业现场就地把树枝粉碎成木片，可节约运输量并可再利用。对树木主干上伤口较大的剪口涂抹伤口保护剂。

4．不同类型园林树木的整形修剪

1）行道树及庭荫树的整形修剪

（1）有中央领导干树木的修剪

此类树木栽植在无架空线路的路旁或空旷的绿地，通常为干性强的树种，如悬铃木、银杏、鹅掌楸、杨树、玉兰等（图6-18）。

① 确定分枝点　在栽植前进行，通常确定在2~3.5m，苗木小时可适当降低高度，随树木生长而逐渐提高分枝点高度，同一街道行道树的分枝点必须整齐一致。

② 保持主干顶芽　要保留好中央领导干顶芽不受损伤。如顶芽破坏，应在主尖上选一壮芽，剪去壮芽上方枝条，除去壮芽附近的芽，以免形成竞争主尖。

③ 选留主枝　一般选留主枝最好下强上弱，主枝与中央领导枝成40°~60°的角，且主枝要相互错开，全株形成圆锥形树冠。

④ 常规修剪　疏除过密枝、干枯枝、病虫枝、萌蘖枝等，及时抹除主干上的萌芽。

图6-18　有中央领导干树木

（2）无中央领导干树木的修剪

此法适用于种植在架空线路下路旁的乔木或干性弱的乔木，如槐、五角枫、黄山栾树、合欢、苦楝、五角枫等。可采用自然开心形和杯状形整形修剪。

① 杯状形整形修剪（图6-19）

确定分枝点：种植在架空线路下的行道树，分枝点高度为2~2.5m，不超过3m。

留主枝：定干后，通常选留3个健壮分枝均匀的侧枝作为主枝，疏除其余的侧枝。

主枝短截：保留主枝约50cm长进行短截，所有行道树最好上端整齐一致。

剥芽：树木在发芽时，常常是许多芽同时萌发，这样根部吸收的水分和养分不能集中供应所留下的芽。春季树木萌芽以后，每主枝一般保留上部3～5个芽，抹除基部的所有萌芽。

疏枝短截：在每个主枝选留2个侧枝，每个侧枝保留约50cm长短截，疏除其他多余枝条。经过连续2～3年的短截和疏枝，培养成杯状的树形。

常规修剪：疏除内膛的徒长枝、过密枝、干枯枝、病虫枝，主干基部富余萌蘖枝等，及时抹除主干上的萌芽。

②自然开心形整形修剪　与杯状形整形修剪的主要不同是定干后，选留3～5个侧枝作为主枝，不对其进行短截，任其自然生长，及时疏除主枝基部的内膛直立枝，形成自然开阔的圆头形树冠。如悬铃木、五角枫、苦楝、梧桐等（图6-20）。

图6-19　无中央领导形树木（杯状形）

图6-20　无中央领导形树木（自然开心形）

2）针叶类树木的整形修剪

针叶类树木通常为常绿乔木，单轴分枝，一般萌芽力、成枝力较弱，生长缓慢，不耐修剪，通常采用自然式整形修剪，维持树木的自然形态，疏枝少量的过密枝、干枯枝等（图6-21）。主要树种有雪松、油松、樟子松、华山松、白皮松、云杉、圆柏、侧柏等。

①培养主干　保护中央领导干的顶芽不受损，维持其顶端优势。对于双主干的树木，

如圆柏、侧柏、塔柏、白皮松等应选留理想主干，及时疏去一枝，保持单干。有时冠内出现侧生竞争枝时，应逐年调整主侧枝关系，对有竞争力的侧枝利用短截削弱其生长势。如果中央领导干的顶芽受伤，扶直相邻较为强壮的侧枝进行培养。像雪松等轮生枝条，选一健壮枝，将一轮中其他枝回缩，再将其下一轮枝轻短剪，便可培养出新的主尖。

②提高分枝点　油松、樟子松等主干较为高大的松类树木，应逐年自下而上疏除侧枝，保留主干高1.5~2m。若作为景观树孤植或丛植，分枝点可保留在1m左右。

③常规修剪　疏除过密枝、干枯枝、病虫枝等。

3）花灌木的整形修剪

（1）整形修剪形式

多数种类的花灌木干性较弱，自然生长的树形一般为丛生形，在园林中，根据造景的要求和树木的生长习性，通常采用独干开心形和多主干丛生形进行。

①独干自然开心形（图6-22）　苗木定植后，将主干留0.5~1.5m截干；春季发芽后，通常选留3个不同方位、分布均匀的侧枝并进行短截，促使其形成主枝，余枝疏除。在生长季注意对主枝进行抹芽，培养3~5个方向合适、分布均匀的侧枝；翌年萌发后，每侧枝再选留3~5枝短截，促发次级侧枝，形成丰满、匀称的冠形。及时抹除树冠内膛的徒长枝、主干上的萌芽及主干基部的萌蘖。适用树木有碧桃、梅、日本晚樱、紫薇、木槿、西府海棠、紫荆等。

图6-21　松类树木

图6-22　独干自然开心形花灌木

②独干杯状形（图6-23）　苗木定植后，将主干留0.5～1.5m截干；春季发芽后，通常选留3～5个不同方位、分布均匀的侧枝进行培养，形成主枝，余枝疏除；第二年休眠季节对保留的主枝进行短截，促进发生侧枝，疏除内膛枝；第三年休眠季节在二级分枝上选留2个分枝，疏除其他枝条，然后任其自然生长。这样经过连续3年的整形修剪，便形成了"三股、六叉、十二枝"的中空杯状树形。适用树木有碧桃、梅、紫薇、木槿等。

③多主干形（图6-24）　保留3～5个主干，疏除多余萌生枝条，各主干分层配列侧生主枝，形成自然优美的树冠，适用于观花小乔木和庭荫树，如紫薇、蜡梅、桂花、花石榴、火棘等。

图6-23　独干杯状形花灌木

图6-24　多主干花灌木

④灌丛形（图6-25）　每灌丛自基部留主枝10余个，疏除过密枝、细弱枝、干枯枝，每年疏除老主枝3～4个、新增主枝3～4个，促进灌丛的更新复壮。如连翘、金钟花、棣棠、黄刺玫、榆叶梅、贴梗海棠、云南黄素馨、红瑞木、结香、珍珠梅、绣线菊等。

（2）观花灌木类修剪

①冬春开花树种　如蜡梅、梅、连翘、榆叶梅、碧桃、迎春、牡丹等先花后叶树种，其花芽着生在一年生枝条上，修剪在花残后、叶芽开始膨大尚未萌发时进行。连翘、榆叶梅、

图 6-25　灌丛形花灌木

碧桃、迎春等可在开花枝条基部留 2～4 个饱满芽进行短截；牡丹则将残花剪除即可。

②夏秋开花树种　如紫薇、木槿、珍珠梅、花石榴、夹竹桃等，花芽在当年萌发枝上形成，修剪应在休眠期进行；在冬季寒冷、春季干旱的北方地区，宜推识到早春气温回升即将萌芽时进行。在二年生枝基部留 2～3 个饱满芽重剪，可萌发出苗壮的枝条，虽然花枝会少些，但由于营养集中会产生较大的花朵。对于一年开两次花的灌木，可在花后将残花及其下方的 2～3 芽剪除，刺激二次枝条的发生，适当增加肥水则可二次开花。

③花芽着生在二年生和多年生枝上的树种　如紫荆、贴梗海棠等，花芽大部分着生在二年生枝上，但当营养条件适合时，多年生的老干亦可分化花芽。这类树种修剪量较小，一般在早春将枝条先端枯干部分剪除；生长季节进行摘心，抑制营养生长，促进花芽分化。

④花芽着生在开花短枝上的树种　如西府海棠等，早期生长势较强，每年自基部发生多数萌芽，主枝上亦有大量直立枝发生，进入开花龄后，多数枝条形成开花短枝，连年开花。这类灌木修剪量很小，一般在花后剪除残花，夏季修剪对生长旺枝适当摘心、抑制生长，并疏剪过多的直立枝、徒长枝。

⑤一年多次抽梢、多次开花的树种　如月季，可于休眠期短截当年生枝条或回缩强枝，疏除交叉枝、病虫枝、纤弱枝及过密枝；寒冷地区可行重短截，必要时进行埋土防寒。生长季修剪，通常在花后于花梗下方第 2～3 芽处短截，剪口芽萌发抽梢开花，花谢后再剪，如此重复。

（3）观果灌木类修剪

其修剪时间、方法与早春开花的种类基本相同，生长季中要注意疏除过密枝，以利通风透光、减少病虫害、增强果实着色力、提高观赏效果；在夏季，可采用环剥、缚缢或疏花疏果等技术措施，以增加挂果数量和单果重量。如火棘等。

（4）观枝类修剪

为延长冬季观赏期，修剪多在早春萌芽前进行。对于嫩枝鲜艳、观赏价值高的种类，需每年重短截以促发新枝，适时疏除老干促进树冠更新。如红瑞木等（图 6-26）。

红瑞木 棣棠

图 6-26 　观枝类花灌木

（5）观形类修剪

修剪方式因树种而异。对垂枝桃、垂枝梅、龙爪槐短截时，剪口留拱枝背上芽，以诱发壮枝，弯穹有力。

（6）观叶类修剪

以自然整形为主，一般只进行常规修剪，部分树种可结合造型需要修剪。红枫，夏季叶易枯焦，景观效果大为下降，可行集中摘叶措施，逼发新叶，再度红艳动人。

4）绿篱的整形修剪（图 6-27）

（1）绿篱类型

绿篱依高度不同分为矮篱（篱高 0.5m 以下）、中篱（篱高 0.5～1m）、高篱（篱高 1～1.6m）、树墙（高 1.6m 以上）。按观赏特点分有花篱、果篱、彩叶篱、枝篱、刺篱等。按形态分有自然式绿篱和整形式绿篱两种。自然式绿篱一般不进行专门的整形，栽培过程中只做一些常规修剪。整形式绿篱是通过强行修剪，将篱体按设计者要求整剪成一定形状。灌木组团的整形修剪与中、矮篱基本相同，区别仅是图案样式的不同。

绿篱及色块常用树种一般为萌芽力和成枝力强、耐修剪的灌木，高篱、绿墙也有用乔木修剪而成。常用的有小蜡、大叶黄杨、黄杨、胶东卫矛、女贞、金叶女贞、金叶莸、金森女贞、紫叶小檗、火棘、黄素梅、栀子、杜鹃花、假连翘、福建茶、红花檵木、金叶榕、法国冬青等。

（2）自然式绿篱的整形修剪

此法多用于绿墙或高篱，顶部修剪多放任自然，仅疏除病虫枝、干枯枝等。如圆柏篱等。

（3）整形式绿篱的整形修剪

此法多用于中篱和矮篱。草地、花坛的镶边或组织人流走向的矮篱，多采用几何图案式的整形修剪。初次修剪一般剪掉苗高的 1/3～1/2；为使尽量降低分枝高度、多发分枝、提早郁闭，可在生长季内对新梢进行 2～3 次修剪，如此绿篱下部分枝匀称、稠密，上部枝冠密接成形。

（4）绿篱修剪的形状

绿篱形状以横断面下大上小为好，这样不易秃脚。多数绿篱为平顶绿篱，也可将绿篱

图 6-27　绿篱修剪方式

修剪成有节奏的波浪形或圆顶形、尖顶形或按一定距离的凹凸形修剪。

（5）绿篱的更新修剪

多年生长的绿篱，由于长期进行强度修剪，其枝叶过度繁密，枝梢细弱，内部整体通风、透光不良，主枝下部的叶片枯萎脱落。为了恢复树势，需要对绿篱进行更新修剪。更新修剪是指通过强度修剪来更换绿篱大部分树冠的过程，一般需要 3 年。

第一年：首先疏除过多的老主枝，改善内部的通风透光条件。然后，短截主枝上的枝条，并对保留下来的主枝逐一回缩修剪，保留高度一般为 30cm；对主枝下部所保留的侧枝，先行疏除过密枝，再回缩修剪，通常每枝留 10～15cm 长度即可。常绿篱的更新修剪，以 5 月下旬至 6 月底进行为宜，落叶篱宜在休眠期进行，剪后要加强肥水管理和病虫害防治工作。

第二年：对新生枝条进行多次轻短截，促发分枝。

第三年：将顶部剪至略低于所需要的高度，以后每年进行重复修剪。

对于萌芽能力较强的种类，可采用平茬的方法进行更新，仅保留一段很矮的主枝干。平茬后的植株，因根系强大、萌枝健壮，可在 1～2 年中形成绿篱的雏形，3 年左右恢复成形。如大叶黄杨等。

5）藤本类的整形修剪

藤本类树木一般枝条比较柔软，不能直立生长，多数种类依靠茎的缠绕、吸盘、钩刺、气生根等辅助攀缘生长。如紫藤、凌霄、木香、藤本月季、三角梅、云实、地锦、常春藤等。根据其在园林中的应用形式，通常可采用以下方法：

①棚架式 栽植后要就地重截，可发强壮主蔓，牵引主蔓于棚架上，并使侧蔓均匀地分布架上，则可很快地成为荫棚（图 6-28）。以后每年剪去干枯枝、病虫枝、过密枝等，如紫藤、木香、凌霄等。

②篱垣式 栽植以后重剪，促进长蔓发生，将侧蔓进行水平诱引后，每年对侧枝施行短剪，形成整齐的篱垣形式（图 6-29）。

③附壁式 将藤蔓引于墙面即可依靠吸盘或气生根自行附壁攀缘生长，而逐渐布满墙面，同时应及时剪除从墙面上脱落的枝条，如地锦、五叶地锦、常春藤等。也可在墙面上设置网格，将枝蔓绑扎在网格上，花后剪除残花，如藤本月季等（图 6-30）。

图 6-28 棚架式树木

图 6-29 篱垣式树木（藤本月季）

图 6-30 附壁式树木

6）竹类的整形修剪

及时间伐老竹，砍除清理枯死竹、病竹和倒伏竹及过低的分枝（图 6-31）。竹林（丛）的间伐应在晚秋或冬季进行，间伐以保留 4～5 年生以下立竹，去除 6 年生以上立竹，尤其是 10 年生以上老竹的原则进行。通过间伐使竹林立竹年龄组成为 1～2 年生竹占 40% 左右，3～4 年生竹占 40% 以上，5 年生竹占 20% 左右。

7）棕榈类的整形修剪

棕榈类植物通常单干直立生长，无分枝，叶丛生于主干的上端，大苗移栽时应剪除其叶片的 1/2，以减少水分蒸发，提高成活率。常规修剪主要是自下而上疏除下垂的老叶，剪除果序，保持其树姿挺拔（图 6-32）。

图 6-31　间伐后通透的竹林

图 6-32　棕榈类植物修剪

 案例

案例 6-2　花灌木紫薇整形修剪方案

紫薇又叫痒痒树、百日红、满堂红、无皮树，属千屈菜科紫薇属，是夏秋少花季节中花期极长的观花树种，在我国各地均有栽培。紫薇树姿优美，树干光滑洁净，花色艳丽，花期长，适宜种在庭园和建筑物前，也宜种在池畔、路边及草坪上。紫薇属于落叶小乔木或灌木，多丛生，椭圆形树冠；在当年生枝条上开花，芽具有早熟性，发副枝强，再次开花；发育快，当年播种当年开花，芽的潜伏力强，萌芽力强，耐修剪；枝条分枝方式为合轴分枝、假二叉分枝。由于紫薇萌发力强，枝条凌乱，树冠内通风透光较差，为了使其通风透光好，多开花和开花整齐，可采用疏散分层形、自然开心形、平头形3种整形方法。紫薇喜光、稍耐阴，喜温暖气候，喜肥沃、湿润、排水良好的石灰性土壤，耐旱怕涝。

1. 整形修剪操作流程

准备工具→观察树形→进行修剪（除去根蘖→疏去内膛病虫枝、枯枝、弱枝、密枝→短截残花枝、徒长枝）→检查完成修剪情况→清理场地→除去工具杂物后入库保养。

2. 整形修剪方法

（1）疏散分层形

由于紫薇属于喜光树种，采用疏散分层形有利于树冠内通风透光，多开花。一般采用3层，第一、二、三层主枝数量的配置分别为3、2、1。第一年冬季在苗高1m左右处短截，剪口芽留壮芽。翌年春季萌发多个新枝，剪口下第一枝作为主枝的延长枝培养，使其直立生长，在第一枝下选留3个生长健壮的主枝错落分布，夏季对3个主枝不断进行摘心。翌年冬季，短截主干新枝的1/3，剪口芽留壮芽，并对第一层主枝短截，在主干距主枝30cm处短截，剪口芽留外芽，有利于树冠的扩大。春季新干剪口下又萌发出多个新枝，剪口下第一枝仍为主枝的延长枝，再选2个生长健壮与第一层主枝相互错开的主枝作为第二层主枝，多余的抹去或作辅养枝。第三年冬季短截主干新枝1/2，夏季又萌发多个枝，选生长较健壮的1个作主枝培养。第一层与第二层相距50～70cm，第二层与第三层相距30～50cm，以后每年在主枝上选留各级侧枝和安排好树冠内的开花枝即可。开花基枝一般留2～3个芽短截，到5月上中旬，将刚长出的新芽保留3～4枚叶片摘心，就会长出很多短枝，这些短枝会开很多的花。对拥挤枝、弱小枝、扰乱树形枝、老枝应从基部剪去。花后及时剪除残花，促使再次抽枝，二次开花。

（2）自然开心形

由于紫薇既是观花树种，又是喜光树种，采用自然开心形开花面积较大，生长枝结构较牢固，树冠内阳光通透，有利于开花。其整形的方法是第一年冬季在苗高1m处短截，第二年的夏季会长出多个新枝，选留3个生长健壮、错落着生的新枝作三主枝培养，每个主枝间相距15～20cm，各主枝与主干的夹角约为45°，抹掉多余的枝。并对三主枝在距主干30cm处摘心，摘心后会抽出多个新枝，在每个主枝上选2～3个新枝作为副主枝培养，这样一年就基本形成该树形。以后每年仅在主枝上选留各级侧枝和安排好树冠内的开花枝，花后及时剪除残花，促使二次开花。

（3）平头形

这种树形有利于紫薇开花期集中，开花整齐。其整形方法是培养单干至1.7～2.0cm高处短截，第二年夏季抽出多个新枝，其上选留3～4个作主枝培养，其余的抹去，任其生长一个夏季；冬季在距主干 20～30cm 处短截，剪口芽留外芽，夏季在每个主枝上抽生出多个新枝，选留 2～3 个生长强壮枝作为副主枝培养，并对其摘心，使其形成花枝。以后每年修剪时选留好各级侧枝和安排好开花枝，花后及时剪除残花，促使二次开花。

3．注意事项

①观察修剪后的树形是否均匀、平衡、美观；将修剪后的场地清扫干净；清除工具上杂物。

②牢记安全、环保。

③在修剪中工具应保持锋利，使用前应检查各个部件是否灵活，有无松动，防止事故的发生。

④修剪枝条的剪口要平滑，与剪口芽成 45°角的斜面，从剪口芽的对侧下剪，斜面上方与剪口芽尖相平，斜面最低部分和芽基相平，这样剪口伤面小，容易愈合，芽萌发后生长快；疏枝的剪口，于分枝点处剪去，与干平，不留残桩，除根蘖剪口与地面相平。剪口芽的方向、质量，决定新梢生长方向和枝条的生长方向。

⑤剪口芽的方向应从树冠内枝条的分布状况和期望新枝长势的强弱考虑。需向外扩张树冠时，剪口芽应留在枝条外侧；如欲填补内膛空虚，剪口芽方向应朝内；对生长过旺的枝条，为抑制枝条生长，以弱芽当剪口芽；扶弱枝时选饱满的壮芽。

案例 6-3　行道树悬铃木整修修剪方案

悬铃木树冠广展，叶大荫浓、树势强壮；吸滞烟尘能力强，并可耐多种有毒气体污染，生态效应明显。且其中的速生品种还具有少球或无球、速生、干直等优点。

1．整形修剪操作流程

准备工具→观察树形→进行修剪（除去根蘖→疏去内膛病虫枝、枯枝、弱枝、密枝→短截残花枝、徒长枝）→检查完成修剪情况→清理场地→除去工具杂物后入库保养。

2．修剪技术要点

①定干高度　2.8～3m。

②整形方式　杯状形为主。

③修剪时期　冬季为主。

④整形要点　冬季在截干处萌发的枝条中，选留 3～5 个分布均匀，开张角度尽量大（通常为 45°～60°）的枝条作为主枝，把主枝的头剪去，留 40～50cm，第二年冬季可在每个主枝中选 2 个侧枝，作为二级枝，把侧枝的头剪去，留 40～50cm；来年冬季，在二级枝上选两个枝条做三级枝。这样，就形成"三叉、六股、十二分枝"的杯状形。再下级的枝条则可较为随意。

杯状形冠形形成以后，主要进行常规性的养护修剪，疏除干枯枝、病虫枝、内膛枝、交叉枝、细弱枝、密生枝等影响冠形的枝条。要保持树冠中间适当露空，最多留若干抚养枝填补过大的空隙。由于悬铃木萌芽力和成枝力都强，春、夏季节，要经常剥芽、去蘖，除梢。

1．造型树的整形修剪

（1）伞形造型树的整形修剪（图6-33）

此法主要适用于垂直类的园林树木，如龙爪槐、垂枝榆、垂枝桃、垂枝梅等。通常选用干高2～2.5m、胸径5～8cm的砧木，春季进行高接，成活后每年冬季留背上芽进行重短截，疏除内膛枝、过密枝、交叉枝、干枯枝，使其树冠每年向外逐渐扩大成为伞形。

（2）球形造型树的整形修剪（图6-34）

此法常用植物主要有大叶黄杨、瓜子黄杨、小蜡、红叶石楠、海桐等。通常每年在生长季节进行2～3次剪梢，疏除过密枝、病虫枝、干枯枝等。

（3）动物造型树的整形修剪（图6-35）

通常选择侧枝多而柔软、分枝点低、叶细而密、株型紧凑、极耐修剪的树种。如小蜡、圆柏、龙柏、塔柏等。其培育的方法步骤为：

①制作骨架　按照动物的结构和造型形式，采用钢铁骨架焊接或竹木骨架绑扎成动物的基本骨架。

图6-33　伞形造型树

图6-34　球形造型树

图 6-35 动物造型树（小蜡）

图 6-36 树桩盆景式树木

② 栽苗 根据动物的着力点栽植苗木，要求苗木干要高，枝叶繁茂，长势强健。

③ 绑扎 将小侧枝进行牵拉绑扎，形成设计的形状。

④ 修剪 每年进行 3～5 次修剪，使造型丰满美观。

（4）树桩盆景式树木的整形修剪（图 6-36）

选择规格较大的树木，选留方位适宜的枝条，采用蟠扎、拉枝、坠枝等方法开张角度，并对枝条进行重截，以后每年进行 3～5 次的剪梢，便可培育出主枝高低错落有致、枝组成云片状的优美树形。常用树种有小蜡、对接白蜡、日本五针松、罗汉松、榆树等。

2．大树扶正

一些行道树及庭荫树在生长过程中，由于连阴雨、刮大风等原因，会发生倾斜，可采用树木扶正器扶正树身（图 6-37）。

树木扶正器主要是由收紧带、收紧器、液压缸、操作杆等几个部件组成。操作原理和千斤顶差不多，养护工作人员在给树木扶正前，要提前对需矫正的树木进行根部灌水，使土壤软化，然后把扶正器以 45°架在一棵需要扶正的行道树上，用收紧带把扶正器与树干固定起来，工作人员通过操作杆慢慢把树木扶正，几分钟之后，树即可直立。树林矫正后，还需再次给树木浇水或灌注活力素，并夯实土壤，保证树木的成活。

图 6-37　大树扶正

3．绿篱修剪机的使用和保养

（1）操作规程

①加油　将无铅汽油（二行程机器）和机油按容积比为25∶1的比例混合，将油充入油箱。加油时切记关闭发动机。

②启动　把发动机开关拨到"开"（ON）的位置；推动注油阀，直到溢油管中有油液流动；拉启动绳启动（或启动器）；把阻塞杆拨到半开的位置，让发动机空转3～5min；把阻塞杆拨到"开"（ON）的位置，轻轻地捏紧油门调节杠杆，然后突然松开，使得自锁解除。此时发动机按额定转速正常工作。

（2）操作守则

①开始修剪绿篱时应保持平顺整齐，高低一致。一般把修剪机向下倾斜5°～10°。相对修剪对象成微小倾角能使修剪省力、轻便，并确保具有较好的剪切质量。

②要保持操作者身体处在汽化器一侧，绝不允许处于排气管一端，以免被废气烫伤。

③按工作需要调节控制油门（转速）。发动机运转速度过高是不必要的。

④工作完毕后停机，关闭油门。清洁外壳。待用。

（3）保养维修

①应按产品制造厂家规定的机器使用说明书，正确维护保养。

②清除一切草屑、土粒、杂物。检查是否有紧固件松动，零件丢失等现象。检查是否漏油。每次使用后应清洁刀片，并涂油。脏物黏得过多时，应浸液并用刷子净后再涂油。

（4）故障检查

①常见故障一般分为发动机启动不着或启动困难：输出功率不足、齿轮箱过热等。按机器说明书检查并修理。

②在正常工作情况下，零部件严重变形、断裂、零件过量磨损，机件失灵等情况，均属大故障，未经彻底修复，不得继续使用。

③主要机构和传动零件发生故障，排除时间应少于1.5h。平时不正常发生的故障，排除时间在1.5h以下（0.5h以上）的称为中故障。发生中故障时，允许在作业班工作时停机修理，然后继续使用。

④工作过程中发现紧固件松动，电器接触不良等现象，称为小故障。在不过分影响工作质量及工作安全时，允许暂时继续工作，待作业完成后再修理或调整。

（5）保管

①存放时机器状态应完好。

②燃油系统内的油应放净。

③将发动机和消音器上的油污、枝叶、矿屑等清理干净。

④保持刀片（切割机构）干净，表面涂防锈油。

（6）注意事项

①操作者应按照产品使用说明书正常使用。

②修剪绿篱带的枝条密度、最大枝干直径应与使用的绿篱修剪机性能参数相符。

③工作时修剪机必须处于正常的技术状态。刀片转动或往复运动应灵活。旋刀式修剪机定刀和动力间隙1mm以下，往复式

修剪机闭合后接触面间隙不超过 0.15mm。

④发动机在常温下正常工作时，启动 3 次允许拉动启动绳 3 回。其中至少有一回启动成功。若发动不着或启动困难，应找出原因，排除故障后，才能继续使用。

⑤工作过程中要经常注意紧固联接件。按修剪质量情况及时调整刀片间隙或更换损坏零件。不允许带故障工作。

⑥修剪后的质量应平整，基本无漏剪，撕裂率小于 10%。

 巩固训练

1．训练要求

（1）以小组为单位开展训练，组内同学要分工合作、相互配合、团队协作。

（2）园林树木整形修剪应因树因地制宜，具有实用性、艺术性、科学性。

（3）做到安全生产，操作程序符合要求。

2．训练内容

（1）结合当地小区绿地养护管理的内容，让学生以小组为单位，在咨询学习、小组讨论的基础上制订园林树木整形修剪技术方案。

（2）以小组为单位，依据当地小区绿地养护管理实际任务进行各类型园林树木整形修剪训练。

3．可视成果

提供某小区绿地园林树木整形修剪技术方案；完成整形修剪的树木、绿篱或花灌木实景。考核评价见表 6-5。

表 6-5　园林树木整形修剪考核评价表

模　块	园林植物养护管理		项　目	园林树木养护管理
任　务	任务 6.2　园林树木整形修剪		学　时	6
评价类别	评价项目	评价子项目	自我评价（20%）　小组评价（20%）　教师评价（60%）	
过程性评价（60%）	专业能力（45%）	方案制订能力（10%）		
		认识园林树木（5%）		
		观察分析树形（5%）		
		树木修剪整形（10%）		
		修剪结果检查（5%）		
		清理操作现场（5%）		
		工具使用及保养（5%）		
	社会能力（15%）	工作态度（7%）		
		团队合作（8%）		
结果评价（40%）	方案科学性、可行性（15%）			
	整形修剪的合理性（15%）			
	树形景观效果（10%）			
	评分合计			
班级：		姓名：	第　　组	总得分：

小结

园林树木整形修剪任务小结如图6-38所示。

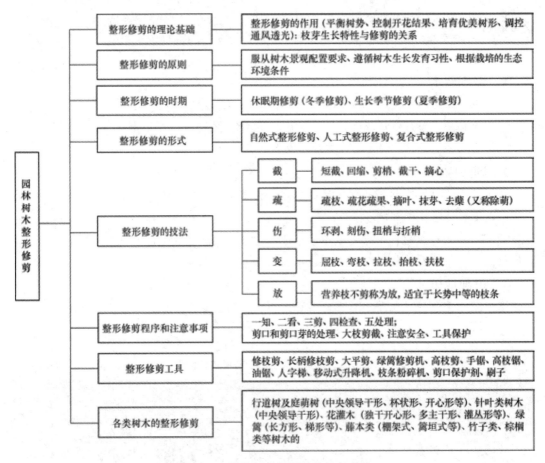

图6-38　园林树木整形修剪任务小结

思考与练习

1．填空题

（1）整形修剪的作用主要有_____、_____、_____、_____等。

（2）芽按位置的不同可分为_____、_____和_____。

（3）植物的分枝方式主要有_____、_____和_____。

（4）枝条按发育状况的不同可分为_____、_____和_____。

（5）植物花芽分化的类型主要有_____、_____、_____和_____等。

（6）整形修剪的方式有_____、_____和_____。

（7）整形修剪的技法有_____、_____、_____、_____。

（8）整形修剪的工作过程为_____、_____、_____、_____、_____。

2．选择题

（1）雪松的分枝方式为（　　）。

　　A．单轴分枝　　　B．合轴分枝　　　C．假二叉分枝　D．二叉分枝

（2）萌芽力和成枝力较强的植物是（　　）。

　　A．油松　　　　　B．银杏　　　　　C．小蜡　　　　D．广玉兰　　　E．马褂木

（3）（　　）在整形修剪时，应保护好顶芽，维持其顶端优势。

　　A．黄山栾树　　　B．桃花　　　　　C．云杉　　　　D．槐　　　　　E．合欢

（4）干性弱的树木是（　　）。

　　A．马褂木　　　　B．樟树　　　　　C．银杏　　　　D．悬铃木　　　E．水杉

（5）桃花适宜采用（　　）整形修剪。

　　A．疏散分层形　　B．自然开心形　　C．自然式　　　D．整形式

（6）（　　）在培育过程中不宜进行摘心。

　　A．一串红　　　　B．菊花　　　　　C．鸡冠花　　　D．一品红　　　E．万寿菊

（7）促进老树更新复壮常用的修剪方法是（　　）。

　　A．轻截　　　　　B．中截　　　　　C．重截　　　　D．极重截　　　E．回缩

（8）紫薇的花芽分化是在（　　）进行的。

　　A．当年春季　　　B．当年夏季　　　C．前一年春季　D．前一年夏季

（9）龙爪槐适宜整形修剪成（　　）树形。

　　A．疏散分层形　　B．自然开心形　　C．杯状形　　　D．伞形　　　　E．尖塔形

（10）有明显主干的高大落叶乔木大苗在出圃后，工程栽植之前，应适当地进行（　　）。

　　A．轻短截　　　　B．回缩　　　　　C．疏枝　　　　D．疏枝和回缩　E．重短截

（11）常绿针叶树在出圃时，由于枝条的萌芽力较差，一般不宜（　　）。

　　A．疏枝　　　　　B．截枝　　　　　C．刻伤　　　　D．缓放

（12）春季开花的落叶灌木，应在（　　）立即进行修剪。

　　A．冬季　　　　　B．春季萌芽前　　C．春季开花后　D．夏季

（13）观枝色类灌木，如红瑞木等，一般在（　　）修剪。

　　A．春季　　　　　B．夏季　　　　　C．秋季　　　　D．冬季

3．判断题（对的在括号内填"√"，错的在括号内填"×"）

（1）同一枝条上基部的芽比中部和端部的芽发育得饱满。　　　　　　　　　　　（　　）

（2）萌芽力和成枝力弱的树木，不耐修剪，多用于自然式整形修剪。　　　　　（　　）

（3）干性和层性都好的树木适合整成有中心干的自然分层形树形。　　　　　　（　　）

（4）老枝干上的休眠芽在回缩后可以转变成活动芽，并能发育成强壮的枝条代替老枝。

（　　）

（5）龙爪槐等垂枝形树木修剪时剪口芽应留背下芽。（　　）

（6）自然式修剪一般只对枯枝、病弱枝和少量影响树形的枝条进行疏除。（　　）

（7）整形式修剪一般用于枝叶繁茂、枝条细密、不易秃裸、萌芽力强、耐修剪的植物。

（　　）

（8）轻短截是指剪去一年生枝条长度的 1/3～1/2。（　　）

（9）夏季修剪在栽培管理中具重要作用，其主要手法有除萌、抹芽。（　　）

4．问答题

（1）截的技法有哪些？

（2）简述整形修剪的基本原则。

任务 *6.3*
园林树木树体保护及灾害预防

 任务分析

【任务描述】

园林植物栽植后，需要良好的养护管理才能保证园林植物成活和健康生长。而在实际养护中，各种灾害的发生尤其是自然灾害、市政工程、化雪盐等危害比较严重。本任务学习以学院或某小区新建绿地中各类绿化植物的养护任务为支撑，以学习小组为单位，首先制订学院或某小区园林植物养护的技术方案，再依据制订的技术方案和相关的技术规程，保质保量地完成园林树木树体保护及灾害的预防任务。

【任务目标】

（1）掌握各种自然灾害、市政工程施工、化雪盐等对园林植物造成的危害和防治措施；

（2）能正确识别园林植物的主要灾害类型；

（3）能根据当地的主要灾害类型，制订适合当地特点的防治措施；

（4）能采用正确的修补技术，对树体皮部伤口与树洞进行规范处理；

（5）具有爱岗敬业、吃苦耐劳和团结协作精神，具有独立分析和解决问题的能力。

理论知识

6.3.1　树木保护与修补

6.3.1.1　树木受损的原因

树木的树干和骨干枝上，往往因病虫害、冻害、日灼等自然灾害及机械损伤等造成伤口。伤口有两类，一类是皮部伤口，包括内皮和外皮；另一类是木质部伤口，包括边材、心材或二者兼有。木质部伤口必须在皮部伤口形成之后，在此基础上继续恶化造成。这些伤口如不及时保护、治疗、修补，经过长期雨水侵蚀和病菌寄生，易使内部腐烂形成树洞。另外，树木经常受到人为的有意无意的损坏，如树盘内的土壤被长期践踏变得很坚实，在树干上刻字留念或拉枝折枝等，所有这些对树木的生长都有很大影响。因此，对树体的保护和修补是非常重要的养护措施。

6.3.1.2　树木的保护和修补原则

树体保护首先应贯彻"防重于治"的原则，做好各方面预防工作，尽量防止各种灾害的发生，同时还要做好宣传教育工作，使人们认识到，保护树木人人有责。对树体上已经造成的伤口，应该早治，防止扩大，应根据树干上伤口的部位、轻重和特点，采用不同的治疗和修补方法。

6.3.1.3　树木伤口保护剂的种类和配制技术

（1）固体接蜡

用松香 4 份、蜂蜡 1～2 份、动物油 1 份配制。配制时先用文火把松香化开，再把蜂蜡、动物油放入，溶化后充分搅拌调匀，再冷却，取出用手搓成团备用。使用时加热化开，然后用毛刷蘸着涂抹伤口。

（2）液体接蜡

用松香 6 份、酒精 2 份、动物油 2 份、松节油 1 份。先将松香、动物油放入锅（铝盆）内加热溶化，离火后立即加入酒精，趁热充分搅拌均匀，装瓶备用。使用时用毛笔或棉球蘸保护剂均匀地涂于伤口使其形成药膜，封严伤口。

（3）松香清油合剂

用松香 1 份、清油（酚醛清漆）1 份配制。先把清油加热至沸，再将松香粉加入拌匀即可。冬季使用应酌情多加清油；热天可适量多加松香，以不凝结不流失为度。

（4）豆油铜素剂

用豆油、硫酸铜、熟石灰各 1 份，先将硫酸铜和熟石灰研成细末，然后把豆油倒入锅内熬煮至沸腾，将硫酸铜和熟石灰粉加入油中，充分搅拌，冷却后即可使用。

（5）松桐合剂

按每 500g 桐油用松香 600g，先将桐油熬好（至滴在水中呈油珠状），倒入备用器中，再熬松香，待松香完全溶化后，加入熬好的桐油，边倒边搅拌，充分混合均匀即成。

（6）沥青涂剂

沥青加热溶化后，涂抹伤口效果很好，不但可以保护伤口，而且能有效地防止木质腐烂。

6.3.2　园林植物常见灾害

6.3.2.1　园林植物常见灾害的种类

园林树木在生长发育过程中经常会遭受冻害、冻旱、寒害、日灼、风害、旱害等自然灾害的威胁，此外某些市政工程、建筑、人为的践踏和车辆的碾压及不正确的养护措施等均会导致对树木的伤害。

1）自然灾害

（1）低温伤害

低温既可伤害树木的地上或地下组织与器官，又可改变树木与土壤的正常关系，进而影响树木的生长与生存。低温危害主要有以下几种：

① 冻裂　一般不会直接引起树木的死亡，但是由于树皮开裂，木质部失去保护，容易招致病虫，特别是木腐菌的危害，不但严重削弱树木的生活力，而且造成树干的腐朽形成树洞。

② 冻拔　其发生与树木的年龄、扎根深浅有很密切的关系。树木越小，根系越浅，受害越严重，因此幼苗和新栽的树木易受害。

③ 冻旱　这是一种因土壤冻结而发生的生理性干旱。一般常绿树木由于叶片的存在，遭受冻旱的可能性较大。常绿针叶树受害后，针叶完全变褐或者从尖端向下逐渐变褐，顶芽易碎，小枝易折。

④ 冻害　这种低温危害对园林树木的引种威胁最大，直接影响到引种成败。应该注意的是同一植物的不同生长发育状况，对抵抗冻害的能力有很大的不同，以休眠期最强，营养生长期次之，生殖期抗性最弱。

⑤ 霜害　由于温度急剧下降至0℃，甚至更低，空气中的饱和水汽与树体表面接触，凝结成冰晶，使幼嫩组织或器官产生伤害的现象称为霜害。

（2）日灼

通常苗木和幼树常发生根颈部灼伤，对于成年树和大树，常在树干上发生日灼，使形成层和树皮组织坏死。通常树干光滑的耐阴树种易发生树皮灼伤。日灼的发生也与地面状况有关，在裸露地、砂性土壤或有硬质铺装的地方，树木最易发生根颈部灼伤。

（3）风害

树木抗风性的强弱与它的生物学特性有关。树高、冠大、叶密、根浅的树种抗风力弱；而树矮、冠小、根深、枝叶稀疏而坚韧的树种抗风力较强。

（4）旱害

干旱少雨地区，常生长季节缺水，干旱成灾。干旱对树木生长发育影响很大，会造成树木生长不正常，加速树木的衰老，缩短树木的寿命。

（5）雪害

雪害是指树冠积雪太多，压断枝条或树干的现象。通常情况下，常绿树种比落叶树种更易遭受雪灾，落叶树如果叶片未落完前突降大雪，也易遭雪害。

2）其他危害

（1）填方

植物的根系在土壤中生长，对土层厚度是有一定要求的，过深与过浅对树木生长均不利。由于填方，根系与土壤中基本物质的平衡受到明显的破坏，最后造成根系死亡。随之地上部分的相应症状也越来越明显，这些症状出现的时间有长有短，可能在一个月出现，也可能几年之后还不明显。

（2）土壤紧实度和地面铺装

① 紧实度对树木的影响　人为的践踏、车辆的碾压、市政工程和建筑施工时地基的夯实及低洼地长期积水等均是造成土壤紧实度增加的原因。

② 地面铺装对树木的危害　用水泥、沥青和砖石等材料铺装地面是经常进行的市政工程，但是有的铺装做得很不合理也不得法，不仅对树木生长发育造成严重的影响，同时还会破坏铺砌物，增加养护与维修的费用。

③ 化雪盐对树木的影响　在北方，冬季经常下雪，路上的积雪被碾压结冰后会影响交通的安全，所以常常用盐促进冰雪融化。使用最多的化雪盐氯化钠约占 95%，氯化钙约占 5% 的使用较少，冰雪融化后的盐水无论是溅到树木干、枝、叶上，还是渗入土壤侵入根系，都会对树木造成伤害。

6.3.2.2　园林植物常见灾害的成因

1）自然灾害

（1）低温危害

① 冻裂　在气温低且变化剧烈的冬季，树木易发生冻裂。冻裂最易发生在温度起伏变动较大的时候。由于温度降至 0℃ 以下冻结，使树干表层附近木细胞中的水分不断外渗，导致外层木质部干燥、收缩。同时又由于木材的导热性差，内部的细胞仍然保持较高的温度和水分。因此，木材内外收缩不均产生巨大的张力，最终导致树干纵向开裂。树干冻裂常常发生在夜间，随着温度下降，裂缝可能增大。

② 冻拔　在纬度高的寒冷地区，当土壤含水量过高时，土壤冻结并与根系联为一体后，由于水结冰体积膨胀，根系与土壤同时抬高。解冻时，土壤与根系分离，在重力作用下，土壤下沉，苗木根系外露，似被拔出，倒伏死亡。

③ 冻旱　在寒冷地区，由于冬季土壤结冻，树木根系很难从土壤中吸收水分，而地上部分的枝条、芽、叶痕及常绿树木的叶子仍进行着蒸腾作用，不断地散失水分。这种情况延续一定时间以后，最终因破坏水分平衡而导致细胞死亡，枝条干枯，甚至整个植株死亡。

④ 冻害　气温降到 0℃ 以下使植物体温也降至零下，细胞间隙出现结冰现象，严

重时导致质壁分离、细胞膜或壁破裂死亡。应注意的是同一植物的不同器官或组织的抗冻害能力也是不相同的，以胚珠最弱，心皮次之，果及叶又次之，而以茎干的抗性最强。但是以具体的茎干部位而论，以根颈，即茎与根交接处的抗寒能力最弱。这对植物的防寒养护管理是很重要的。

⑤霜害　根据霜冻发生时间及其与树木生长的关系，可以分为早霜危害和晚霜危害。早霜又称秋霜，它的危害是因凉爽的夏季并伴随以温暖的秋天，使生长季推迟，树木的小枝和芽不能及时成熟，木质化程度低而遭初秋霜冻的危害。晚霜又称倒春寒，它的危害是因为树木萌动以后，气温突然下降至0℃或更低，导致阔叶树的嫩枝、叶片萎蔫，变黑和死亡，针叶树的叶片变红和脱落。春天，当低温出现的时间推迟时，新梢生长量较大，伤害最严重。

（2）日灼

日灼是由太阳辐射热引起的生理病害，在我国各地均有发生。当气温高，土壤水分不足时，树木会关闭部分气孔以减少蒸腾，这是植物的一种自我保护措施。由于蒸腾减少，树体表面温度升高，灼伤部分组织和器官，一般情况是皮层组织或器官溃伤、干枯，严重时引起局部组织死亡，枝条表面被破坏，出现横裂，降低负载力，甚至枝条死亡。果实如遭日灼，表面出现水烫状斑块，而后扩大，导致裂果，甚至干枯。

（3）风害

在多风地区，树木会出现偏冠和偏心现象。偏冠会给树木整形修剪带来困难，影响树木功能作用的发挥。偏心的树木易遭受冻害和日灼，影响树木的正常生长发育。北方冬季和早春的大风，易使树木枝梢抽干枯死。我国东南沿海地区，台风危害频繁，影响树木的生长与发育，更有碍观赏。

2）其他危害

（1）填方

由于市政工程的需要，在树木的生长地填土，对原来生长在此处的树木造成危害。其原因主要是填充物阻滞了大气与土壤中气体的交换及水的正常运动，根系与根际微生物的功能因窒息而受到干扰。在此情况下，厌氧菌繁衍产生有毒物质，使树木根系中毒。中毒可能比缺氧窒息所造成的危害更大。填方对土壤的温度变幅也有影响。

（2）土壤紧实度

在城市绿地中，人流的践踏和车辆的碾压等使土壤紧实度增加的现象是经常发生的。此外市政工程和建筑在施工中将心土翻到上面，心土通气孔隙度很低，微生物的活动很差或根本没有。在这样的土壤中树木生长不良或不能生长。而且施工中用压路机不断地压实土壤，致使土壤更为紧实，孔隙度更低。

（3）地面铺装

铺装面阻碍土壤与大气的气体交换，铺装面下形成潮湿不透气的环境，并使雨水流失，减少对根系氧气与水分的供应，在这种情况下根系代谢失常，功能减弱，而且会减少微生物及其活动，破坏了树木地上与地下的代谢平衡，降低树木的生长势，严重时根系会因缺氧窒息而死亡。地面铺装对树木的危害表现，不是使其突然死亡，而是经过一定的时间树木的生长势衰弱，最后死亡。在夏季，铺装地面的温度相当高，有时可达50～60℃，树木表层根系和根颈附近的形成层很易遭受极端高温与低温的伤害。

（4）化雪盐

化冰雪的盐水渗入土壤中，造成土壤溶液浓度升高，树木根系从土壤溶液中吸收的水分减少。因为 0.5% 氯化钠溶液对水的牵引力为 4.2Pa；1% 氯化钠则可达 20Pa。树木根系要从这样的溶液中吸收水分就必须有更高的大气压，否则就会发生反渗透，使树木失水、萎蔫，甚至死亡。氯化钠中的钠离子和氯离子对树木生长均有不良影响，其对树木的伤害往往要经过多年才能恢复。

 任务实施

1．器具与材料

各类园林植物、铁锹、草帘子、草绳、石灰、水、食盐、石硫合剂、水桶、剪枝剪、消毒剂（2%～5% 硫酸铜溶液、0.1% 升汞溶液、石硫合剂原液）、保护剂（豆油铜素剂、液体接蜡）、填充剂（水泥砂浆、沥青混合物），记录本。

2．任务流程

园林树木树体保护和灾害防治流程如图 6-39 所示。

3．操作步骤

1）树木的保护与修补

（1）树木伤口治疗

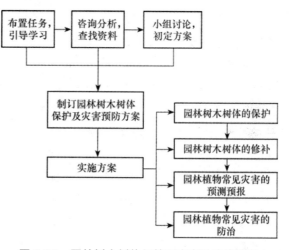

图 6-39　园林树木树体保护和灾害防治流程图

对于枝干上因病、虫，冻、日灼或修剪等造成的伤口，首先应当用锋利的刀刮净削平四周，使皮层边缘呈弧形，再用药剂（2%～5% 硫酸铜液、0.1% 的升汞溶液、石硫合剂原液）消毒。再涂以保护剂，选用的保护剂要求容易涂抹，黏着性好，受热不融化，不透雨水，不腐蚀树体组织，同时又有防腐消毒的作用，如铅油、接蜡等均可。大量应用时也可用黏土和鲜牛粪加少量的石硫合剂的混合物作为涂抹剂，如用激素涂剂对伤口的愈合更有利，用含有 0.01%～0.1% 的 α-萘乙酸膏涂在伤口表面，可促进伤口愈合。此外由于风折使树木枝干折裂，应立即用绳索捆缚加固，然后消毒、涂保护剂。

（2）树木修补

① 树皮修补

刮树皮：目的是减少老皮对树干加粗生长的约束，也可清除在树皮缝中越冬的病虫。

刮树皮多在树木休眠期间进行，冬季严寒地区可延至萌芽前，刮树皮时要掌握好深度，将粗裂老皮刮掉即可，不能伤及绿皮以下部位，刮后立即涂以保护剂。但对于流胶的树木不可采用此法。

植皮：对于伤口面积较小的枝干，可于生长季节移植同种树的新鲜树皮。在形成层活跃时期（6～8 月）最易成功，操作越快越好。其做法是：首先对伤口进行清理，然后从同种树上切取与创伤面相等的树皮，创伤面与切好的树皮对好压平后，涂以 10% 萘乙酸，再用塑料薄膜捆紧即可。

② 树洞修补　补树洞是为了防止树洞继续扩大和发展。其方法有 3 种：

开放法：树洞不深或树洞过大都可以采用此法，如伤孔不深不填充必要时可按前文介绍的伤口治疗方法处理。如果树洞很大，给人以奇特之感，欲留作观赏，可采用此法。方法是将洞内腐烂木质部彻底清除，刮去洞口边缘的死组织，直至露出新的组织，用药剂消毒并涂防护剂。同时改变洞形，以利排水，也可以在树洞最下端插入排水管。以后需经常检查防水层和排水情况，防护剂每隔半年左右重涂 1 次。

封闭法：树洞经处理消毒后，在洞口表面钉上板条，以油灰和麻刀灰封闭（油灰是用生石灰和熟桐油以 1∶0.35 混合，也可以直接用安装玻璃用的油灰，俗称腻子），再涂以白灰乳胶，颜料粉面，以增加美观，还可以在上面压树皮状纹或钉上一层真树皮。

填充法：填充物可以是新型的填充材料，木炭的防腐性能、杀菌效果比较好，其膨胀与收缩性能与木材接近，而玻璃纤维膨胀性很小，因此采用木炭、玻璃纤维作为树洞的填充材料效果较好。另外，也可用枯朽树木修复材料（塑化水泥）进行填充。这种材料与以往的材料不同，它是一种新型的填充材料，具有弹性、韧性、可塑性，用时溶于水，固化后坚固，可防水、防腐、防虫蛀。

操作时填充材料必须压实，为加强填料与木质部连接，洞内可钉若干电镀铁钉，并在洞口内两侧挖一道深约 4cm 的凹槽，填充物从底部开始，20～25cm 为一层，用油毡隔开，每层表面都向外略斜，以利排水，填充物边缘应不超出木质部，使形成层能在填充物上面形成愈伤组织。外层用石灰、乳胶、颜色粉涂抹，为了增加美观，富有真实感，在最外面钉一层真树皮。

（3）吊枝和顶枝

吊枝在果园中多采用，顶枝在园林中应用较多。大树或古树如树身倾斜不稳，大枝下垂者需设支柱撑好，支柱可采用金属、木桩、钢筋混凝土材料。支柱应有坚固的基础，上端与树干连接处应有适当形状的托杆和托碗，并加软垫，以免损害树皮。设支柱时一定要考虑到美观，与周围环境协调。北京故宫将支撑物油漆成绿色，并根据松枝下垂的姿态，将支撑物做成棚架形式，效果很好。也有将几个主枝用铁索连结起来，这也是一种有效的加固方法。

（4）涂白

树干涂白，目的是防治病虫害和延迟树木萌芽，避免日灼危害。

涂白时间一般在 10 月下旬至 11 月中旬之间。涂白剂的配制成分各地不一，一般常用的配方是：水 10 份，生石灰 3 份，石硫合剂原液 0.5 份，食盐 0.5 份，油脂（动植物油均可）

少许。配制时要先化开石灰，把油脂倒入后充分搅拌，再加水拌成石灰乳，最后放入石硫合剂及盐水，也可加黏着剂，能延长涂白的期限。

具体要求：涂白剂的配置要准确，注意生石灰的纯度，选择纯度高的；要统一涂白高度，隔离带行道树统一涂白高度为1.2~1.5m，其他按1.2m进行，同一路段、区域的涂白高度应保持一致，以达到整齐美观的效果；涂液时要干稀适当，对树皮缝隙、洞孔、树杈等处要重复涂刷，避免涂刷流失、刷花刷漏、干后脱落。

2）园林植物常见灾害的防治

（1）园林植物常见灾害的预测预报

园林树木在漫长的生命历程中，经常面对各种自然灾害的侵扰，如不采取积极的预防措施，可能使精心培育的树木毁于一旦。要预防和减轻自然灾害的危害，就必须掌握各种自然灾害的发生规律和树木致害的原理，从而因地制宜、有的放矢地采取各种有效措施，保证树木的正常生长，充分发挥园林树木的功能效益。对于各种自然灾害的防治，都要贯彻"预防为主，综合防治"的方针，在规划设计中就要考虑各种可能发生的自然灾害，合理地选择树种并进行科学的配置，在树木栽培养护的过程中，要采取综合措施促进树木健康生长，增强抗灾能力。

（2）园林植物常见灾害防治

① 低温危害的预防

选择抗寒的树种或品种，贯彻适地适树的原则：这是减少低温伤害的根本措施。乡土树种和经过驯化的外来树种或品种，已经适应了当地的气候条件，具有较强的抗逆性，应是园林栽植的主要树种。在一般情况下，对低温敏感的树种上，应栽植在通气、排水性能良好的土壤上，以促进根系生长，提高耐低温的能力。

加强抗寒栽培，提高树木抗性：加强栽培管理（尤其是生长后期管理）有助于树体内营养物质的贮备。经验证明，春季加强肥水供应，合理运用排灌和施肥技术，可以促进新梢生长和叶片增大，提高光合效能，增加营养物质的积累，保证树体健壮；后期控制灌水，及时排涝，适量施用磷、钾肥，勤锄深耕，可促使枝条及早结束生长，有利于组织充实，延长营养物质积累的时间，提高木质化程度，增加抗寒性。

改善小气候条件，增加温度与湿度的稳定性：通过生物、物理或化学的方法，改善小气候条件，减少树体的温度变化，提高大气湿度，促进上下层空气对流，避免冷空气聚集，可以减轻低温，特别是晚霜和冻旱的危害。所以根据气象台的霜冻预报及时采取防霜冻措施，对保护树木具有重要作用，具体方法为：

喷水法　利用人工降雨和喷雾设备，在将发生霜冻的黎明，向树冠喷水，防止急剧降温。因为水的温度比周围气温高，热容量大，水遇冷冻结时释放出热量。同时，喷水还能提高近地表层的空气湿度，减少地面辐射的散失，起到减缓降温、防止霜冻的效果。

熏烟法　根据气象预报，于凌晨及时点火发烟，形成烟幕。熏烟能减少土壤热量的辐射散失，同时烟粒吸收湿气，使水汽凝结液体，放出热量，提高温度，保护树木。但在多风或降温到-3℃以下时，效果不好。

根外追肥：能增加细胞浓度，抗冻效果也很好。霜冻过后忽视善后工作，放弃了霜冻后的管理，这是错误的。特别是对花灌木和果树，为了尽可能减少灾害造成的损失，应采取积极措施，如进行叶面喷肥以恢复树势等。

加强树体保护，减少低温危害，具体方法如下：

灌冻水防寒：一般的树木采用浇"冻水"和灌"春水"防寒。冻前灌水，特别是对常绿树周围的土壤灌水，保证冬季有足够的水分供应，对防止冻旱十分有效。掌握浇灌冻水的时机，过早、过晚效果都不好，即夜冻昼化阶段灌足一次冻水。

覆土防寒：主要用于灌木小苗、宿根花卉，封冻前，将树身压倒，覆 30～40cm 的细土，拍实。

根颈培土：冻水灌完后，结合封堰在树根部培起直径 50～80cm、高 30～40cm 高的土堆。

扣筐、扣盆：一些植株比较矮小的露地花木，如牡丹、月季等，可以采用扣筐、扣盆的方法。

架风障：在上风方向架设风障，风障要超过树高。

涂白：见前文树体保护内容。

护干：新植落叶乔木和小灌木用草绳或用稻草包干或包冠。

树冠防寒：北方引种的阔叶常绿的火棘、枸骨、石楠，江南的常绿树如枇杷、海枣等抗寒能力低的树种，可在冬季冰冻期来临前，用保暖材料将树冠束缚后包扎好，待气温回升后再拆除。

地面覆盖物防寒：实践证明，如在树干周围撒布马粪、腐叶土或泥炭、锯末等保温材料覆盖根区，能提高土温而缩短土壤冻结期，提早化冻，有利根部吸水，及时补充枝条失掉水分。

②日灼的预防

选择抗性强的树种：选择耐高温、抗性强的树种或品种栽植。

加强综合管理，促进根系生长，改善树体状况，增强抗性：生长季要特别防止干旱，避免各种原因造成的叶片损伤，防止病虫危害，合理施用化肥，特别是增施钾肥。

树干涂白：见前文树体保护内容。

地面覆盖：对于易遭日灼的幼树或苗木，可用稻草、苔藓等材料覆盖根区，也可用稻草捆缚树干。

③风害的预防

选择抗风树种：易遭受风害的地方尤应选择深根性、耐水湿、抗风能力强的树种，如枫杨、无患子、樟树等。株行距要适度，最好选用矮化植株栽植。

合理的整形修剪：正确的整形修剪，可以调整树木的生长发育，保持优美的树姿，做到树形、树冠不偏斜，冠幅体量不过大，避免"V"形叉的形成。

树体的支撑加固：在易受风害的地方，特别是在台风和强热带风暴来临之前，在树木的背风面用竹竿、钢管、水泥柱等支撑物进行支撑，用铁丝、绳索扎缚固定。

改善园林树木的生存环境：排除积水，改良栽植地的土壤质地，培育壮根良苗，采取大穴换土、适当深栽等措施。

④ 旱害的预防

• 开放水源，修建灌溉系统，及时满足树木对水分的要求。

• 选择栽植抗旱性强的树种、品种和砧木。

• 营造防护林。

• 做好养护管理，采取中耕、除草、培土、覆盖等既有利于保持土壤水分，又利于树木生长的技术措施。

⑤ 雪害的预防

• 通过培育措施促进树木根系的生长，以形成发达的根系网。根系牢，树木的承载力就强。

• 修剪要合理，不因过分追求某种形状而置树木的安全不顾。事实上，在自然界，树木枝条的分布是符合力学原理的，侧枝的着力点较均匀地分布在树干上，这种自然树形承载力强。

• 合理配置，栽植时注意乔木与灌木、高与矮、常绿与落叶之间的合理搭配，使树木之间能相互依托，以增强群体的抗性。

• 对易遭雪害的树木进行必要的支撑。

• 下雪后及时摇落树冠积雪。

⑥ 填方危害的预防

• 当填土较浅时，在栽植园林植物前对难以用于植树的人工填土进行更换；对已经栽植的园林植物，如果填土不当，可以在铺填之前，在不伤或少伤根系情况下疏松土壤、施肥、灌水，并用砂砾、沙或砂壤土进行填充。

• 对于填土过深的园林植物，需要采取完善的工程与生物措施进行预防。一般园林植物可以设立根区土壤通气系统。

• 对已经发生填土危害的园林植物，在填土浅处，定期翻耕土壤；在填土深处需要安装地下通气排水系统；在填土深度处，在树干周围筑一个可以通气透水的干井。

⑦ 土壤紧实度的预防

• 做好绿地规划，合力开辟道路，很好地组织人流，使游人不乱穿行，以免践踏绿地。

• 做好维护工作，在人们易穿行的地段，贴出告示或示意图，引导行人的走向；也可以做栅栏将树木围护起来，以免人流踩压。

• 将压实地段的土壤用机器或人工进行耕翻，疏松土壤。耕翻的深度，根据压实的原因和程度而定。在种植穴内外通气孔隙差异较大的情况下，根据植物生长的情况，适时进行扩穴。还可在翻耕时适当加入有机肥，既可增加土壤松软度，又能为土壤微生物提供食物，增大土壤肥力。

• 低洼地填平改土后才能进行栽植。在夯实的地段种植树木时，最好先进行深翻，如不能做到全面深翻土壤，应扩大种植穴，以减少中期扩穴的麻烦。

⑧ 地面铺装的预防

树种选择：选择较耐土壤密实和对土壤通气要求较低及抗旱性强的树种。

采用通气透水的步道铺装方式：目前应用较多的透气铺装方式是采用上宽、下窄的倒梯形水泥砖铺设人行道。铺装后砖与砖之间不加勾缝，下面形成纵横交错的三角形孔隙，利于通气；砖下衬砌的灰浆含有大量空隙，透气透水，再下面是富含有机质的肥土。另外，在人行道上采用水泥砖间隔铺砌，空挡处填砌不加沙的砾石混凝土，也有较好的效果。也可以将砾石、卵石、树皮、木屑等铺设在行道树周围，在其上加盖具艺术效果的圆形铁格栅，既对园林植物生长大有裨益，又具美学效应。

铺装材料的改进：园林绿地人行道铺装，在各方面条件允许的情况下，改成透气铺装，促进土壤与大气的交换。透气性铺装由于自身一系列与外部空气及下部透水垫层相连的孔隙构造，其上的降水可以通过本身与铺地下垫层相通的渗水路径渗入下部土壤，因而对于地下水资源的补充具有重要的作用。

⑨ 化雪盐的预防

在接近融雪剂的路旁选用耐盐园林植物：土壤的质地疏松，通气性好，则园林植物根系发达，也能相对减轻盐碱对园林植物的危害。

严格控制化雪盐的合理用量：由于园林植物吸收的盐中仅一部分随落叶转移，多数贮存于树干木质部、树枝和根内，翌年春天，又会随蒸腾流而被重新输送到叶片。因此，化雪盐的合理用量绝不要超过 $40g/m^2$，一般 $15\sim25g/m^2$ 就足够了。

融化的盐水通过路牙缝隙渗透或车行飞溅污染园林植物根区土壤而引起伤害，因此干道两侧防止化雪盐危害园林植物已成为一个急需解决的问题：此问题可以通过改进现有的路牙结构并将路牙缝隙严以阻止化雪盐水进入植物根区，以及对绿化园林植物采用雪季遮挡，不让融雪剂跟植物接触等方法来解决。

开发无毒的氯化钠和氯化钙替代物：使其既能溶解冰和雪又不会伤害园林植物，如在铺装地上铺撒一些粗粒材料，同样能加快冰和雪的溶解。

案例 6-4　辽宁林业职业技术学院校区园林树木树体保护及自然灾害的预防方案

辽宁林业职业技术学院位于辽宁省沈阳市苏家屯区，地处北温带，属暖温带大陆性半湿润的季风气候，特点是四季分明、雨热同季、干冷同期、光照充足、降雨集中。年平均气温 8℃左右，最冷是 1 月，最热是 7 月。根据养护需要安排，依据制订的园林树木养护方案，安排各学生小组完成绿化树木越冬防寒及树木树体保护任务。

1. 树体保护

（1）皮部伤口的修补

对于枝干上的皮部伤口，首先用锋利的刀刮净削平四周，使皮层边缘呈弧形，然后用消毒剂（2%～5% 硫酸铜液，石硫合剂原液）消毒，再涂以保护剂（液体接蜡、豆油铜素剂）。

（2）修补树洞

寻找典型的树洞，采用锤、凿等工具先将腐烂的部分彻底清除，刮去坏死组织，露出新组织，整形洞口，并根据实际情况，采用螺栓或螺丝加固，随之消毒（2%～5%硫酸铜液，石硫合剂原液）、涂漆（液体接蜡、豆油铜素剂），最后用水泥砂浆进行填充。

2．越冬防寒

（1）保护根颈和根系

① 冬灌封冻水　晚秋园林植物进入休眠期至土地封冻前，灌足一次冻水。

② 堆土　在园林植物根颈部分堆土，土堆高40～50cm，直径80～100cm（依据园林植物大小具体确定）。堆土时应选疏松的细土，忌用土块。堆后压实，减少透风。

（2）保护树干

① 涂白　常用配方是水10份，生石灰3份，石硫合剂原液0.5份，食盐0.5份，油脂（动植物油均可）少许。搅拌均匀即可使用。涂白要求涂刷均匀，高度一致。

② 卷干　用草绳或稻草将树干一圈接一圈缠绕，直至分枝点的高度。

 知识拓展

1．生态透水景观地面铺装效果好

这类地面铺装使用天然石子、树皮、炉渣、稻壳等各种天然及再生材料为骨干材料，加入多种高分子添加剂，经混拌制成，使城市土壤与大气的水、气、热交换体系得到改善。作用体现为：①降低城市热岛效应：透水路面使雨后表面无积水，不打滑，保证行人及车辆安全。水分缓慢蒸发，起到调节地面温度和湿度的作用。②改善城市植物生长的环境：土壤透水透气性能提高，土壤持水率提高，温度降低，土壤养分的利用率提高，利于植物的生长。③节约资源，天然降水：蓄养地下水，减少园林植物灌溉水用量。④利于城市形象提升：独特的装饰效果与大自然的和谐统一，是建设生态城市不可缺少的组成部分。

2．化雪盐的处理

（1）汇集盐水法防止融雪后的盐水渗入

为防止融雪后的盐水渗入地下或污染地表水，英国采取了"汇集盐水"的方法。在城市路桥旁，铺设专用管道，收集融雪后的盐水，最终引流到污水处理厂。

（2）含盐雪压成方砖

对于没来得及化掉的雪，日本北海道的环卫工人将含盐雪压成方砖，装车运到专门的工厂池子里处理，避免污染环境。

3．树洞原棵修补法

（1）原料制备

将要被修补入树体的枝丫材加工成木刨花，进一步打磨成木粉和细小木刨花，并将木粉和细小木刨花烘干至含水率为8%～12%。

（2）树洞清理

清除树洞内的杂物，直至露出健康组织。

（3）树洞消毒

用消毒液对树洞内部进行喷洒或涂抹，对清理后的树洞内壁再进行喷雾式消毒。

（4）浆料制备

将干燥后的木粉和细小刨花与无机胶黏剂按1～2∶1的质量比进行混合搅拌后制得。

（5）浆料填充

待树洞内壁风干至含水率小于14%，将

浆料倒入树洞内，在树洞外边封闭固定，直至浆料充满洞内缝隙，使浆料与树洞内侧充填且黏结。

（6）浆料固化

上述已填充浆料的树洞在自然条件下隔离静置48h，使浆料充分固化，并和洞壁粘成一体。

（7）仿真修饰

在固化的填充材料上粘一层真的油松树皮，对树干进行进一步的封闭和保护处理。

 巩固训练

1．训练要求

（1）以小组为单位开展训练，组内同学要分工合作、团队协作。

（2）技术方案应具有科学性和可行性。

（3）做到安全生产，操作程序符合要求。

2．训练内容

结合当地绿化植物的养护实际情况，让学生以小组为单位，在进行咨询学习、小组讨论的基础上制订该地区园林树木树体保护及灾害预防的技术方案。

3．可视成果

提供某地区树木树体保护灾害预防技术方案；自然灾害预防的照片。考核评价见表6-6。

表6-6　园林树木树体保护及灾害预防考核评价表

模　块	园林植物养护管理			项　目	园林树木养护管理	
任　务	任务6.3　园林树木树体保护及灾害预防				学　时	2
评价类别	评价项目		评价子项目	自我评价(20%)	小组评价(20%)	教师评价(60%)
过程性评价 (60%)	专业能力 (45%)		方案制订能力（15%）			
		方案实施能力	园林树木树体保护与修补(15%)			
			园林植物常见灾害的防治(15%)			
	社会能力 (15%)		工作态度（7%）			
			团队合作（8%）			
结果评价(40%)	方案科学性、可行性（15%）					
	树木树体保护结果（15%）					
	园林植物灾害防治结果（10%）					
	评分合计					
班级：	姓名：			第　　　组	总得分：	

小结

园林树木树体保护及灾害防治任务小结如图 6-40 所示。

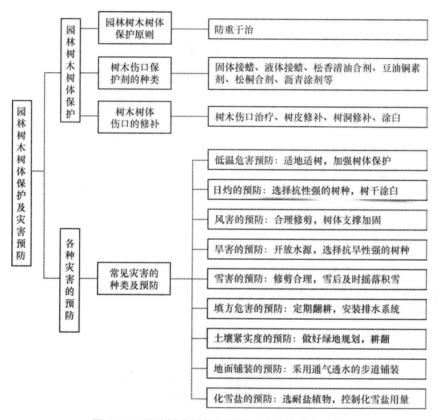

图 6-40　园林树木树体保护及灾害防治任务小结

 思考与练习

1．填空题

（1）树体保护首先应贯彻_____的原则。

（2）同一植物的不同生长发育状况，对抵抗冻害的能力有很大的不同，以_____最强，营养生长期次之，_____抗性最弱。

（3）补树洞是为了防止树洞继续扩大和发展。其方法有_____、_____、_____ 3 种。

（4）树干涂白，目的是_____。

（5）树木抗风性的强弱与它的生物学特性有关。树高、冠大、叶密、根浅的树种抗风力_____；而树矮、冠小、根深、枝叶稀疏而坚韧的树种抗风力_____。

2．判断题（对的在括号内填"√"，错的在括号内填"×"）

（1）同一植物的不同器官或组织的抗冻害能力也是不相同的，以胚珠最弱，而以茎干的抗性最强。（　　）

（2）冻裂一般在幼树上多，老树上少。（　　）

（3）灌冻水防寒要掌握浇灌冻水的时机，过早、过晚效果都不好，即夜冻昼化阶段灌足一次冻水。（　　）

（4）日灼主要发生在树干的南面。（　　）

（5）预防霜害的唯一方法就是熏烟法。（　　）

3．问答题

（1）低温危害的类型有哪些？各有什么特点？

（2）低温预防的主要措施有哪些？

（3）简述化雪盐危害的措施。

（4）简述树干涂白液配方及配制方法。

任务 *6.4*

古树名木养护管理

 任务分析

【任务描述】

中国是四大文明古国之一，有着光辉灿烂的历史文化，古树名木是中华民族悠久历史与文化的象征，是绿色文物，是自然界和古人留给我们的无价之宝，也是风景旅游资源的重要组成部分，具有极高的科研、生态、观赏和科普价值。树木的衰老死亡是客观规律，近些年来由于环境的污染，生长条件的日益恶化，加上由于重视程度不够，保护意识差，人为破坏和树木自身树龄较大等因素，许多古树、名木长期处在生长弱势边缘，严重者甚至死亡。古树是几百年乃至上千年生长的结果，一旦死亡无法再现，因此我们应该非常重视古树的日常养护与复壮。保护好现存古树名木，要先对古树名木进行普查建档工作，为开展古树名木保护工作打好基础。通过调查分析树木的生长状况及衰老原因，再根据具体情况对古树名木进行日常养护及复壮工作。

【任务目标】

（1）了解古树名木的概念，能对古树名木进行衰老原因分析；

（2）能对古树名木进行调查、登记及存档；

（3）能依据制订的技术方案对古树名木进行日常养护及更新复壮；

（4）培养学生爱岗敬业、吃苦耐劳和团结协作精神，培养学生严谨认真、实事求是的科学态度。

 理论知识

6.4.1　古树名木概述

6.4.1.1　古树名木的概念

古树名木一般指在人类历史发展进程中保存下来的年代久远或具有重要科研、历史、文化价值的树木。中华人民共和国国家建设部 *2000 年 9 月 1 日发布实施的《城市古树名木保护管理办法》规定，古树是指树龄在一百年以上的树木，名木是指国内外稀有的以及具有历史价值和纪念意义及重要科研价值的树木。《中国农业百科全书》对名木古树的内涵界定为："树龄在百年以上的大树，具有历史、文化、科学或社会意义的木本植物。"

古树名木往往两者兼任，当然也有名木不古或古树未名的，但都应该加以重视、保护和研究。

6.4.1.2　保护古树名木的意义

我国被世界誉为"世界园林之母"，丰富的园林植物种质资源，使得古树名木表现出种类的多样性。据建设部初步统计，我国百年以上的古树约 20 万株。大多分布在城区、城郊及风景名胜地，其中约 20% 为千年以上的古树。由于生态环境的恶化，诸多急功近利的原因，使得这些古树均有不同程度的衰老与死亡，因此研究和保护古树名木具有现实意义。

（1）古树名木是名胜古迹的重要景观

古树名木苍劲古雅、姿态奇特，如北京天坛的"九龙柏"、团城的"遮阴侯"、中山公园的"槐柏合抱"、香山公园的"白松堂"、嵩山脚下的"大将军柏"、"二将军柏"、"三将军柏"等，观赏价值极高而闻名中外，它们把祖国山河装点得更加美丽多娇，令无数中外游客流连忘返。

（2）古树名木是历史的见证

我国有周柏、秦松、汉槐、隋梅、唐杏等之说，均可作为历史的见证；北京景山崇祯皇帝上吊的古槐（现在已非原树）是记载农民起义伟大作用的丰碑；北京颐和园东宫门内有 2 排古柏，八国联军火烧颐和园时曾被烧烤，因此靠近建筑物的一面没有树皮，它是帝国主义侵华罪行的记录；国子监有一株圆柏，相传明朝奸相严嵩路过时，柏枝

---

*　现中华人民共和国住房和城乡建设部，简称住建部。

触落严嵩的乌纱帽，被后人称为"除奸柏"；潭柘寺院内有 2 棵银杏树，高 30m，树围 7～8m，这 2 棵树又称"帝王树"，据说是清代乾隆皇帝来寺院拜佛而得名。

（3）古树、名木具有重要的文化艺术价值

不少古树曾使历代文人、学士为之倾倒，为之吟咏感怀，它们在中国文化史上有其独特的地位。如扬州八怪中的李蝉，曾有名画"五大夫松"，是泰山名木艺术的再现。此类为古树而作的诗画为数极多，都是我国文化艺术宝库中的珍品。

（4）古树名木是研究自然史的重要资料

古树好比一部极其珍贵的自然史书，那粗大的树干储藏着几百年、几千年的气象资料，可以显示古代的自然变迁。古树复杂的年龄结构常常能反映过去气候的变化情况。树木的生长周期很长，相比之下人的寿命却短得多，它的生长、发育、衰老及死亡的规律，人们很难用跟踪的方法加以研究；古树的存在就把树木生长、发育在时间上顺序展现为空间上的排列，使人们能够把处于不同年龄阶段的树木作为研究对象，从中发现该树种从生到死的总规律。前苏联就建立了一门新兴学科——树木气象学。

（5）古树名木对现今城市树种规划具有很大的参考价值

古树多为乡土树种，对当地气候和土壤条件及抗病虫害方面有很高的适应性，因此，城市树种选择首先要以乡土名贵树种为重点；其次，通过对适合于本地栽培的树种要积极引种驯化，以期从中选出优良新种。例如，对于干旱、瘠薄的北京市郊区种什么树合适，30 年来变来变去，建国初期认为刺槐比较合适，不久证明刺槐虽然耐干旱，幼苗速生，但对土壤肥力反应敏感，很快出现生长停滞，长不成材；20 世纪 60 年代认为油松最有希望，因为建国初期造的油松林当时正处于速生阶段，山坡上一片葱绿可爱，但是不久后便封顶，不再长高，这时才发现，幼年时生长速度不快的侧柏却能稳定生长。北京的古树中恰侧柏最多，故宫和中山公园都有很多古侧柏，这说明它是经受了历史考验的北京地区的适生树种，如果早日领悟这个道理，在树种选择中就可以少走许多弯路。

（6）稀有、名贵的古树对保护种质资源有重要的价值

如上海古树名木中的刺楸、大王松、铁冬青等都是少见的树种，在当地生存下来更具有一定的经济价值和科学研究价值。同时，目前有的住宅开发商以当地现存的古树名木为依托，宣扬"人杰地灵"、"物华天宝"的地域文化，以进行促销；并以古树命名，如香樟苑、银杏苑等，因备受居民的喜爱而畅销。

6.4.1.3　古树名木的分级管理

根据树木的生长年龄可把古树名木进行分级。

（1）古树名木的分级

① 古树　可分为国家一、二、三级。

一级古树：目前规定，柏树类、白皮松、七叶树，胸径（距地面 1.2m）在 60cm 以上；油松胸径在 70cm 以上；银杏、槐、楸树、榆树等胸径在 100cm 以上的古树，且树龄在 500 年以上的，定为一级古树。

二级古树：国家二级古树为树龄在 300～499 年，胸径在 30cm 以上的柏树类、白

皮松、七叶树，或者胸径在 40cm 以上的油松；胸径在 50cm 以上的银杏、槐、楸树、榆树等，树龄在 300～499 年的，定为二级古树。

三级古树：树龄在 100～299 年的树木。

② 名木 指稀有名贵树木，如樱花、椴、蜡梅、玉兰、木香、乌桕等树种。另外，树龄 20 年以上的，胸径在 25cm 以上的各类常绿树及银杏、水杉、银杉等，以及外国朋友赠送的礼品树、友谊树，或有纪念意义和具有科研价值的树木，不限规格一律保护。其中各国元首亲自种植的定为一级保护，其他定为二级保护。

当然，不同的国家对古树树龄的规定差异较大。在西欧、北美一些国家，树龄在 50 年以上的就定为古树，100 年以上的古树就视为国宝了。

（2）古树名木的一般种类及保护

我国常见的古树名木主要有将军柏、轩辕柏、凤凰松、迎客松、阿里山神木、银杏、胡杨、珙桐等。

国家颁布的古树名木保护办法规定：

一级古树名木由省、自治区、直辖市政府确认，报国务院建设行政主管部门备案；二级古树名木由城市政府确认，直辖市以外的城市报省、自治区建设行政主管部门备案，其档案也做相应的处理。

古树名木保护管理工作实行专业养护部门保护管理和单位、个人保护管理相结合的原则。市政府园林绿化行政部门应当对城市古树名木，按实际情况分株制订养护、管理方案，落实养护责任单位、责任人，并进行检查指导。

市政府应当每年从城市维护管理经费、城市园林绿化专项资金中划出一定比例的资金用于城市古树名木的保护管理，如树势衰弱，养护单位和个人应立即报告，由园林绿化行政主管部门组织治理复壮。已死亡的古树名木，经园林绿化行政主管部门确认，查明原因，明确责任并予以注销登记后，方可进行处理，结果上报。

对本地区所有古树名木进行挂牌，标明中文名、学名、科属、树种、管理单位等。要研究制订出具体的养护管理办法和技术措施，发现有危机古树名木安全的因素存在时，及时上报并采取有效措施。规划建设时严格保护古树名木，更不能任意砍伐和迁移。

6.4.2 古树衰老原因

古树按其生长来说，已经进入衰老更新期。世界上任何事物都有其生长、发育、衰老、死亡的客观规律，古树也不例外，但是古树衰老还与其他因素有关。经调查，古树衰老是内因与外因共同作用的结果。

6.4.2.1 内因

内因主要是树木自身因素导致，古树名木树龄大，自身生理机能下降，生活力低，再加上树形较高大，树龄的老化使根部吸收水分、养分的能力与再生能力减弱，因而抗病虫害侵染力低，抗风雨侵蚀力弱，这是其衰败的内因所在。

6.4.2.2 外因

外因主要包括环境因素、人为因素、病虫害、自然灾害等。

（1）环境因素

一些古树分布于丘陵、山坡、墓地、悬崖等处，土壤贫瘠，水土流失严重，随着树体的生长，吸取的养分不能维持其正常生长，很容易造成严重的营养不良而衰弱甚至死亡。由于各种原因引起树木周围地下水位的改变，使树木根系长期浸于水中，导致根系腐烂；或长期干涸，导致枯萎。生长在城市中的古树名木，立地条件差，营养面积小，由于城市气候的变化，形成热岛效应等城市特有气候，这些都影响着古树名木的生长甚至于加速其衰老死亡。

有些古树长在建筑殿基上，树木长大以后根系很难竖向向土中生长，其活动受到限制，营养缺乏，致使树体衰老。古树名木周围常有高大建筑物，影响树体通风和透光，导致树干生长发育发生改向，造成树体偏冠，影响树体美观，枝条分布不均匀。若遇雪压、雨凇等自然灾害的外力作用，易造成枝折树倒，对古树破坏性大。

（2）人为因素

① 工程建设的影响 各类工程建设中，如城区改造、修路、架桥、建水库等各类工程建设过程中，由于对古树名木断根过频、过多，修剪过重，造成其衰败，直至死亡。

② 人为活动引起土壤板结 在城市、公园、名胜古迹等处，凡有古树名木之处，必是游人云集之所，游人频繁践踏，致使树体周围土壤板结，密度增大，严重影响土壤的气体交换、根系活动和正常生长。

③ 各种污染的影响 古树名木周围的污染，如化工、印染厂等排放的废水废气，不仅污染了空气及河流，也污染了土壤和地下水体，更有甚者在古树名木根部倾倒工业废料，使树体周围土壤酸碱浓度、重金属离子大量增加，土壤理化性能恶化，使其根系受到或轻或重的伤害。空气中的有害物质还会抑制叶片的呼吸，破坏叶绿素的光合作用，使其逐年衰败枯死。

④ 人为造成的直接损害 烟熏、火烤、刻字留念、晨练攀拉，更有人迷信地将古树的叶、枝、皮采回入药，其中以剥掉树皮的伤害最大。还有砍枝、撞击、移栽等行为直接导致树体受损。

⑤ 管理不当影响 如修剪过重，超过了树的再生能力，施药浓度过大造成的药害，肥料浓度把握不当造成烧根，人为的破坏造成古树生长衰退。

（3）病虫害

古树由于年代久远，会遭受一些人为和自然的破坏造成各种伤残，如主干中空、破皮、树洞、主枝死亡，导致树冠失衡、树势衰弱，而诱发病虫害。如得不到及时有效的防治，其树势衰弱的速度将进一步加快，衰弱的程度也会进一步增强。如槐的介壳虫、天牛，油松的松毛虫等对古树的侵害较重。同时，随着经济的发展，跨地区和国家的物质交流日益频繁，即使检疫也避免不了病虫的侵染传播，如松树线虫和美国白蛾。因此，决不能因古树先天抵抗力强而忽视了对病虫害的防治。

（4）自然灾害

① 极端气候原因　古树名木历经千百年风霜岁月，屡受严寒酷暑、大涝大旱等恶劣气候的侵袭，造成皮开干裂、根裸枝残等现象，使其生长不良，甚至濒临死亡。7级以上的大风，可吹折枝干或撕裂大枝，严重时可将树干拦腰折断。5级以上地震会造成树木倾倒或树皮开裂。

② 雷电火灾等原因　古树一般树冠高大，如遇雷击，轻则树体烧伤、断枝、折干，重则焚毁，造成树体严重损坏。苏州光福"清、奇、古、怪"四大古柏在历史上曾遭受雷击。持续干旱，枝叶生长量小，重者落叶，小枝枯死。大雪易压折枝条，冰雹砸断小枝，削弱树势。

（5）野生动物的危害

许多古树的根、皮、叶、花、果是野生动物和各种昆虫的良好食物，许多兽类和虫鸟凿树为洞，以洞为巢，以树根、树皮、树叶及花果为食，日积月累，树体受长年的虫蛀兽咬，导致树体残缺不全。

 任务实施

1．器具与材料

皮尺、钢卷尺、胸径尺、数码相机、枝剪、高枝剪、卡纸、刻刀、铁锹、水桶、肥料、记录表格等。

2．任务流程

古树名木养护管理流程图6-41所示。

3．操作步骤

（1）古树名木资源调查

调查古树名木资源是为了掌握古树名木资源分布情况、生长生态情况，以便建立古树名木档案，相应地采取有效的保护措施，使之充分发挥作用。

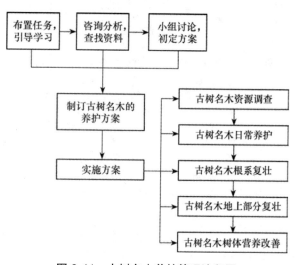

图6-41　古树名木养护管理流程图

① 调查方法　采用实地踏勘，对本地区内树龄在百年以上的古树与名木进行每木调查。

② 调查内容　主要调查古树名木的树种、生长位置、树龄、树高、胸围、冠幅、生长势、立地条件、特殊状况描述、树木茎叶的描述与标本制作以及传记等。

③ 填写古树名木每木调查　经过认真细致的调查后填写古树名木每木调查表（表6-7）。

表 6-7 古树名木每木调查表

_____省（区、市）_____市（地、州）_____县（区、市）

树种	中文名：		别名：		拉丁名：	
	科：		属：		种：	
位置	乡镇（街道）		村（居委会）		社（组、号）	
	小地名					
树龄	真实树龄　　　年		传说树龄　　　年		估测树龄　　　年	
树高	m		胸围　　　cm		地围　　　cm	
冠幅	平均　　　m		东西　　　m		南北　　　m	
立地条件	海拔　　　m；坡向　　　；坡位　　　部					
	土壤名称：　　　紧密度：					
生长势	①旺盛　　②一般　　③较差　　④濒死　　⑤死亡					
权属	①国有　　②集体　　③个人　　④其他				原挂牌号：第　　号	
树木特殊状况描述						
管护单位或个人						
保护现状及建议						
古树传说或名木来历						
树种鉴定记载						

调查者：　　　　　审查者：　　　　　日期：

填写说明：全国古树名木普查建档技术规定如下（每木调查）：

（1）填写省（市、区）、市（地、州）、县（市、区）名称，调查号顺序由各乡镇（街道）统一定，填写阿拉伯数字。在各乡镇（街道）调查的基础上，全县古树名木统一编号。

（2）树种：无把握识别的树种，要采集时、花、果或小枝作标本，供专家鉴定。

（3）位置：逐项填写该树木的具体位置，小地名要准确，是单位内的可填单位名称及位置。

（4）树龄：分3种情况，凡是有文献、史料及传说有据的可视作"真实年龄"；有传说，无据可依的作"传说年龄"；"估测年龄"估测前要认真走访，并根据各地制定的参照数据类推估计。

（5）树高：用测高器或米尺实测，记至整数。

（6）胸围（地围）：乔水量测胸围，灌木、藤本量测地围，记至整数。

（7）冠幅：分"东西"和"南北"两个方向量测，以树冠垂直投影确定冠幅宽度，计算平均数，记至整数。

（8）生长势：分5级，在调查表相应项上打"√"表示。枝繁叶茂，生长正常为"旺盛"；无自然枯损、枯梢，但生长渐趋停滞状为"一般"；自然枯梢，树体残缺、腐损，长势低下为"较差"；主梢及整体大部枯死、空干、根腐、少量活枝为"濒死"；已死亡的直接填写，死亡古树不进入全县统一编号，调查号要编，在总结报告中说明。

（9）树木特殊状况描述：包括奇特、怪异性状描述，如树体连生、基部分杈、雷击断梢、根干腐等。如有严重病虫害，简要描述种类及发病状况。

（10）立地条件：坡向分"东"、"西"、"南"、"北"、"东南"、"东北"、"西南"、"西北"，平地不填；坡位分坡顶、上、中、下部等；坡度应实测；土壤名称填至土类；紧密度分"极紧密"、"紧密"、"中等"、"较疏松"、"疏松"5等填写。

（11）权属：分国有、集体、个人和其他，据实确定，打"√"表示。

（12）管护责任单位或个人：根据调查情况，如实填写具体负责管护古树名木的单位或个人。无单位或个人管护的，要说明。

（13）传说记载：简明记载群众中、历史上流传的对该树的各种神奇故事，以及与其有关的名人轶事和奇特怪异性状的传说等，记在该树卡片的背页，字数300字以内。

（14）保护现状及建议：主要针对该树保护中存在的主要问题，包括周围环境不利因素，简要提出今后保护对策建议。

（2）古树名木养护管理

①立标牌、设围栏　古树名木应当标明树种、学名、科属、树龄、级别以及养护单位或者责任人。有特殊历史价值和纪念意义的，还应当在古树名木生长处树立说明牌作介绍。距离树干 3～4m，或在树干投影范围外设立围栏，地面做通气处理。

②支架支撑　古树由于年代久远，主干或有中空，主枝常有死亡，造成树冠失去均衡，树体容易倾斜；又因树体衰老，枝条容易下垂，因而需用他物支撑。北京有的公园用两个半弧圈构成的铁箍加固，为了防止摩擦树皮用棕麻绕垫，用螺栓连接，以便随着干径的增粗而放松。另一种方法，是用带螺纹的铁棒或螺栓旋入树干，起到连接和夹紧的作用。

③设避雷针　据调查，千年古树大部分曾遭过雷击，有的在雷击后因未采取补救措施很快死亡。所以，高大的古树应加避雷针。如果遭受雷击，就立即将伤口刮平，涂上保护剂，并堵好树洞。

④防治病虫害　古树衰老，容易遭受病虫害的侵扰，加速死亡。名木古树病虫害防治应遵循"预防为主、综合防治"的方针，平时要追踪检查，做到"早发现，早预防，早治疗"。

防治名木古树病虫害应采用专门的药器械和药剂。由于古树一般比较高大，树体比较庞大，对危害枝叶的害虫、蛀干害虫，在喷药防治时受到器械的限制，很难达到。对名木古树危害较普遍的害虫是白蚁、蛀干性害虫和食叶害虫；病害主要是腐烂病和叶枯病，应加强治疗。

⑤灌水、松土、施肥　春季、夏季灌水防旱，秋季、冬季浇水防冻，灌水后应松土，一方面保墒，同时增加通透性。古树的施肥方法各异，可以在树冠投影部分开沟，沟内施腐殖土加稀粪，或施化肥。

⑥整形修剪　对一般古树的修剪，主要是将弱枝、病虫枝和枯死枝进行缩剪或剪除，这样既可改变古树的根冠比，集中供应养分，有利于发出新枝，又能减少病源、虫源。对名贵的古树，以轻剪、疏剪为主，基本保持原有的树形为原则。对树势过于衰老的珍贵古树，最好不要修剪，因人为修剪带来的损伤，很难愈合，会受到病菌的侵袭，枝干会腐烂或出现空洞。

⑦树体喷水　由于城市空气浮尘污染，古树树体截留灰尘极多，影响观赏效果和光合作用，北京市北海公园和中山公园常用喷水方法加以清洗。此项措施费工费水，只在重点区采用。

（3）古树名木的复壮

经过对古树的生长立地条件等因素进行调查，除了进行日常的养护管理外，还应该针对其树体具体情况采取多种措施改善其生长状况。

①改善地下环境　进行改善地下环境复壮的目的是要促进树木根系生长。一般可采用换土、松土、地面铺梯形砖或草皮、埋条促根等措施来改善根的通气、透水状况。

换土：古树长时间生长在某处，土壤里肥分有限，常呈现缺肥症状；再加上人为踩实，通气不良，排水也不好，对根系生长极为不利。因此，造成古树地上部分日益萎缩。换土时在树冠投影范围内，深挖 0.5m（随时将暴露出来的根用浸湿的草袋子盖上），将原来的旧土与砂土、腐叶土、粪肥、锯末、少量化肥混合均匀之后填埋上。对排水不良地域的古树名木换土时，同时挖深 3～4m 的排水沟，下层填以大卵石，中层填以碎石和粗沙，再盖上无纺布，上面掺细沙和园土填平，使排水顺畅。

松土：松土应在树冠投影外 100cm 进行，深度要求在 40cm 以上，需多次重复才能达到这一深度。对于有些古树不能进行深耕时，可观察根系走向，用松土结合客土等措施来改善根的生长条件。

地面铺梯形砖或草皮：在地面上铺置上大下小的特制梯形砖，砖与砖之间不勾缝，留有通气道，下面用石灰砂浆衬砌，砂浆用石灰、沙子、锯末为 1∶1∶0.5 的比例配制。同时还可以在埋树条的上面铺设草坪或地被植物，改善土壤肥力，改善景观，或在其上面铺带孔的或有空花条纹的水泥砖。此法对古树复壮都有良好的作用。

②地上部分复壮措施　地上部分复壮，指对古树名木树干、枝叶等的保护，并促使其生长，这是整体复壮的重要方面，同时还要考虑根系的复壮。

支架支撑：古树因年代久远，主干、主枝常有中空、死亡现象，造成树冠失衡；又因树体衰老，枝条容易下垂，因而需用支架支撑。

树体喷肥：由于城市空气被浮尘污染，古树名木树体截留灰尘极多，影响光合作用和观赏效果。对一些特别珍贵或生长衰退的古树名木可用 0.5‰ 尿素进行树体喷肥。

合理修剪：由于古树名木生长年限较长，有些枝条感染了病虫害，有些无用枝过多耗费营养，需进行合理修剪，并结合疏花果处理，以达到减少营养消耗、保护古树名木的目的。

树体补伤填洞：因各种原因造成的树干上伤口长久不愈合，长期外露的木质部受雨水侵蚀逐渐腐烂，形成树洞，输导组织遭到破坏，影响了树体水分和养分的运输及贮存，缩短了树体寿命。

树木注液：对于生长极度衰退的珍贵古树，可用活力素进行注射，也可自行配置注射液。

③改善树体营养

挖沟施肥：以 N、P、K 混合肥为主，离树干 2.5m 处开宽 0.4m、深 0.6m 的半圆沟，施入量按 1m 沟长为准，撒施尿素 250g，磷酸二氢钾 125g，每年共施肥两次，一次于 3 月底，另一次于 6 月底。经观察，施入混合肥的根生长量远大于仅施 N 肥的根生长量，一次全面营养有利于古树的复壮。

叶面施肥：能局部改善古树的营养状况，但稳定性较差。用生物混合药剂（"五四零六"、细胞分裂素、家抗 120、农丰菌、生物固氮肥相混合）对古侧柏或古圆柏实施叶面喷施和灌根处理，能明显促进古柏枝叶与根系生长，增加枝叶中叶绿素及磷的含量，并增强了耐旱力。

根部混施生根剂：以树干为中心，在半径 7m 的圆弧上，挖长 0.6m、宽 0.6m、深 0.3m 的坑穴，施腐熟肥 15kg 加适量的生根剂，有利于根系生长。

案例6-5 辽东地区古树名木的调查与复壮养护方案

1．古树、名木调查

（1）调查古树自然状况

调查内容有树种、树龄、树高、冠幅、胸径、生长势、病虫危害、自然灾害、人为损伤等（表6-8）。

表6-8 古树自然状况调查

序号	树种	树龄	树高	胸径	冠幅	古树等级	生长势	病虫危害	自然灾害	人为损伤
1										
2										
3										
4										

（2）调查古树、名木养护管理措施的落实

调查内容有是否有围栏保护，地上树冠垂直投影外沿2m范围内或距树干7m以内是否有不透气铺装；在树体上是否有钉、缠绕铁丝、绳索、悬挂杂物；是否对病虫害进行防治，是否对自然灾害、人为损伤采取相应措施等（表6-9）。

表6-9 古树实施养护管理措施调查

项 目	现 状
1．古树级别	
2．围栏保护	
3．地面铺装	
4．病虫危害	
5．自然灾害	
6．树体损失	
7．修复措施	
8．土壤状况	

（3）调查古树、名木的历史及其书画、图片、神话传说等

2．古树复壮及养护

（1）养护措施

①灌水及排涝　春季土地解冻后至5月应浇水2～3次，以利于春季发芽。晚秋至土地

封冻前浇足越冬水（可连续浇2～3次），雨季树下不积水，可用明沟、暗管或盲沟等方法排除。

②科学施肥　在早春或晚秋，沿树冠垂直投影外缘，采取环状穴施或放射沟施法施肥。其深度以30～50cm为宜，尽量保护根系不受损伤。多施腐熟的有机肥，掺入适量的化肥。施肥后立即浇足水。

③增设保护围栏和松土　应在树冠垂直投影范围设围栏保护，以防车流人流损伤根部、碾压土壤。对树下土壤每年春秋各翻耕一次，增加土壤透气性。

④防止树体倾斜　对树冠生长不平衡，易倾斜或倒伏，造成死亡或扭裂，树木主干侧枝延伸较长的枝杈，都应设支撑。

⑤剪去干枯枝，封堵树洞　及时修剪干枯枝，涂防腐剂保护；树干发生空洞的古树，应先将洞口朽木全刮掉，用5%硫酸铜消毒后，填充清洗消毒的干燥防腐木料，然后用青灰加麻刀掺入乳胶，将洞口抹平封严。

⑥病虫防治　对于古树的病虫害应尽量采用人工防治和生物防治方法。如需喷药要注意细心周到，防止产生药害。

（2）衰弱树木的复壮

①排除地下、地上各种有害物质及障碍物，使根系得以生长，树枝正常延伸。

②对树根及干基有烂皮、腐朽、蛀干现象的，要及时防治病虫害。

③经诊断缺肥的弱树，应科学合理施肥。

④土壤不适宜，影响根系生长发育的要改良土壤。如在树冠垂直投影边缘挖沟掺砂石，增加土壤透性。

　知识拓展

1. 国外古树、名木的研究概况

在国外，日本研究出树木强化器，埋入树下来完成树木的土壤通气、灌水及供肥等工作。美国研究出肥料气钉，解决古树表层土供肥问题。德国在土壤中采用埋管、埋陶粒和高压打气等解决通气问题；用土钻打孔灌液态肥料，用修补和支撑等外科手术保护古树。英国探讨了土壤坚实、空气污染等因素对古树生长的影响。

2. 土壤改良法复壮古树

1962年在故宫皇极门内宁寿门外有一棵古松，幼芽萎缩，叶片枯黄，好似被火烧焦

一般。北京故宫园林科的职工们在树冠投影范围内，对大的主根部分进行了换土。换土时挖深0.5m（随时将暴露出来的根系用浸湿的草袋子盖上），原来的旧土与砂土、腐叶土、大粪、锯末、少量化肥混合均匀之后回填，其中还放入部分动物骨头和贝壳。换土半年之后，这株古松重新长出新梢，地下部分长出2～3cm的新根，终于死而复生。之后他们又换过多株，效果都很好。目前，故宫里凡是经过换土的古松，均已返老还童，郁郁葱葱，很有生气。

3. 埋条法复壮古树

南通市在古树养护管理中，采取的做

法是：将冬天修剪的 1～1.5cm 粗的悬铃木枝条，剪成 30～40cm 的枝段，打成 20 捆，在距干基 50～120cm 四周挖穴埋入 4～6 捆，覆土 10～15cm。该法有效地改善了通气条件，降低了土壤的紧实度，加快了土壤有机质的分解，使得根系的吸收能力增强，改善了树木的营养状况，促进了古树的复壮。

 巩固训练

1．训练要求

（1）以小组为单位开展训练，组内同学要分工合作、相互配合、团队协作。

（2）古树名木养护管理技术方案应具有科学性和可行性。

（3）做到安全生产，操作程序符合要求。

2．训练内容

结合当地古树名木的实际情况，让学生以小组为单位，在进行网上调查、咨询学习、小组讨论的基础上制订该地区古树名木的养护方案。

3．可视成果

提供地区古树名木养护方案。考核评价见表 6-10。

表 6-10　古树名木养护管理考核评价表

模　块	园林植物养护管理			项　目	园林树木养护管理	
任　务	任务 6.4　古树名木养护管理				学　时	2
评价类别	评价项目	评价子项目		自我评价（20%）	小组评价（20%）	教师评价（60%）
过程性评价（60%）	专业能力（45%）	方案制订能力（15%）				
		方案实施能力	日常养护（15%）			
			根系复壮（7%）			
			地上部分复壮（8%）			
	社会能力 15%	工作态度（7%）				
		团队合作（8%）				
结果评价（40%）	方案科学性、可行性（15%）					
	古树名木调查结果（10%）					
	古树名木养护结果（15%）					
	评分合计					
班级：	姓名：			第　组	总得分：	

 小结

古树名木养护管理任务小结如图 6-42 所示。

315

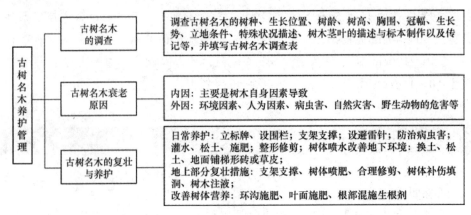

图 6-42　古树名木养护管理任务小结

 思考与练习

1．填空题

（1）古树名木进行调查时，一般应调查_____、_____、_____、_____、_____、_____、_____等内容。

（2）造成古树衰老的外因主要有_____、_____、_____、_____、_____。

（3）古树名木地上部分复壮措施主要包括_____、_____、_____、_____、_____。

2．判断题（对的在括号内填"√"，错的在括号内填"×"）

（1）《中国农业百科全书》界定古树是指树龄在 50 年以上的树木。　　　（　　）

（2）古树一定是名木，反之名木也一定是古树。　　　（　　）

（3）影响古树衰老最主要的原因是人为因素。　　　（　　）

（4）为了避免雷击，可以在古树名木上加设避雷针。　　　（　　）

3．问答题

（1）研究与保护古树名木有何意义？

（2）古树衰老的原因有哪些？

（3）古树名木的日常养护措施有哪些？

（4）古树名木综合复壮的措施有哪些？

 自主学习资源库

1．园林植物栽培养护．周兴元．高等教育出版社，2006．

2．园林树木栽培养护学．郭学望．中国林业出版社，2002．

3．园林绿地养护技术．丁世民．中国农业大学出版社，2008．

4．园林植物造型技术．祝志勇．中国林业出版社，2006．

5．中国园林绿化网：http://www.yllh.com.cn.

项目 7
草本花卉养护管理

草本花卉养护管理是园林植物养护管理的重要组成部分。本项目以园林绿化工程养护管理项目的实际工作任务为载体，设置了一、二年生花卉养护管理，宿根花卉养护管理，球根花卉养护管理，水生花卉养护管理 4 个学习任务，其中重点为一、二年生花卉养护管理和球根花卉养护管理。学习本项目要熟悉园林植物养护管理技术规程，并以园林绿化工程养护管理项目、园林绿地养护管理的实际施工任务为支撑，将知识点和技能点融于实际的工作任务中，使学生在"做中学、学中做"，实现"理实一体化"教学。

学习目标

【知识目标】

(1) 熟悉各类草本花卉土、肥、水管理的基本内容和技术方法；

(2) 掌握本地区草本花卉养护管理工作月历编制方法；

(3) 熟悉各类草本花卉修剪整形的基本知识，掌握本地区常见草本花卉整形修剪技术方法。

【技能目标】

(1) 会编制草本花卉养护管理工作月历和各类草本花卉养护管理技术方案；

(2) 会根据各类草本花卉养护管理合同、养护管理技术方案实施各类草本花卉的养护管理。

任务 *7.1*
一、二年生花卉养护管理

 任务分析

【任务描述】

一、二年生花卉的养护管理是园林植物养护管理的重要组成部分。本任务学习以校内实训基地或各类绿地中一、二年花卉养护管理任务为载体，以学习小组为单位，结合当地实际首先编制一、二年生花卉养护管理技术方案，依据制订的技术方案，各小组认真完成一、二年生花卉中春夏季养护管理任务。本任务实施宜在各类绿地中进行。

【任务目标】

（1）能以小组为单位制订一、二年生花卉的养护管理技术方案；

（2）能依据制订的技术方案完成的一、二年生花卉的养护管理任务；

（3）熟练掌握一、二年生花卉的养护管理任务，并安全使用各类养护的器具材料；

（4）能独立分析和解决实际问题，吃苦耐劳，合理分工并团结协作。

 理论知识

7.1.1　一、二年生花卉生态习性

7.1.1.1　一、二年生花卉生态习性共同点

（1）光照要求

大多数一、二年生花卉为喜光植物，仅少部分喜半阴环境。

（2）土壤要求

大多数一、二年生花卉喜肥沃、疏松、湿润的砂质土壤，在干燥、贫瘠、黏重土壤中生长差。

（3）水分要求

多数一、二年生花卉根系浅，不耐干旱，易受表土影响，要求土地湿润且不积水，应注意合理灌溉。

7.1.1.2　一、二年生花卉生态习性的差异

（1）一年生花卉

一年生花卉喜温暖，不耐冬季严寒，大多不能忍受 0℃ 以下的低温，生长发育在无霜期进行。因此主要是春季播种，又称春播花卉、不耐寒性花卉。

（2）二年生花卉

二年生花卉喜冷凉，耐寒性强，可耐 0℃ 以下的低温，要求春化作用，一般在 0～10℃ 下 30～70d 完成，自然界中越过冬天就通过了春化作用；不耐夏季炎热，因此主要是秋天播种，又称秋播花卉、耐寒性花卉。

7.1.2　灌溉

7.1.2.1　灌溉类型

园林草本花卉的灌溉分为地面灌溉、喷灌和滴灌。

（1）地面灌溉

这是传统的灌溉技术。按现代化的要求，使用塑料软管浇灌不但可以避免水分在

途中因渗漏而损失，同时也不影响地面的土壤耕作。是目前主要的灌溉方式，大多用于花坛、苗床、花境以及作畦的小规模栽培。

（2）喷灌

喷灌的优点是节约用水，土地不平也能均匀灌溉，可保持土壤结构，提高土地利用率，省力、高效，除浇水外还可喷药、施肥、调节小气候等。缺点是设备一次性投资大，风大地区或风大季节不宜采用。

（3）滴灌

滴灌能给根系连续供水，而不破坏土壤结构，土壤水分状况稳定，更省水、省工，不要求整地，适于各种地势，且连接计算机可实现关闭完全自动化。目前此法广泛用于园林工程中立体造型的各种景观。

7.1.2.2　灌溉时间

春夏季节应在清晨或傍晚进行。这时水温和土温相差较小，不至于影响根系活动，傍晚更好，可减少蒸发。冬季宜在中午前后灌溉。

7.1.2.3　灌溉次数和量

一、二年生花卉定植后要浇 3 次水。第一次是定植后立即浇透水，以保证苗木成活；5～7d 后浇第二次水；10～15d 后若无降水应浇第三次水。以后灌水次数依季节、土质和植物种类不同而异。一年中春夏温度渐高，蒸发量大，北方降雨较少，植物需要大量水分，灌水要频繁些；进入秋季，植物已陆续停止生长，北方又多雨，浇水次数逐渐减少至停止灌水。每次灌水量应以灌透为原则。

7.1.3　施肥

一、二年生花卉施肥分为基肥和追肥，施肥应根据气候、土壤质地、土壤肥力状况、土壤 pH、花卉种类的不同而异。一、二年生花卉在苗期，为促其茎叶生长，氮肥成分可稍多一些，但在以后生长期间，磷、钾肥应逐渐增加，花期长的，追肥次数应较多。

 任务实施

1．器具材料

松土耙子、喷雾器、花铲、修枝剪、胶管、肥料等。

2．任务流程

根据一、二年生花卉定植后的生长情况，适时调整养护管理措施，前期主要是土壤和水、肥管理，后期主要是株形管理。

3．操作步骤

（1）土、肥、水管理

一、二年生花卉定植后，要保持花期一致，与较长观赏期，应及时做好松土除草管理，要随水追肥，每半个月施氮、磷、钾复合液肥 1 次。

（2）株形管理

①摘心及抹芽　为了植株整齐，促使分枝，或因枝顶开花，分枝多花也多，常采用摘心的方法以培养美观株形。如万寿菊、波斯菊生长期长，为了控制高度，于生长初期摘心。需要摘心的种类：五色苋、三色苋、红亚麻、金鱼草、石竹、金盏菊、霞草、柳穿鱼、高雪轮、一串红、千日红、百日草、银边翠、彩叶草等。摘心还可延迟花期。

②支柱与绑扎　有些植物株形高大，上部枝、叶、花朵过于沉重，遇风易倒伏；还有一些藤本植物，需进行支柱绑扎才利于观赏。常用 3 种方法：用单根竹竿或芦苇支撑植株高、花大的花卉；藤本植物于播种或种子萌发后，在栽植床上放置本植物的枝丫，让花卉长大攀缘其上，并将其覆盖；在生长高大花卉的周围四角插立支柱，并用绳索联系起来以扶持群体。

③剪除残花　对于连续开花期长的花卉，如一串红、金鱼草、石竹类等，花后应及时摘除残花，不使其结实，同时加强水肥管理，以保持植株生长健壮，继续花开繁密，花大色艳，还有延长花期的作用。

（3）越夏越冬管理

南方地区夏季高温多雨，一、二年生花卉管理浇水时需避开中午，应在清晨或傍晚进行。多雨季节要及时排水，力求做到雨停即干，使植株根系正常呼吸，保证苗木正常生长。

二年生花卉通常具有一定的耐寒性，但为使其安全越冬，需要采取一定的防寒措施。主要有覆盖法，设立风障，移入阳畦，灌水等。花坛中常用的是塑料膜覆盖法。

案例

案例 7-1　北方地区春季花坛的养护

1．水、肥管理

一、二年生花卉定植以后立即浇水，以保证苗的成活。5～7d 后浇第二次水；10～15d 后若无降水应浇第三次水。以后灌水次数依季节、土质和植物种类不同而异。北方随着气温回升，花卉也逐渐进入生长旺盛期，需要大量水分，灌水要频繁些；每次灌水量应以灌透为原则。进入秋季，植物已陆续停止生长，北方又多雨，浇水次数逐渐减少至停止灌水。灌水时间：春夏季节应在清晨傍晚进行。这时水温和土温相差较小，不至于影响根系活动，傍晚更好，可减少蒸发。

一、二年生花卉进入生长旺盛期以后，通常要随水追肥，每半个月施氮、磷、钾复合液肥 1 次。

2．中耕除草

一、二年生花卉定植后不久，易生杂草，此时要及时中耕，拔出杂草。中耕深度在幼苗期间应浅，以后随之长大而逐渐加深，后期由浅耕到完全停止中耕。株行中间处中耕应深，近植株处应浅。除草可以免除杂草吸收土壤中的养分及水分，避免杂草对空间及阳光的竞争。

3．植株管理

为使植株矮化，株形圆满，开花整齐，大多数一、二年生花卉需要摘心。如一串红、矮牵牛、万寿菊、金鱼草、三色堇等。对金鱼草、三色堇等花卉开花后要及时剪除残花，可以继续开花。

 知识拓展

园林花卉栽培常用的肥料

园林花卉栽培中常用的肥料类型有有机肥和无机肥。营养元素以有机化合物形式存在的肥料，称为有机肥。有机肥种类多、来源广、养分完全。常用作基肥。

1．有机肥的种类

（1）泥炭土

泥炭土又称草炭土，指沼泽中枯物埋藏地下而分解不完全的沼泽土壤，呈褐色，pH 5～6 之间，质地松软，持水力强，有机质含量高，是当前各类花卉栽培中常用的基质。

（2）厩肥

厩肥即农家养牲畜的圈肥，以氮为主，也含有磷、钾元素。

（3）家禽家畜粪

这是指鸡、鸭和家禽的粪便。此类肥中氮、磷、钾的含量比较高。一般多作为基肥使用，腐熟良好的也可作为追肥施用。

（4）饼肥

饼肥指各作油料作物榨油后的残渣。其含氮量较高，容易被植物吸收。既可作基肥，也可作追肥。

2．无机肥种类

营养元素以无机化合物状态存在，大多是经过化学工业的产品，又称化学肥料。常用的无机化肥还有：

尿素［$CO(NH_2)_2$］含氮量 45%～46%。可作基肥、叶面肥和追费用。一般用 0.5%～1% 的水溶液施入土中，或用 0.1%～0.3% 的水溶液进行根外追肥。

硫酸铵［$(NH_4)_2SO_4$］含氮量 20%～21%。多用作追肥。1%～2% 浓度水溶液施入土中，0.3%～0.5% 的水溶液喷于叶面。

硝酸铵（NH_4NO_3）含氮量 33%～35%。一般用作追肥，可用 1% 的水溶液施入土中。

磷酸二氢钾（KH_2PO_4）含磷量 53%，钾 34%。易溶于水，呈酸性反应。常用 0.1% 左右的浓度追肥。

氯化钾（KCl）含钾（K_2O）50%～60%。作基肥和追肥效果好，用量 1%～2%。但球茎和块茎类花卉忌用。

过磷酸钙［$CaH_4(PO_4)_2$］含磷（P_2O_5）为 16%～18%。大多作用基肥效果好。

表 7-1　露地花卉追肥施用量　　　　　　　　　　　　　　　　kg/100m²

花卉类别	硝　酸	过磷酸钙	氯化钾
一、二年生花卉	0.9	1.5	0.5
宿根花卉	0.5	0.8	0.3

 巩固训练

1．训练内容

（1）以校园绿化美化等绿化工程中一、二年生花卉养护管理为任务，让学生以小组为单位，在咨询学习、小组讨论的基础上编制一、二年生花卉养护管理的技术方案。

（2）以小组为单位，依据技术方案进行一、二年生花卉的日常养护管理训练。

2．训练要求

（1）以小组为单位开展训练，组内同学要分工合作、相互配合、团队协作。

（2）一、二年生花卉养护管理技术方案应具有科学性和可行性。

（3）做到安全生产，操作程序符合要求。

3．可视成果

（1）编制一、二年生花卉养护管理的技术方案。

（2）养护的花坛或绿地景观效果等。

考核评价见表 7-2。

表 7-2　一、二年生花卉养护管理考核评价表

模　块	园林植物养护管理			项　目	草本花卉养护管理
任　务	任务 7.1　一、二年生花卉养护管理			学　时	2
评价类别	评价项目	评价子项目		自我评价（20%）	小组评价（20%）	教师评价（60%）
过程性评价（60%）	专业能力（45%）	方案制订能力（15%）				
		方案实施能力	土壤管理（8%）			
			水肥管理（12%）			
			株形管理（10%）			
	社会能力（15%）	工作态度（7%）				
		团队合作（8%）				
结果评价（40%）	方案科学性、可行性（15%）					
	花卉观赏性（10%）					
	绿地景观整体效果（15%）					
	评分合计					
班级：		姓名：		第　　组	总得分：

小结

一、二年生花卉养护管理任务小结如图 7-1 所示。

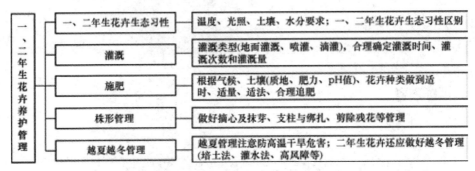

图 7-1　一、二年生花卉养护管理任务小结

 思考与练习

编制适合当地的一、二年生花卉养护管理的技术方案。

任务 *7.2*

宿根花卉养护管理

 任务分析

【任务描述】

宿根花卉的养护是园林植物养护中相对简单的部分。本任务学习以校内实训基地或各类绿地中宿根花卉养护任务为载体，以学习小组为单位，结合当地实际首先编制宿根花卉养护的技术方案，依据制订的技术方案，各小组认真完成宿根花卉的一年养护任务。本任务实施宜在各类绿地中进行。

【任务目标】

（1）能以小组为单位制订宿根花卉养护管理的技术方案；

（2）能依据制订的技术方案完成花卉养护管理任务；

（3）熟练掌握宿根花卉的养护管理任务，并安全使用各类养护的器具材料；

（4）能独立分析和解决实际问题，吃苦耐劳，合理分工并团结协作。

 理论知识

宿根花卉生长强健，适应性较强。不同种类，在其生长发育过程中对环境条件的要求不一致，生态习性差异很大。

（1）温度要求

宿根花卉耐寒力差异很大，早春及春天开花的种类大多喜欢冷凉，忌炎热；而夏秋开花的种类大多喜欢温暖。

（2）光照要求

宿根花卉大多数种类喜光，如菊花、非洲菊、宿根福禄考等；部分喜半阴，如玉簪、紫萼等；有些耐阴，如白芨、楼斗菜、桔梗等。

（3）土壤要求

宿根花卉对土壤要求不严，除砂土和重黏土外，大多数都可以生长，一般栽培2~3年后以黏质壤土为佳，小苗喜富含腐殖质的疏松土壤。对土壤肥力的要求也不同，金光菊、荷兰菊、桔梗等耐瘠薄；而芍药、菊花则喜肥。多叶羽扇豆喜酸性土壤；而非洲菊、宿根霞草喜微碱性土壤。

（4）水分要求

宿根花卉根系较一、二年生花卉强，抗旱性较强，但对水分要求不同。像鸢尾、乌头喜湿润的土壤；而马蔺、紫松果菊则耐干旱。

宿根花卉养护管理的土壤管理、灌溉管理、施肥管理的理论知识参见模块2任务6.1园林树木土、肥、水管理内容。

 任务实施

1．器具与材料

松土耙子、喷雾器、花铲、修枝剪、胶管、肥料等。

2．任务流程

根据宿根花卉定植后的生长情况，适时调整养护管理措施，前期主要是土壤和水、肥管理，后期主要是株形管理。

3．操作步骤

（1）土、肥、水管理

宿根花卉根系发达，种植层以40~50cm富含有机质的砂质壤土最好。宿根花卉耐旱性较强，浇水次数要少于一、二年生花卉。一般栽植后要灌一次水，保证成活，5～7d 后再灌第二次水，要浇透。以后不需精细管理，干燥时灌水即可。在生长旺期，需结合花卉的习性，补充适当的水分。如鸢尾、玉簪、荷兰菊等喜湿润的土壤；而萱草、芍药、宿根福禄考等比较耐旱，在休眠前应逐渐减少浇水量和浇水次数。大部分宿根花卉在入冬前需灌一次透水，提高环境的温度和湿度，以利于其安全越冬。

此外，一些宿根花卉忌积水，如萱草、芍药等积水会烂根。所以在夏季多雨或阴雨天，注意及时排水。

宿根花卉一般一次种植后不再移植，可多年生长，多次开花，因此再整地时应施足基肥，以维持良好的土壤结构，利于宿根花卉的正常生长。

定植后，为促使其旺盛生长，花大，花期长，应在春季萌发新芽前，结合松土，根部挖沟施入有机肥。在开花前追肥一次，花后再追肥一次。此外肥的管理，还需根据各种花卉的生长习性来定。

（2）株形管理

花期较长的宿根花卉，如福禄考、萱草等，花后及时剪除残花，不要其结实，同时加强水肥管理，可使植株继续开花，并且花大色艳，延长花期。

对于栽植几年后出现生长衰弱、开花不良的种类，应结合繁殖进行更新，剪除无根、烂根，重新分株栽培。一般 3～5 年后要适时分株更新。对生长快、萌发能力强、有自播繁衍能力的种类要适时分株，控制生长面积，保持良好景观。

（3）越冬管理

宿根花卉在冬季多处于休眠状态。大多数宿根花卉在华北地区可以露地越冬，在东北地区需采取防寒措施才能安全越冬。常用防寒措施：

① 培土法 冬季落叶宿根花卉地上部分干枯后，用土掩埋，翌年春天清除泥土，如芍药常用此法过冬。

② 灌水法 大多数宿根花卉在入冬前灌一次透水，有利于提高环境的温度和湿度，使其安全过冬。

此外，也可以采用覆盖法（塑料薄膜、草席、芦苇等）来安全度过休眠期。

 案例

案例 7-2 北方地区大花萱草全年的养护管理措施

1. 春季管理

太原地区 3 月中旬气温开始回升，浇足返青水。清除越冬性杂草。缺苗处要及时补植，太密处要及时分株，利于植株生长一致。萱草等在叶萌动后穴间中耕、追肥催苗。随气温回升，一些害虫开始活动，如蚜虫、地老虎等，应注意防治。

2．夏季管理

气温逐渐回升，苗木进入旺盛生长期，对水肥需求逐渐加大。视气候和土壤情况，浇水量和频率加大，半月一次，随水浇肥。注意虫害的防治和清除杂草。进入 7 月以后控制肥料的施用。

3．秋季管理

进入 8 月以后，雨水逐渐增多，防止积水。及时清理残花、收集种子。减少水肥的供给。进入 10 月以后，可进行分株繁殖。

4．冬季管理

进入冬季后，大部分地被植物开始进入休眠状态，清除枯枝落叶，施适量的腐熟有机肥，促使翌年萌蘖粗壮。在严寒到来之前，适当浇水防冻。

 知识拓展

1．北方地区地被植物养护管理月历

1～2 月：是我国北方一年中气温最低的时期，土壤冻结，宿根地被处于休眠状态。要注意防寒越冬。对于准备种植地被植物的土地，在秋天翻耕的基础上利用这个时间施用有机肥料。矮生灌木地被植物进行冬剪，宿根地被植物剪除地上残株。

3 月：大地回春，土壤解冻，地被植物开始萌芽复苏。木本地被进行抽稀、移植、扩大种植和补缺植株。适当浇水。控制游人入内。特别是春花地被植物要禁止游人踩踏。随气温回升，一些害虫开始活动，如蚜虫、地老虎等，应注意防治。观叶地被植物逐步萌发或恢复生长，可施春肥，促使其生长。对 4～5 月开花的地被植物促使花蕾的形成和发育。葱兰、韭莲等球根、宿根地被植物分栽可在月初进行。地被的缺株要在中、下旬及时补种，以利于植株生长一致。萱草等在叶萌动后穴间中耕、追肥催苗。

4 月：清明前后是地被植物返青的高峰期，要注意防止游人入内践踏。对地被种植进行中耕、除草，使土壤疏松，更多地接纳春季雨水，提高土壤温度和透气性。检查植株残缺情况，适当补种或抽稀。绿地种植的三色堇、雏菊等观花地被需追施薄肥，延长花期。紫茉莉等春播工作可在 4 月进行。清除越冬性杂草。

5 月：春季开花地被植物花后植株处理，不留种的应剪去枯萎的花序，施肥以延长绿叶期。秋天开花的地被植物要浇水施肥，使植株健壮成长。加强蚜虫防治。春花地被植物种子开始成熟，应及时采收，如二月蓝等。种子采收后将残株拔去。5 月是春季游园的高峰，要防止人为对地被植株的损坏。

6 月：注意病虫害的发生，可每隔 10～15d 喷洒等量或 200 倍波尔多液 1 次。进行连钱草等草本藤蔓地被移栽，可在 6 月进行，1 个月后郁郁葱葱。加强防治蚜虫、红蜘蛛。继续采集春花种子，去残花，保持地被群落的观赏效果。清除杂草。

7 月：中耕、除草、施追肥。对常春藤、连钱草等枝蔓茂密的藤本观叶地被，可施用硫酸铵溶液，促其生长。根据天气状况，要经常适当地浇水或林下喷雾，提高空气湿度。天气炎热，尽量少施厚肥，结合浇水施薄肥。韭莲第一批种子成熟采收，也可任其自然萌生。继续防治蚜虫、红蜘蛛和植物病害。清除杂草。

8月：加强土壤和空气湿度的管理，经常浇水和喷水。开始进入雨季，雨量较多，要防止雨后土壤积水。可以进行二年生地被植物的秋播。对夏季花卉清理谢花和花葶，收集种子。

9月：做好秋播地被苗期养护工作。部分球根地被的分株。对秋花地被进行施肥。继续防止蚜虫等病虫害。对孔雀草、美女樱等花期很长的观花地被，进行植株整理，去掉破坏整体效果的过长、过高枝，以迎接国庆节。

10月：霜降后萱草、宿根福禄考、玉簪、蕨类等根地被地上部分开始枯死，要清理枯枝黄叶。萱草、鸢尾、火炬花等进行分株殖。

11月：大部分地被植物开始进入休眠或半休眠，要施冬肥和秋花"花后肥"。秋花地被植物种子采收，清理枯株群落。紫茉莉地上部分渐枯萎，铲除，露出间种的二月蓝枯株覆盖地面。

12月：本月进入隆冬，在严寒到来之前，对于一些常绿、露地越冬但又易受冻害的地被提前做好防冻工作，一般在地面洒上木屑，或在低矮的枯林上盖上一层稻草或适当浇水防冻。对已剪除残株的宿根花卉用腐熟的有机肥在根颈壅土施肥，促使翌年萌蘖粗壮。在种植密度较低的木本地被株间深翻施肥。做好全年地被植物养护管理的总结，分析经验教训，制订翌年养护管理工作计划。

2．地被植物养护管理等级标准

一级养护标准：枝叶茂密，整齐美观，覆盖率99%以上，无杂草，生长健壮，观叶类叶色亮丽，观花类开花正常，着花繁密，花色鲜艳，开花期长。

二级养护标准：整齐一致，覆盖率95%以上，杂草率不得超过2%，观叶类叶色亮丽，观花类开花正常，着花繁密，花色鲜艳。

三级养护标准：整齐一致，覆盖率90%以上，杂草率不得超过5%，观叶类叶色亮丽，观花类开花正常。

 巩固训练

宿根花卉养护管理

1．训练内容

（1）以校园绿化美化等绿化工程中宿根花卉养护管理为任务，让学生以小组为单位，在咨询学习、小组讨论的基础上编制宿根花卉养护管理的技术方案。

（2）以小组为单位，依据技术方案进行宿根花卉的日常养护管理训练。

2．训练要求

（1）以小组为单位开展训练，组内同学要分工合作、相互配合、团队协作。

（2）宿根花卉养护管理技术方案应具有科学性和可行性。

（3）做到安全生产，操作程序符合要求。

3．可视成果

（1）编制宿根花卉养护管理的技术方案。

（2）养护的花境或绿地景观效果等。

考核评价见表 7-3。

表 7-3 宿根花卉养护管理考核评价表

模　块	园林植物养护管理		项　目	草本花卉养护管理	
任　务	任务 7.2 宿根花卉养护管理		学　时	2	
评价类别	评价项目	评价子项目	自我评价 (20%)	小组评价 (20%)	教师评价 (60%)
过程性评价 (60%)	专业能力 (45%)	方案制订能力 (15%)			
		方案实施能力 土壤管理 (8%)			
		水肥管理 (12%)			
		株形管理 (10%)			
	社会能力 (15%)	工作态度 (7%)			
		团队合作 (8%)			
结果评价 (40%)	方案科学性、可行性 (15%)				
	花卉观赏性 (10%)				
	绿地景观整体效果 (15%)				
评分合计					
班级：	姓名：		第　　组	总得分：	

小结

宿根花卉养护管理任务小结如图 7-2 所示。

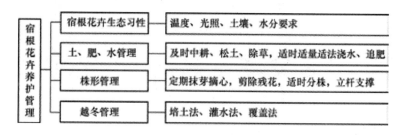

图 7-2 宿根花卉养护管理任务小结

思考与练习

结合当地气候特点，编制某园林绿地花境养护管理技术方案。

任务 *7.3*
球根花卉养护管理

任务分析

【任务描述】

　　球根花卉与一、二年生和宿根花卉不同，具有多年生，栽培管理比较简便，多数种类一次种植，连续多年开花，3～5年后才需要更新的特点。本任务学习依托本地常见球根花卉的养护管理工作，以小组为单位，首先按任务要求编制球根花卉养护管理工作月历及养护管理技术方案，再依据技术方案实施养护管理工作。

【任务目标】

　　（1）能编制本地区常见球根花卉养护管理工作月历；

　　（2）能编制多种球根花卉养护管理技术方案；

　　（3）熟练并安全使用球根花卉养护管理器具材料；

　　（4）能遵守球根花卉养护管理各项技术安全操作规程，并熟练掌握多种球根花卉养护管理技术要点；

　　（5）能分析解决实际问题，树立良好的职业道德和敬业精神以及刻苦钻研技术的精神。

理论知识

7.3.1　土壤管理

7.3.1.1　球根花卉种植土壤的特点

　　绝大多数球根花卉自然野生于排水良好的坡地或山地，对土壤条件要求较高，喜疏松、肥沃、排水良好，以下层为砂砾土、表土为深厚肥沃的砂质壤土或壤土最理想，最忌水湿或积水。除个别种类外，大多球根花卉适宜的土壤pH值为6～7，过高或过

表 7-4 部分球根花卉适宜土壤酸碱度（引自《中国花经》）

种 类	适宜酸度	种 类	适宜酸度
大丽花	6.0～8.0	风信子	6.0～7.5
洋水仙	6.5～7.0	郁金香	6.0～7.5
花毛茛	6.0～8.0	朱顶红	5.5～7.0
美人蕉	6.0～7.5	唐菖蒲	6.0～8.0
大岩桐	5.0～6.5	番红花	6.0～8.0
水 仙	6.0～7.5	仙客来	5.5～6.5

低都可能产生烂根（表 7-4）。

7.3.1.2 土壤管理的类型和作用

（1）土壤类型

几乎所有的球根花卉都要求排水良好的土壤或栽培基质。虽然大多数种类整个生长季要保持土壤湿润，但若排水不良，它们不仅生长不好而且产生病害。有些种类如郁金香、风信子中的某些栽培品种可在砂性土壤中生长良好；而另一些种则更喜黏土。选择使用何种土壤或栽培基质，还受到球根大小和类型的影响。球根必须在土壤中容易识别和分离出来。土壤的类型还明显地影响着球根的内部质量，特别是对鳞茎类的球根花卉。

（2）土壤消毒

为了控制病虫害，除了选择合适的土壤类型，实行倒茬轮作外，每年还要对土壤进行消毒。消毒方法有蒸汽消毒、土壤浸泡（淹水消毒）和药剂消毒 3 种方法。

① 蒸汽消毒 利用高温杀死有害生物。很多病菌遇 60℃ 高温 30min 即能致死，病毒需 90℃ 10min，杂草种子需 80℃ 10min，因此，球根花卉蒸汽消毒一般采用 70～80℃ 高温 60min 的处理方法。蒸汽消毒具有无药害、省时、省工，提高土壤通气性、保水性和保肥性，能与加温炉兼用等优点，是温室和保护地内常用的土壤消毒方法。具体做法：用直径 3～7.5cm，长 2～5m 的铁管，在管上每隔 13～30cm 钻直径为 3～6mm 的小孔，3 根管子并排埋入土中 25～30cm 深处，地面覆盖耐热的布垫后通气，蒸汽压力为 450kg/h，温度 100～120℃，1h 大致能消毒 5m²，可以移动管子依次进行。另一种方法是在地下 40cm 深度埋直径为 5cm 的水泥管，每管间隔 50cm，3 条管子同时通气。由于管子埋得深，整地时不必移动，省工，还可以与灌溉、排水兼用。

② 土壤浸泡（淹水消毒） 常在温室中采用此方法。首先在 5 月播种高粱属植物；6 月中旬当植株约 50cm 高时，用旋耕机施碳酸钙于土层 20cm 深处，每公顷施 100kg；7 月底将土壤做成 60～70cm 宽的畦，灌水淹没，并覆盖塑料薄膜，2～3 周后

去膜翻耕土壤并检测土壤 pH 值和电解质浓度（EC）。

③ 药剂消毒　不管什么类型的球根花卉，每年最基本和常规的土壤药剂消毒方法是：在土温至少为 10～12℃ 时，喷施剂量为 15～30g/m² 的甲基溴化物于土中，然后用塑料薄膜覆盖，夏季 3d，冷凉季节 7～10d 后，揭开薄膜，等气味散尽后，等待播种。由于腐霉菌再生很快，往往常规土壤消毒还不够，在每茬作物种植前可根据球根种类选择适当的药剂再补充 1～2 次土壤消毒。为使药剂散布均匀，可湿性粉剂应与沙子混合撒播，水剂加温水用喷壶喷洒，使药渗入到土表下 15～20cm，最好用人工或旋耕机将杀菌剂与土壤充分混合。

7.3.2　灌溉

露地花卉灌溉的方法有漫灌、沟灌、喷灌及滴灌 4 种。栽培面积较大时宜用漫灌。沟灌即干旱季节时在高畦的步道中灌水，可使水完全到达根系区；当行距较大时，也可行间开沟灌水。喷灌是利用喷灌设备系统，在高压下使水通过喷嘴喷向空中，然后呈雨滴状落在花卉植物体上的一种灌溉方法。喷灌便于控制，可节约用水，能改善环境小气候，但投资较大。大面积栽培时宜用喷灌。滴灌是利用低压管道系统，使水缓慢而不断地呈滴状浸润根系附近的土壤，能使土壤保持湿润状态。这种方式可节省用水，但往往滴头易阻塞，设备成本较高。

对于温室生产灌溉系统是最基本的设施，而对于露地生产灌溉时间和灌水量取决于种植面积和天气条件。球根花卉生产广泛使用的是喷灌系统或者沟灌。精确的灌水量因球根种类、发育阶段、气候、土壤类型而异。每天灌水的时间也因季节而异，夏季高温季节，宜在清晨或傍晚灌水，以减少水与土壤之间的温差，对花卉的根系有保护作用。灌水时间最好在早上，这样经过一天，到傍晚时植株上的水分已吸收和蒸发掉，不会因湿度过高造成真菌侵染。夏季露地栽植时要注意排涝，防止球根腐烂。冬季宜中午前后灌水。灌溉用水应注意选用软水，避免使用硬水。最理想的是河水、湖水或塘水。自来水也可使用，但必须将其在贮水池内晾晒 2～3d，使氯气挥发后再用。

7.3.3　施肥

花卉所需要的营养元素，碳素取自空气，氧、氢由水中获得，氮在空气中含量虽高，植物却不能利用。土壤中虽有花卉可利用的含氮物质，但大部分地区含量不足，因此必须施用氮肥来补充。此外构成植物营养的矿质元素还有磷、钾、硫、钙、镁、铁等，由于成土母质不同，各种元素在土壤中含量不一，所以对缺少或不足的元素应及时补充。还有微量元素如硼、锰、铜、锌、钼以及氯等也是花卉生长发育必不可少的。影响肥效的常是土壤中含量不足的那一种元素。如在缺氮的情况下，即使基质中磷、钾含量再高，花卉也无法利用，因此施肥应特别注意营养元素的完全与均衡。

施肥方式有基肥和追肥两大类。在翻耕土地之前，均匀地撒施于地表，通过翻耕整地使之与土壤混合；或是栽植之前，将肥料施于穴底，使之于坑土混合，这种施肥方式称为基肥。基肥对改良土壤物理性质具有重要作用。有机肥及颗粒状的无机复合肥多用作基肥。在花卉栽培中为补充基肥中某些营养成分不足，满足花卉不同生育时期对营养成分的需求而追施的肥料，称为追肥。在花卉的生长期内需分数次进行追肥。一般当花卉春季发芽后施第一次追肥，促进枝叶繁茂；开花之前，施第二次追肥，以促进开花；花后施第三次追肥，补充花期对养分的消耗。追肥常用无机肥，有机肥中速效性的，如人粪尿、饼肥等经腐熟后的稀释液也可用作追肥。

氮、磷、钾是球根花卉生长发育必需的营养元素。氮促进茎叶的生长和光合作用；磷促进根系生长；钾使茎粗壮，抗逆性及抗病性增强，促进球根膨大。因此，球根生长后期应多补施磷、钾肥，此外，还应特别注意补充一些微量元素如硼、钙、镁。球根花卉比宿根花卉的施肥量宜少些，球根花卉需磷钾肥较多。据报道，当施用5-10-5的完全肥时，每 $10m^2$ 的施肥量为球根花卉 0.5～1.5kg。

任务实施

1．器具与材料

常见露地球根花卉的养护管理工作月历、修枝剪、锄头、铁锹、铲、运输工具、水桶等各类养护工具材料等。

2．任务流程

球根花卉养护管理流程如图 7-3 所示。

3．操作步骤

（1）土、肥、水管理

①杂草控制 几乎所有的大田作物都是用除草剂来控制杂草的生长，但是各国政府允许使用的除草剂种类不同。作物在大田持续生长的时间也影响着整个杂草的控制系统，因为有些球根的生长周期达一年以上。温室生产经常用土壤消毒来控制杂草。为了不使除草剂对球根造成伤害，种球要埋得足够深，种球上萌生的幼芽至少在土表 2cm 以下。展叶前，可在植

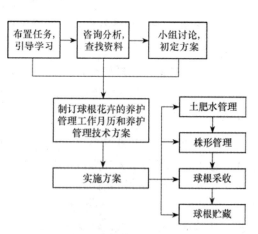

图 7-3 球根花卉养护流程图

株上喷施适量除草剂，若遇草地早熟禾一类的杂草，应改用复合除草剂。施用的时间最好在傍晚，植株喷上药后，用水清洗，次日清晨再用清水从植株顶部彻底冲洗。由于除草剂具残留性，一定注意以下几点：

• 同一块地一年内最多只能喷施 2 次除草剂；

- 要连片喷施，不得留有空地；
- 随时检查植株有无伤害。

另外，各类球根花卉适用的除草剂不同。例如，唐菖蒲对除草剂有抵抗作用，可用2,4—D作为除草剂，在杂草发芽初期，也可用浓度为300g/L西玛津溶液喷施除草。

②肥水管理　球根种植后，要求最适宜的土壤湿度来保证根系的生长和发芽，在整个生长期间也需要适当的水分以获得最大的产量或观赏效果。球根花卉的灌溉用水量因球根花卉种类、土质以及季节而异。一般春夏两季气温较高，空气干燥，水分蒸发量也大，宜灌水勤些，灌水量大些。秋季雨量稍多，且露地花卉大多停止生长，应减少灌水量，以防苗株徒长，降低防寒能力。就土质而言，砂土透水性强，黏土保水能力强。因此，黏土灌水次数宜少，砂土灌水次数宜多些。球根花卉根系浅，灌水次数多些，渗入土层的深度以30~35cm为适宜。

在球根种植前施足基肥，一般用腐熟的有机肥料加一些骨粉（磷肥）促进根系的健壮生长。种植后的施肥时间和施肥量因球根种类而异。一般秋植球根在秋种后要立即追施一次肥，到翌年初春发芽前再追施一次，以保证球根生根发芽、花茎伸长之用。春植球根种植后每2~4个月追施一次肥，补充其花芽分化、发育时对营养的需求。

（2）球根采收贮藏

①采收时间　球根必须达到成熟期才能收获，可通过测量球根的直径、花芽的大小、最少叶片数来确定。若收获过早，球根贮藏期间花芽分化的诱导将受到影响；若收获过迟，春植球根将受到冻害，所以，开始下霜可作为春植球根收球的信号，如大丽花、唐菖蒲等；对于秋植球根因遇上雨季造成烂球的，当叶片完全枯黄即可收球，如郁金香、风信子等。而另一些球根花卉如花叶芋，当温度降到停止生长线以下，即可收获了。

②采后处理　球根收获后，必须依次进行清洗、分级和贮藏，而这一系列处理的要求又因球根的种类而异。如郁金香新球收获后必须马上分离，然后按球径大小分级，这样不仅能够按不同商品等级贮藏，而且便于不同的温度处理。有些球根需要在脱水后再进行分级。对于水仙、风信子球根贮藏前常用热水或高温处理来控制病害。

③种球贮藏　种球的贮藏是球根花卉栽培管理中一项独特的环节，因为种球在贮藏期间即休眠期间，不仅能保持存活，而且进行着内部营养转化、打破休眠等一系列生理生化活动，所以种球贮藏条件极其重要。种球贮藏技术又是种球的保鲜技术，主要靠贮藏温度、湿度、通风和贮藏时间等控制。

干燥贮藏（干藏）：种球收获后要充分晾干，贮存在浅箱与网袋中，放在通风良好的室内，不需要特殊的包装，即干燥贮藏（干藏）。秋植球根是初夏起球，越夏贮藏，此时正值高温多雨期，所以都要求干藏，而对温度的要求则比越冬贮藏的球根复杂得多，因为大部分球根在此期间进行花芽分化和器官的发生，因此，必须给以最适条件。有些球根则只受湿度影响。如晚香玉的球根遇湿即会造成芽褐变，甚至霉烂，因此，起球后应立即在高温下（25~35℃）烤干，于10~15℃下干藏。朱顶红在秋季进入休眠后，停止浇水保持干燥，此时鳞茎内进行花芽分化，干藏2~3个月后，一浇水即可恢复生长。唐菖蒲的球根不用包埋，但要在空气湿度较高 70%～80% 的低温条件下贮藏。宜干藏的常见花卉有郁金香、风信子、球根鸢尾、番红花、小苍兰、水仙、晚香玉、唐菖蒲等。

潮湿贮藏（湿藏）：种球收获后不能失水，要及时用湿的泥炭藓、湿锯末、湿沙和湿蛭石等材料包装后低温贮藏，即潮湿贮藏（湿藏）。春植球根是秋季起球，越冬贮藏，在此期间对温、湿度的要求各不相同。百合、大丽花、美人蕉的球根必须用湿的基质如细沙、蛭石、椰壳粉等包埋于湿润低温条件下贮藏。宜湿藏的常见花卉有百合、六出花、花毛茛、美人蕉、大丽花等。

另外，种球贮藏期间注意通风，以免过湿造成球根霉烂和对球根不利的乙烯气体的积累，球根不可与水果、蔬菜混藏。还要经常翻动球根，检查、剔除病虫球。

案例 7-3　百合露地养护管理技术

1．百合的生态习性（详见百合露地种植技术）

2．肥水管理

在种植 3 周后施氮肥，以 1kg/m^2 硝酸钙的标准施入。当百合地上茎开始出土时，茎生根迅速生长并为植株提供大量水分和养分。百合在春暖时抽薹并开始花芽分化，追施 2～3 次饼肥水等稀薄液肥使之生长旺盛；4 月下旬进入花期，增施 1～2 次过磷酸钙、草木灰等磷、钾肥，施肥应离茎基稍远；孕蕾时土壤应适当湿润，花后水分较少。

3．其他管理

及时中耕、除草并设立支撑网，以防花枝折断。

百合喜光照充足，但在其生长过程中注意防止光照过强，因此普遍采用遮阴设备。在夏季全光照下，亚洲百合和麝香百合可遮去 50% 的光照，东方系百合则应遮去 70% 左右的光照，并保证栽植地充分通风透气。

4．种球贮藏

由地里挖掘起来的鳞茎，先进行整理，去除部分老化腐败的鳞片，拔掉萎黄的花茎残体，然后分级（图 7-4）。亚洲百合和麝香百合选周径 10cm 以上作商品种球，分10～12cm、12～14cm、14～16cm 3 个等级。东方百合选周径 12cm 以上作商品种球，分12～14cm、14～16cm、16～18cm、18～20cm 4 个等级。小于以上标准的鳞茎留下作繁殖用。分级后的鳞茎用杀菌剂（80 倍福尔马林水溶液）浸渍 30min，取出冲洗干净后阴干准备冷藏。用塑料筐箱作贮存容器，先在箱内铺一层塑料布，用湿泥炭或湿锯末作填充物，撒一层填充物，放一层百合种球，一直放到离箱边 10cm 处，每箱放种球 400～600个，用塑料布盖起来，塑料布上面扎一些小孔透气，然后放进冷库内贮藏。若要长期贮藏时冷库温度为 −2～−1℃。若作促成栽培，可放入 3～5℃ 冷库内贮藏。

图 7-4　百合鳞茎

案例 7-4　郁金香露地养护技术

1．郁金香的生态习性

郁金香为秋植球根，喜冬季温暖湿润、夏季凉爽干燥的气候，生长适合温度为白天 20～25℃，夜晚 10～15℃，冬季能耐 −35℃ 的低温，当温度达到 8℃ 以上时，开始生长，其根系生长的适宜温度为 9～13℃，5℃ 以下停止生长。对水分的要求，定植初期需水分充足，发芽后要减少浇水，保持湿润，开花时控制水分，保持适当干燥，但如过于干燥，可使生长延缓。适宜富含腐殖质、排水良好的砂土或砂质壤土，最忌黏重、低湿的冲击土，pH 7～7.5。郁金香属于中日照植物，喜光，但半阴也生长良好，特别在种球发芽时需防止阳光直射，避免花芽伸长受抑制。

2．肥水管理

冬前管理主要是浇水和防寒，不同地区，根据土壤墒情浇水，如冬季雨雪多的地区可不浇水，干旱地区适当浇几次水，但浇水量不要太大，不能积水。种植太早，冬前已经出苗的要用稻草锯末覆盖防寒，没有出苗的不需要防寒。第一次追肥在翌年苗出齐后，以氮磷肥为主，施尿素 150～300kg/hm²，磷肥 90～225kg/hm²；第二次追肥在现蕾时，施复合肥料 75～150kg/hm²；第三次在开花前，用磷酸二氢钾进行叶面喷肥；第四次在花谢后，钾肥 150～225kg/hm²，过磷酸钙 150～225kg/hm²。春季气温升高，从出苗至开花是郁金香旺盛生长期，需水量大，根据天气情况及时浇水，保持土壤湿润，切忌忽干忽湿。

3．鳞茎的采收及贮藏（图 7-5）

当地面茎叶全部枯黄而茎秆未倒伏时为采收最佳时期，挖鳞茎要找准位置，不要紧挨鳞茎，以免损伤种球。刚挖出时，母鳞茎与子鳞茎被种皮包在一起，先不要把它们分开，等晾晒 2～3d 后，将泥土去掉，再掰开鳞茎进行分级。按新鳞茎大小分级，周径 12cm 以上者为一级，10～12cm 为二级，8～10cm 为三级，6～8cm 为四级，6cm 以下为五级。一般一级和二级作为商品种球，三级以下作为种球繁殖用。

图 7-5　郁金香鳞茎

鳞茎分级后，先进行消毒，一般用 0.2% 多菌灵水溶液浸泡鳞茎 10min，迅速取出阴干。然后将种球放在四周通气的塑料箱或竹筐内，不要装得很多，每箱一般摆放 2～4 层，箱上要留 10cm 以上的空间，便于箱子摞起来后还能通气。装箱的种球最好贮藏在冷库内，冷库也要提前进行熏蒸消毒，然后才能入库。在库内存放时要分排将箱子或筐重叠起来，每排箱子之间要留空隙或人行道，以利空气流通和翻倒方便。

通常鳞茎在 26℃ 下预处理 1 周，然后干贮在 17℃ 下，放在通风良好、相对湿度 70%～90% 的室内，可贮藏 2～6 个月。如果要延长贮藏时间半年，应改放在 -1～0℃ 温度下贮藏。若要促成栽培，待 17℃ 下花芽分化完成，此时切开鳞茎可观察到雄蕊，将鳞茎放在 5℃ 温度下干藏 6 周，然后贮存在 9℃ 下湿藏 4～6 周（种植土中促生根）或将鳞茎放在 9℃ 温度下干藏 9 周，然后贮存在 9℃ 温度下湿藏 6 周（种植土中促生根）均能达到提早开花目的。

案例 7-5　唐菖蒲种植技术

1．唐菖蒲的生态习性

唐菖蒲喜冬季温暖、夏季凉爽的气候和肥沃、排水良好的砂质壤土，pH 5.5～6.5。要求阳光充足，长日照条件能促进开花。生长适温为白天 20～25℃，夜间 10～15℃。夜间温度在 5℃ 以下植株停止生长，而且多发生"盲花"。

2．肥水管理

唐菖蒲于二叶期或三叶期、孕穗期各追肥一次，以利花芽分化、花茎发育及新球形成。每公顷施肥量为氮 180kg、磷 120kg、钾 90～120kg。缺氮时，叶色淡，开花延迟，穗短，花少。缺磷时，上部叶暗绿色，下部叶紫色。缺钾时，花量减少，花枝短，花期延迟，幼叶叶脉变黄，老叶早黄。

生育期要求土壤水分充足，二叶期遇干旱易出现盲花。由于上层根距地表近，不宜深中耕除草。化学除草可在种植前进行。生长期间每 20d 喷一次 30% 除草乙醚 800 倍的水溶液即可见效。

风大的地区需拉网防止倒伏。株高 10cm 时拉网，以后随植株增高逐渐上升到约 50cm。

3．球茎的收获与贮藏（图 7-6）

图 7-6　唐菖蒲球茎

唐菖蒲叶 1/3 枯黄时起球。起球后连叶晾干，待叶全枯时清除枯叶、残球及残根。分级后置网袋或筛盘内，保持通风、干燥。越冬期保持相对湿度 70%～80%，温度不低于 0℃。

案例 7-6　大丽花露地种植技术

学名：*Dahlia hybrida*

别名：大理花、西番莲、天竺牡丹、地瓜花

科属：菊科大丽花属

1．大丽花的生态习性

大丽花原产于热带高原地区，海拔均在 1500m 以上，因此既不耐寒，又忌酷热。在夏季气候凉爽、昼夜温差大的地方生长良好，生长适宜温度白天为 25℃，夜晚 15℃。喜阳光充足、通风良好，要求富含腐殖质和排水良好的砂质壤土。大丽花为短日照植物，短于 12h 日照时可促进地下块根膨大。冬季低温期进入休眠。

2．肥水管理

保持土壤湿润，雨季注意排水防涝。大丽花喜肥，生长期间每隔 10～20d 追肥一次，现蕾后 7～10d 一次，追肥不宜过浓，夏季温度过高时停肥，秋天生长旺盛时再施肥。

3．株形管理

生长期间要注意整枝修剪和摘蕾工作，一般当主枝生长到 15～20cm 时摘心，促发侧枝，大花品种留 4～8 枝，中小花品种留 8～10 枝，每枝保留 1 个花蕾，多余花蕾摘掉，花后及时剪掉残花促发侧枝继续生长开花。高大植株要设立支柱以防止风害。

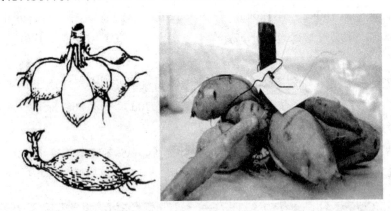

图 7-7　大丽花块根

4．块根贮藏（图 7-7）

当地上部茎叶萎蔫时，应及时挖出块根，使其充分干燥后，用湿沙贮藏保存在 5～7℃ 室内越冬，相对湿度保持在 50%。

案例 7-7　中国水仙露地种植技术

1．中国水仙的生态习性

中国水仙性喜温暖湿润的环境，冬无严寒、夏无酷暑和春秋雨水充沛的环境尤佳。喜水分充足，阳光和煦。能耐大肥，要求疏松的沃壤。其生长温度为5～25℃，生长适温为12～20℃，超过25℃植株生长停滞，提早进入休眠期，低于5℃其呼吸代谢进程大大减缓，生长停滞，分化也受到抑制。中国水仙在各个生长阶段的需光量不尽相同。幼苗期，由于气温低，需要充足的光照；而生长后期，其叶片发育成半成熟状态，常因光照过强，气温升高，而使水仙的叶片提前枯落，生长期缩短，减少了有机物的积累，鳞茎达不到应有的硕大程度，因而对产品的品级和质量造成不利影响。水仙的老根具有气道，叶片有气腔，花葶中空，具有水生植物的显著特征，对水具有很高的需求程度。但绝不是水越多越好，应依各个生长期的不同，对水分进行合理的调节，才能达到预期的效果。如在出苗期、临界收获期和休眠期，都要求水分少些。在生长发育期，要求水分充足，必须保持基质湿润，不宜过分干燥。喜疏松、肥沃、深厚、保水性强而又排水性能良好的砂质壤土，pH为6～7。

2. 肥水管理

地栽水仙管理粗放。种后保持土壤湿润，生长期间追肥1～2次。若植于疏林下半阴环境花期可延长7～10d。

3. 收获与贮藏

园林布置用水仙通常每3～4年起球一次。

当水仙叶片完全枯萎后，畦面呈现干裂时，便可采收水仙的鳞茎（图7-8）。为避免伤及鳞茎，以使用锄头逐个挖取为妥。采收宜选择晴天进行，可选取田泥直接涂封鳞茎盘，并进行倒置晾晒。如遇光照过强，应用遮阳网遮去50%日光，以防灼伤鳞茎。护泥干燥后，便可将鳞茎送入库房贮存。入库前将鳞茎放入杀菌剂溶液中浸泡1～2min，然后捞出，晾干后即可入库。常用的鳞茎消毒药液有：50%多菌灵可湿性粉剂1000～1500

图7-8　水仙鳞茎

倍液；70%甲基硫菌灵可湿性粉剂500～600倍液；德国产的50%施保功可湿性粉剂1000～1500倍液。入库时，要让鳞茎盘向下，使鳞茎逐个有序地堆码整齐，尽量避免主芽受压。库内贮存条件要求温度0～5℃，空气相对湿度35%～45%。

 知识拓展

球根花卉对环境条件的要求

（1）温度、湿度

多数球根花卉原产地中海地区，如地中海沿岸、西亚、南非等地区。那里的气候特点是夏季干热，冬季湿冷，因此，产于这些地区的球根花卉在冬、春季生长，有一定的耐寒性，忌高温，夏季休眠，要求暖—冷—暖的温度周期性变化来完成它们的生长发育周期。如郁金香、风信子、水仙、球根鸢尾、番红花等。

其他部分球根花卉原产于草原或热带高原气候型地区，如非洲中部和南部热带及亚热带地区，南北美洲部分地区。那里的气候特点是冬季干冷、夏季湿热，因此产于这些地区的球根花卉不耐寒，在夏季生长，冬季休眠，要求冷—暖—冷的温度周期性变化来完成它们的生长发育周期。如唐菖蒲、大丽花、美人蕉等（表7-5、表7-6）。

表7-5　季节温度周期性变化对球根花卉生长发育的影响

要求暖—冷—暖年温度周期性变化的种			
种	夏季	秋—冬季	春季
小苍兰	解除休眠	器官形成和生长	生根，花葶伸长，开花和长球
荷兰鸢尾	花芽分化的诱导	器官形成（花芽和叶芽的分化），生根，叶片开始生长	器官形成完成，花伸长，开花和长球
郁金香	器官形成：花芽和叶芽、根的分化	生根，花葶伸长和成球的诱导	生长：花梗伸长，开花和长球

表7-6　季节温度周期性变化对球根花卉生长发育的影响

要求冷—暖—冷年温度周期性变化的种			
种	秋—冬季	春季	夏季
铃兰	解除休眠	已分化的花芽和叶芽生长，新根形成	叶片和根生长，器官形成：花芽、叶芽（下一年生长的）形成
唐菖蒲	解除休眠	器官形成（顶芽），生根，开始生长	花梗伸长停止，开花，新球膨大，子球成形
麝香百合	解除休眠	器官形成（叶、花和鳞片），花梗伸长	开花和长球

（2）光照

大部分球根花卉要求充足的光照，但也有一部分的球根花卉要求适当遮阴，每天需避开直射光或很强的散射光数小时，如葡萄风信子、球根海棠、铃兰、石蒜等。

（3）土壤

大多数球根花卉自然野生于排水良好的坡地或山地，因此，球根花卉最适宜生长的土壤为砂壤土，要求深厚肥沃、排水良好，土壤的pH 6～7。

（4）水分

球根花卉生长发育期间都要求充足的水分供应。即春植球根在春、夏季要求水分充足，入冬后由于干冷进入休眠；而秋植球根在冬、春季要求水分充足，入夏后由于干热进入休眠。需水量还因品种和生长发育阶段而异。在起球前都要控水，以便球根贮藏期间有利于花芽分化，防止霉烂。

（5）气体

球根贮藏和植株生长期间空气的成分也影响球根花卉的生长发育过程。气体中影响最大的是乙烯，但它的作用又因球根花卉的种类和应用时间不同而差异很大。如乙烯可用来促进荷兰鸢尾、法国水仙、虎眼万年青的开花，可打破小苍兰、唐菖蒲、蛇鞭菊的球根休眠。但它也可以使一些球根花卉生理失调，如风信子、鸢尾、郁金香发生鳞茎流胶病；郁金香贮藏期间的开花球坏死；水仙、郁金香根和花梗伸长受阻以及多数球根花卉的花脱落和花败育。因此，乙烯的使用要慎重，在球根贮藏时要注意通风、换气，不要与产生乙烯气体的水果、蔬菜一起存放。

巩固训练

1．训练要求

以小组为单位开展训练，组内同学要分工合作、相互配合、团队协作。

2．训练内容

（1）结合当地各类园林绿地中球根花卉应用情况，让学生在调查、走访、咨询学习、熟悉并研究其养护管理技术方案的基础上，以小组为单位讨论并重新制订适宜该地栽植的多种球根花卉的管理养护管理技术方案，分析技术方案的科学性和可行性。

（2）根据季节，在校内外实训区或结合校园绿地日常养护依据制订的球根花卉养护管理技术方案进行训练。

3．可视成果

（1）编制球根花卉养护管理技术方案。

（2）养护成功的球根类花坛或绿地景观效果等。

考核评价见表7-7。

表7-7　球根花卉养护管理考核评价表

模　块	园林植物养护管理		项　目		草本花卉养护管理
任　务	任务 7.3　球根花卉养护管理			学　时	2
评价类别	评价项目	评价子项目	自我评价（20%）	小组评价（20%）	教师评价（60%）
过程性评价（60%）	专业能力（45%）	方案制订能力（15%）			
		方案实施能力 土肥水管理（10%）			
		球根采收（10%）			
		球根贮藏（10%）			
	社会能力（15%）	工作态度（7%）			
		团队合作（8%）			
结果评价（40%）	方案科学性、可行性（15%）				
	养护效果（25%）				
	评分合计				
班级：		姓名：		第　　组	总得分：

 小结

球根花卉养护管理任务小结如图7-9所示。

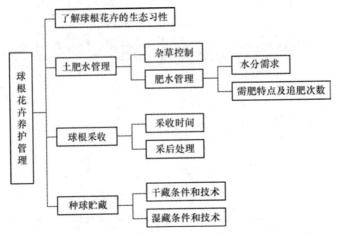

图 7-9　球根花卉养护管理任务小结

思考与练习

1.选择题

（1）（　　）不是郁金香的种球生产栽培与观赏栽培的区别。

　　A.对种植土壤的消毒要求的高低　　　B.花期的管理，种球生产栽培要剪花

　　C.花后的养护管理要求的高低　　　　D.对气候、土壤条件的要求高低

（2）仙客来原产于南欧地中海地区，其生长过程中对它阻碍最大的环境条件是（　　）。

　　A.夏季高温　　　B.冬季低温　　　C.土壤条件　　　D.水分不足

（3）下列（　　）组环境条件不适宜大花美人蕉的生长。

　　A.阳光充足，夏季高温　　　　　　　B.种植在避风向阳处，土壤条件一般

　　C.霜冻天气，庇荫　　　　　　　　　D.土壤疏松，排水良好

（4）仙客来大花品种的传统栽培一般从播种到开花约需（　　）个月。

　　A.12　　　　　　B.15　　　　　　C.8　　　　　　D.20

（5）郁金香是"花卉王国"荷兰的国花。郁金香在我国于今尚无普遍生产栽培的原因主要是（　　）。

　　A.土壤病虫害，有些地区的夏季高温，多雨

　　B.成本太高，没有足够的市场

　　C.花期集中春季，观赏期相对较短

　　D.国内栽培品种太少，品种质量差

2.判断题（对的在括号内填"√"，错的在括号内填"×"）

（1）秋植球根一般都较耐寒，冬季宜低温春化，但香雪兰例外。　　　　　　（　　）

（2）百合是一种需低温春化的球根花卉，具长日照习性，切花、盆花应用较多。（　　）

（3）晚香玉不耐寒，宜作春植球根花卉栽培。　　　　　　　　　　　　　　（　　）

（4）郁金香是秋植球根，夏季休眠时球根的贮存温度不宜超过25℃。　　（　　）

（5）仙客来在每年夏季休眠期应保持土壤干燥。　　　　　　　　　　　（　　）

3. 问答题

（1）简述球根花卉种植土壤特点。

（2）简述常见露地栽培球根花卉养护管理要点。

（3）简述球根采收及贮藏技术要点。

任务 *7.4*

水生花卉养护管理

 任务分析

【任务描述】

影响水生花卉生长发育的环境因子主要有温度、光照、水质、土壤、肥料等。正确地认识和满足水生花卉对环境的要求，是水生花卉栽培生长的关键所在。本次任务的学习是以公园或新建小区水景园中水生花卉养护管理任务为支撑，以学习小组为单位，在课后利用业余时间制订出公园或新建小区水景园中水生花卉养护管理技术方案，依据养护管理技术方案及园林植物栽植技术规程及养护管理标准，按设计要求完成水生花卉养护管理任务。本任务的实施应在园林植物栽培一体化教室、新建小区水景园和公园等地进行。

【任务目标】

（1）能以小组为单位制订公园或新建小区水景园水生花卉养护管理的技术方案；

（2）能依据制订的技术方案和园林植物栽植技术规程，进行水生花卉养护管理的施工操作；

（3）熟练并安全使用各类水生花卉养护管理的器具材料；

（4）能独立分析和解决实际问题，吃苦耐劳，合理分工并团结协作。

 理论知识

水生花卉的种类繁多，以其特有的形态美和意境美在历代园林中得到了广泛应用。除了观赏作用外，水生花卉及以其为主要材料的湿地对水体有净化作用，具有生物多样性高的特点，受到了全世界的高度重视。在我国大中城市中水生花卉的引种、驯化与应用，湿地公园建设、城市河道生态修复与景观构建等工作发展迅速，成为城市生态建设一个重要内容。

7.4.1　水生花卉种植土壤特点

水生花卉所用土壤是一个极为重要的条件。土壤的作用是：固定植株，使水生花卉有所依附，供给水分、养分、空气。栽培水生花卉要求疏松、肥沃、保水力强、透气性好的土壤。

7.4.2　水生花卉栽培用水水质要求

沉水观赏植物在水下生长发育，需要相对的光照，否则就不能完成整个生育过程。要求水无污染物，清澈见底，pH 5～7。但也有青海湖等盐水湖水生花卉的生长环境，pH 值在 9 左右。喜光、阴生水生花卉对水质的要求不十分严格，pH 5～7.5 都能完成整个生育过程。

7.4.3　水生花卉常见病害

水生花卉所处的生态环境较为特殊，大都种植在空旷的野外，水源条件充足，空气湿度大，温度高，光照强，旅游观光的景区来往人员多，害虫的天敌少等诸多因素都是病虫害感染的有利条件。所以，一旦防治不及时，常造成重大损失。因此，水生花卉的病虫害防治工作，应贯彻"预防为主，防重于治"的原则，不断提高栽培技术水平，施肥要多样化，有机肥要充分腐熟，及时清除杂草和枯枝落叶，培育壮苗，提高抗病虫害的能力。发现病虫害要及时防治，以防蔓延。此外，还要加强引种的检疫工作，避免引入新的病虫害。

水生花卉的病害主要有两类，一类为栽培环境的土壤、气候、水质等条件不适应，有害物质感染等引起的非侵染性病害，称为生理性病害，这类病害不感染。另一类是侵染性病害，由病原微生物如真菌、细菌、病毒、线虫等引起，它们的形态各异，繁殖能力极强，具有传染性，其危害大。常见的侵染性病害有：

（1）腐败病

① 病征　全株发病，严重时可造成整个植株死亡。病株早期叶片失水枯萎而死。病害严重时，地下茎变褐色、腐败（腐烂）。

② 感染途径　病菌以菌丝体及厚垣孢子在病体上越冬。用带菌种的地下茎栽种，长出的幼苗便是病苗。传染的方式是通过地下茎的伤口侵入，菌丝在茎内蔓延，使其茎节及根系变色腐烂，并导致地上部叶片和叶柄枯死。它还可随水迁移传染。从始花期至地下茎成熟期均可发病，当气温在 25～30℃ 时发病最严重。

（2）黑斑病

① 病征　主要感染叶片，有时也发生在叶柄上。最初在叶片上出现淡褐色小斑点（叶背面更明显），以后扩大成 0.5～2 cm 的多角形褐色或暗褐色病斑。病斑上有或无

褐色轮纹，并生有黑色的霉状物。严重时病斑再扩大融合，最后全叶枯死。

②感染途径 病原体冬季在枯死的病株残体上越冬，而不在土壤中越冬。5月以后开始活动，经雨水和气流传播侵入叶片引起发病。6月中旬至7月上旬和8月下旬至9月上旬为两个发病高峰。以蚜虫危害严重的区域，以及高温、多暴雨时发病严重。

（3）叶斑病（麸皮病）

①病征 发病初期叶外缘有许多圆形病斑，初为暗绿色，后转为深褐色，有时具有轮纹，一般直径2～4mm，最大者可达到10mm，极易腐烂穿孔。潮湿时病斑上生鼠灰色霉层。病严重时病斑可连合成片，使整张叶腐烂。

②感染途径 病原为卷喙旋孢属真菌。7～9月发病较多，可传染，对整个植物的生长发育影响较大。

 任务实施

1．器具材料

肥料、修枝剪等各类养护管理工具材料。

2．任务流程

水生花卉养护管理流程如图7-10所示。

3．操作步骤

（1）土、肥、水管理

①土壤管理 已栽植过水生花卉的土壤一般已有腐殖质的沉积，视其程度施足基肥。新开挖的池塘需在栽植前加入塘泥并施入大量的底肥。

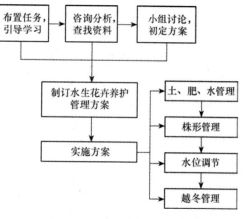

图7-10 水生花卉养护管理流程图

②肥分管理 一般在水生花卉的生长发育中后期进行。可用浸泡腐熟后的人粪、鸡粪、饼肥类，一般需要2～3次。追肥的方法是：露地栽培可直接施入缸、盆中，这样吸收快。因此，在施追肥时，应用可分解的纸做袋装肥施入泥中。

③水分管理 夏季高温季节池塘水深一般要保持50～80cm，冬季莲藕在水下越冬，水深要保护在120cm以上，在城市水面栽植的水生花卉要注意防水和控制水的污染。

（2）株形管理

浮水类水生花卉常随风而动，种植后要根据需要进行固定，可加拦网。有地下茎的水生花卉在池塘中生长时间长，便会四处扩散，与设计意图相悖。为防止其四处蔓延，应在池塘内建种植池。

（3）水位调节

水生花卉在不同的生长季节（时期）所需的水量也有所不同，调节水位，应掌握由浅入深、再由深到浅的原则。分栽时，保持 5～10cm 的水位，随着立叶或浮叶的生长，水位可根据植物的需要量，将水位提高（一般 30～80cm）。如荷花到结藕时，要将水位放浅至5cm 左右，提高泥温和昼夜温差，提高种苗的繁殖数量。

（4）越冬管理

水生花卉的木质化程度低，纤维素含量少，抗风能力差，栽植时，应在东南方向选择有防护林等的地方为宜。水生花卉在北方种植，冬天要进入室内或灌深水（120cm）防冻。在长江流域，正常年份可以在露地越冬。为了确保安全越冬，可将缸、盆埋于土里或在缸、盆的周围壅土、包草、覆盖草防冻。

（5）病虫害管理

① 水生花卉常见病害防治技术

腐败病防治技术：发病严重的种植区，实行 3 年一次的轮作，改种其他水生植物，是防治本病的有效方法；选用抗性较强的和未被感染病害的优良品种作种苗；种植区内施生石灰粉（0.5kg/m²）或施撒甲基托布津 70% 可湿性粉剂、多菌灵 50% 复方可湿性粉剂（1200 倍）。

黑斑病防治技术：实行轮作；彻底清除种植区内的病株残体；加强管理，增施磷钾肥，提高抗病能力；用甲基托布津、多菌灵 1000 倍液进行叶面喷雾 2～3 次，间隔 7～10d喷一次。

叶斑病（麸皮病）防治技术：除轮作和不偏施氮肥外，可用甲基托布津（800～1000 倍）、多菌灵（400～500 倍）喷雾于叶面。

此外，对水生花卉产生危害的病害还有：褐斑病、炭疽病、斑点病、斑叶病。

② 水生花卉虫害防治技术

莲缢管蚜：5 月上旬到 11 月均可发现，以若虫、成虫群集于叶芽、花蕾以及叶背处，吸取汁液危害，每年发生 20 多代。用 40% 乐果乳剂 1000～2000 倍液，70% 灭蚜松可湿粉剂 2000 倍液或 3% 鱼藤精 800～1000 倍液喷杀。少量发生时可用手捏死。

斜纹夜蛾：又称莲纹夜蛾。主要是幼虫蚕食叶，虫多时对花也有危害。用 90% 敌百虫或乙酰甲胺磷结晶 1000～1500 倍液，50% 敌敌畏乳剂或马拉硫磷结晶 800～1000 倍液，青虫菌剂或杀螟杆菌剂（每克含孢子 100 亿以上）800～1000 倍液喷杀。

稻根叶甲：又称食根金花虫、水蛆。主要幼虫危害茎节，吸吮汁液，致叶发黄枯死。成虫也啃食叶片。水旱轮作可杀死土中越冬幼虫。清除杂草，尤其是眼子菜，可以减少成虫产卵机会和食料。结合冬耕或春耕每 667m² 用 50% 西维亚可湿性粉剂 1.5～2kg，加细土5kg，拌匀撒入田后再行耕田，或每 667m² 用石灰 10～15kg，撒入田内。

黄刺蛾：杂食性害虫，以幼虫啃食叶。摘除虫叶，用 90% 敌百虫 1000～1500 倍液或青虫菌剂 800～1000 倍液喷杀。

大蓑蛾：又名避债蛾，俗称袋子虫。杂食性害虫。幼虫吐丝做囊，上面黏着碎枝残叶，做成蓑囊，幼虫身居其中，负囊前行，咬食叶。虫少时可人工摘除，虫多时用 90% 敌百虫1500～2000 倍液或青虫菌剂 800 倍液喷杀。

铜绿丽龟子：成虫杂食性，一般夜间飞啃食叶，有趋光性和假死性。夜间人工捕杀或灯光诱杀。也可用 90% 敌百虫 1500～2000 倍液喷杀。

莲潜叶摇蚊：以幼虫潜入浮叶危害，吃叶肉，使残叶腐烂。此虫不能离水，对立叶无害。幼苗受此虫危害较大。摘除虫叶，用 40% 乐果乳剂 1500～2000 倍液喷杀。

椭圆萝卜螺：属软体动物门腹足纲肺螺亚纲其眼目椎实螺科。主要危害莲苗幼叶。人工诱杀或每 667m² 用 5～6kg 茶枯粉，制成毒土，撒入田内药杀。

蜗牛：属软体动物门腹足纲有肺目蜗牛科。主要危害嫩叶。每 667m² 施用石灰 10～15kg 撒入田内。

克氏原螯虾：主要危害植物的实生苗或幼苗，严重时可将植物吃光致死亡。可用甲氰菊酯 20% 乳油［每 667m²/（20～50）g］，由四周向内施撒药，以防螯虾转移他处继续危害。

案例 7-8 黑龙江林业职业技术学院喷泉内荷花的养护管理技术方案

1．土、肥、水管理

（1）土壤管理

已栽植过水生花卉的土壤一般已有腐殖质的沉积，视其程度施足基肥。新开挖的池塘需在栽植前加入塘泥并施入大量的底肥。

（2）肥分管理

因栽植前已施足底肥，在荷花生长期一般不追肥，如生长期内荷花生长不良，可追施肥料，掌握薄肥多施的原则，切忌不能污染叶片。

（3）水分管理

荷花栽植地要避风向阳，水位应根据苗的大小而定，栽植初期水位不宜过深，随着浮叶、立叶的生长，逐渐提高水位，池塘最深处水位不超过 1.5m。秋冬季节，进入休眠，只需保持浅水即可。

2．株形管理

浮水类水生花卉常随风而动，种植后要根据需要进行固定，可加拦网。有地下茎的水生花卉在池塘中生长时间长，便会四处扩散，与设计意图相悖。为防止其四处蔓延，应在池塘内建种植池。

3．水位调节

水生植物在不同的生长季节（时期）所需的水量也有所不同，调节水位，应掌握由浅入深、再由深到浅的原则。分栽时，保持 5～10cm 的水位，随着立叶或浮叶的生长，水位可根据植物的需要量，将水位提高（一般 30～80cm）。如荷花到结藕时，又要将水位放浅到 5cm 左右，提高泥温和昼夜温差，提高种苗的繁殖数量。

4．越冬管理

水生花卉的木质化程度差，纤维素含量少，抗风能力差，栽植时，应在东南方向选择有防护林等的地方为宜。水生花卉在北方种植，冬天要进入室内或灌深水（120cm）防冻。在长江流域一带，正常年份可以在露地越冬。为了确保安全越冬，可将缸、盆埋于土里或在缸、盆的周围壅土、包草、覆盖草防冻。

5．病虫害管理

荷花易受大蓑蛾、蚜虫、斜纹夜蛾、铜绿金龟子、水蛆、腐烂病等危害，要及时防治。

 知识拓展

水生花卉夏日巧管理

随着夏日气温逐渐升高，能给人们带来清凉感觉的水生花卉成为花卉市场的宠儿。但是，要获得质量上乘的盆栽水生花卉，需要精心养护管理。荷花、睡莲等是夏季水生花卉中应用最为广泛的，在管理上要注意以下几点。首先是施肥。荷花、睡莲在春季种植时就应施足底肥，如果希望它们能提前开花，要早施追肥。肥料以有机肥为佳，如腐熟的麻酱渣、鸡粪等，以促进花蕾形成。若在管理中发现叶色发黄、植株矮小等症状，要注意补施氮肥；花蕾形成期应及时施用磷肥。其次要注意水位。如果水位高，水的温度不易升高，会延迟荷花的开花期。若是水位低，则水温上升快，能促进荷花早开花。第三要注意及时清除杂草和浮萍。荷花在成长过程中，第一片叶叫钱叶，之后会长出浮叶，再后才是立叶。立叶长成后，浮叶被遮住，很容易腐烂，所以要及时摘除。此外，夏季气温较高，花盆内也容易出现浮萍，应尽早清除。第四是花盆内绝对不能缺水，否则就会造成叶片干枯。荷花是强喜光植物，光线照射越强越好，一般白天光照达到十六七小时的花观赏效果最佳。此外，温度也很重要，荷花的最适生长温度为23～35℃，低于23℃时就不会开花。

千屈菜也是夏季观赏水生花卉常见的一种，其花期可以从6月一直持续到10月。在施肥等管理方面与荷花类似，但盆栽千屈菜要注意疏密有度。根据盆器的大小来决定栽种几株，过疏会影响观赏效果，过密则不易开花，且易发生病虫害。此外，如果千屈菜植株过高，易出现倒伏现象。为了保持株形美观，应及时进行修剪整形。水生鸢尾类花期在春季，但在夏季也不能疏于管理。如果不希望其结籽，应及时剪除残花，节省养分，促使其萌蘖，有利于分株。

水生花卉的运输也很关键，最重要的是不能失水，因此水生花卉的运输成本较高。大多数水生花卉株型较高，在运输中要单层摆放，要注意保护枝条，不能被折断。北方很多城市夏季多风，如果是开放式卡车运输，风大时很容易将花茎、枝条折断，因此建议使用密闭式运输车。有些盆栽水生花卉要种到池塘或湖中，需脱盆种植，这时要注意运到目的地要立即栽培，才能保证成活率，否则耽误时间越长成活率越低。栽培时间宜选择早上或者晚上温度较低的时段为好。

巩固训练

1．训练要求

（1）以小组为单位开展训练，组内同学要分工合作、相互配合、团队协作。

（2）水生植物养护管理技术方案应具有科学性和可行性。

（3）做到安全生产，操作程序符合要求。

2．训练内容

（1）结合当地新建小区或公园内水景绿化工程中水生植物养护管理任务，让学生以小组为单位，在咨询学习、小组讨论的基础上制订某公园水生植物养护管理技术方案。

（2）以小组为单位，依据技术方案进行一定任务的水生植物养护管理施工训练。

3．可视成果

编制喷泉水生花卉养护管理技术方案；提供栽植成功的水景绿地照片等。

考核评价见表7-8。

表 7-8　水生花卉养护管理考核评价表

模　块	园林植物养护管理			项　目	草本花卉养护管理	
任　务	任务 7.4　水生花卉养护管理			学　时	2	
评价类别	评价项目	评价子项目		自我评价（20%）	小组评价（20%）	教师评价（60%）
过程性评价（60%）	专业能力（45%）	方案制订能力（15%）				
		方案实施能力	土、肥、水管理（8%）			
			株形管理（7%）			
			水位调节（7%）			
			越冬管理（8%）			
	社会能力（15%）	工作态度（7%）				
		团队合作（8%）				
结果评价（40%）	方案科学性、可行性（15%）					
	水生花卉花大色艳、生长良好（15%）					
	水景景观效果（10%）					
	评分合计					
班级：		姓名：		第　　组	总得分	

小结

水生花卉养护管理任务小结如图 7-11 所示。

图 7-11　水生花卉养护管理任务小结

 思考与练习

1．填空题

（1）栽培水生花卉要求＿＿＿＿＿、＿＿＿＿＿、＿＿＿＿＿好的土壤。

（2）水生花卉养护管理包括＿＿＿＿＿、＿＿＿＿＿、＿＿＿＿＿、＿＿＿＿＿、＿＿＿＿＿。

2．问答题

（1）如何进行水生花卉的养护管理？

（2）你知道的水生花卉有哪些？哪些是适合本地区栽植的？

（3）如何在水生花卉的生长发育过程中调节其水位高低？

（4）水生花卉常见的病害有哪些？应该如何防治？

（5）水生花卉常见的虫害有哪些？应该如何防治？

自主学习资源库

1．园林花卉栽培与养护．王立新．中国劳动社会保障出版社，2012．

2．花卉学．包满珠．中国农业出版社，2003．

3．中国苗木花卉网：http://www.cnmmhh.com．

项目 8
屋顶及垂直绿化植物养护管理

屋顶及垂直绿化植物养护管理是保障立体绿化质量、景观效果及生态、环境效益的重要措施。本项目以屋顶和垂直绿化工程养护管理项目的实际工作任务为载体，设置了屋顶绿化植物和垂直绿化植物养护管理2个学习任务。学习本项目要熟悉屋顶及垂直绿化技术规范，并以屋顶和垂直绿化工程养护管理项目的实际任务为支撑，将知识点和技能点融于实际的工作任务中，使学生在"做中学、学中做"，实现"理实一体化"教学。

学习目标

【知识目标】

(1) 熟悉屋顶绿化植物土、肥、水管理，修剪整形，越冬越夏的基本知识和技术方法；

(2) 熟悉垂直绿化植物土、肥、水管理，修剪整形，枝梢牵引，病虫害防治的基本知识和技术方法。

【技能目标】

(1) 能编制屋顶与垂直绿化植物养护管理技术方案；

(2) 能根据屋顶与垂直绿化植物养护管理合同、养护管理技术方案实施具体的养护管理。

任务 *8.1*
屋顶绿化植物养护管理

 任务分析

【任务描述】

屋顶绿化植物养护管理是保障屋顶绿化效果的重要措施，是园林植物养护管理的组成部分。本任务依托学校或某小区屋顶绿化工程养护管理项目的实际任务为支撑，以学习小组为单位，首先制订屋顶绿化工程养护管理技术方案，再依据制订的技术方案和屋顶绿化技术规范，完成一定数量的屋顶绿化工程养护任务。本任务实施宜在学校绿地、小区绿地的屋顶绿化区开展。

【任务目标】

（1）能在老师指导下，以小组为单位制订学校或某小区屋顶绿化工程养护技术方案；

（2）能依据制订的技术方案和屋顶绿化技术规范，进行屋顶绿化植物土、肥、水管理，修剪整形，越冬越夏管理；

（3）熟练并安全使用各类养护管理器具材料；

（4）能独立分析和解决实际问题，吃苦耐劳，合理分工并团结协作。

 **理论知识**

8.1.1　屋顶绿化植物种植土壤类型及特点

受屋顶荷载影响，屋顶绿化种植时一般均采用专门配制的轻质土壤，且种植土层较浅。轻质土壤的基质要求、配比，不同类型植物对基质厚度要求详见"任务 4.1 屋顶绿化植物栽植的任务实施"部分。

8.1.2　屋顶绿化环境特点

8.1.2.1　屋顶种植环境的有利因素

屋顶是基于地下建筑而形成的高于周围地面的上层空间，依据建筑的高度差异，屋顶可能高出周围地面几十米到几百米。与地面相比，屋顶特殊的位置特征决定了其植物绿化的有利因素：

① 与城市中地面状态相比，屋顶上光照强，接受日光照射时间长，为屋顶植物进行光合作用创造了有利条件，生长在屋顶的植物体内积累的有机物比地面要多。

② 昼夜温差大，利于植物的营养积累。

③ 屋顶位置高，空气流通好，城市环境中的污染气体难以长久聚集，屋顶空气浊度比地面低，受外界影响小，有利于植物的生长和保护。

8.1.2.2　屋顶种植环境的限制因素

屋顶因其特殊的位置环境，其气候与地面也存在较大差异，也给植物的生存带来了困难。另外屋面的承载力有限，也将影响屋顶绿化植物的选择。

（1）气候方面影响

① 温度　屋顶外表面材料多以水泥等硬质材料为主，与土壤相比，这些材料白天在日光照射下能迅速升温，到了晚上又迅速降温，屋顶日温差和年温差均远远高于普通地面。一旦温差的变化幅度和变化速度超过植物承受能力，夏季的高温就会导致植物叶片灼伤，冬季低温又容易对植物造成冻害。

② 水分　屋顶绿化是建立在完全的人工基础——屋顶之上，种植土与大地完全被建筑物隔绝，植物生长的基本要素——水由于缺少了大地土壤的调节，所需水分完全来自于人工灌溉和自然降雨。在雨季，雨量过多，屋顶排水缓慢，土壤有短时间积水，植物易因不耐湿而死亡；在旱季，加上屋顶白天的高温，植物又容易出现脱水而枯萎。

③ 风　由于承重有限，屋顶绿化用的种植土土层薄，现代种植技术发展，种植土多采用人工轻质混合土，使得屋顶植物抗风能力弱。另外，建筑屋顶空气流畅，风力大于地面风速，较大的、枝干茂密的植物容易倒伏、折断。

（2）屋顶承载力方面影响

建筑物的承载力受限于屋顶下的梁板、柱、基础、地基。因此，屋顶上的荷载只能控制在一定范围内，这将对屋顶植物的选择和种植土的厚度有所约束。植物选择过程中要预先考虑植物可能的自重。新建框架结构建筑可适当选择乔木、灌木，而对于改造的旧有砖混建筑屋顶，尽可能多采用草地式屋顶绿化，少用灌木，避免使用高大乔木。由于屋顶承载力有限，屋顶绿化土层薄，在植物选择时，一般以浅根系植物为主。

屋顶绿化土壤管理、灌溉管理、施肥管理的理论知识详见"任务 6.1 园林树木土、肥、水管理"。

 任务实施

1. 器具与材料

锄头、铁锹、铲、耙、修枝剪、水桶、喷雾器、基质、肥料、药品等各类养护管理工具材料。

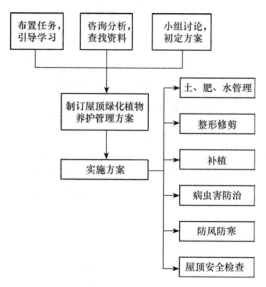

图 8-1　屋顶绿化植物养护管理流程图

2．任务流程

屋顶绿化植物养护管理流程如图 8-1 所示。

3．操作步骤

（1）土、肥、水管理

① 土壤管理　屋顶绿化应及时补充因雨水冲刷损失的基质层轻质土壤，及时疏松板结土壤；及时拔除杂草，清理枯草，避免践踏用佛甲草等景天科植物绿化的屋顶草毯。

② 施肥管理　应采取控制水肥的方法或生长抑制技术，防止植物生长过旺而加大建筑荷载和维护成本；施肥应以长效肥、缓释肥和生物肥为主，薄施，尽量避免使用速效肥，防止植物疯长；注意不要选用有污染、异味强烈或易腐蚀的肥料，以免对屋面结构、设施及楼内人员的工作生活带来影响；植物生长较差时，可在植物生长期内按照 $30\sim50g/m^2$ 的量，每年施 $1\sim2$ 次长效氮、磷、钾复合肥，其比例为 10：8：7。

③ 灌溉和排水　根据屋顶绿化的立地条件、植物种类、季节、气候不同适时浇水，灵活掌握灌溉次数和浇水量；简单式屋顶绿化一般基质较薄，应根据植物种类和季节不同，适当增加灌溉次数；春季日均温 10℃ 左右应浇返青水，12 月中下旬应浇冻水；有条件时尽量选择滴灌、微喷、渗灌等机械化灌溉系统，建立屋顶雨水和空调冷凝水的收集回灌系统。随时检查排水口是否通畅，及时对排水口堆积残留的枯枝落叶进行清理，防止堵塞排水口，雨季遇大、暴雨加强巡查，做好排水工作。

（2）整形修剪

根据植物的生长特性，进行定期整形修剪，并及时清理落叶；乔木、灌木修剪参照《园林树木整形修剪技术规程》执行，且应严格控制乔木和灌木高度、疏密度，保持适宜根冠比及水分、养分平衡，保证屋顶绿化的安全性，乔木保持树冠与树干适当比例，一般保持在 3：2 左右；草坪应根据不同草种的习性、季节、环境、观赏效果等定期进行修剪，应采用 1/3 修剪原则；一、二年生花卉及宿根花卉、球根花卉花后枯萎应及时进行地上部分的修剪与清除；一、二年生花卉应根据季节及时进行更换；注意对外来自生树和杂草等的控制与清除。

（3）补植

屋顶绿地枯萎、死亡、缺失的植株应及时更换、补苗；简单式屋顶绿化，没有及时返青的地方应当及时进行补植，新铺设的佛甲草等如果尚未完全成坪或者在生长较稀疏的情况下，也应及时补苗。

（4）病虫害防治

应采用对环境无污染或污染较小的防治措施，如人工及物理防治、生物防治、环保型农药防治等措施。农药防治应选择环保无污染、无刺激性气味、污染较小、腐蚀性弱的环保农药，确保屋顶绿化无病虫害发生。

（5）防风防寒

应根据植物抗风性和耐寒性的不同，采取搭风障、支防寒罩和包裹树干、屋顶覆盖等措施进行防风防寒处理，使用材料应具备耐火、坚固、美观的特点；冬季必须对灌溉设施采取防寒措施，保证安全越冬；全部用佛甲草、垂盆草等景天科植物进行绿化的简单式屋顶绿化，尚未完全成坪或者生长较稀疏，有空秃的情况下，越冬前应进行补苗，以防止冬季大风吹散、吹落基质，造成损失与污染。

（6）屋顶安全检查

施工单位应当经常对屋顶绿化进行巡视，检修屋顶绿化各种设施，保障建筑安全；检查灌溉系统，确保及时回水，防止水管冻裂；遇大雪等天气，应当组织人员及时排除降雪，减轻屋顶荷载，将雪载数值保持在正常荷载范围内，确保建筑及人员的安全；检查木本植物根层，避免其穿透防水层。

案例 8-1　简单式屋顶绿化植物养护管理（以佛甲草为例）

据调查，目前我国主要屋顶绿化以简单式屋顶绿化为主，占 70%～80%，且屋顶绿化植物 90% 以上为佛甲草。因此本教材以佛甲草简单式屋顶绿化为例，分析节约型屋顶绿化植物养护管理措施。

1. 土、肥、水管理

（1）土壤管理

佛甲草基质层一般厚 6～10cm，经雨水冲刷和人工浇灌、风吹等影响，基质层会损失变浅，应定时检查并及时补充轻质土壤；对板结土壤应及时疏松；在佛甲草的整个生长季节都应注意进行杂草的防除，尤其是春季地面完全覆盖前、夏季干旱期和雨季等时期应重视防除杂草，安全防除杂草的方法以人工拔除为主，以化学防除为辅；应及时清理枯草，避免践踏佛甲草的屋顶草毯。

（2）施肥

以佛甲草为主的简单式屋顶绿地基质层较薄，长期种植会使基质层肥力下降，因此，需要定期适量施用肥料，以补充基质养分；施肥以长效肥、缓释肥和生物肥为主，薄施，尽量避免使用速效肥，控制施肥量，防止佛甲草徒长。

（3）灌溉和排水

佛甲草屋顶绿地，基质层较浅，蓄水能力较弱，因此应在干旱季节适时进行人工灌溉，避免出现不可逆转的枯草斑现象；在春季气温回暖达 10℃ 左右时，应及时浇返青水，确保草毯适时返青，提高地面覆盖率；冬季土壤结冻前（一般 12 月中下旬）应灌冻水，保障佛甲草顺利越冬。

据调查测定，简单式屋顶绿地以佛甲草为标准，当基质层 6cm 时，佛甲草植株保持茎直立不倒伏，株高 8～12cm，翌年春季不需要清除枯草，其绿地最适供水量为 361.45mm。当基质层 10cm 时，株高 25～30cm，易倒伏，植株下部 1/2 叶片脱落，年供水量为 533.90mm。因此，应通过控制灌溉量有效地控制植株高，既节约用水量，降低来年春季干草的清除量，减少病虫害的发生，又降低屋顶的荷载。

2．整形修剪

佛甲草草毯基质层在6～10cm时，通过控制施肥量、灌溉量等可有效控制其生长高度，一般在8月中旬进行修剪，剪掉1/3～1/2，即可让佛甲草在2个月内完全生长为隐芽状态，并以隐芽状态越冬，且整个冬季保持绿色，即使处于萎蔫状态仍为绿色，可达到全年常绿的观赏效果；春季返青前还应及时清除枯草，以保证壮苗和及时返青。

3．补植

佛甲草屋顶绿地如出现枯萎、死亡、缺失的植株，没有及时返青的地块，新铺设屋顶绿地如果尚未完全成坪或者生长较稀疏，均应及时补苗。

4．病虫害防治

据调查景天属植物病虫害发生较少，危害程度也较低，目前佛甲草还没有发生侵染型病害，主要害虫为蚜虫，也有蜗牛危害，防治方法应以预防为主，景天属植物的病虫害发生较少，可通过控制植株生长高度和密度，减少病虫害发生的几率和危害程度。以化学防治为辅。

5．防风防寒

采用冬季覆土和修剪后覆土提高枯草的降解和保护隐芽越冬。覆土材料可使用砂质壤土混细泥炭，体积比例为1∶2，覆土厚度0.3～0.5cm。

对新铺的佛甲草草坪应进行屋顶覆盖，以有效保护土壤，防止老苗及基础材料被风吹走，促进翌年草坪的提前返青。

 知识拓展

1．屋顶绿化各季节养护管理

（1）春季养管

① 春季气温回升，降水量逐渐增加，树木结束休眠，在植物开始萌芽长叶前，浇返青水，促进植物萌发生长。

② 继续冬季修剪的工作，控制植株健康生长；剪除冬季枯枝；对绿篱和花灌木进行修剪。

③ 对佛甲草，在萌芽前清理往年的越冬枯枝叶，利于其萌芽，减少建筑物荷载。

④ 对缺失苗木进行补植。

⑤ 根据植物生长状况，对生长弱的苗木适量追肥。

⑥ 晚春撤除屋面防寒设施。

⑦ 检查，查看树木支撑，对松动者进行加固。

（2）夏季养管

① 夏季气温高，蒸发量大，做好旱期的植物补水，保证健康生长。

② 修剪残花；剪除萌蘖、抹芽；对较大的树木及时修剪徒长枝，抽稀树冠，控制树形、树冠，减少对建筑的荷载，避免由于树冠过大，造成倒伏；对绿篱和花灌木进行整形修剪。

③ 掌握不同时间出现的不同病害、虫害，对病虫害进行防治。

④ 及时拔除杂草。

⑤ 雨季遇大、暴雨加强巡查，做好排水工作。

（3）秋季管护

① 气温逐渐降低，植物逐步进入休眠

期，对生长弱，木质化强度不高的苗木追施磷、钾肥。

②清除宿根花卉、球根花卉地上枯死的枝叶，采取措施准备越冬。

③土壤冻结前完成冬水浇灌。

④继续完成防病、防虫工作。

⑤随时清理杂草落叶。

（4）冬季管护

①支撑、牵引 对于屋顶上的常绿、落叶小乔木及体量较大的花灌木要采取支撑、牵引等方式对其进行固定，支撑、牵引方向应与植物生长地的常遇风向保持一致，牵引、支撑时应根据植物体量及自身质量选择适当的固定材料，确保安全。

②修剪 对于枝条生长较密的植物，冬季应进行适当修剪，使其通风透光，提高抗风能力。

③越冬保护 根据不同地区气候特点，对于新植苗木或不耐寒的植物材料，应当适当采取防寒措施，如根茎埋土、包裹树干、防寒棚、屋顶覆盖等措施确保其安全越冬。

④冬季补水 由于简单式屋面绿化基质较薄，屋顶蒸发量较大，因此，建议在植物越冬期间选择日照充足、温度较高的天气进行适当补水；12月上中旬，浇"冻水"。以达到防风固尘，保持土壤及空气湿度，使小芽生长饱满。

⑤对屋顶有虫害发生的，可利用人工进行挖除虫卵工作。

2. 植物防风固定技术

种植高于2m的植物应采用防风固定技术，主要包括地上支撑法和地下固定法，如图8-2、图8-3所示。

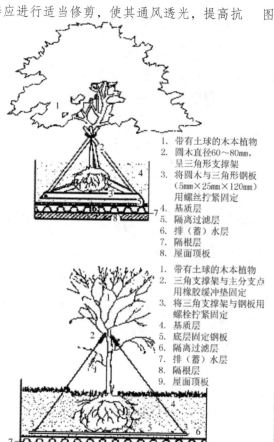

1. 带有土球的木本植物
2. 圆木直径60～80mm，呈三角形支撑架
3. 将圆木与三角形钢板（5mm×25mm×120mm）用螺丝拧紧固定
4. 基质层
5. 隔离过滤层
6. 排（蓄）水层
7. 隔根层
8. 屋面顶板

1. 带有土球的木本植物
2. 三角支撑架与主分支点用橡胶缓冲垫固定
3. 将三角支撑架与钢板用螺栓拧紧固定
4. 基质层
5. 底层固定钢板
6. 隔离过滤层
7. 排（蓄）水层
8. 隔根层
9. 屋面顶板

图 8-2 屋顶绿化植物地上支撑法示意图

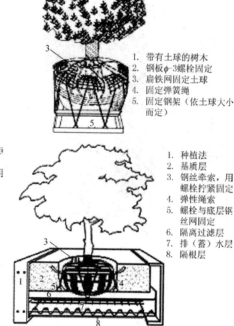

1. 带有土球的树木
2. 钢板φ-3螺栓固定
3. 扁铁网固定土球
4. 固定弹簧绳
5. 固定钢架（依土球大小而定）

1. 种植法
2. 基质层
3. 钢丝牵索，用螺栓拧紧固定
4. 弹性绳索
5. 螺栓与底层钢丝网固定
6. 隔离过滤层
7. 排（蓄）水层
8. 隔根层

图 8-3 屋顶绿化植物地下固定示意图

巩固训练

1．训练要求

（1）以小组为单位开展训练，组内同学要分工合作、相互配合、团队协作；

（2）屋顶绿化植物养护管理技术方案应具有科学性和可行性；

（3）做到安全生产，操作程序符合要求。

2．训练内容

（1）结合学校或当地小区绿化工程的屋顶绿化植物养护管理任务，让学生以小组为单位，在咨询学习、小组讨论的基础上制订某小区或学院屋顶绿化植物养护管理技术方案。

（2）以小组为单位，依据技术方案进行一定任务的屋顶绿化植物养护管理训练。

3．可视成果

编制某小区或学院屋顶绿化植物养护管理技术方案及管护成功的屋顶绿地照片等。

考核评价见表 8-1。

表 8-1　屋顶绿化植物养护管理考核评价表

模　块	园林植物养护管理		项　目	屋顶及垂直绿化植物养护管理	
任　务	任务 8.1 屋顶绿化植物养护管理			学　时	2
评价类别	评价项目	评价子项目	自我评价（20%）	小组评价（20%）	教师评价（60%）
过程性评价（65%）	专业能力（45%）	方案制订能力（15%）			
		方案实施能力：屋顶绿化植物各项养护管理任务实施（30%）			
	社会能力（20%）	主动参与实践（7%）			
		工作态度（5%）			
		团队合作（8%）			
结果评价（35%）	方案完整性、可行性（15%）				
	养护植物的保存率（10%）				
	屋顶绿化景观效果（10%）				
	评分合计				
班级：		姓名：	第　　组	总得分：	

 小结

屋顶绿化植物养护管理任务小结如图 8-4 所示。

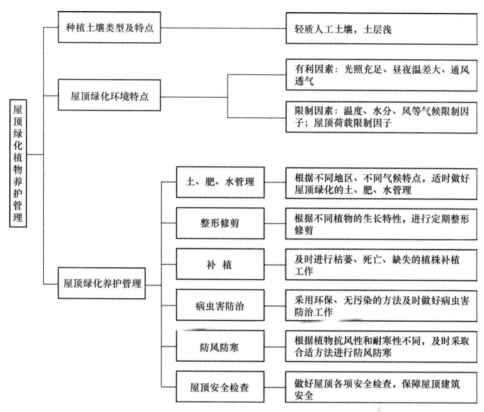

图8-4 屋顶绿化植物养护管理任务小结

 思考与练习

1. 填空题

（1）受屋顶_____影响，屋顶绿化种植时一般均采用专门配制的_____，且种植土层_____。

（2）屋顶绿化种植环境的有利因素主要指_____，有利于植物光合作用；屋顶_____，有利于植物营养积累；屋顶位置高，_____，可减少空气污染，有利于植物的_____。

（3）屋顶绿化种植的限制因素中，气候因素主要有_____、_____、_____。另一方面限制因素是_____。

（4）屋顶绿化种植一旦温差的_____和_____超过植物承受能力，夏季的高温就会导致植物_____，冬季低温又容易对植物_____。

（5）屋顶绿化种植在雨季，雨量过多，屋顶_____，土壤有短时间积水，植物易因_____而死亡；在旱季，加上屋顶白天的_____，植物又容易出现_____而枯萎。

（6）建筑物的承载力受限于屋顶下的_____、_____、_____、因此屋顶上的荷载只能控制在一定范围内。

（7）屋顶绿化的施肥管理应采取_____的方法或_____技术，防止植物_____而加大维护成本。

（8）草坪应根据不同草种的_____、_____、_____、观赏效果等定期进行修剪，应采用_____修剪原则。

（9）屋顶绿化病虫害防治应采用对环境_____或污染较小的防治措施，如人工及_____、_____、_____等措施。

（10）屋顶绿化应根据植物_____和耐寒性的不同，采取_____、支防寒罩和_____、_____等措施进行防风防寒处理。

2. 选择题

（1）屋顶绿化春季日均温（　　）℃左右应浇返青水。

  A. 5   B. 10   C. 15   D. 5～10

（2）屋顶绿化（　　）月中下旬应浇冻水。

  A. 1   B. 7   C. 12   D. 10

（3）草坪应根据不同草种的习性、季节、环境、观赏效果等定期进行修剪，应采用（　　）修剪原则。

  A. 1/3   B. 1/4   C. 1/2   D. 3/4

（4）植物生长较差时，可在植物生长期内按照（　　）的量，每年施 1～2 次长效氮、磷、钾复合肥，其比例为 10∶8∶7。

  A. $30～50g/m^2$ B. $10～20g/m^2$

  C. $20～40g/m^2$ D. $50～100g/m^2$

3. 判断题（对的在括号内填"√"，错的在括号内填"×"）

（1）屋顶外表面材料多以水泥等硬质材料为主，与土壤相比，这些材料白天在日光照射下能迅速升温，到了晚上又迅速降温，导致屋顶昼夜温差大。 （　　）

（2）屋顶气候日温差和年温差均远远低于普通地面。 （　　）

（3）屋顶绿化是建立在完全的人工基础——屋顶之上，植物生长所需水分完全来自于人工灌溉和自然降雨。 （　　）

（4）屋顶绿化种植土多采用人工轻质混合土，使得屋顶植物抗风能力弱。 （　　）

（5）屋顶植物的选择和种植土的厚度不受约束，可任意确定。 （　　）

（6）屋顶绿化施肥应以速效肥、缓释肥和生物肥为主，薄施，促进植物快速生长。

                  （　　）

4. 问答题

（1）简述屋顶绿化环境特点。

（2）举例分析屋顶绿化的土、肥、水管理技术。

（3）举例分析怎样正确进行屋顶绿化的整形修剪。

（4）举例分析怎样正确进行屋顶绿化的防风防寒。

任务 8.2
垂直绿化植物养护管理

 任务分析

【任务描述】

　　垂直绿化植物养护管理是保障垂直绿化效果的重要措施，是园林植物养护管理的组成部分。本任务学习以学校或某小区垂直绿化工程养护管理项目的实际任务为支撑，以学习小组为单位，首先制订垂直绿化工程养护管理技术方案，再依据制订的技术方案和垂直绿化技术规范，完成一定数量的垂直绿化工程养护任务。本任务实施宜在学校绿地、小区绿地的垂直绿化区开展。

【任务目标】

　　（1）能在老师指导下，以小组为单位制订学校或某小区垂直绿化工程养护技术方案；

　　（2）能依据制订的技术方案和垂直绿化技术规范，进行垂直绿化植物土、肥、水管理，修剪整形，病虫害防治等管理；

　　（3）熟练并安全使用各类养护管理器具材料；

　　（4）能独立分析和解决实际问题，吃苦耐劳，合理分工并团结协作。

 理论知识

8.2.1　垂直绿化植物种植土壤类型及特点

　　垂直绿化植物种植土类型因垂直绿化形式不同而异。主要有以下几类：自然土壤、填充土、岸坡立地、人工配制轻质土壤、模块绿化的一体化介质等，其中自然土壤、填充土的特点详见"任务1.2 土壤准备"部分。岸坡立地土壤由于开挖回填和水土流失等原因形成裸露边坡，大部分原有自然植被被破坏，边坡冲刷严重，且有浅表层滑动等现象，存在表土层缺失、土壤侵蚀较严重、部分坡面为悬崖峭壁和山石，海岸护坡土壤盐碱性强，河湖护坡土壤积水严重。人工配制轻质土壤具有质量轻、疏松透气、保水、保肥、养分和 pH 值适中等特点。模块绿化一体化介质主要采用绿化垃圾中的枯枝落叶等有机废弃物作为壁挂植物生长的主要"土壤"和肥料，并添加椰丝等植物纤维为原料，具有质量轻、疏松透气、保水、保肥、营养充足、不松散、不脱落、能与根系紧密结合成一体等特点。

8.2.2　垂直绿化环境特点

垂直绿化环境特点因不同垂直绿化形式所处的绿化位置不同而异。普遍具有光照强、极端高低温明显、温差大、风大、水分少、蒸发量大、承载力受限等特点。背阴面墙面垂直绿化具有环境阴湿、光照少等特点；人行天桥、立交桥垂直绿化还具有交通繁忙，汽车废气、粉尘污染严重，土壤条件差，桥体承载力受限，桥柱下光照不足等特点；护坡（堤岸）绿化环境还具有冲刷严重、风大、涝积明显、土壤盐碱性强，山体陡坡水土流失严重、地表裸露、土层浅、土壤瘠薄，道路陡坡汽车废气、粉尘污染严重等特点；室内垂直绿化还具有光照强度明显低于室外、昼夜温差亦较室外要小、空气湿度较小等特点。

垂直绿化土壤管理、灌溉管理、施肥管理的内容详见"任务 6.1 园林树木土、肥、水管理"。

 任务实施

1．器具与材料

锄头、铁锹、铲、耙、修枝剪、水桶、喷雾器、基质、肥料、药品、栽植槽、栽植容器、攀附支架等各类养护管理工具材料。

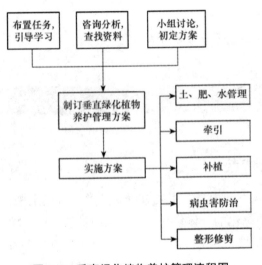

图 8-5　垂直绿化植物养护管理流程图

2．任务流程

垂直绿化植物养护管理流程如图 8-5 所示。

3．操作步骤

（1）土、肥、水管理

①土壤管理　垂直绿化应及时补充因雨水冲刷损失的栽植池或栽植槽土壤；对板结土壤及时中耕松土，及时彻底清除杂草，清理枯草。在中耕除草时避免伤及攀缘植物根系。

②施肥管理

施肥时间：根据不同季节、植物生长物候期、植物种类，选择合适的施肥时间和形式，秋季落叶后或春季发芽前施用基肥，春季萌芽后至当年秋季苗木生长期间施追肥（花前追肥、花后追肥、果实膨大肥、采后恢复肥）。

施肥种类和施肥量：基肥宜选用有机肥，施用量宜为 0.5～1.0kg/m²。追肥可分为土壤追肥和根外追肥，土壤追肥常用穴施和沟施，每两周一次，每次施混合肥 100g/m²，施化肥 50g/m²；根外追肥常用喷施，每两周一次，每年喷 4～5 次，以观叶为主的攀缘植物可喷施浓度为 5% 的氮肥尿素，以观花为主的攀缘植物喷浓度为 1% 的磷酸二氢钾。

③ 灌溉和排水

灌溉：根据垂直绿化的形式、立地条件、植物种类、物候期、季节、气候不同适时浇水，灵活掌握灌溉次数、浇水量和方法。

苗期　应该适当控水，有利于根系的发育，培育壮苗；

抽蔓展叶旺盛期　生长旺期需水量大，应该充分灌水；

开花期　需水较多，但过多易产生落花；

果实膨大期　果实快速膨大期需水较多；

越冬期　越冬前灌水，使其在整个冬季保持良好的水分状况，灌冬水可防过冷空气的侵入而冻坏根系，可越冬防寒。灌溉方法有用喷灌、滴灌、浇灌等。

排水：应做到雨季及时排水，不积水。

（2）牵引

牵引的目的是使攀缘植物的枝条沿依附物不断伸长生长。特别要注意新植幼苗栽植初期的牵引，从植株栽后至植株本身能独立沿依附物攀缘为止，以使其向指定方向生长，枝蔓分布均匀，调整枝势。牵引应依攀缘植物种类、时期不同，使用不同的方法。例如，自身攀缘能力弱的应捆绑设置铁丝网（攀缘网）；墙面贴植应剪去内向、外向的枝条，保存可填补空档的枝叶，按主干、主枝、小枝的顺序进行固定，固定好后应修剪平整。

（3）补植

垂直绿化枯萎、死亡、缺失的植株应及时更换、补苗。

（4）病虫害防治

① 原则　"预防为主，综合防治"；应选用对天敌较安全，对环境污染轻的农药，既控制住主要病虫的危害，又注意保护天敌和环境。

② 防治方法　因地、因树、因虫制宜，采用人工防治、物理机械防治、生物防治、化学防治等方法。

③ 垂直绿化植物主要病虫害　蚜虫、螨类、叶蝉、天蛾、虎夜蛾、斑衣蜡蝉、白粉病等。

④ 防治措施　栽植时应选择无病虫害的健壮苗，勿栽植过密，保持植株通风透光，防止或减少病虫发生；栽植后应加强肥水管理，促使植株生长健壮，以增强抗病虫的能力；及时清理病虫落叶、杂草等，消灭病源虫源，防止病虫扩散、蔓延；加强病虫情况检查，发现主要病虫害应及时进行防治。

（5）修剪与整形

① 修剪时期　休眠期修剪、生长期修剪（夏剪）。

② 修剪方法

短截：轻短截（促进中枝、短枝生长，可缓和枝势）、中短截（促进中枝、长枝生长，长势强，以培养骨干枝）、重短剪（发枝少、留 1～2 个旺枝或者中枝，用于培养结果枝）、极重短剪（基部剪枝，发 1～2 个细弱枝，用于处理竞争枝）、缩剪（对多年生枝短截）。

疏枝：把枝条从基部剪去，疏除交叉重叠枝、衰老枯病枝，减少枝叶密度，有利于通风透光。

抹芽：短截后选择方向适合的芽，并分次除芽。

摘心与剪梢：摘心抑制新梢生长；花芽分化前摘心，有利于花芽分化；秋季摘心有利于枝蔓木质化。一般枝蔓木质化后修剪。

整枝压蔓：垂直绿化植物用作地被时，需要整枝压蔓，可均匀利用土地面积，充分利用光照，促进根系生长发育，增强吸收养分或者保持水土。

刻伤与环剥：提高开花和坐果率。

断根：促进新根产生，抑制旺盛生长，有利于移植成活或老树更新复壮。

③株形及架式整剪

棚架式：适用于卷须、缠绕类、藤本月季等，于近地面处重剪促发数条强壮主蔓，人工牵引至棚面，使其均匀分布成荫，隔年疏剪病、老和过密枝即可。有格架栽培，多在框架间隔内，用较细的钢筋、粗铅丝、尼龙绳等条线材组成方格，有利于卷络。修剪手法，重截以培养侧蔓为主，缚扎使其均匀布满架面；圈架栽培，株植其中，蔓自圈中出，如大花瓶一般。修剪时选留6～8个方位分布均匀的主蔓，衰老枝按"去老留新"法疏剪更新。云实等较豪放的类型，宜用高架圈型；凉廊与棚架不同之处在于设有两侧格子架，故应先采用连续重剪、抑主蔓促侧蔓等措施，勿使主蔓过早攀上廊顶，以防两侧下方空虚并均缚侧蔓于垂直格架。

壁柱式：主要适用于吸附类，如地锦、常春藤、凌霄、扶芳藤等，包括吸附墙壁、巨岩、假山以及裹覆光秃之树干或灯柱等。缠柱式，应用时要求一定直径的适缠柱形物，并保护和培养主蔓，使能自行缠绕攀缘。对不能实现自缠的过粗的柱体，可行人工助牵引绕，直至能自行缠绕。在两柱间进行双株缠绕栽植，应在根际钉桩，结链绳分别呈环垂挂于两柱适合的等高处，牵引主蔓缠绕于绳链，形成连续花环状景观。对藤本月季类品种，需行重剪促生侧蔓，以后对主蔓长留，人工牵引绕柱逐年延伸，同时需均匀缚扎侧蔓或弯下引缚补缺。

悬垂式：对于自身不能缠绕又无特化攀缘器官的蔓生型种类，常栽植于屋顶、墙顶或盆栽置于阳台等处，使其藤蔓悬垂而下，只作一般整形修剪，顺其自然生长。用于室内吊挂的盆栽垂悬类型，应通过整形修剪达到蔓条均匀分布于盆四周，下垂之蔓有长有短，错落有致。对衰老枝应选适合的带头枝行回缩修剪。

篱垣式：用于卷须类、缠绕类品种。通常将主蔓呈水平诱引，形成长距离、较低的篱垣，分2层或3层培养成"水平篱垣式"，每年对侧蔓进行短截。如欲形成短距离的高篱，可进行短截使水平主蔓上垂直萌生较长的侧蔓。对蔓生性品种，如藤本月季、三角梅等，可植于篱笆、栅栏边，经短截萌枝后人工编附于篱栅上。

利用某些垂直绿化植物枝蔓柔软、生长快、枝叶茂密的特点，进行人工造型，如动物、亭台、门坊等形体或墙面图案，以满足特殊景观的需要。立体造型栽培需先用细钢筋或粗铅丝构制外形，适用于卷须或缠绕类型植物。成坯后还需经适当修剪与整理，使枝蔓分布均匀、茂密不透。

匍匐、灌丛式：疏去过密枝、交叉重叠枝，匍匐栽植，可人工调整枝蔓使其分布均匀，如短截较稀处枝蔓，促发新蔓，雨季前按一定距离（0.5～1m）于节位处培土压蔓，促发生根绵延。

对呈灌丛拱枝形的垂直绿化植物，整剪要求圆整，内高外低。其中为观花的，应按开花习性进行修剪，先花后叶类，在江南地区可花后剪；在北方大陆性气候地区宜花前冬剪；但应剪得自然些。由于单枝离心生长快，衰老也快，虽在弯拱高位及以下的潜伏芽易前枝更新，为维持其拱枝形态，不宜在弯拱高位处采用回缩更新，否则易促枝直立而破坏株形，而应采用"去老留新"法，即将衰老枝从基部疏除。成片栽植时，一般不单株修剪更新，而是待整体显衰老时，分批自地面割除，1～2年即又可更新复壮。对先灌后藤的某些缠绕藤木幼时呈灌状之骨架，可植于草地、低矮假山石、水边较高处，但不给予攀缠条件，使之长成灌丛形。新植时结合整形按一般修剪，待枝条渐多和生出缠绕枝后，作疏剪清理即可。

案例 8-2　西安市立交桥立体绿化养护管理

1．西安立交桥立体绿化概况

西安立交桥遵循安全性、整体性、景观性、生态性的垂直绿化设计原则，整座立交桥的垂直绿化由桥身绿化（栏杆绿化、桥壁绿化、桥帮绿化），桥柱绿化，桥底绿化等几部分组成，达到了绿化、美化、生态环保的效果。

2．气候特征

西安气候属暖温带半湿润大陆性季风气候，四季分明，夏季炎热多雨，冬季寒冷，少雨雪，春秋时有连阴雨天气出现。

3．养护管理

（1）土壤管理

要及时补充因雨水冲刷损失的立交桥绿化区栽植池或栽植槽的土壤；对板结土壤及时中耕松土，及时彻底清除杂草，清理枯草。在中耕除草时避免伤及垂直绿化植物根系。

（2）施肥管理

桥体绿化营养基质管理遵循"水肥为主，干肥为辅，无机肥为主，有机肥兼用"的原则。施肥量应根据苗木种类、苗龄、生长期和肥源以及土壤理化性状等条件而定。每两个月分析一次基质的理化状况，如果栽培基质理化性状未达到要求，要及时实施施肥计划，确保植物健康正常生长。每年大约3月和10月对栽培基质进行松土，并施用有机肥和土壤改良剂，增加栽培基质的有机质含量和改善基质的透气性。

（3）灌溉技术

桥体绿化中的悬挂绿化的水分管理与地面绿化相比更为严格，设计安装合适的灌溉系统是立交桥悬挂绿化能否取得成功的关键。悬挂绿化的灌溉宜采用微喷的方式，约每 200m 长度设为一个独立喷灌区，配有喷头、电磁阀和时间控制器。防止失窃，这些设备应安装在具有良好防盗功能的安全箱内。定时定量对植物进行灌溉，以保证其正常健康成长。每周要检查灌溉系统的运行情况两次，如发现喷滴头堵塞应及时疏通或更换，失窃的应及时补装，管件老化的应及时更换，确保输水系统运转良好。移植过程中根系受到损伤的植物，应及时进行灌溉，并且适当地进行叶面喷雾。灌溉水量要因植物种类不同而定，既要能够满足植物的需求，又要避免水流过多影响天桥上通行的车辆和行人。

（4）修剪技术

植物修剪宜在 5 月、7 月、11 月或植株开花后进行，按各类不同苗木的修剪技术要求进行。修剪遵循"先上后下，先内后外，去弱留强，去老留新"的原则进行。日常及时修剪延伸到路上影响行人和行车的枝条，注意修剪的合理性，不能过分修剪，桥体绿化植物应有下垂效果，宜保持下垂 0.8m，使植物枝叶茂繁，分布匀称，有利于促进分枝和花芽形成，整体具美观性。春季植物生长旺盛，应注意修剪掉弱枝、枯枝，促进苗木的茁壮生长。开花期间，枯萎的花枝和黄叶要及时剪除。

（5）病虫害防治

攀缘植物的主要病虫害有：蚜虫、螨类、叶蝉、天蛾、虎夜蛾、白粉病等。在防治上应贯彻"预防为主，防治结合"的方针。发现主要病虫害时，要及时进行防治，对各种不同的病虫害要因地、因树、因虫制宜，采用人工防治、物理机械防治、生物防治、化学防治等各种有效方法。喷施药剂应均匀周到，注意保护生态环境。

 知识拓展

1. 垂直绿化植物的生态特点、繁殖特性及应用原则

（1）垂直绿化植物生态特点

① 温度 根据垂直绿化植物对温度的适应范围，可分为不耐寒、半耐寒和耐寒 3 种类型。

不耐寒类型：原产于热带和亚热带地区，不能忍受 0℃ 以下低温，有的甚至不能忍受 10℃ 以下低温，以紫茉莉科、油麻藤科、夹竹桃科、萝藦科、旋花科等为主，可供该地区选用的种类也很丰富。主要有喜热垂直绿化植物，多产于热带地区，生存温度为 15～40℃，18℃ 以上开始生长，生长最适温度为 24℃ 左右，10℃ 以下会引起寒害，如野木瓜、三角梅、炮仗花等；喜温暖型，大多数原产于亚热带和暖温带平原地区，也包括原产于热带雨林或高海拔山地的植物，生存温度为 10～30℃，15℃ 以上开始生长，生长最适温度为 20～25℃，如扶芳藤、络石、常春藤、薜荔、南五味子、铁线莲、大血藤、云南黄馨、木通等。

半耐寒类型：以原产于暖温带的落叶藤本为主，植物入冬落叶，是适应冬季寒冷条件，免受冻害的一种生理生态适应，

因而落叶藤本常较常绿藤本更耐寒，落叶越早及发芽越迟的种（品种）耐寒力更强，应用范围也更广。半耐寒垂直绿化植物能耐−15～−10℃的低温，在我国长江流域地区可以露地越冬，还可以引种到华北、西北等地，但需采取包草、埋土、架风障等防寒越冬措施，或植楼前向阳处，如藤本月季、木香、凌霄、美国凌霄、猕猴桃等。

耐寒类型：指原产于或能分布到温带和寒温带地区的藤本植物，越冬时能耐−15℃以下的低温，如野蔷薇、地锦、金银花、紫藤、五味子、葡萄、枸杞、铁线莲等。耐寒落叶的木本垂直绿化植物种类，冬季落叶后地上主茎不死，但一年生枝梢，特别是秋梢常出现枯亡，需修剪整形，以保美观。

②光照　根据垂直绿化植物对光照强度的适应性，可分为喜光、半阴性和阴性3种类型。

喜光类型：喜生长在直射光照充足的环境条件下，如藤本月季、野蔷薇、木香、云南黄馨、紫藤等，在生长中期以后，较强的光照有利于开花和结实，多应用于阳面的垂直绿化。

阴性类型：喜生长在散射光的环境条件下，忌全光照；垂直绿化植物自身不能直立生长，幼时常处于植被下层光照较弱的环境中，光补偿点较低，具有耐阴性，尤以幼苗期和营养生长期的耐阴性为强，不耐强光照。栽培时幼苗期宜进行适当遮光或避免光直射，如地锦、络石、薜荔、大血藤、扶芳藤、野木瓜等，较适于阴面的垂直绿化，但地锦在阳光充足的环境中也能较好地生长，也适宜阳面的垂直绿化。

半阴性类型：介于喜光类型和阴性类型之间的类型，适应性较广。如猕猴桃、金银花、美国凌霄、凌霄、常春藤、洋常春藤、薜荔等，喜光，但也比较耐阴，既适于阳面也适于阴面的垂直绿化。

③土壤

肥力要求：喜肥种类有野木瓜、大血藤、铁线莲、凌霄、茉莉花、使君子、炮仗花、藤本月季等；耐瘠薄种类有猕猴桃、五爪金龙、地锦、木防己等；绝大多数垂直绿化植物在肥沃的土壤上生长良好，但在较瘠薄的土壤上也能生长，如云南黄馨、扶芳藤、络石、常春藤、薜荔、野蔷薇、威灵仙、五味子、南五味子等。

酸碱度要求：喜酸性土的种类有木通、鹰爪枫、钻地枫、葛藤等；喜中性土的种类较多，有金银花、葡萄、紫藤、络石等；喜碱性的种类很少，耐内陆性石灰碱土的有枸杞、美国凌霄等。

④水分　根据植物对水分适应性可划分为湿生、旱生和中生三大生态类型。

湿生类型：喜生长在潮湿环境中，耐旱力最弱。喜偏湿土壤环境的有紫藤、扶芳藤、地锦等；耐水浸土壤环境的有美国凌霄等。

旱生类型：能生于偏干土壤中或能经受2个月以上干旱的考验，如云南黄馨、金银花、常春藤、络石、连翘、葡萄、野蔷薇、地锦等。

中生类型：绝大多数垂直绿化植物属于介于上述两类之间的中生类型，如凌霄、洋常春藤、薜荔、野蔷薇、藤本月季、葡萄、木香、猕猴桃、木通、南五味子、五味子等。

⑤空气湿度　大多数原产于南方湿润气候下的种类，在空气过分干燥的环境中，常生长缓慢或有枝叶变枯现象，尤以阴生类型垂直绿化植物对高空气湿度的要求常超过一般类型。

（2）垂直绿化植物的繁殖特性

垂直绿化植物的繁殖多以无性繁殖为主，可以扦插、嫁接、分株、压条等。因其茎蔓与地面或其他物体接触广泛，极易产生不定根，故大多采用扦插繁殖。常绿种类采用带叶嫩枝扦插，可在生长季进行，南方冬暖地区，几乎全年均可操作；落叶种类，多在春季发芽前采用硬枝扦插法。具有吸附根的垂直绿化植物类型，可直接截取带根的茎段，行分株繁殖，方便快捷。对扦插生根较难的种类，可采用压条法繁殖，茎长而柔软的种类，行波状地面压条，一次可得多数新株。营养繁殖的具体操作方法，与一般观赏植物相同。

（3）垂直绿化植物的应用原则

① 适地适栽　垂直绿化植物的栽培应用，首先要选择适应当地条件的种类，即选用生态要求与当地条件吻合的种类。不同的垂直绿化植物对生态环境的要求和适应能力不同，生态环境又是由温、光、水、气、土壤等多重因子组成的综合条件，千差万别，应认真选择引种栽培和推广。

② 美化景观　垂直绿化植物的应用栽培，要同时关注科学性与艺术性两个方面，在满足植物生长、充分发挥垂直绿化植物对环境的生态功能的同时，通过垂直绿化植物的形态美、色彩美、风韵美以及与环境之间的协调美等要素来展现植物对环境的美化装饰作用，这也是垂直绿化植物应用于园林的重要目的之一。

③ 调节环境　垂直绿化植物在形态、生态习性、应用形式上有差异，其保护和改善生态环境的功能也不尽相同。例如，以降低室内气温为目的的垂直绿化，应在屋顶、东墙和西墙的墙面绿化中选择栽培叶片密度大、日晒不易萎蔫、隔热性好的攀缘植物，如地锦、薜荔等；以增加滞尘和隔音功能为主的垂直绿化，应选择叶片大、表面粗糙、绒毛多或藤蔓纠结、叶片虽小但密度大的种类，如藤构、络石等；在市区、工厂等空气污染较重的区域则应栽种能抗污染和吸收一定量有毒气体的种类，降低空气中的有毒成分，改善空气质量；地面覆盖、保持水土，则应选择根系发达、枝繁叶茂、覆盖密度高的类型，如常春藤、爬行卫矛、络石、地锦等。

2．垂直绿化养护质量等级

（1）一级养护标准

① 对攀缘、藤本植物栽植后年生长量应达到 1.0～2.0m；其他类植物应符合绿地养护一级标准的生长量要求。

② 无缺株，无损坏，基本无病虫危害，枝叶健壮，色泽健康，生长良好。

③ 修剪及时，疏密适度，常年有好的整体效果。

（2）二级养护标准

① 对攀缘、藤本植物栽植后年生长量应不低于 1.0m；其他类植物应符合绿地养护二级标准的生长量要求。

② 病虫危害面积不超过 5%，不影响整体效果，植株正常生长，叶色正常。

③ 对损伤植株及时采取保护措施，缺株数量不超过 5%。

④ 基本控制徒长枝。

3．三级养护标准

① 栽植后年生长势基本正常。

② 枝、干及叶色基本正常，无明显枯死枝，病虫危害面积不超过 8%，有一定绿化效果。

③ 对枯死植株进行补植，缺株数量不超过 10%。

巩固训练

1．训练要求

（1）以小组为单位开展训练，组内同学要分工合作、相互配合、团队协作；

（2）垂直绿化植物养护管理技术方案应具有科学性和可行性；

（3）做到安全生产，操作程序符合要求。

2．训练内容

（1）结合学校或当地小区绿化工程的垂直绿化植物养护管理任务，让学生以小组为单位，在咨询学习、小组讨论的基础上制订某小区或学校垂直绿化植物养护管理技术方案。

（2）以小组为单位，依据技术方案进行一定任务的垂直绿化植物养护管理训练。

3．可视成果

编制某小区或学校垂直绿化植物养护管理技术方案；提供管护成功的垂直绿化绿地照片。考核评价见表8-2。

表8-2　垂直绿化植物养护管理考核评价表

模　块	园林植物养护管理		项　目	屋顶及垂直绿化植物养护管理	
任　务	任务8.2　垂直绿化植物养护管理			学　时	2
评价类别	评价项目	评价子项目	自我评价（20%）	小组评价（20%）	教师评价（60%）
过程性评价（65%）	专业能力（45%）	方案制订能力（15%）			
		方案实施能力：垂直绿化植物各项养护管理任务实施（30%）			
	社会能力（20%）	主动参与实践（7%）			
		工作态度（5%）			
		团队合作（8%）			
结果评价（35%）	方案完整性、可行性（15%）				
	养护植物的保存率（10%）				
	垂直绿化景观效果（10%）				
	评分合计				
班级：		姓名：		第　　组	总得分：

 小结

垂直绿化植物养护管理任务小结如图8-6所示。

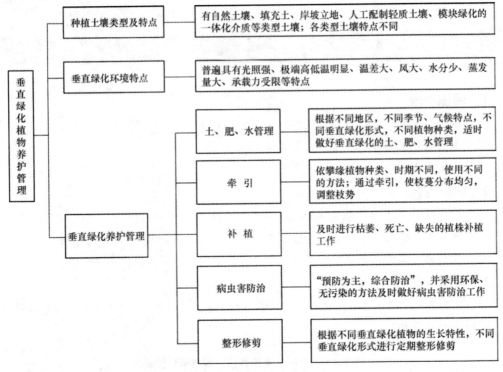

图 8-6　垂直绿化植物养护管理任务小结

 思考与练习

1．填空题

（1）垂直绿化植物种植土类型因不同垂直绿化形式而异。主要有以下几类：自然土壤、_____、_____、_____、模块绿化的_____等。

（2）人工配制轻质土壤具有_____、_____、_____、_____、养分和 pH 值适中等特点。

（3）模块绿化一体化介质具有质量轻、疏松透气、保水、保肥、_____、_____、_____能与根系_____等特点。

（4）垂直绿化环境普遍具有_____、极端高低温明显、_____、风大、_____、承载力受限等特点。

（5）人行天桥、立交桥除具备垂直绿化环境普遍特点外，还具有_____，汽车废气污染严重，_____，桥体承载力受限，桥柱下_____等特点。

（6）护坡（堤岸）除具备垂直绿化环境普遍特点外，还具有_____、_____、_____、_____等特点。

（7）施肥时间应根据_____、_____、植物种类合理选择，秋季落叶后或春季发芽前_____，春季萌芽后至当年秋季苗木生长期间_____。

（8）根据垂直绿化的形式、立地条件、_____、_____、季节、气候不同适时浇水，灵活掌握_____、_____和方法。

（9）垂直绿化从植株栽后至植株本身能独立沿依附物攀缘为止，应注意牵引，以使其向指定方向生长，枝蔓_____，调整_____。牵引应依攀缘植物_____、_____，使用不同的方法。

（10）垂直绿化病虫害防治应遵循"_____，_____"原则，应选用对天敌较安全，对环境_____的农药，既控制住主要病虫的危害，又注意保护_____。

2．选择题

（1）要培养垂直绿化植物骨干枝时，适于采用（　　）修剪方法。

　　A．轻短截　　B．中短截　　C．重短截　　D．极重短截

（2）要培养观果类垂直绿化植物结果枝时，适于采用（　　）修剪方法。

　　A．轻短截　　B．中短截　　C．重短截　　D．极重短截

（3）要促进垂直绿化植物中枝、短枝生长，缓和枝势时，适于采用（　　）修剪方法。

　　A．轻短截　　B．中短截　　C．重短截　　D．极重短截

（4）篱垣式株形和架式整剪时，通常将主蔓呈水平诱引，形成长距离、较低的篱垣，分2层或3层培养成"水平篱垣式"，每年对侧蔓进行（　　）。

　　A．疏枝　　B．抹芽　　C．短截　　D．刻伤与环剥

3．判断题（对的在括号内填"√"，错的在括号内填"×"）

（1）背阴面墙面垂直绿化具有环境阴湿、光照强等特点。　　　　　　　　（　　）

（2）室内垂直绿化具有光照强度明显高于室外、昼夜温差较室外要大、空气湿度较小等特点。　　　　　　　　　　　　　　　　　　　　　　　　　　　　　（　　）

（3）垂直绿化植物秋季落叶后或春季发芽前施用基肥，春季萌芽后至当年秋季苗木生长期间施追肥。　　　　　　　　　　　　　　　　　　　　　　　　　　　　（　　）

（4）基肥宜选用速效肥，施用量宜为 $0.5\sim1.0kg/m^2$。　　　　　　　（　　）

（5）垂直绿化植物苗期应该加大浇水量，促进根系的发育，培育壮苗。　（　　）

（6）垂直绿化抽蔓展叶旺盛期，由于生长旺期需水量大，应该充分灌水。（　　）

（7）牵引的目的是使攀缘植物的枝条沿依附物不断伸长生长。　　　　　（　　）

（8）悬垂式垂直绿化植物株形和架式整剪时，只做一般整形修剪，顺其自然生长为主。　　　　　　　　　　　　　　　　　　　　　　　　　　　　　　　　（　　）

4.问答题

（1）简述垂直绿化土壤类型及特点。

（2）简述垂直绿化的环境特点。

（3）举例分析垂直绿化的土、肥、水管理技术。

（4）举例分析怎样正确进行垂直绿化植物的整形修剪。

（5）举例分析怎样正确进行垂直绿化植物的病虫害防治。

自主学习资源库

1．屋顶绿化规范 DB11/T　281—2005．北京市质量技术监督局．2005．

2．北京市垂直绿化技术规范．2007．

3．世界屋顶绿化协会网：http://www.greenrooftops.cn．

4．屋顶绿化网站：http://www.thegardenroofcoop.com．

5．中国立体绿化网：http://www.3d-green.com．

项目 9
园林绿地养护成本控制及效益评估

园林绿地是城市的一项重要生态基础设施，园林绿化养护作为绿地建设中的重要环节，是发挥绿地效益的保证，也是实现工程质量和成本目标的关键。控制和降低绿地养护成本，是提高园林绿地养护利润和经济效益的保障。本项目从园林绿化建设中绿地养护成本管理与效益出发，设置了园林绿地养护成本控制、绿地养护效益评估两个学习任务。学习本项目要熟悉不同城市现行的园林绿化养护管理标准或质量标准、园林绿地养护管理定额标准，并依托城市园林绿地养护项目，将知识点和技能点融于实际的工作任务中，使学生在"做中学、学中做"，实现"理实一体化"教学。

学习目标

【知识目标】

(1) 了解园林绿地养护项目成本构成；

(2) 熟悉园林绿地养护成本控制原则；

(3) 熟悉园林绿地养护成本控制措施；

(4) 熟悉园林绿地养护项目效益组成和养护利润测算的基本知识和方法。

【技能目标】

(1) 会分析园林绿地养护项目成本构成；

(2) 能进行园林绿地养护项目施工过程中的成本控制；

(3) 能进行园林绿地养护项目成本核算；

(4) 能正确进行园林绿地养护项目的效益分析、产值和利润测算。

任务 *9.1*
园林绿地养护成本控制

任务分析

【任务描述】

本任务学习以学校或某小区已建成绿地养护管理项目为支撑，以学习小组为单位，在参考该绿地原有养护内容和养护成本的基础上首先分析绿地养护成本构成，再依据绿地养护计划、该城市园林绿化养护质量标准、园林绿地养护成本控制原则，合理进行园林绿地养护成本控制。本任务实施宜结合当地城市园林绿化部门（企业）或学院绿地养护任务开展。

【任务目标】

（1）会分析园林绿地养护项目成本构成；

（2）能科学进行绿地养护成本控制；

（3）能独立分析和解决实际问题，具吃苦耐劳和团结协作精神。

 理论知识

9.1.1　园林绿地养护成本分析

9.1.1.1　园林绿地养护内容

园林绿地养护内容包括园林植物（含草坪、灌木、乔木、草本花卉、水生植物、垂直绿化、屋顶绿化、悬挂绿化、盆栽植物等）、各类绿化设施（含垃圾桶、果皮箱等卫生设施，护栏、护树设施，路灯及各类电气设施，座椅，指示牌、宣传牌、警示牌等标识系统等）、公厕、绿地建筑及构筑物（含亭、廊、桥、园道、铺装广场、花架、小品、雕塑等）、水体及给排水系统（含给水系统、喷灌系统、排水沟及防洪设施、喷泉、水池等）的养护和维护管理。俗话说"三分种，七分养"，说明园林绿地养护的重要性。绿地建成以后，往往需要经历长达15年左右的养护过程，才能进入稳定期。特别是在建成后3年之内，更需要精心呵护，才能确保绿地建设成果不致中途夭折，才能最终实现建设目标，发挥园林绿地的生态、经济、社会效益。

9.1.1.2　园林绿地养护成本构成

（1）直接成本

直接成本包含内容如下：一是人工费，即直接从事管理养护的生产工人开支的各项费用；二是材料费，即管理养护过程中耗用的各种材料费用，包括水费、燃料费、电费、农药费等；三是机械使用费，即管理养护过程中使用机械所发生的费用，包括车辆费、各类养护机械费等；四是措施费，即临时设施费、安全作业费、文明作业费、环境保护费等。

（2）间接成本

间接成本即为管理养护准备、组织和管理养护作业而必须支出的各种费用，又称管理费。包括管理人员的工资、办公费、差旅交通费、工具用具使用费等。

9.1.2　园林绿地养护成本控制

9.1.2.1　园林绿地养护成本控制含义

绿化养护管理的成本控制，是对管理养护成本形成过程中，所消耗的人工、材料和机械费等，进行指导、监督、调节和限制，及时纠正将要发生和已经发生的偏差，把各项费用控制在成本计划的范围内，使管理养护成本降至最低。

9.1.2.2 园林绿地养护成本控制原则

（1）质量保证原则

成本控制必须以保证质量为前提，质量是一切工程的生命线，以牺牲质量为代价来降低成本是偷工减料行为。

（2）全员参与原则

成本控制关系到每个员工的切身利益，所有员工必须积极参与。

（3）全过程控制原则

管理养护成本全过程控制，是指管理养护任务确定后，自管理养护准备开始，经过管理养护过程，到管理养护期结束。其中的每项管理养护作业必须纳入成本控制之下。

（4）节约原则

节约管理养护人、财、物的消耗，是提高管理养护经济效益的核心，也是管理养护成本控制的基本原则。应严格执行管理养护成本开支范围、费用开支标准和有关财务制度，对各项成本费用的支出进行限制和监督；提高管理养护的科学管理水平，优化管理养护方案，提高管理养护效率；采取预防成本失控的技术组织措施，制止可能发生的浪费。

（5）责、权、利相结合的原则

明确各部门（或小组、班组）、各人的成本控制责任及应享有的成本控制的权利，并与各自工资挂钩，实行奖罚制度。

9.1.2.3 园林绿地养护成本控制措施

成本控制是园林绿地养护项目成本管理的重要环节，也是实现绿地养护成本目标和提高成本管理水平的关键。做好园林绿地养护成本控制要从以下几方面着手：

（1）拓宽园林绿地养护资金来源渠道，加大管理养护费用投入

城市园林绿地养护是一项公益性事业，政府投入是绿地养护资金的主渠道，但只靠政府投入是不够的，所有享用城市园林绿地美好环境的企事业单位和个人，应适度承担部分养护支出，以此拓宽绿化养护资金来源渠道，充实养护资金，使绿地景观和生态价值持续发展以促进其物业进一步升值。可采取企业获取绿地冠名权，然后承担全部或部分养护资金，减轻政府养护投入负担、降低绿地养护成本；也可采取树木认养、机构捐赠、发布广告等方法增加养护资金来源。

（2）加强人员管理，提高工人工作效率

目前，绿化养护还是采取人工为主、机械为辅的模式，属劳动密集型工作。加强人员管理和技术培训，提高工人技术水平，熟练正确使用和维护养护机具，促进养护机械化、科学化，提高工作效率；建立有效的考核制度，以减少误工、窝工；实行岗位责任制，各个岗位都要制订具体的作业要求，做到各尽职责。根据绿地面积、绿地等级、管理养护要求与内容以及绿地情况等，合理确定管理养护人员的数量（一般每名管理养

护人员管理养护面积控制在 6000 ～ 10000m²）。制订和落实各项管理措施、激励办法，调动员工的工作积极性。

（3）多措并举，减少土、肥、水、农药及材料的浪费

通常水费、车辆使用费和燃料费占养护支出的 50% 以上，它主要由抗旱保苗浇水、大量使用自来水造成的。因此应科学配置植物，多选抗旱、适应性强的植物，多用木本少用草坪；采用节水灌溉措施，利用汛期强降水设立多级积蓄水池，使用抗旱保水剂等实现节约并合理用水。制订严格的材料（肥料、农药等）采购、供应、验收和保管办法，杜绝材料的耗费；制订切实可行的材料（肥料、农药、水等）使用办法，提高材料的使用效能，堆沤绿化垃圾，节约肥料成本；推广应用物理、生物、综合防治等病虫害防治方法，节省农药的使用量，同时达到环保的目的。

（4）实行社会招标，降低人工费用

放开绿化养护市场，绿地养护任务实行社会招标制度，实现由"以费养人"转变为"以费养事"。目前北京、上海、济南、石家庄等地都在实行。实践证明，通过招标获取养护任务的公司，养护成本构成明显合理。

（5）认真抓好质量标准和经费定额的落实

质量标准是对养护工程的目标要求，是衡量养护水平的一把尺子，也是实行依法推进绿地养护的根据。同时绿地养护经费定额，作为实现绿地养护质量标准的资金保障条件，是核定养护成本、核拨绿化养护经费的依据。

（6）加强宣传教育，减少人为破坏

引导市民积极参与社区绿化工作，用实际行动爱护城市居住环境。加强宣传教育工作，通过设置标语、警示牌等，提醒人们注意，如"小草青青，请勿践踏"等，提高市民爱护绿地、主动参与管理养护的意识，减少人为破坏，从而节约绿化养护总成本。此外，加强安全教育监督，防止发生工伤安全事故，这也可在一定程度上节约绿化养护总成本。

 任务实施

1．器具与材料

已中标的园林绿地养护项目及其详细资料（地理位置、建成时间、所起作用、历年养护管理情况及现状等）城市现行的园林绿化养护管理标准或质量标准、园林绿地养护管理定额标准等。

2．任务流程

园林绿地养护成本控制流程如图 9-1 所示。

3．操作步骤

（1）明确绿地养护内容及养护质量标准

① 绿化养护内容 绿化养护对于绿地功能的保持具有非常重要的作用，各类绿地的养护内容主要包括绿地内园林植物、各类绿化设施、绿地建筑及构筑物、水体及给排水系统等方面的养护和维护，其中重点是对园林植物的养护和维护，即对绿地中草坪、灌木、乔木、草本花卉、水生植物、垂直绿化、屋顶绿化、悬挂绿化、盆栽植物等按养护质量标准要求实施养护管理，主要任务以3个阶段浇水（春季返青水、夏季抗旱保苗、冬季浇冻水）、

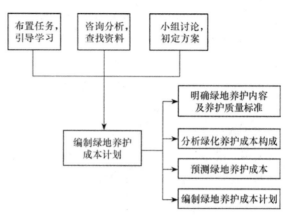

图9-1 园林绿地养护成本控制流程图

病虫害防治、植物整形修剪、中耕松土除草、施肥、清理绿化垃圾为主。

② 绿地养护标准 根据园林绿地所处位置的重要程度和养护管理水平的高低，可将园林绿地的养护管理分成不同等级。由高到低分为：特级养护管理、一级养护管理、二级养护管理3个等级。各级养护质量标准要求不同，级别越高，要求越精细（详见城市园林绿化养护管理标准 DB11/T 213—2003）。大部分城市绿地养护标准一般只划分一级和二级养护管理2个等级（表9-1）。

表9-1 绿化养护等级技术措施和要求　　　　　　　　　　　　　　　次/年

级 别	类 别	浇 水	防治病虫害	修 剪	除 草	施 肥	垃圾处理
一级	乔 木	6	3~4	2	2	1	随产随清
	灌 木	6	3~5	2~4	4	2~4	
	绿 篱	5	3~5	6~10	1	2	
	花 卉	10	2~3	2~3	3~4	3	
	藤蔓植物	6	2~3	1~2	2	1	
	整形植物	6	3~5	6~10	2	2	
	草 坪	6	4~6	6~8	10~12	3	
二级	乔 木	3	2~3	1	1	1	日产日清
	灌 木	3	2~4	2	2	2	
	绿 篱	3	2~4	3~5	1~2	1	
	花 卉	8	1~2	1~2	1~2	2	
	藤蔓植物	3	1~2	1	1	1	
	整形植物	3	1~2	3~5	1	1	
	草 坪	3	3~5	3~5	6~8	2	

（2）分析绿地养护成本构成

据调查分析，园林绿地养护管理费用支出主要由人工费、水费、燃料费、车辆和机械使用费、电费、农药费及其他费用构成。其中绿地养护管理费用支出主要以人工、水、燃料、车辆和机械使用费为主，主要任务以3个阶段浇水（春季返青水、夏季抗旱保苗、冬季浇上

冻水）、夏季病虫害防治、植物整形修剪为主。如 2006 年邯郸市园林绿地养护管理费用中人工费 82.79 万元，占 28%；水费 71.59 万元，占 24%；燃料费 60.93 万元，占 20%；车辆费 38.45 万元，占 13%；电费 5.37 万元，占 2%；农药费 2.29 万元，占 1%；其他费用（如机械费、材料费、运输费、苗木费、场地租赁、喷泉维修及其他直接费）43.62 万元，占 15%。

（3）预测绿地养护成本

要搞好园林绿地养护成本管理和提高绿地养护成本管理水平，首先要认真开展成本预测工作。根据城市园林绿化养护质量标准和城市园林绿化养护管理标准定额，初步预测绿地养护的成本可能达到的水平，规划一定时期的绿地养护成本水平和养护成本目标，考虑各种降低成本的方案，对比分析实现成本目标的各项方案，选取最优成本方案，预计实施后的成本水平，正式确定成本目标，进行最有效的成本决策（表 9-2）。

表 9-2　绿地养护成本预测表

成本项目	绿化养护费用（元）	预计支出（元）	收支对比	亏损率
人工费				
水费				
肥料				
农药费				
燃料费				
电费				
机械费				
绿化垃圾清运费				
其他直接费				

（4）编制绿地养护成本计划

根据成本决策的具体内容，编制绿地养护成本计划（表 9-3）。并以此作为绿地养护成本控制的依据，加强日常的成本审核监督，随时发现并克服养护管理过程中的损失浪费情况，在平时要认真组织成本核算工作，建立健全成本核算制度和各项基本工作，严格执行成本开支范围，采用适当的成本核算方法，正确计算绿地养护成本。

（5）成本的考核和分析

安排好成本的考核和分析工作，正确评价绿地养护成本管理业绩，不断改善成本管理措施，提高绿地养护成本管理水平。定期积极地开展成本分析，找出成本升降变动的原因，挖掘降低绿地养护耗费和节约成本开支的潜力。

表 9-3　绿地养护成本计划用表（供参考）

序号	类别	数量	年管理养护经费（元）	管理月份起止时间
1	公共绿地（m²）			
2	乔木（株）			
3	灌木（株或 m²）			
4	绿篱（m 或 m²）			
5	草坪及地被（m²）			
6	其他			

案例

案例9-1 2001—2006年邯郸市园林绿地养护费用分析

从调查的情况来看，养护管理费用的支出主要由直接费用（人工费、水费、燃料费、车辆费、电费、农药费及其他费用）产生。其中人工费指从事养护管理人员的发生费用，包括正式员工加班费、临时工工资及相关三费等；燃料费（油费）系指自有车辆购买汽油、柴油等费用；车辆费指自有车辆每月交纳的养路费、年度审检费与维修费用；运输费指外租车辆支出的费用和全部台班费用；材料费指从事养护管理工作所购置、维修五金用具、电料、管件等费用。调查表明，人工费、水费、燃料费、车辆费在养护管理费用支出中占绝大多数，以2006年为例，就高达85%。其中人工费82.79万元、占28%，水费71.59万元、占24%，燃料费60.93万元、占20%，车辆费38.45万元、占13%，电费5.37万元、占2%，农药费2.29万元、占1%，其他费用（如机械费、材料费、运输费、苗木费、场地租赁、喷泉维修及其他直接费）43.62万元、占15%。同时随着绿地面积由2002年的49.5×10⁴m²增至2006年的121.37×10⁴m²，管护费用也由186.36万元增加至305.04万元。2001—2006年数据显示，用水管理工作量，其中给树木浇水主要在3、4、6、8、12月，分别为24 018株、55 040株、30 871株、7832株、23 457株；地被植物（含草坪）主要为1、4、7、8、12月，分别为100.27hm²、75.13hm²、65.67hm²、48.67hm²、71.91hm²，明显集中在春季返青水、夏季抗旱保苗、冬季浇上冻水3个阶段；树木打药则集中在4、6、7、8月，分别达1184株、26 140株、3039株、3836株，最高峰在6月为26 140株，这一段时间树木主要以防治槐尺蠖、天牛、红蜘蛛、蚜虫等害虫为主。地被植物打药集中在4、7、8、9月，主要防治黏虫、小地老虎、蜗牛、褐斑病等草坪病虫害；植物修剪是园林绿地养护管理的一项重要内容，树木修剪主要在1、2月，以冬季为主，高达6160株；3、5月以去除萌蘗为主，其他时期修剪任务则不多，一般为数百株。但对地被植物来讲修剪工作量则是集中在1、4~8、11月，一是冬季清理干枯枝，二是生长季节整形，三是11月检查任务（图9-2至图9-7）。

从图9-2至图9-7中可以发现，人工费常年持续较高，4~12月明显高于其他时期，以6、8、11、12月达到最高值，分别为8141万、10131万元、915万元、911万元。用水主要发生在4、6、7、9、10、11月，特别是在4、7、11月达到最高值，分别为4123×10⁴t、518×10⁴t、6142×10⁴t。燃料（油）耗量主要集中在5、6、7、8、10、11月，特别是在5、6、10月达到最高值，分别为3.37×10⁴L、2.37×10⁴L、2.46×10⁴L。车辆使用费主要发生在4、5、7、8、9、10、11、12月，特别是在5、8、9、11、12月达到最高值，分别为6.8万元、8.9万元、5.4万元、4.6万元、6.1万元。分析以上原因，主要由以下几个因素造成：一是春季补植任务重；二是夏季抗旱保苗工作量大；三是秋季集中整治绿地等。农药的使用则集中在5、6、7、9月，这一阶段正是园林树木及草坪病虫害发生的高峰期。用电量长年持平。其他费用全年主要发生在3、4、5、7、8、12月。

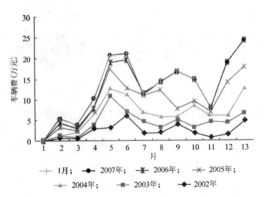

图 9-2 2002—2007 年各月车辆费用分析对比

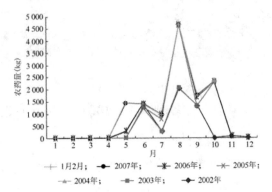

图 9-3 2002—2007 年各月农药用量分析对比

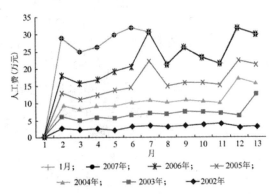

图 9-4 2002—2007 年各月人工费分析对比

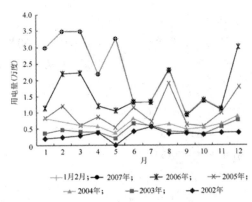

图 9-5 2002— 2007 年各月用电量分析对比

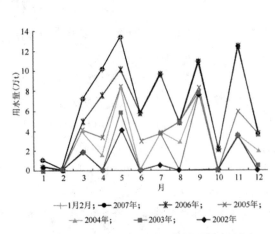

图 9-6 2002—2007 年各月用水量分析对比

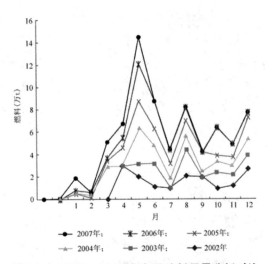

图 9-7 2002— 2007 年各月油料用量分析对比

知识拓展

1．成本概念

成本主要指产品生产中所耗用的物化劳动的价值（已耗费的生产资料转移价值），劳动者为自己劳动所创造的价值（归个人支配的部分，主要是以工资形式支付给劳动者的劳动报酬），劳动者剩余劳动所创造的价值（归社会支配的部分，包括税金和利润）。产品价值的前两部分是形成产品成本的基础，是成本包括内容的客观依据。所以，产品成本就其实质来说，是产品价值中的物化劳动的转移价值和劳动者为自己劳动所创造的价值。

2．成本管理的概念和基本原则

成本管理是指在成本方面指挥和控制组织的协调活动。是企业生产经营过程中各项成本核算、成本分析、成本决策和成本控制等一系列科学管理行为的总称。成本管理一般包括成本预测、成本决策、成本计划、成本核算、成本控制、成本分析、成本考核等职能，目的是充分动员和组织企业全体人员，在保证产品质量的前提下，对企业生产经营过程的各个环节进行科学合理的管理，力求以最少生产耗费取

得最大的生产成果。要做好成本管理和提高成本管理水平，首先要认真开展成本预测工作，规划一定时期的成本水平和成本目标，对比分析实现成本目标的各项方案，进行最有效的成本决策。然后应根据成本决策的具体内容，编制成本计划，并以此作为成本控制的依据，加强日常的成本审核监督，随时发现并克服生产过程中的损失浪费情况，在平时要认真组织成本核算工作，建立健全成本核算制度和各项基本工作，严格执行成本开支范围，采用适当的成本核算方法，正确计算产品成本。同时安排好成本的考核和分析工作，正确评价各部门的成本管理业绩，促进企业不断改善成本管理措施，提高企业的成本管理水平。

为实现成本管理目标，在实施过程中应遵循以下原则：开源与节流相结合的原则；全面控制原则；目标管理原则；节约原则；责、权、利相结合的原则。

3．养护管理标准定额的说明

详见模块2项目5任务5.1养护投标书制定中拓展知识部分。

 巩固训练

1．训练要求

（1）以小组为单位开展训练，组内同学要分工合作、相互配合、团队协作。

（2）绿地养护成本控制计划应具有可行性和科学性。

2．训练内容

（1）结合学校或当地小区园林绿化养护项目，让学生以小组为单位，在咨询学习、小组讨论的基础上，熟悉园林绿地养护成本构成分析、成本预测、成本控制计划编制的基本流程和方法。

（2）以小组为单位，依据学校或当地小区园林绿地养护项目进行成本分析、成本预测、成本控制计划编制。

3．可视成果

编制学校或当地小区园林绿地养护项目成本控制计划。

考核评价见表 9-4。

表 9-4　园林绿地养护成本控制任务考核评价表

模　块		园林植物养护管理		项　目	园林绿地养护成本控制及效益评估	
任务		任务 9.1 园林绿地养护成本控制		学　时	2	
评价类别	评价项目	评价子项目	自我评价（20%）	小组评价（20%）	教师评价（60%）	
过程性评价 （60%）	专业能力 （45%）	编制成本控制计划能力（15%）				
		成本分析（10%）				
		成本预测（10%）				
		成本计划（10%）				
	社会能力 （15%）	工作态度（7%）				
		团队合作（8%）				
结果评价 （40%）		计划科学性、可行性（15%）				
		成本控制计划文本（25%）				
		评分合计				
班级：		姓名：		第　　组	总得分：	

 小结

园林绿地养护成本控制任务小结如图 9-8 所示。

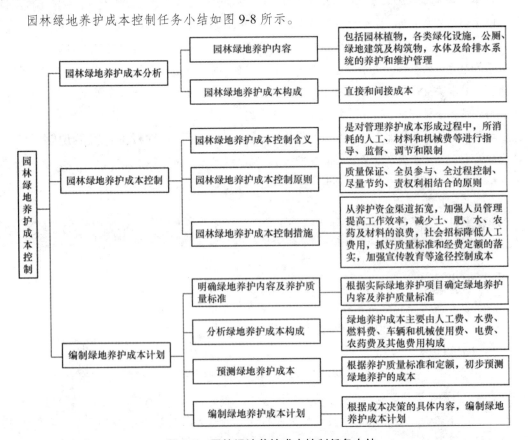

图 9-8　园林绿地养护成本控制任务小结

思考与练习

1．填空题

（1）园林绿地养护内容包括＿＿＿＿＿＿，＿＿＿＿＿＿，＿＿＿＿＿＿，＿＿＿＿＿＿的养护和维护管理。

（2）园林绿地养护的直接成本主要由＿＿＿＿＿＿、＿＿＿＿＿＿、＿＿＿＿＿＿、＿＿＿＿＿＿等几部分构成。

（3）园林绿地养护直接成本的材料费，即管理养护过程中耗用的各种材料费用，包括＿＿＿＿＿＿、＿＿＿＿＿＿、＿＿＿＿＿＿、＿＿＿＿＿＿等。

（4）园林绿地养护直接成本的措施费，即＿＿＿＿＿＿、＿＿＿＿＿＿、＿＿＿＿＿＿、＿＿＿＿＿＿等。

（5）园林绿地养护成本控制原则包括＿＿＿＿＿＿、＿＿＿＿＿＿、＿＿＿＿＿＿、节约、＿＿＿＿＿＿。

2．问答题

（1）简述园林绿地养护的内容。

（2）简述园林绿地养护成本构成。

（3）分析园林绿地养护成本控制措施。

（4）举例说明编制园林绿地成本控制计划。

任务 *9.2*

园林绿地养护效益评估

  任务分析

【任务描述】

本任务学习依托城市绿地养护管理项目为支撑，以学习小组为单位在全面熟悉及掌握城市园林绿地养护质量标准（国标或地标）及标准定额的基础上，利用合理的技术方法和科学先进的计算方法实现效益分析和利润测算。本任务实施宜结合当地城市园林绿化部门（企业）或学院绿地养护项目开展。

【任务目标】

（1）能以小组为单位进行园林绿地养护项目的效益分析；

（2）能科学进行园林绿地养护项目的利润测算；

（3）能独立分析和解决实际问题，具有良好的与人沟通能力。

9.2.1 园林绿地养护项目的效益分析

园林绿化建设是一项巨大的自然和社会相结合，技术与经济相结合，生态措施与工程措施相结合的综合性系统工程；它的活动是对自然环境的保护和再改造。城市园林具有多属性、多功能和多效益的特性，由此产生相应的三大效益指标，即经济效益、社会效益和环境效益。

园林生态经济系统是由园林生态系统和园林经济系统相互作用、相互渗透构成的复合系统。我们既要遵循经济规律；又要重视各种生态规律，把园林再生产视为自然、经济、社会多种因素相互作用的大系统，从而指导人们采取有效的措施和对策，促使园林生态经济系统的良性循环。园林绿化建设经济活动在生产、交换、分配、消费的过程中具有与其他部门经济活动不同的一些特性：①消费主体不同，满足特定对象的消费与覆盖全社会的消费并存；②实现消费的渠道不同，通过市场行为进入消费与不进入市场实现消费并存；③价格形式不同，市场价格与影子价格并存（影子价格：专项资源在其他资源具备的条件下，才能形成价格。影子价格不形成实际价格。）；④商品价值形成过程和商品交换内容不同；⑤园林经济的外在性（经济的外在性：指一个单位或个人的某种生产或非生产活动，对于未从事这种活动的单位或个人在经济上带来的影响），决定了评估和计量园林效益的综合性。

9.2.2 园林效益评估和计量的指标和指标体系

为了对园林效益进行准确的评价，需要建立一套科学的、完整的生态经济效益指标与指标体系。只有通过各种指标的具体计算、比较、分析和评估，才能获得科学的、可信的结论。目前常用的计量和评估指标有：吸收二氧化碳、释放氧气、吸收有毒气体、增湿降温、防尘杀菌、降低噪声、产生有形物化产品、经营服务效益、旅游观赏效益等微观计量指标；涵养水源、蓄水保土、防风固沙、调节气候、净化空气等生态环境价值，保健休养价值，社会公益价值，游览观赏价值，美学价值等宏观评估指标（图9-9）。

9.2.3 园林综合效益评估和计量的基本方法

园林绿化建设综合效益评估和计量方法，有的与一般商品相同，可以以货币计量；有的则不能直接用货币衡量，必须采取新的科学方法，运用生态经济、环境经济的理论，从宏观上进行定性的评估，从微观上进行定量的计算，才能做出正确合理的价值评定。

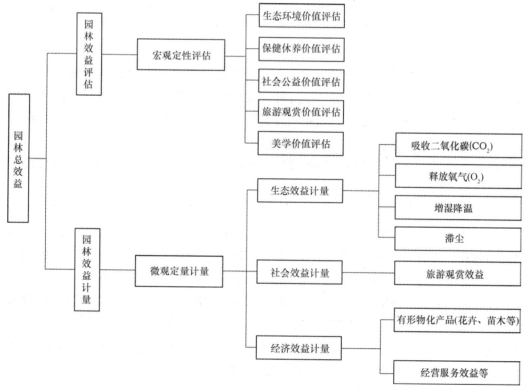

图 9-9　园林效益评估和计量的指标体系

9.2.3.1　园林综合效益评估

园林综合效益的宏观评估包括生态环境价值、保健休养价值、游览观赏价值、美学价值、社会公益价值、历史文物价值、生物物种等价值的评估。

（1）生态环境价值的评估

绿色环境是人类生存和发展的物质基础。在号称"热岛"的城市中，园林绿化能够给空气污浊、噪声喧哗、建设密集的城市带来新鲜、清洁而富有生命力的环境。据美国科研部门一份资料显示：绿化间接的社会经济价值是它本身直接经济价值的 18 ～ 20 倍，这个测算内容包括：流行病减少收益为 2 倍；环境污染控制收益为 6 倍；森林综合效益为 10 ～ 12 倍。美国研究证明，20 世纪 70 年代，仅空气污染对人体的影响每年损失 100 亿美元。前苏联森林的环境保护价值占森林总价值的 3/4。全世界公认森林是多效益的资源。其公益效能的价值大大高于其木材价值。印度一位教授计算，一棵正常生长到 50 年的树，对其群落的贡献，价值为 19.62 万美元，在 50 年中它产生氧气的价值为 3.12 万美元；防治大气污染的价值为 6.25 万美元；防止土壤侵蚀，增加土壤肥力的作用可创造价值为 3.12 万美元；其涵养水源，促进水分再循环的效益约值 3.75 万美元；它为鸟类和其他动物提供栖息环境价值 3.12 万美元。芬兰每年生产木材的价值 17 亿马克，而森林的其他多种效益价值达 53 亿马克，3 倍于木材。我国三北防护林其防护效益占 70.33%，直接效益的价值占 29.67%。波兰砍一棵树的代价是用工业方法制造出相当于这棵树 50 年所生成氧气的全部费用。

（2）保健休养价值的评估

城市园林被称为城市的肺脏。植物在生长阶段可释放杀菌素，有效地净化空气，且绿地空气中的阳离子积累较多，能改善神经功能，调整代谢过程，提高人体的免疫力。经常处在优美、安静的绿色环境中皮肤温度可降低 1～2℃，脉搏每分钟减少 4～8 次、呼吸慢而均匀，血流减慢，心脏负担减轻，有利于高血压、神经衰弱、心脏病人恢复健康。此外，植物绚丽的颜色及释放的芳香物，对大脑皮层有一种良好的刺激，可以解除焦虑，稳定情绪，消除疲劳，有益健康。

（3）美学价值的评估

园林的创造吸取了自然美的精华，通过艺术加工再现于园林，它既是自然景观的提炼和再现，又是人工环境生态平衡的创造。因此，园林是以科学与艺术的原则来进行创作，再形成的一种美的自然与美的生活境域。园林植物包括姿态美、色彩美、嗅觉美、意境美。使人感到亲切、自在，而不像建筑物那样有约束力。此外，人们从园林植物优美景象的直觉开始，通过联想而深化展开，产生优美的园林意境、形成了"景外之景，弦外之音"，融汇了人们的思想情趣与理想、哲理的精神内容，满足人们对感情生活、道德修养的追求，激发人们爱家乡、爱祖国的激情。

（4）游览观赏价值的评估

游憩是多种多样的，但对于城市居民来说，回到大自然中去是人类历史发展中长期形成的一种生态特需。国际现代建筑学会拟定的雅典宪章指出"居住、工作、游憩、交通"是城市四项基本职能。游憩是现代文明的产物，是一种现代生活的补偿现象。社会高度文明是其产生和发展的基础。游憩是劳动生产力再生产所必须的一个环节。作为旅游观赏目标的园林，是风光旅游事业的重要资源和基础。园林促进了旅游业的发展，增加了外汇收入；带动了旅游商品的销售与生产；促进了交通、商业、城市建设的发展和环境质量的提高。

（5）社会公益价值的评估

园林的社会效益表现在满足人民日益增长的文化生活需要。人是通过行为接触环境的，首先产生对环境的探索，以便对环境作出适应。一个清洁优美的环境，给人一种暗示，启发人珍惜和爱护这个环境，启发人积极向上。优美的环境可以促进人们把不良的习气逐步改掉。从环境入手由表及里，使人们随着环境的改变，培养良好的道德风尚，从这方面讲，其起着潜移默化的作用。绿色环境可以陶冶情操，增长知识，消除疲劳，激发起人对自然、对社会、对人际关系的一种满足和爱的感情。在某种意义上讲园林属于生产性建设，大部分以社会方式参与企业的生产，以各自特殊的方式直接或间接地进入产品生产过程。例如，工厂的绿化虽然并非直接表现为生产和流通中获得利润，但它们如同企业的厂房、设备、材料等固定资产一样，将其所创造的价值转移到产品中使企业的盈利增加。园林绿化通过改善生产、生活环境，增进劳动者及其居民身心健康，进而提高劳动生产率和职工出勤率，减少医疗费，提高平均寿命。据我国有关资料报道，凡在绿色优美的环境中劳动，效率可提高 15% ～ 35%；工伤事故可减少 40% ～ 50%。

9.2.3.2 园林效益计量

根据园林的公益效能，来进行功能分类，然后按类别进行定性、定量调查，再将定性数据换算成为货币，这个过程叫作园林效益计量化。园林经济效益指标定量计算方法：对有形的物化产品（花卉、苗木、树木等的价值）和直接经营服务的效益进行定量计算。园林生态效益指标定量计算方法：对园林植物吸收二氧化碳（CO_2）、释放氧气（O_2）、增湿降温、滞尘等生态效益等进行全面调查和定量计算。

$$园林价值（V）= 园林功能（F）/ 费用（C）$$

园林的功能越大（环境效益、社会效益、经济效益），园林价值越大；反之，则园林的价值(V)越小。提高园林价值的途径有五条：园林功能不变，费用下降；园林功能提高，费用不变；园林功能大幅度提高，费用少量提高；园林功能略有下降，费用大幅度下降；园林功能提高，费用下降。

 任务实施

1．器具与材料

有关城市园林绿地的详细资料（包括绿地总面积，其中公共绿地面积、公园个数及总面积、年游人量、花园及苗圃面积、参与绿化工人数，城市非农业人口、绿化覆盖率、人均占有公共绿地面积，实有树木株数、道路绿化总长度，苗圃在圃量、苗木繁殖量、出圃量，花卉生产及出圃量等）。

2．任务流程

园林绿地效益评估流程如图 9-10 所示。

3．操作步骤

（1）设计表格，进行绿地调查，获取详细的资料，并对调查后的数据进行整理（表 9-5）。

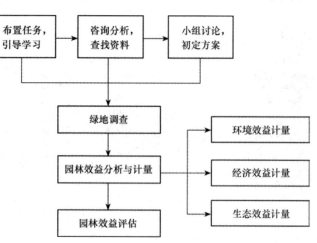

图 9-10 园林绿地效益评估流程图

表 9-5　园林绿地基本情况调查表

调查城市或地点：				调查时间：	
序号	调查项目	数　量	个　数	游人量	备　注
1	绿地总面积				
2	公共绿地面积				
3	公园面积				
4	动物园				
5	苗　圃				
6	花　园				
7	年末工人数				
8	城市非农业人口				
9	绿化覆盖率				
10	人均占有公共绿地面积				
…	…				

（2）讨论研究确定绿地效益评估和计量的指标和指标体系（表 9-6）。

表 9-6　园林绿地效益指标及计量

类　别	效益指标	计量指标	备　注
生态效益	绿地面积		
	放氧量		
生态效益	净化空气		
生态效益	调节气候		
	小　计		
社会效益	绿地面积		
	观赏效益		
	小　计		
经济效益	花苗木产值		
	公园、风景经营收入		
	花苗木增益值		
	小　计		
合　计			

（3）选取先进科学方法进行绿地效益的评估和计量。

园林 3 个效益可计算的总值为：环境效益＋社会效益＋经济效益。其中经济效益的评估可遵照工程经济分析中的独立型方案评价进行。独立方案在经济上是否可接受，取决于方案自身的经济性，即方案的经济效果是否达到或超过了预定的评价标准或水平。预知这一点，只需通过计算方案的经济效果指标，并按照指标的判别准则加以检验就可做到。这种对方案自身的经济性的检验叫作"绝对经济效果检验"，如果方案通过了绝对经济效果检验，就认为方案在经济上是可行的，是值得投资的。

①应用投资收益率对投资方案进行评价　确定行业的基准投资收益率（Rc）；计算投资方案的投资收益率（R）；进行判断，当 $R \geq Rc$ 时，方案在经济上是可行的。

②应用投资回收期对投资方案进行评价　确定行业或投资者的基准投资回收期（Pc）；计算投资方案的静态投资回收期（Pt）；进行判断，当 $Pt \leq Pc$ 时，方案在经济上是可行的。

③应用 NPV 对投资方案进行评价　依据现金流量表和确定的基准收益率 ic 计算方案的净现值（NPV）；对方案进行评价，当 $NPV \geq 0$ 时，方案在经济上是可行的。

④应用 IRR 对投资方案进行评价　计算出内部收益率（IRR）后，将 IRR 与基准收益率 ic 进行比较。当 $IRR \geq ic$ 时，方案在经济上是可行的。

⑤进行园林综合效益分析，按价值工程计算：V＝3 个效益总值 /（维护费＋建设费）。

案例 9-2　以某城市园林为例对城市园林效益进行初步计量

1. 现状调查

1998 年底对某城市园林绿化状况进行调查统计，全市园林绿地总面积 1615.43hm²。其中：公共绿地 824.93hm²；公园 103 处，502.01hm²；动物园 1 处，50.5hm²，年游人量 3830 万人次；苗圃 545.11hm²；花园 7 处，25.56h m²；年末职工人数 8972 人；城市建成区面积 315.46km²。城市非农业人口 438.39 万人，绿化覆盖率 10.64%，人均占有公共绿地面积 1.88m²/ 人；实有树木 837.71 万株，道路绿化总长度 895.9km。三大苗圃苗木在圃量 355.5 万株，苗木繁殖 83 万株 / 年，出圃 43 万株 / 年，盆花生产 20.7 万株 / 年，出圃 15.9 万盆 / 年。

2. 试评估计量

1）环境效益

（1）园林绿化吸收氧气，放出二氧化碳净化大气的经济效益分析

市区现有园林绿地总面积 1615.43hm²，1hm² 树林每年通过光合作用，要吸收二氧化碳 48t，放出氧气 36t；通过呼吸作用放出二氧化碳 32t，吸收氧气 24t，两相抵消后，即吸收二氧化碳 16t，放出氧气 12t（日本林业厅计算方式）。

$$产氧量 = 1615.43hm^2 \times 12t（氧气）= 19\,385.16t = 19\,385\,160kg$$

$$价值量 = 19\,385\,160kg \times 2\,元 = 38\,770\,320\,元$$

（2）净化空气的经济效益分析

①瑞典专家研究表明，向环境中排放 1t 二氧化硫就会造成 500 克朗（瑞典货币单位）的损失，由此反证绿化植物从空气中吸收 1t 二氧化硫，即少损失 500 克朗（折合人民币 545 元）；1hm² 草皮可吸收二氧化硫 21.7kg，可减少二氧化硫污染损失 11.8 元；每 500 株树木可吸收二氧化硫 30.2kg，可减少二氧化硫污染损失 16.5 元（表 9-7）。

表 9-7　吸收二氧化硫量及减少污染损失费

分项类别	单　位	数　量	单位吸收二氧化硫量	吸收总量（kg）	单位减少污染损失费	总减少污染损失费（元）
市区树木	株	83 77 100	0.06kg/ 株	502 626	0.33 元 / 株	276 444.3
市区草坪	公顷	205.33	21.7kg/hm²	4455.66	11.8 元 / hm²	2422.89
合　计				50 7 081.66		278 867.19

②市区绿化植物吸附滞留颗粒物总量估算

每 hm² 滞尘量平均值为 10.9t。全市树木 837.71 万株，每 hm² 按 500 株计算，折合 16 754hm²。滞尘量 16 754hm² $\times$ 10.9t = 182 618.6t。

1hm² 除尘费用为 80.69 元（包括运行、大修、折旧）。

绿化滞尘经济效益为 182 618.6t $\times$ 80.69 元 /hm² = 14 735 494 元。

③绿化在调节气候的效益分析

据北京测定 1hm² 树木可蓄水 30×10^4 L，相当于 1500m³ 的蓄水池，1hm² 树木增湿和调温效率比相同面积水体高 10 倍。全市树木 837.71 万株，折合 16 754hm²，1hm² 树木蓄水相当于 1500m³ 的蓄水池。

$$1500m^3/hm^2 \times 16\,754hm^2 = 25\,131\,000m^3$$

0.088 元 /m³ $\times$ 25 131 000m³ = 2 211 528 元（0.088～0.12 元 /m³，按最低价值计算）

据前苏联测定，1hm² 森林全年可蒸发 4500～7500t 水，一株大树蒸发一昼夜的调温效果等于 25 大卡，相当于 10 台室温空调器工作 20h。室内空调器耗电 0.86 度 /（台·h），0.18 元 / 度，即 0.15 元 /（台·h），20h 为 0.15 元 /（台·h）$\times$ 20h = 3 元 / 台，1 株树的降温效果为 3 元 / 台 $\times$ 10 台 = 30 元。全市 837.71 万株，按 0.5% 计算为 4.18 万株。每昼夜为 41 800 株 $\times$ 30 元 = 1 254 000 元，按 2 个月计算，1 254 000 元 /d $\times$ 60d = 75 240 000 元。

通过以上测定，该市区园林绿化在环境保护方面发挥的可计算的效益是：38 770 320 元（产氧气）+ 278 867.19 元（吸收二氧化硫）+ 14 735 494 元（滞尘）+ 2 211 528 元（蓄水）+ 75 240 000 元（调温）= 131 236 209.19 元。

2）社会效益

现仅对园林游览效益进行计量，可采用美国克量逊收费价值法进行计算。将园林作为旅游休养的场所时，所产生的价值等价于到森林去旅游的游客所花费的价值总和。它与人们的生活水平的高低、旅游时间的长短、公园经营项目的多寡有直接关系，其方法为：

①调查公园的绿化覆盖率，作为修正率；

②调查公园一年内的游客人数；

③调查每个游客的平均消费金额；

④游客人次乘以平均消费额，作为消费总额；

⑤消费总额乘以修正率，为公园旅游效益。

我们设想绿化覆盖率越高，对游客的吸引力越大，同时公园内一些空地也在发挥其功能，因而应乘以覆盖率进行修正，这才是公园所做的实际贡献。

据 1988 年计财处统计：公园旅游平均消费额 0.785 元 / 人，年游人量为 559 万人次，覆盖率 97%。人均消费额年 × 游人量 × 覆盖率＝游览观赏效益（元）。

$$0.785 元 / （人·次）× 5\ 590\ 000 人次 × 97\% = 4\ 256\ 605.5 元$$

游客的出发点并不是只着眼于绿化，因次应给予一个小于 1 的调整系数，我们定为 0.75，实际效益为：游览观赏效益 ×0.75 ＝ 4 256 505.5 元 ×0.75 ＝ 3 192 379.13 元

3）经济效益

园林建设最终产品价值实现是通过多渠道进行的。在园林建设最终产品组成年价值成本和赢利两大部分的计算中有着自己的特点。城市园林建设年价值实现总值，即为经济效益的测算。以 1988 年为例：

①苗木生产的年产值为 434.96 万元（业务收入额）。

②所属三大公园及风景区，年经营收入为 438.86 万元（票务 52.63 万元，商业收入 239.31 万元，游船 63.45 万元，游乐收入 83.47 万元）。

③园林最终产品，花苗木生产的年增益值 355.57 万元。城市苗木在圃量 221 万株，其中乔木 102 万株，常绿树 74 万株，花灌木 28 万株，其他 17 万株。以上 3 类树木，每年增益值约估 353.5 万元。城市花卉养护部分 18 000 盆，产值 69 万，年增产值 3%，计 2.07 万元。

④城市维护费投资 3558 万元，基建费 400 万元，配套费 320 万元，合计 4278 万元。

⑤年价值实现总值为：434.96 万元（花苗木产值）＋ 438.86 万元（公园、风景经营收入）＋ 355.57 万元（花苗木增益值）＋ 4278 万元（上级投资）＝ 5507.39 万元。

⑥园林年创造的经济效益为：434.96（花苗木产值）＋ 438.86（公园、风景经营收入）＋ 355.57（花苗木增益值）＝ 1229.39 万元。

4）园林 3 个效益可计算的总值

3 个效益可计算总值＝环境效益＋社会效益＋经济效益＝ 146 722 488.32 元。

5）园林综合效益分析

按价值工程计算，V＝3 个效益可计算总值 / 维护费＋建设费＝ 3.42。

巩固训练

1．训练要求

（1）以小组为单位开展训练，组内同学要分工合作、相互配合、团队协作。

（2）园林绿地效益评估方案应具有科学性、实用性。

2．训练内容

（1）结合学校或当地小区园林绿地，让学生以小组为单位，在咨询学习、小组讨论的基础上，熟悉园林绿地效益评估的基本流程和方法。

（2）以小组为单位，依据学院或当地小区园林绿地进行效益评估和测算。

3．可视成果

编制学校或当地小区园林绿地效益评估方案。

考核评价见表9-8。

表 9-8　园林绿地养护效益评估考核评价表

模　块	园林植物养护管理			项　目	园林绿地养护成本控制及效益评估	
任　务	任务 9.2　园林绿地养护效益评估			学　时	2	
评价类别	评价项目	评价子项目		自我评价(20%)	小组评价（20%）	教师评价(60%)
过程性评价（60%）	专业能力（45%）	方案实施能力	调查统计（8%）			
			数据整理（7%）			
			环境效益评估（10%）			
			社会效益评估（10%）			
			经济效益评估（10%）			
	社会能力（15%）	工作态度（7%）				
		团队合作（8%）				
结果评价（40%）	计算（20%）					
	效益评估方案（20%）					
	评分合计					
班级：		姓名：		第　　组	总得分：	

小结

园林绿地养护效益评估任务小结如图9-11所示。

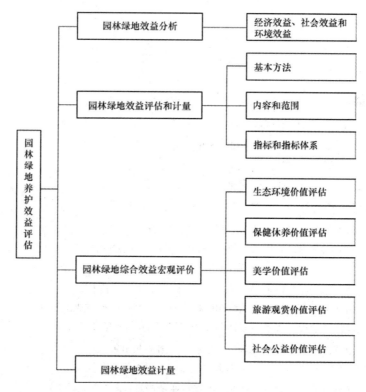

图 9-11　园林绿地养护效益评估任务小结

思考与练习

1. 简述园林绿地效益组成及意义。
2. 论述园林绿地效益评估指标和计量方法。

自主学习资源库

1. 浅谈园林绿地管护成本的构成及控制. 李磊. 江苏林业科技, 2010.
2. 园林绿化效益的评估和计量. 贺振, 徐金祥. 中国园林, 1993.
3. 园林工程概预算与施工组织管理. 董三孝. 中国林业出版社, 2003.
4. 《城市园林绿化养护管理标准》DB11/T 213—2003.
5. 《重庆市城市园林绿化养护质量标准（试行）》.
6. 重庆市园林绿化养护管理标准定额（试行）.

参 考 文 献

《城市园林绿化养护管理标准》北京市地方标准（DB11/T 213—2003）.

《重庆市城市园林绿化养护质量标准（试行）》.

包满珠. 2003. 花卉学 [M]. 北京：中国农业出版社.

北京市垂直绿化技术规范. 2007.

北京市园林绿化局关于城市绿地养护管理投资标准的意见.

北京市园林绿化养护管理标准.

曹春英. 2001. 花卉栽培学 [M]. 北京：中国农业出版社.

陈为民. 2012. 园林土壤退化分析与培肥策略 [J]. 黑龙江农业科学,（6）.

成海钟. 2002. 园林植物栽培与养护 [M]. 北京：高等教育出版社.

丁世民. 2008. 园林绿地养护技术 [M]. 北京：中国农业大学出版社.

董三孝. 2003. 园林工程概预算与施工组织管理 [M]. 北京：中国林业出版社.

范伟. 2012. 浅议园林景观工程施工放样 [J]. 城市建设理论研究,（2）.

郭学望. 2002. 园林树木栽培养护学 [M]. 北京：中国林业出版社.

贺振，徐金祥. 1993. 园林绿化效益的评估和计量 [J]. 中国园林.

江胜德. 2004. 园林苗木生产 [M]. 北京：中国林业出版社.

劳动和社会保障部教材办公室，上海市职业培训指导中心. 2004. 花卉园艺工 [M]（高级）. 北京：
　　中国劳动社会保障出版社.

李磊. 2010. 浅谈园林绿地管护成本的构成及控制 [J]. 江苏林业科技.

刘伟灵. 2011. 简述园林绿化种植施工放样 [J]. 建材发展导向,（7）.

刘燕. 2009. 园林花卉学 [M]. 2 版. 北京：中国林业出版社.

芦建国. 2000. 园林植物栽培学 [M]. 南京：南京大学出版社.

鲁平. 2006. 园林植物修剪与造型造景 [M]. 北京：中国林业出版社.

孟金花. 2011. 困难立地条件下园林植物栽植初探 [J]. 农村科技,（10）.

潘文明. 2001. 观赏树木学 [M]. 北京：中国农业出版社.

庞丽萍，苏小惠. 2012. 园林植物栽培与养护 [M]. 郑州：黄河水利出版社.

上海市园林绿化养护合同示范文本（2008 版）.

佘远国. 2007. 园林植物栽培与养护管理 [M]. 北京：机械工业出版社.

世界屋顶绿化协会网：http://www.greenrooftops.cn.

苏付保. 2003. 园林苗圃学 [M]. 沈阳：白山出版社.

王立新. 2012. 园林花卉栽培与养护 [M]. 北京：中国劳动社会保障出版社.

魏岩. 2003. 园林植物栽培与养护 [M]. 北京：中国科学技术出版社.

屋顶绿化规范 DB11/T 281—2005. 北京市质量技术监督局. 2005.

屋顶绿化网站：http://www.thegardenroofcoop.com.

吴辉英. 2012. 绿化大苗培育技术 [J]. 现代农业科技,（5）.

吴开金. 2008. 城市绿化苗木出圃准备工作及技术管理 [J]. 农业科技与信息,（8）.

吴泽民．2003．园林树木栽培学 [M]．北京：中国农业出版社．

吴志华．2002．花卉生产技术 [M]．北京：中国林业出版社．

徐友道．2010．绿化施工与苗木移植 [J]．福建热作科技，35（2）．

杨瑞卿，汤丽青．2006．城市土壤的特征及其对城市园林绿化的影响 [J]．江苏林业科技，33（3）．

义鸣放，王玉国，等．2000．唐菖蒲 [M]．北京：中国农业出版社．

义鸣放．2000．球根花卉 [M]．北京：中国农业大学出版社．

园林绿化工程施工及验收规范．DB11/T212—2009．

张东林．2006．高级园林绿化与育苗工培训考试教程 [M]．北京：中国林业出版社．

赵定国，李乔，等．2001．平顶屋顶绿化的好材料——佛甲草初考 [J]．上海农业学报，17(4)．

赵海霞．2012．提高远调苗木成活率的措施 [J]．安徽农学通报，18(4)．

中国风景园林网：http://www.chla.com.cn．

中国立体绿化网：http://www.3d-green.com．

中国苗木花卉网：http://www.cnmmhh.com．

中国园林绿化网：http://www.yllh.com.cn．

中国园林网：http://www.yuanlin.com．

重庆市园林绿化养护管理标准定额（试行）．

周兴元．2006．园林植物栽培养护 [M]．北京：高等教育出版社．

祝志勇．2006．园林植物造型技术 [M]．北京：中国林业出版社．

祝遵凌，王瑞辉．2005．园林植物栽培养护 [M]．北京：中国林业出版社．